国家出版基金项目
NATIONAL PUBLICATION FOUNDATION

中国煤矿建井技术与管理

立井冻结法凿井技术

主编 荣传新 王 彬

中国矿业大学出版社

·徐州·

内 容 提 要

本书是国家出版基金项目"中国煤矿建井技术与管理"丛书之一,系统总结了近年来我国及其他国家冻结法施工技术的研究成果,主要内容包括立井冻结法凿井技术发展概况,人工冻结岩土的物理力学性质,地层冻结人工制冷技术,冻结法凿井立井井壁设计,冻结法凿井立井冻结壁设计,钻孔施工与冻结器的安装,冻结制冷系统设计、安装与运转,冻结壁的形成、控制与解冻技术,冻结井筒掘砌施工技术,立井冻结施工拔管充填与冷冻站拆除,冻结法井筒恢复技术,大流速渗透地层立井冻结法凿井技术研究进展等。

本书可供从事煤矿和非煤矿山以及其他立井冻结法施工管理、技术和研究的人员参考。

图书在版编目(CIP)数据

立井冻结法凿井技术 / 荣传新,王彬主编.—徐州:
中国矿业大学出版社,2023.9
ISBN 978 - 7 - 5646 - 5976 - 9

Ⅰ.①立… Ⅱ.①荣…②王… Ⅲ.①竖井井筒—冻
结法(凿井)—冻结法施工—研究 Ⅳ.①TD265.3

中国国家版本馆 CIP 数据核字(2023)第 182628 号

书　　名	立井冻结法凿井技术	
主　　编	荣传新　　王　彬	
责任编辑	吴学兵　　赵朋举	
出版发行	中国矿业大学出版社有限责任公司	
	(江苏省徐州市解放南路　邮编 221008)	
营销热线	(0516)83885370　83884103	
出版服务	(0516)83995789　83884920	
网　　址	http://www.cumtp.com　E-mail:cumtpvip@cumtp.com	
印　　刷	江苏苏中印刷有限公司	
开　　本	787 mm×1092 mm　1/16　印张 23.75　字数 593 千字	
版次印次	2023 年 9 月第 1 版　2023 年 9 月第 1 次印刷	
定　　价	200.00 元	

(图书出现印装质量问题,本社负责调换)

《立井冻结法凿井技术》
编写委员会

主   编   荣传新   王   彬
编写人员   陆卫国   段   寅
            杨   凡   龙   伟

前　言

　　近年来,矿山工程建设领域新技术、新设备不断涌现,施工技术标准和规范化水平不断提高,原有的一些技术、设备逐步被更新与淘汰;另外,我国深井建设一直处于世界领先水平,取得了一大批具有自主知识产权的重大成果。为了适应这种变化,并推广近年来在矿井建设实践中形成、积累和完善的经验,向施工人员提供实用、可靠、先进的技术资料,中国矿业大学出版社组织相关高校和大型矿山施工企业,对建井技术与管理经验进行了全面的总结与梳理,编纂了包括《立井冻结法凿井技术》分册在内的"中国煤矿建井技术与管理"丛书。

　　冻结法凿井是采用人工制冷的方法在井筒周围含水岩土层中形成封闭的冻结壁,以抵抗水土压力,隔绝地下水和井筒的联系,确保井筒掘砌安全的一种特殊工法。1880 年德国工程师 Poetsch 提出了人工地层冻结原理,并于 1883 年成功应用于德国阿尔巴里德煤矿井筒施工。之后,随着人工制冷技术的发展和冻结施工工艺日趋完善,该工法已成为矿山井筒穿越不稳定含水地层最有效的施工方法之一。

　　我国自 1955 年从波兰成功引进冻结法凿井技术与装备以来,经过 60 多年的发展,走过了从无到有,规模从小到大,冻结深度从浅到深等阶段。至 20 世纪 80 年代末,采用冻结法凿井的矿区已扩展到邢台、淮北、淮南、大屯、兖州、徐州、平顶山、永夏等,冻结法通过的冲积层厚度达 374.5 m(永夏矿区陈四楼煤矿副井),掘进直径达 11.5 m(淮南矿区潘二煤矿副井)。1998 年以后,随着我国经济的快速发展,迎来了有史以来最大规模的煤矿新井建设高潮,其间冻结井穿越的冲积层厚度不断加深,如山东济西矿(458 m,2003 年)、安徽丁集矿(530 m,2005 年)、山东龙固矿(567.7 m,2005 年)、山东郭屯矿(587 m,2007 年)、安徽口孜东矿(573 m,2008 年)。近年来,因浅埋资源趋竭,陕、甘、蒙等西部地区主要开发 500～1 000 m 深厚孔隙(裂)复合含水软岩下的煤炭资源,冻结井穿过的地层以富水岩层为主,且深度进一步加深,如高家堡煤矿副井(850 m,2011 年)、核桃峪煤矿副井(950 m,2011 年)。截至目前,立井冻结工程的累计数量已超过1 100 个。

　　冻结法凿井穿越的地层水文地质与工程地质条件复杂、多变,具有强烈的不确定性,因设计与施工不当引起的诸如冻结壁失稳、井壁破损、淹井等重大事故时有发生。特别是进入 21 世纪以来,随着井筒穿越的地层深度的不断增加、井型加大，由此产生的复杂地层人工冻土物理参数与力学特性、冻结温度场形成规律、冻结壁稳定性、井壁设计等基础理论严重滞后于工程实践；冻结孔成孔、冻结壁形成与控制、井筒掘砌等关键技术有待解决；凿井施工装备无法满足安全、快速施工要求。

本书力求在立井冻结凿井相关理论技术的基础上，对相关科研院校的最新研究成果，以及施工单位在技术及装备等方面取得的进展进行总结，为今后的矿井建设留下宝贵经验，促进我国煤矿建设尤其是凿井技术更上一个新台阶。

感谢安徽大学原校长程桦教授在编写本书过程中给予的指导与帮助。感谢中煤特殊凿井有限责任公司陆卫国教授级高级工程师为本书的编写提供了丰富、高质量的现场资料。感谢段寅讲师、龙伟博士、杨凡博士、冯吉昊硕士、许华侨硕士、吴冬硕士为本书相关内容的整理与编写付出的辛勤劳动。

本书的出版得到了国家出版基金的资助，本书相关的研究工作得到了国家自然科学基金(51878005)、中国博士后科学基金(2021M703621)、安徽省自然科学基金（2108085QE251）、安徽省高等学校自然科学研究重点项目(KJ2021A0425)、安徽省博士后科学基金(2022B635)的支持，作者在此深表谢意。

由于本书作者知识和认识的局限，书中内容肯定还有不妥和有待商榷之处，恳请同行专家不吝赐教和指正，以期共同丰富和完善立井冻结法凿井理论与技术体系，推动我国建井科技的不断进步。

编　者

2023 年 6 月 10 日

目　　录

第一章　立井冻结法凿井技术发展概况

第一节　冻结法凿井的原理及适用条件

冻结法凿井是利用传统的氨循环制冷技术来完成的,整个制冷系统由三大循环系统构成,即氨循环系统、盐水循环系统、冷却水循环系统。这种制冷系统可获得－35 ℃左右的低温盐水,它是在井筒开挖之前用三大循环系统制冷,将井筒周围软弱含水地层冻结成一个封闭不透水的帷幕——冻结壁,用以抵抗地压、水压及其附加的压力,隔绝地下水与井筒之间的联系,并在其保护下进行掘砌施工。图1-1所示为冻结法凿井示意图。

为形成防水抗压的冻结壁,首先,须在欲开挖的井筒周围打一定数量的冻结孔,孔内安装冻结器,冻结站制出的低温盐水(－35～－25 ℃)经去路盐水干管12、配液圈13到供液管底部,沿冻结管和供液管之间的环形空间上升到回液管、集液圈15、回路盐水干管16至蒸发器(盐水箱)2形成盐水循环。低温盐水在冻结器中流动,吸收其周围地层的热量,形成冻结圆柱。冻结圆柱逐渐扩大并连成封闭的冻结壁,直至达到设计厚度和强度为止。吸收了地层热量的盐水,在盐水箱内将热量传递给蒸发器中的液氨,使液氨变成饱和蒸气氨,再被氨压缩机4压缩成过热蒸气进入冷凝器7冷却,将地热和压缩机产生的热量传递给冷却水,最后将这些热量传给大气。高压液氨从冷凝器7经储氨器8、节流阀11流入蒸发器(盐水箱)2,液氨在蒸发器中汽化吸收周围盐水的热量,这一循环称为氨循环,是制冷循环的主体。冷却水在冷却水泵、冷凝器和管路中的循环称为冷却水循环。制冷三大循环系统构成热泵,其功能是将地层中的热量通过压缩机排到大气中去。

由于地热在热泵作用下传递给大气,使井筒地层降温,冻结形成冻结壁,人们在它的保护下进行掘砌施工,以此安全穿过软弱地层和含水层,这就是冻结凿井。冻结法凿井工艺过程主要包括钻孔施工、冻结站及管路安装、制冷冻结、井筒掘砌四大工序及相关内容。

冻结法的实质是利用人工制冷,改变岩土性质以固结地层。目前,冻结法在矿山建设中多用于立井井筒开凿,也可用于其他地下工程的不稳定地层或含水极丰富的裂隙岩层施工。通常,当地下水含盐量不大,且地下水流速较小时均可使用冻结法,其井筒直径和深度基本不受限制,但过深时施工难度会加大。实践中,在含水裂隙岩层中冻结时其冻结速度最快,在卵石、砾石、粗颗粒砂层中冻结速度较快,在亚砂土颗粒与细颗粒砂中较慢,在亚黏土及黏土中冻结速度最慢。为保证冻结法施工的安全和经济合理,开展冻结工程前,应对冻结井的冲积层特征和地下水的赋存进行认真分析。

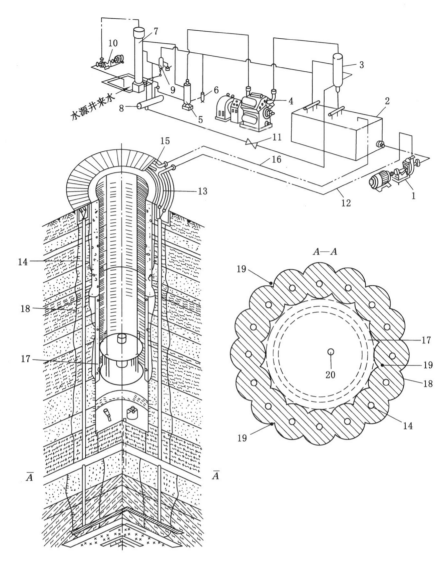

1—盐水泵；2—蒸发器(盐水箱)；3—氨液分离器；4—氨压缩机；5—油氨分离器；6—集油器；7—冷凝器；
8—储氨器；9—空气分离器；10—冷却水泵；11—节流阀；12—去路盐水干管；13—配液圈；14—冻结器(内有供液管)；
15—集液圈；16—回路盐水干管；17—井壁；18—冻结壁；19—测温孔；20—水位观察孔。

图 1-1　冻结法凿井示意图

第二节　冻结法凿井的发展与应用

一、概述

自 1883 年德国工程师 Poetsch 提出人工地层冻结原理并成功应用于阿尔巴里德煤矿 9 号井凿井工程中之后，随着人工制冷技术的发展以及冻土热力学、力学研究的不断深入，冻结施工技术日趋成熟，冻结法已经成为软土以及富含水不稳定地层加固、隔水极其重要的特殊工法之一。

1955 年我国首次与波兰合作,在开滦林西矿风井应用冻结法施工,距今已有 60 多年的历史,该井筒直径为 5 m,表土深 65 m,冻深 105 m。此后冻结法凿井技术逐步发展到东北、华北及华东等地区,经历了冲积层厚度由浅到深、地质水文条件由较复杂到复杂的发展过程。目前不但能冻结复杂冲积含水层,而且能冻结冲积层下含水量大的基岩层,井筒局部冻结发展为井筒全深冻结,实现了井筒施工不挂吊泵、不排水。进入 21 世纪以来,随着我国西部大开发战略的实施,陕西、甘肃、山西、宁夏、内蒙古等地区开展了史上最大规模的煤矿新井建设,冻结法在该地区的含水基岩竖、斜井井筒施工中得到广泛的应用。

冻结法凿井在煤矿建设中显现出明显的优势,该工法既适用于不稳定的冲积层,又适用于含水基岩层;不仅适用于立井工程,也适用于斜井及风道口工程,具有防水性好、能够适应各种复杂的工程地质与水文地质条件、环保性较好等优点。该工法已经成为我国深厚冲积层和西部地区富(含)水基岩立井井筒施工中使用最为广泛的特殊施工方法。

纵观冻结法凿井 140 多年的发展历史,虽然该工法源于欧洲,先于我国 70 余年,但在 20 世纪 70 年代以后,随着欧洲发达国家能源结构的调整,煤炭行业发展停滞,相关的理论和技术研究接近停顿。而我国是富煤贫油的国家,煤炭占一次能源的比例长期维持在 60% 左右,尤其是"十一五"以来,随着我国经济快速发展,煤炭需求量大幅度增长,新建煤矿多数为深埋大型矿井,因此冻结法凿井设计理论与技术又有了较大进步。

二、冻结法凿井发展历程

1883 年德国首先采用冻结法凿井并取得成功。1958 年前,鲁尔矿区施工的 250 个井筒多数使用冻结法施工。1981 年施工的瓦尔朱姆矿维尔德矿风井,井深 1 060 m,净直径 6.0 m,冻结深度 581.0 m。据 1983 年的报道,伏尔德矿的冻结深度为 600 m,是当时德国冻结深度最大的井筒。

波兰于 1885 年开始采用冻结法凿井,至 20 世纪 70 年代末已建成井筒 250 个,其中卢布林矿区最大冻结深度为 760 m。

英国于 1909 年开始采用冻结法凿井。20 世纪 70 年代初建成的博尔比钾盐矿进风井,净直径为 5.0 m,冻结深度为 930 m,采用双层钢板混凝土复合井壁。20 世纪 70 年代末建设的赛尔比煤矿,5 对立井 10 个井筒和 2 个提煤斜井均采用了冻结法施工。

苏联在 1928 年开始采用冻结法凿井,是世界上采用冻结法施工规模最大的国家之一,施工约 500 个井筒,雅可夫列铁矿 2 号罐笼井冻结深度为 620 m,是最深的冻结井筒。

加拿大萨尔修切温钾盐 1 号矿,最大冻结深度 915 m。世界各国冻结深井一览表见表 1-1。

表 1-1　世界各国冻结深井一览表

国家	矿名	冻结深度/净直径/m	冻结方案	施工时间
英国	博尔比钾盐矿	930/5.0	局部岩石冻结(590～930 m)	1969—1974 年
加拿大	萨尔修切温钾盐 1 号矿	915/4.88	差异冻结(610 m,915 m)	1954—1958 年
波兰	苏瓦乌克铁矿	860/—	一次全深冻结	1970 年
比利时	候泰灵矿 2 号井	638/4.9	一次全深冻结	1927—1933 年
苏联	雅可夫列铁矿 2 号罐笼井	620/7.5	全段冻结(0～390 m,390～620 m)	1976—1980 年

表 1-1(续)

国家	矿名	冻结深度/净直径/m	冻结方案	施工时间
德国	维尔德矿风井	582/6.0	一次全深冻结	1986 年
荷兰	马乌里兹三号井	338/6.7	—	—
中国	甘肃核桃峪矿副井	950/9.0	一次全深冻结	2011 年

国外冻结法凿井按其地质条件可分为两类:一类是地质条件较好,但深部地层含水率大或岩层不完整,采用深部局部冻结或差异冻结。另一类是第三、第四系地层,特厚,条件复杂,要对其全深冻结。

1955 年 1 月,在波兰专家的帮助下,我国施工了第一个冻结井筒——开滦林西矿风井,该井筒净直径 5 m,全深 111.95 m,第四系冲积层厚度 50.7 m,冻结深度 105 m,开创了冻结法在我国应用的先例。1970 年以前,我国立井冻结深度主要在 100 m 左右,随后 30 年时间内,冻结深度一直在 500 m 以内徘徊,进入 21 世纪后,冻结深度陡增至千米级别。目前,我国立井冻结深度与冲积层冻结深度都达到了世界第一。国内冲积层冻结深度最大的立井井筒为万福煤矿副井,冻结冲积层深度为 754.96 m。表 1-2 为 1995—2016 年我国冻结法凿井施工立井井筒数量及深度统计。

表 1-2 1995—2016 年我国冻结法凿井施工立井井筒数量及深度统计

项目		冻结立井个数							
		1955—1959 年	1960—1969 年	1970—1979 年	1980—1989 年	1990—1999 年	2000—2009 年	2010—2016 年	小计
冻结深度 /m	<100	11	25	26	34	32	49	8	185
	>100	7	18	44	50	71	92	15	297
	>200	—	6	32	26	28	90	68	250
	>300	—	1	9	16	30	63	39	158
	>400	—	—	1	2	5	42	28	78
	>500	—	—	—	—	—	40	16	56
	>600	—	—	—	—	—	18	25	43
	>700	—	—	—	—	—	10	13	23
	>800	—	—	—	—	—	—	11	11
	>900	—	—	—	—	—	—	4	4
冻结立井数量合计		18	50	112	128	166	404	227	1 105
最大冻深/m		162	330	415	435	410	800	950	—
井筒名称		荆各庄主井	平八东风井	潘三东风井	陈四楼副井	元氏副井	李粮店副井	核桃峪副井	—

总结我国冻结凿井 68 年的历史,其理论和工程实践均取得了巨大成就,其发展历程概括起来分为以下四个阶段:

第一阶段是 1955 年至 20 世纪 70 年代末,主要解决冻结法在立井冲积层中基本技术和施工工艺的应用,同时探讨井壁结构由单层井壁过渡到双层井壁以及冲积层下冻结深度的问题。这一阶段最深的冻结井为河南平八矿东风井及淮南潘三矿东风井,两井均出现冻结管严重断裂现象,井壁压坏亦较为严重。

第二阶段是 20 世纪 80 年代特别是永城陈四楼矿主、副冻结井施工之前,已经投入使用的冻结井筒出现井壁破裂、下沉涌水、冒砂等现象。这一阶段主要研究解决双层井壁结构冻结地压及井壁侧压和竖压的基本规律,以及黄淮地区大量冻结法施工井筒运营中的破损防治技术。这一阶段是我国冻结法凿井井壁结构技术发展与积累经验的关键阶段。

第三阶段为 20 世纪 90 年代永城矿区的开发,特别是陈四楼矿副冻结井冲积层厚374.5 m,冻深达 435 m,为当时国内冲积层最厚、冻结最深的冻结井。该井冻结受到国家的高度重视,经过多次调研论证,总结了黄淮地区井壁破裂的施工状况,进行了冻结井科技攻关,在施工中冻结段取得了管无断裂、井壁无压坏、井壁无漏水的良好效果,从而基本解决了冲积层厚 400 m 和冻深 450 m 的井壁设计问题。这一阶段国内部分深井冻结情况见表 1-3。

表 1-3　20 世纪 90 年代国内部分深井冻结情况

序号	矿井名称	直径/m	表土深度/m	冻结深度/m	冻结方案	施工时间
1	金桥主井	4.5	376.0	412	一次冻全深	1997 年
2	金桥副井	5.0	383.0	412	一次冻全深	1998 年
3	陈四楼主井	5.0	369.0	423	一次冻全深	1991 年
4	陈四楼副井	6.5	374.5	435	一次冻全深	1991 年
5	元氏北副井	6.0	360.7	410	一次冻全深	1994 年
6	祁东主井	5.0	370.2	400	一次冻全深	1998 年
7	祁东副井	6.0	368.8	396	一次冻全深	1998 年

山东、安徽及河南的一些冻结井在冲积层深部基岩段的强含水层采取"上冻下注,先注后冻,冻注结合"的方法,取得了很好的效果,不仅堵水效果明显,而且井筒周围的松散破碎岩石得以加固。上冻下注矿井情况见表 1-4。

表 1-4　上冻下注矿井情况

矿井名称	井筒名称	冲积层厚度/m	井筒深度/m	冻结深度/m	注浆孔数目/个	井筒净直径/m	注浆段长度/m	搭接长度/m	施工时间
冷泉矿	主井	230	729	250	6	5.0	245～741	10	1995 年
	副井	230	746	250	6	6.0	239～752	10	1995 年
丁集矿	主井	529	885	553	6	7.5	543～895	10	2003 年
	副井	524	855	546	6	8.0	536～865	10	2003 年
	风井	526	860	556	6	8.0	546～871	10	2003 年
鲍店矿	主井	147	483.7	200/250	8/6	6.5	195～482	10	1976 年
	副井	146	502.7	200/240	3	8.0	195～515	10	1977 年
	北风井	196	336.3	230	3	5.0	210～345	10	1978 年
	南风井	154	248.5	165/188	3	5.0	165～260	10	1978 年

表 1-4(续)

矿井 名称	井筒 名称	冲积层 厚度/m	井筒深 度/m	冻结深 度/m	注浆孔 数目/个	井筒净 直径/m	注浆段 长度/m	搭接 长度/m	施工 时间
东滩矿	主井	106.0	785	140/145	4	7.0	130～804	10	1978 年
	副井	107.2	748	130/140	4	8.0	135～500	10	1978 年
	北风井	108.4	564	136/140	4	6.0	135～500	10	1979 年
	南风井	133.3	699	160/270	6	6.0	135～580	10	1980 年
杨村矿	主井	185.5	352	210/195	4	5.0	210～368	10	1982 年
	副井	182.5	330	200/213	4	6.0	210～340	10	1982 年
	北风井	176.0	243	195/200	4	4.5	180～251	10	1983 年

第四阶段,进入 21 世纪,深井冻结技术有了新发展,井筒穿过冲积层厚度不断增加,均较好地完成了冻掘任务。同时,随着我国西部大开发战略的实施,西部煤炭资源开发如火如荼,在陕西北部、甘肃、宁夏、内蒙古鄂尔多斯、新疆等地区,已经开工建设多个矿区。与中东部地区新建矿井相比,这些新建矿井具有井型大、新生界地层薄(多为小于 30 m)、矿井穿越地层多以白垩系、侏罗系为主,开拓方式以立井和斜井并重等特点。表 1-5 为西部地区部分冻结深井统计。这标志着我国冻结法凿井技术水平已进入世界先进行列。冻结施工在面临许多技术难题的同时,也为冻结法的发展带来了新的机遇。

表 1-5　西部部分冻结基岩且冻结深度大于 850 m 的立井井筒

井筒名称	井筒深度/m	井筒净直径/m	冲积层厚度/m	冻结深度/m
陕西高家堡煤矿副井	841.5	8.5	426.0	850
甘肃华能核桃峪煤矿副井	1 005.0	9.0	214.6	950
甘肃华能核桃峪煤矿风井	975.0	7.0	214.6	916
甘肃新庄煤矿副井	1 025.0	9.0	209.8	908
甘肃新庄煤矿风井	973.5	7.5	210.6	910
内蒙古营盘壕煤矿主井	849.5	9.4	43.6	865
内蒙古巴愣煤矿主井	850.0	8.2	205.0	860

三、冻结法凿井井壁结构的发展

冻结法凿井井壁结构应该具有足够的强度、稳定性及不渗漏水(淋水量小于 5 m³/h)。我国冻结井壁的发展经历了四个阶段:第一阶段,从 1955 年至 20 世纪 70 年代末,采用的井壁结构形式主要为单层钢筋混凝土井壁与双层钢筋混凝土井壁。该阶段由于我国井筒穿越的冲积层厚度较小,井壁均能满足强度及稳定性的要求,但是井壁的漏水量未能控制在要求的范围内。第二阶段,从 20 世纪 70 年代末到 1987 年,通过现场实测和试验研究弄清了双层井壁漏水的原因与机理,并在工程实践中提出了解决方案,即采用塑料夹层双层钢筋混凝土复合井壁。第三阶段,自 1987 年至 20 世纪末,我国黄淮地区已有 70 多个煤矿立井井筒发生井壁破裂事故,究其原因为矿区的底部含水层直接覆盖于煤层上方,由于煤层开采造成地下水位下降,土体有效应力增加,土体产生固结沉降,此时井筒周围土体对于井筒具有竖向附加力的作用,当竖向附加力越来越大时,井筒的强度不足以抵抗该竖向附加力时,井壁就会发生破裂。由于在这之前,我国在设计冻结壁竖向井壁时未考虑因煤层开采造成底部含水层疏水沉降而引起的竖向附加力作用,因此当井筒穿越深厚冲积层深度较大时,井壁往往会破坏。为解决这一问题,在特殊地层的新建井筒井壁中使用可缩性复合井壁。第四阶段,自 20 世纪末至今,随着我国中东部地区新一轮煤矿开发,新建井筒多具有穿越表土层深厚(400~700 m)、地压大、地质条件复杂等特点。原有的井壁结构设计理论和承载能力都难以符合要求。为此围绕井壁结构及设计理论开展了大量的理论研究、模型试验、现场实测等,并取得了系列研究成果。

(一)钢筋混凝土井壁

采用厚壁圆筒弹性理论计算冻结井的井壁应力,应用第四强度理论进行强度验算,井壁厚度按照下式进行初步确定:

$$h = a\left[\sqrt{\frac{[R_z]}{[R_z] - \sqrt{3}P} - 1}\right] \tag{1-1}$$

$$[R_z] = \frac{R_a + \mu_{min} R_g}{K} \tag{1-2}$$

式中,a 为井壁的内半径;P 为水平外荷载;μ_{min} 为最小配筋率;K 为安全系数;R_a、R_g 分别为混凝土和钢筋的抗压设计强度。内层井壁的水平外荷载按静水压力计算,取 $P = 0.01H$(H 为计算深度,m),单位为 MPa。外层井壁的水平荷载按承受的冻结压力计算。冻结压力是指在冻结施工期间冻结壁作用于外层井壁上的水平压力,它是冻结壁和外层井壁共同作用的结果。影响冻结压力的主要因素有土性、深度、冻结温度、冻结壁厚度以及井壁结构形式等。冻结压力是冻结工法本身造成的施工荷载,它是冻结井筒外层井壁设计的关键因素。冻结压力设计值由黏土层控制,我国对小于 400 m 井深的冻结压力设计值,主要根据大量实测数据和工程实践,按工程类比法取值,而对于冲积层厚度超过 400 m 的冻结压力,国内外实测数据较少。

(二)塑料夹层双层钢筋混凝土复合井壁

塑料夹层双层钢筋混凝土复合井壁解决了长期以来深井冻结井壁开裂漏水这一难题。塑料夹层的防水机理是塑料板使内外层井壁不直接接触,减少了外壁对内壁的约束,使内壁在降温过程中有一定的自由收缩,防止出现较大的温度应力。塑料板还具有保温作用,使内壁的降温速率减小,也减少了瞬时温差,降低了温度应力,正是由于防止和降低了出现的温度应力,从而消除了裂缝,大幅度提高了混凝土井壁的自身封水性。

(三)竖向可压缩复合井壁

竖向可压缩复合井壁结构各部分的作用是:① 外层井壁在施工期间承受冻结压力和限制冻结壁的变形,在冻结壁解冻后,冻结压力消除,外层井壁与内层井壁共同承受永久地压自重和部分竖直附加力。② 内层井壁承受外层井壁或夹层传来的水平侧压力,同时承受自重、设备重量和外层井壁或夹层传来的部分竖直附加力。内层井壁还要满足防止井壁漏水的要求。③ 夹层位于内层井壁和外层井壁之间,主要作用是防漏水和改善井壁受力状况。因不同的功能要求,夹层可以选用不同的材料和结构形式。常用的夹层有塑料板、沥青和钢板。④ 可缩性井壁接头保持井壁竖向可缩以适应特殊地层的竖直附加力,可缩层可由实心可缩材料构成,也可制成空心结构的可缩装置,它要求在井壁自重作用下具有刚性特征,当荷载超过某一设定值以后,可缩层具有可压缩特性。⑤ 泡沫塑料层设置在冻结壁与外层井壁之间,其厚度为 25~75 mm,既起到隔热作用,也可防止混凝土析水冻坏。同时由于冻结壁的径向变形,泡沫塑料层自身被压缩,从而起到缓和冻结压力的作用,在黏土层中使用效果更加明显。

竖向可缩性井壁接头是一种竖计横抗的新型井壁结构,当竖向荷载不大时,井壁足以承受水平外载作用(抗);当竖向附加力增加到某一值时,井壁产生竖向压缩变形,使得井筒和地层同步下沉(让),以减小竖向附加力对井壁的影响。因此为了防止因地层水位下降引起井筒周围土体固结沉降给井壁产生过大的竖向附加力,应该在传统的钢筋混凝土井壁的基础上,根据井筒所处地层状况,在地层变形较大处设置可缩性井壁接头,以保证井壁具有竖向让的特性。

第三节　我国立井冻结法凿井技术现状

冻结法凿井施工技术主要包括冻结孔施工技术、冻结方案与工艺、井筒掘砌以及相应的装备等技术水平。我国建井技术经过几十年的发展,新建煤矿穿越的工程地质与水文地质条件越来越复杂,在科技工作者不懈努力和工程管理水平不断提高的前提下,我国冻结法凿井技术得到了迅速的发展,研发了大批新技术、新装备以及新工艺,冻结法凿井技术发展到了一个新的阶段,达到了世界先进水平。

一、冻结壁厚度和布孔方式

冻结壁厚度是冻结凿井确定冻结孔布置的一个重要指标,其厚度除受冲积层深度、井筒掘进直径等基本条件制约外,还受冻土强度、蠕变特性和施工工艺等因素影响。以往在冻结深度 350 m 以浅多采用单圈孔布孔方式,冻结壁平均温度均不低于-10 ℃,此后,随着冻结深度的加大以及井筒直径的增大,单圈孔布孔方式已无法满足冻结壁设计要求。例如,袁店二矿西风井,净直径 5.5 m,冲积层厚 278.8 m,冻结深度 350 m,冻土平均温度-12 ℃,冻结壁厚度 5.0 m。表 1-6 为我国部分立井冻结法凿井冻结壁厚度及布管方式。

表 1-6　我国部分立井冻结法凿井冻结壁厚度及布管方式

序号	井筒名称	冲积层厚度/m	冻结深度/m	井筒净直径/m	冻结壁厚度/m	冻结管圈数
1	龙固副井	567.7	650	7.0	11.5	3
2	郭屯煤矿主井	587.4	702	5.0	10.0	4
3	郭屯煤矿副井	583.1	702	6.5	11.0	4
4	郭屯煤矿风井	563.6	702	5.5	10.5	4
5	口孜东煤矿主井	568.0	737	7.5	11.5	4
6	口孜东煤矿副井	572.0	615	8.0	12.5	4
7	口孜东煤矿风井	573.0	626	7.5	11.5	4
8	陈蛮庄煤矿主井	568.8	629	5.0	8.5	4
9	陈蛮庄煤矿副井	556.9	640	6.5	11.0	4

表 1-6(续)

序号	井筒名称	冲积层厚度/m	冻结深度/m	井筒净直径/m	冻结壁厚度/m	冻结管圈数
10	陈蛮庄煤矿风井	572.5	644	5.5	10.2	4
11	板集煤矿主井	585.9	660	6.2	3.0	1
12	板集煤矿副井	581.3	673	7.3	5.0	2
13	板集煤矿风井	583.3	666	6.5	3.0	1
14	龙固煤矿北风井	675.6	730	6.0	11.5	3
15	万福煤矿主井	754.0	840	5.5	11.4	4
16	万福煤矿副井	754.96	894	7.0	12.5	4
17	万福煤矿风井	754.0	840	6.0	12.0	4
18	新巨龙煤矿新副井	631.1	958	7.0	11.9	4
19	袁店二矿西风井	278.8	350	5.5	5.0	3
20	青东矿东风井	216.45	305	5.5	4.2	3

冻结孔布置方式主要取决于井筒直径、冻结壁厚度、施工速度、地质特点以及造孔的技术水平等因素。根据我国近几年深井冻结技术取得的进步和积累的工程经验,当冻结壁设计厚度小于 5 m 时,多采用单圈孔或单圈孔+防偏孔;当冻结壁设计厚度为 5.0~7.0 m 时,适宜采用双圈孔;当冻结壁设计厚度为 7.0~10.0 m 时,多采用双圈孔或三圈孔;当冻结壁设计厚度为 10.0~13.0 m 时,适宜采用三圈孔或四圈孔(防片帮孔插花布置)等。

图 1-2 与图 1-3 分别为袁店二矿西风井与祁南矿东风井采用双圈管+防片帮孔冻结布置方式。2 个井筒分别于 2019 年 11 月 4 日和 2019 年 11 月 29 日开机冻结,两井筒均顺利开挖通过冻结段。

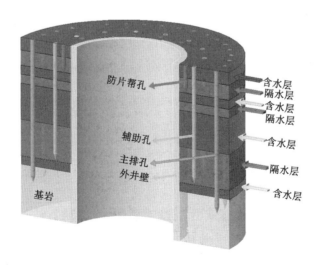

图 1-2　袁店二矿西风井冻结管布置

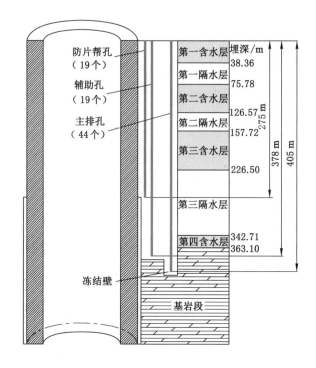

图 1-3　祁南矿东风井冻结管布置

二、深井冻结孔施工技术

深井冻结孔钻进工程量大,一个井筒 6 000～8 000 m,钻孔质量要求高,钻孔偏斜率:冲积层中小于 3‰,基岩中小于 5‰。相邻两孔最大间距:冲积层中小于 3.0 m,基岩中小于 5.0 m,内圈孔径向偏斜应符合设计要求。

(一)主要施工设备

(1)钻机。目前普遍采用国产 TSJ-2000 型及 TSJ-1000 型钻机,该类机型扭矩为 15～18 kN·m,提升能力为 60～80 kN。配用 ϕ89 mm 钻杆。一般钻场上采用 4～8 台同时施工。

(2)泥浆泵。泥浆泵选用 TBW-850/5 型或 TBW-120/7B 型,泵压 5～7 MPa,流量80～1 200 L/min。满足钻孔冲洗和螺杆钻具工作的要求,并配备旋流器和振动筛等设备净化泥浆。

(3)定向纠偏设备。螺杆钻具选用国产 5LI-165×7、5LI-120×7 等型号,造斜器有0.5°、1.0°、1.5°和 2.0° 4 种,配 JDT-3 型陀螺测斜仪。

(4)测斜仪。国产小直径、精度±3°,连续测量自动记录的 JDT-5 型陀螺测斜仪及蔡司101B 型经纬仪,精度±1°陀螺仪放在钻杆里,实现不提杆测斜。

(5)钻塔。选用四角钻塔,承载能力大,其高度能满足下放两根连接的冻结管长度。采用上述设备施工深冻结孔,为保证钻孔质量创造了良好的条件。

本着"防偏为主,纠偏为辅"的原则,钻进中,根据不同地层及钻孔状况,加强泥浆管理,提供优质泥浆,选择合理的钻具,调整控制钻压、钻速、进尺及泵压、泵量等参数进行钻进,每钻进 30 m 左右进行测斜,发现超偏时应及时纠偏。采用陀螺仪测斜,采用允许偏斜率及"靶域"式钻进来控制钻孔质量,"靶域"半径为 0.8～1.5 m。

（二）纠偏技术

国产的陀螺测斜仪、螺杆钻具及钻孔定向纠偏技术,为保证钻孔质量起到了重要作用。实践表明,当孔深 200 m 以深时,采用传统的铲、扫、扩、移位等纠偏方法效果差,难以保证钻孔质量。钻孔质量对井筒冻结、掘砌施工能否顺利进行至关重要。20 世纪 80 年代初,在潘三东风井及东荣二矿风井试验中采用美国进口的 YL-100 型液压螺杆钻具进行定向纠偏首获成功。其后,我国研发了国产 5LI 系列螺杆钻具、造斜器,JDT-3、JDT-5 型陀螺测斜仪等,形成了深井冻结孔纠偏技术。

（三）冻结管连接方式

冻结管采用 20 号低碳钢无缝钢管,规格一般为 $\phi 89$ mm×7(8) mm、$\phi 159$ mm×7(6) mm 或 $\phi 140$ mm×6 mm。冻结管连接部位是易发生断管的薄弱环节,以往多采用外套箍连接方式,常发生断管事故,后经研究,现均改用内套箍焊接方式,大幅度降低了连接处断裂漏液事故的发生。

三、制冷供冷技术

与浅立井相比,深井冻结所需冷量大,对冻结壁供液控制要求高,通过设置大型制冷站,提供低温、大流量盐水,对制冷设备更新换代,采用节水节能等技术措施,满足了深井冻结对制冷供冷的需求。

（1）深井冻结采用低温 −35～−32 ℃大流量、每孔 10～18 m³/h 盐水,需要设置大型冷冻站。目前一个井筒的制冷站装机总标准制冷量为 10.5～14.7 MJ/h。口孜东矿主井为 17.3 MJ/h。一个制冷站需要安设冷冻机、蒸发器、冷凝器、盐水泵及配电器等多台设备。电机总容量约 10 000 kW,液氨近百吨,氯化钙近千吨,占地面积 2 000～3 000 m²,形成氨、盐水、冷却水 3 个循环系统,组成一个庞大的制冷系统。制冷站能力的大小与冲积层厚度、冻结深度、冻结壁厚度有直接关系。此外,还与盐水温度有关,盐水温度越低,需要冷冻机的容量越大,液氨汽化温度在标准制冷量工况时每下降 1 ℃,冷冻机的制冷量下降 1/3 左右。当盐水温度降至 −35 ℃时,其制冷量为标准制冷量的 1/3 左右。所以,在工程设计中结合深立井具体情况,科学合理地选择盐水温度对节能和降低冻结费用是很重要的。

（2）制冷设备更新换代,提高制冷效率,节能节水。采用新型大容量螺杆冷冻机替代了立式活塞式冷冻机。该型机具有在低温工况时运转性能显著提高、操作方便、易维护、单机容量大而体积小、占地面积小等优点。"十一五"期间大型制冷站多采用该种新型螺杆冷冻机,组成单双级压缩制冷,大幅度提高了制冷效率。20 世纪 90 年代初,研发了蒸发式冷凝器替代耗水量大的壳管立式冷凝器,并在河北元氏矿首次试用成功,之后在全国推广应用。与壳管立式冷凝器相比,该种冷凝器具有节水显著、运行可靠、养护方便、搬运装拆方便等优点。如一个深井制冷站,以前采用壳管立式冷凝器时需要水源井提供 600～700 m³/h 冷却水,而采用蒸发式冷凝器后只需要 40 m³/h 左右,节水率高达 80%～90%。

（3）广泛采用信息化施工,提高了施工管理水平。到了 21 世纪,随着冻结井的深度不断加大,对冻结壁形成质量和掘砌施工工艺提出了更高要求,各冻结掘砌单位联合高校、科研单位研发了计算机自动化集中监测系统,实时采集制冷站运转状况,预报冻结效果等数据来指导施工。在井筒掘砌过程中,通过工作面井帮温度、位移、冻土进入荒径等数据,及时掌握工作面冻结壁的稳定状况以及下部冻结壁厚度、井帮温度。为协调冻结与掘砌的关系、安全施工提供依据,大幅度减少了断管、井壁破裂等事故发生。

四、井筒掘砌施工技术

(一)冻结段快速掘砌

为了达到快速建井的目的,井筒凿砌施工必须要有先进的施工方法、配套的机械化装备(大抓、大绞车、大吊桶、双套提升系统)、合理的劳动组织、科学全面的管理手段,正确把握冻结与凿井的关系,只有这样才能确保井筒安全、快速施工。在淮南潘谢矿区建设早期,由于缺乏配套的机械化装备和科学的管理方法,加之没采用井筒基岩段地面预注浆技术,井筒施工质量不高,掘砌速度慢。在1972—1997年间,淮南矿区共施工冻结井筒19个,月成井大多为20~30 m,最高月成井43.5 m。

井筒凿砌装备配备水平是保证井筒快速施工的关键技术之一。随着我国煤矿建井技术的进步,企业管理体制、机制的改革,配套的立井机械化施工装备的采用,冻结井掘砌质量和速度得到大幅度提高。根据井筒断面的大小,选用1~2台抓岩机配合人工刷帮,选用3~4 m³吊桶出土;选用整体下放式金属大模板砌筑外层井壁,配底卸式吊桶下混凝土,加上合理的"滚班式"循环作业方式;内层井壁施工,选用液压滑升模板和激光导向技术,采用从下向上一次性套壁施工方案,尽可能避免分段套壁。采用此套施工技术方案,施工速度快、质量好、劳动强度低、安全性好、工序简单。

1998—2012年间,淮南矿区共施工冻结井筒32个,根据22个井筒的统计,表土段平均月成井达到89.4 m,最高平均月成井119.3 m,顾桥主井表土段最高月成井达到150.8 m。

(二)冻结段深厚黏土层施工技术

黏土层含有高岭土、钙、铝等矿物成分,土中结合水含量高,具有可冻性差、冻胀力大等特点,是冻结管断管、外层井壁破损等事故的易发地段。如谢桥矿矸石井断管33根、副井断管5根,淹井事故均发生在200~240 m下部黏土层部位;张集矿风井3根冻结管断管发生在270 m钙质黏土与砂层交界处;顾北矿副井连续发生43根冻结管断管,发生层位主要在井筒下部黏土层或钙质黏土层。对此,在分析原因、总结经验的基础上,提出"强化冻结、短段掘砌、加强支护、快速通过、辅以挖卸压槽、提高井壁混凝土强度等级及铺设高强度泡沫板"的施工方案,有效预防和减少了断管事故的发生。

(三)井筒成井速度

目前,我国中东部深井冻结法凿井广泛采用了"三同时"快速建井技术,即将凿井工程中传统的注浆、冻结、掘砌依次施工的工艺,通过S孔定向钻进技术,使三者在同一井筒、同一时间段内同时施工。加之,冻结孔成孔质量好,冻结工艺与掘砌施工协调配合,钻爆法施工,工作面机械化作业程度高,实现打干井,井筒施工进度得到显著提高。掘砌外壁月进尺100 m为正常的施工进度,也可实现月进尺120~150 m,平均月进尺90 m左右。井筒冻结段综合平均月进尺70 m左右。目前,1口深600~700 m的井筒,采用全深冻结或上部冻结,下部普通法施工,可在1年内到底。

第四节　冻结法凿井设计必备资料

设计必备资料包括井筒检查孔及工程地质、水文资料。

一、检查孔的位置、个数、深度

（1）井筒检查孔不得布置在井筒范围内，距井筒中心距 25 m 以内，通常为 1 个，深度要超过井筒设计深度。

（2）当冻结深度超过 400 m，决定检查孔位置时，应考虑在冻结深度范围内，检查孔位置不得偏入冻结壁内。

（3）当开发新矿区由于工程地质和水文地质条件复杂时，井筒检查孔数可增加，其个数及布置方式视工程设计、施工要求而定。

（4）当采用井筒全深冻结时，检查孔的终孔深度应比井筒设计深度深 10 m。

二、检查孔施工要求

（1）井筒检查孔深度应大于井筒设计深度 10 m 以上，如欲探明可采煤层、底部含水层或解决其他地质问题，本着一孔多用的原则，可适当加深。

（2）井筒检查孔应全孔取芯，岩芯采取率在土层和岩层中应不小于 75%，在砂层、破碎带及其他软弱夹层中也不宜小于 50%，并采用物探测井法测定层位。

（3）井筒检查孔终孔直径应不小于 89 mm，含水层抽水过滤器的直径应不小于 127 mm。

（4）在井筒检查孔穿过的岩（土）层中，每层至少取一个样品进行物理力学性能测定。在成分变化大且层厚超过 5 m 时，适当增加取样数目。对冻结法凿井的井筒，150 m 以下厚度大于 5 m 的黏土层及可能作为设计控制层位的深部厚层砂质黏土、细粉砂层，应采取冻土物理力学试验样品。可采煤层及顶底板应单独取样。

（5）各类岩（土）层应根据施工需要做如下试验项目：

① 砂层：颗粒成分、湿度、重力密度、比重、孔隙率、渗透系数、内摩擦角。

② 土层：颗粒组成及化学成分、重力密度、比重、湿度、孔隙率、可塑性、内摩擦角、黏聚力、抗压强度、膨胀性。

③ 岩层：重力密度、坚固性系数、抗压强度、内摩擦角、泊松比。

④ 冻结法施工的冻土物理力学试验：冻土无侧限抗压强度（−5 ℃、−10 ℃、−15 ℃、−20 ℃）、冻土瞬时三轴剪切试验（−10 ℃、−15 ℃）、冻土蠕变试验（−10 ℃）、冻土弹性模量与泊松比试验、冻土冻胀性能试验、土壤导热性能与比热容试验。

以上试验项目可根据井筒不同施工方法的要求增减。在矿区已积累相应的经验并掌握冲积层工程地质条件及变化规律的情况下，试验项目可酌减。

（6）井筒检查孔每钻进 20～30 m 应测斜一次，测出斜度及方位角。钻孔偏斜率应控制在 1.5% 以内。

（7）井筒检查孔应做好简易水文观测工作，对主要含水层（组）应分层进行抽水试验。每次抽水试验的水位降低不宜少于 3 次，稳定时间不小于 8 h，每次水位降距应尽可能相等，且不得小于 1 m。每次抽水的最后一次水位降低时,应采取全分析和侵蚀性水样,同时测定水温。

(8)钻进结束后应对井筒检查孔采用高标号水泥砂浆严密封堵,并设立永久性标志。

三、检查孔需做的试验及测试

主要试验及测试项目如下:

(1)岩土物理力学性能试验。

(2)冻土物理力学性能试验。

(3)抽水试验。

(4)流速测试。

(5)地温测试。

说明:

(1)岩土物理力学性能试验主要内容:砂层的颗粒成分、湿度、天然重力密度、比重、孔隙率、渗透系数、内摩擦角等,黏土层的湿度、天然重力密度、相对密度、孔隙率、可塑性、膨胀性、黏聚力、抗压强度及氯化钙、氯化钠等物质的含量。

(2)冻土物理力学性能试验内容:-5~15 ℃时的冻土三向受力、冻土蠕变、无侧限抗压强度。黏土层应做膨胀性及冻胀量、比热容、导热系数等试验。

四、检查孔应提供的资料

(1)沿井筒中心线完整的地质剖面柱状图,标示岩(土)层层序、厚度、岩层倾角、岩性描述、岩溶、风化带、断层破碎带情况及特征。

(2)当有两个或两个以上检查孔时,进行岩(土)层对比并作出沿井筒中心线完整的地质剖面图;当只有一个检查孔时,应尽可能利用原有地质钻孔作出地质剖面图。

(3)井筒的水文地质资料,包括含水层(组)及隔水层的数量、埋藏条件、静止水位、水头压力、含水性(单位涌水量、渗透系数)、水质、含水层之间及含水层与地表水之间的水力联系等。预计井筒施工时各含水层的井筒涌水量。如为冻结法施工,尚应取得地下水流向、流速和水温等资料。

(4)井筒穿过岩(土)层的物理力学性能(冻结法施工时包括所需的冻土物理力学试验资料)。

(5)井筒穿过可采煤层的瓦斯资料。

五、设计和施工单位对井筒检查孔地质资料的研究和利用

(一)设计

设计单位通过对井筒检查孔地质资料与资源勘探地质资料的对比,评价井筒水文及工程地质条件,验证井底车场及主要硐室所处层位,最后确定井位、井底标高并审定原设计所选定的井筒施工方法。若井筒检查孔发现较大的地质变化,如断裂、褶曲、煤层赋存条件或井筒落底处岩性有较大变化时,需重新对井位、井底标高及相关技术原则进行审慎研究,确定是否应对原设计进行调整、修改或做进一步补充勘探。例如,对陈四楼矿井井筒检查孔地质资料的研究发现,二煤层底板标高比原地质报告资料抬高 7 m,致使副井井筒与井底车场

连接处(马头门)正好处于二煤层顶、底板软岩中,实测抗压强度仅为 6.7 MPa。另外,主水泵硐室、内(外)水仓、煤仓下口及箕斗装载硐室均处于该软岩中。这将给这些硐室的施工、支护及维护带来较大的困难。经对比研究后确定将井底车场水平提高 10 m,使上述硐室均处于较坚硬完整的岩层中。又如赵固一矿第一次检查孔勘探发现柱状剖面、井筒落底及车场等主要巷道岩层松软,只得移位另钻检查孔,重新改变井位。

设计单位对井筒检查孔所揭露岩(土)层的岩性、赋存条件、水文和工程地质条件进行研究,最后确定井筒的施工方法,并据以进行井壁结构施工图设计。如松散覆盖层段采用冻结法施工时,应对设计控制地层,特别是厚黏土层颗粒成分和膨胀性进行研究,通过计算或采用类比法确定冻结压力;了解基岩风化带的起止标高、风化和破碎程度、导水情况、裂隙发育程度及有关物理力学性能指标,以确定合理的深度,选定风化带下壁座的形式和位置;了解冲积层各含水层之间及其与基岩含水层间的水力联系,研究未来的开采是否会使其水位降低,并由此导致土层被压缩所引起的竖向附加力对井壁产生影响,以便确定是否应在井壁结构设计中采取必要的措施;对基岩段各含水层富水性进行研究,确定基岩段的施工方案,是否需要注浆及采用何种注浆方法,对邻近风化带的基岩大含水层应考虑进行一次冻结等。

(二)冻结法施工

冻结法施工对井筒检查孔地质资料进行研究的主要目的是进行冻结设计,包括冻结计算、确定最佳冻结深度、优化冻结方案、布置水文孔和测温孔,以及设计冻结孔钻进和冻结段井筒掘砌方案等。

掌握第三、四系冲积层、强(弱)风化带岩层的埋藏深度、岩性、土工试验数据和含水性,以便确定冻结方案。找出砂性土和黏性土的设计控制地层,确定冻结深度及差异冻结的长短腿深度;根据冻结段含水层的埋藏特点(涌水量、渗透系数、水压及水力联系),评价地下水水质(特别是含盐成分)、流速、流向对冻结的影响,确定水文观测孔的数量、深度、结构及质量要求;通过对井筒穿过地层的掌握,使测温孔测点的布置与需要量测的地层相对应;掌握黏土层冻土物理力学性能试验资料,为冻结设计提供参数并指导冻结段施工;掌握岩层的倾角和抗压强度,以制定钻孔施工措施和合理选择钻头;了解土层中是否有砂礓、卵石层和膨胀性厚黏土层,以制定适合的掘砌方案等。

第二章　人工冻结岩土的物理力学性质

第一节　岩土的物理力学性质

人工冻结凿井的对象一般均为近地表的第四系(Q)、新近系(N)和古近系(E)含水的软岩、土、砂地层,由于地层成因不同,其成分与厚度差异明显。我国首个用冻结法凿井的林西矿风井第四系冲积层厚50.7 m,目前冻结井揭露冲积层最深厚度达587.4 m。煤田勘探资料显示,尚有冲积层厚度为760～1 000 m的,因而对冲积层原土性质及地层特征作分析比较,对提高冻结技术水平十分必要。我国深厚冲积层主要分布在华北平原东部地区。华北平原新生界松散层主要是由黏土、钙质黏土、粉砂质黏土、砂层和砂砾层等组成,以冲-洪积、河湖相形成沉积。黄淮地区的深部黏土为新生界第四系地层和新近系地层,主要由黄河和淮河的泥沙沉积形成。

一、松散土的颗粒成分及分类

以两淮矿区为例,该矿区砂岩类组中,细砂多呈灰白色和土黄色,一般质地较纯,多数中厚层的细砂均属此类。但与黏性土层相接的过渡层中细砂往往含有较多的粉黏粒。中粗砂、包括含砾的中粗砂,可分为质地较纯的中粗砂和含粉黏粒的中粗砂。

两淮矿区黏土类组,由粉砂质黏土颗粒组和黏粒组构成,多数情况,含砂粒组颗粒一般不小于30%,黏粒组含量一般为25%～77%,而且以大于35%为多数。

二、松散土的黏土矿物成分

黄淮地区黏土矿物成分主要以高岭石、蒙脱石、伊利石或伊利石/蒙脱石混层为主,它们具有较强的吸水性与膨胀性。表2-1为黄淮地区5个矿井深部黏土的矿物成分测试结果,发现黄淮地区深部黏土的矿物成分中蒙脱石或伊利石/蒙脱石混层的含量很高,土体具有较强的吸水性与膨胀性。例如,淮北桃园井田中蒙脱石含量为9.6%～62.5%,淮南潘三矿东风井蒙脱石含量为7.0%～55.0%,但在垂直空间上的分布有一定的规律,一般是浅部和底部的蒙脱石含量小于中部。

表 2-1　东部矿区黏土矿物成分

矿井	埋深/m	蒙脱石/%	伊蒙混层/%	伊利石/%	高岭石/%	其他矿物/%
徐州张双楼	210.0～211.8	—	76.4	14.2	8.4	—
淮北桃园	261.5	10.8	—	58.4	19.7	11.1
淮南潘三	319.0	26.0	—	68.0	6.0	—

表 2-1(续)

矿井	埋深/m	蒙脱石/%	伊蒙混层/%	伊利石/%	高岭石/%	其他矿物/%
济宁鲍店(黏土)	142.0	—	74.0	2.0	24.0	—
淮北临涣(黏土)	179.0	—	75.0	4.0	21.0	—

三、密度与孔隙比

由于长期经受地质历史作用,黏土和砂性土的干密度与埋深有一定的单调关系,局部出现一些振荡变化,但是从总体趋势上看,干密度随着埋深的增加而增大。以淮南丁集矿为例,埋深 150～420 m 的黏土的干密度为 1.605～1.763 g/cm³,埋深 200～480 m 的砂层的干密度为 1.572～1.791 g/cm³。

黏土和砂土孔隙比随埋深总体趋势上减小,以丁集矿为例,150～420 m 的深部黏土的孔隙比为 0.494～0.691,200～480 m 的深部砂性土的孔隙比为 0.484～0.713。

四、松散土层的含水率

黄淮矿区深部松散土(特别是黏土层)的含水率普遍较小。口孜东矿少数黏土层位含水率大于塑限,而丁集矿和龙固矿的黏土含水率一般均小于塑限 W_p,其中丁集矿的黏土最小含水率为 $0.60W_p$,龙固矿的黏土最小含水率为 $0.515W_p$。

砂性土的含水率也存在类似规律,总体呈现由上往下依次递减的趋势。以丁集矿为例,200～300 m 的深部砂性土含水率为 20% 以上,300～450 m 的深部中粗砂含水率为 15%～20%,450～520 m 的深部砂砾、中粗砂含水率为 14% 左右。

五、原生态土的组成

原生态土一般是由固体、液体和气体三相物质组成的松散体、固体部分、矿物颗粒,是土的骨架。水和溶解的盐类即水溶液构成土中的液相,水汽和其他气体构成土中的气相。土的骨架之间存在许多孔隙,当孔隙全部被液态水充填时,为二相体,土中三相之间体积或重量相对关系不同,土的工程性质也不一样。图 2-1 为土的三相示意图。

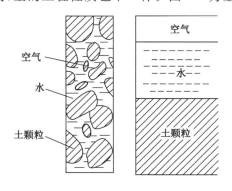

图 2-1　土的三相示意图

六、膨胀土的物理性能指标

膨胀土(黏土)是指具有膨胀性和收缩性的土,这种土受水侵蚀后,在一定外力作用下,土的体积仍然膨胀,干燥失水时体积收缩。膨胀土在天然状态下一般强度较高,压缩性小。黏土的物理性能指标有:

(1) 土的天然重力密度。土的天然重力密度是指在天然湿度和结构状态下土的单位体积的重量。土的重力密度(单位为 kN/m^3)等于土的三相物质总重量与其总体积之比,即 $\gamma = G_{总}/V_{总}$。

(2) 土颗粒相对密度。土颗粒质量(W_s)与同体积 4 ℃时蒸馏水的质量比。蒸馏水在 4 ℃时每立方厘米的质量为 1 g,所以土的相对密度在数值上等于土的固体颗粒的单位体积质量,即 $G_s = W_s/1\,000$。

(3) 含水率。土颗粒中所含水的质量(W_w)与在 100~105 ℃下烘至恒重时的质量(W_s)的百分比,即 $w = W_w/W_s \times 100\%$。黏土的干湿状态(湿土)可根据含水率划分,见表 2-2。

表 2-2　黏土湿度与含水率的关系

含水率 $w/\%$	<20	20~30	>30
湿度	稍湿	湿	很湿

(4) 饱和度。土中水分所占体积(V_w)与全部孔隙体积(V_s)之比,即 $S_r = V_w/V_s \times 100\%$。其中 S_r 表示水在孔隙中的充满程度。砂的湿度可按 S_r 的大小划分,见表 2-3。

表 2-3　砂的湿度

饱和度 $S_r/\%$	<50	50~80	>80
湿度	稍湿	湿	饱和

饱和粉细砂的特性与软土不同,饱和粉细砂没有黏结胶粒,没有塑性,抗剪强度不是很低,压缩系数不是很大。但受到地震或其他反复振动时,粉细砂被加密,孔隙减少,导致孔隙水压力上升,有效应力降低。当孔隙水压力等于该处粉细砂的上覆土柱压应力时,抗剪强度完全丧失。当孔隙水压力大于上覆压应力时,则发生喷水冒砂。建筑物为刚性基础且有足够压力时不会喷水冒砂,但基础下的砂层可能从基础周围喷水冒砂,导致基础下沉偏斜。土堤、土坝、路堤下的粉细砂则从堤坝趾部喷出,导致边坡塌滑。上述现象称为液化。由于饱和粉细砂在振动作用下出现这种现象,所以也把它列入软土类。

第二节　人工冻结岩土的热物理性质

冻结法凿井中的冻土泛指被冻结了的土或岩石,即当温度降至结冰温度或更低时,使大部分水冻结,并胶结了固体颗粒,或充填岩层的裂隙,从而形成的冻土(岩)。

冻土的基本成分是固体矿物颗粒、黏塑性冰包裹体、液相水(未冻水和强结合水)和气态包裹体(水汽和空气),如图 2-2 所示。

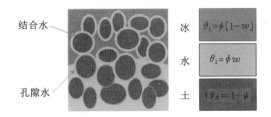

图 2-2 冻结过程中饱和多孔介质各组分分布示意图

（1）冻土的固体矿物颗粒对冻土性质具有极为重要的影响，冻土性质不仅取决于矿物颗粒的尺寸和形状，而且取决于矿物颗粒表面的物理化学性质，土体的矿物颗粒的分散度对冻土的强度也有影响。

（2）冻土中存在的冰包裹体，其非常独特的性质在很大程度上制约着冻土的力学性质。由于冰不但具有强烈的各向异性，而且在荷载作用下，甚至在极小应力下，都会出现黏塑性变形。在天然条件下由于热动力条件（温度、压力等）经常发生某些改变，冰的性质（黏滞性等）可能发生显著变化。当自然条件稍有变化时，这种变化就既决定了冰性质的不稳定性，也决定了冻土性质的不稳定性。

（3）冻土和未冻土中的液相水——未冻水在通常负温（至少可达 -70 ℃）下仍有一定数量存在，冻土中的未冻水以强结合状态和弱结合状态存在。冻土和永久冻土中未冻水的数量随土的负温下降而减少，同时每一种土都有十分固定的未冻水含量曲线。

（4）冻土中的水汽从弹性较高处（主要取决于温度）向弹性较低处转移。在非饱和水土中水汽可能是土温变化和冻结过程中水分重分布的主要原因。

冻土组成部分——固体矿物颗粒、冰、未冻水、强结合水、水汽和空气都各有其特性。在冻土中它们之间发生相互作用，首先取决于矿物颗粒和冻土表面与各种状态水之间的力场，其强度既与土的固体成分的比表面积和物理化学性质及其交换阳离子成分有关，也与外部作用（温度、压力等）的影响有关。

冻土的形成过程，实质上是土中水冻结并将固体颗粒胶结成整体的物理力学性质发生质变的过程，也是消耗冷量最多的过程。如图 2-3 所示，土中水的冻结过程可以划分为以下五个阶段：

① 冷却阶段：向土层供冷初期，土体逐渐降温以达到冰点；

② 过冷阶段：土体降温至 0 ℃ 以下时，自由水尚不结冰，呈现过冷现象；

③ 突变阶段：水过冷后，一旦结晶就立即放出结冰潜热，出现升温现象；

④ 冻结阶段：温度上升接近 0 ℃ 时稳定下来，土体中的水便产生结冰过程，将矿物颗粒胶结成整体形成冻土；

⑤ 冻土继续冷却阶段：随着温度的降低，冻土的强度逐渐增大。

在整个冻土形成过程中，水变成冰的冻结阶段是最重要的过程，是使土的物理力学性质产生质变的过程，也是消耗冷量最多的过程。

在冻土形成过程中，除过冷和潜热释放外，还有水分迁移现象。所谓水分迁移是指融土中的水分向冻土锋面转移，使锋面上的水分增多。水结冰时，其体积约增大 9%。事实证明，水分向冻结峰面迁移及其后冻结的结果，可使岩土体积增大，当这种体积膨胀足以引起颗粒间的相对位移时，就形成冻土的膨胀，使冻土的冻胀力（弹性能）相应增大。水分迁移强烈的黏土层较砂土存储

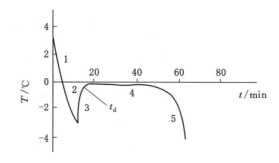

1—冷却阶段;2—过冷阶段;3—释放潜热阶段;4—结冰阶段;5—冻土继续冷却阶段。

图 2-3 岩土中水的冻结过程曲线

的冻胀弹性能大,加之冻黏土中未冻水含量大,强度低,使冻黏土的流变性变得更强。

冻土是由矿物颗粒、冰、未冻水和气体所组成的四相物体,冻土和未冻土的热物理性质有很大差别,它是由土中水处在不同相态时或者正在发生相变时的特性所决定的。由于冰的导热系数约为水的 4 倍,而冰的热容量约为水的一半,冻土中的含冰量愈大,其物理性能的差异也愈显著。

描述冻土热物理性质的主要指标有比热容、导热系数、导温系数、热容量和冻结温度。

一、比热容

(一)质量比热容定义

冻土的质量比热容为使 1 kg 的冻土温度改变 1 K 所需吸收(或放出)的热量,单位为 kJ/(kg·K)。冻土的比热容取决于各成分的比热容和比例。当略去冻土中的气相成分时,冻土的质量比热容按其物质成分的比热容加权平均来计算,即

$$c_M = \frac{c_p + (w - w_U)c_i + w_u c_w}{1 + w} \tag{2-1}$$

式中 c_M——冻土的质量比热容,kJ/(kg·K);

c_p,c_i,c_w——土颗粒、冰和水的质量比热容,一般 $c_p = 0.71 \sim 0.84$ kJ/(kg·K),c_i 和 c_w 值见表 2-4;

w——含水率(土中水的质量与干土质量之比),%;

w_u——未冻水含量(冻土中未冻水的质量与干土质量之比),%。

表 2-4 水和冰的质量比热容随温度的变化

水		冰	
温度/℃	$c_w/[kJ/(kg·K)]$	温度/℃	$c_i/[kJ/(kg·K)]$
10	4.208	−10	2.008
20	4.194	−20	1.967
30	4.189	−30	1.889
40	4.190	−40	1.811
50	4.193	−50	1.344

（二）容积比热容定义

单位体积的冻土温度变化 1 K 所需吸收（或放出）的热量定义为冻土的容积比热容，单位为 kJ/(m³·K)。容积比热容的计算公式为

$$c_V = \rho_s \frac{c_p + (w - w_u)c_i + w_u c_w}{1 + w} \tag{2-2}$$

式中　c_V——冻土的容积比热容，kJ/(m³·K)；

　　　ρ_s——冻土的干密度（单位体积冻土中土颗粒的质量），一般取 $\rho_s = 1\,300 \sim 1\,700$ kg/m³。

（三）试验方法

为了计算土的热容量，故进行土的比热容测定。试验采用直接法，比热容试验可采用 BRR 比热容测试仪测定。袁店二矿西风井土体比热容测定结果如表 2-5 所示。

表 2-5　袁店二矿西风井土体比热测定结果

样品编号	样品名称	取样深度/m	质量比热容/[kJ/(kg·K)]	容积比热容/[kJ/(m³·K)]
D1	黏土	49.55～71.10	1.292	2 317.0
D2	黏土	89.75～97.41	1.507	2 518.0
D3	黏土	94.85～100.75	1.411	2 478.5
D4	黏土	189.30～201.68	1.492	2 501.6
D5	黏土	215.25～220.60	1.360	2 895.3

二、导热系数

（一）导热系数定义

导热系数为当温度梯度为 1 K/m 时，单位时间内通过单位面积的热量，用 λ 表示，单位为 kJ/(m·h·K)。导热系数主要取决于土的成分、含水率、密度和温度，并与土的结构有关。冻土和融土的导热系数均与干密度近似呈直线关系；干密度相同时，导热系数随总含水率和含冰率的增大而增大；干密度和含水率相同时，粗颗粒土的导热系数比细颗粒土的导热系数大，同类土由于矿物成分和分散度的差异，造成导热系数之间的差值可达 5%～11%。冻土导热系数随负温度降低而缓慢增大。因此在热工计算中，导热系数取值仅考虑冻融状态而忽略温度的影响是可行的。

（二）试验方法

试验目的：用于确定土层的导热性质，掌握冻土的发展速率，为确定冻结时间和计算冻结壁厚度提供基本参数。试验仪器：Hot Disk TPS 2500S 型热常数分析仪。试验温度水平：土的导热系数与温度有关，故分别对常温土（15 ℃）和冻土（-10 ℃）的导热系数进行了测定，如图 2-4 所示。

袁店二矿西风井土体导热系数测定结果如表 2-6 所列。

图 2-4　Hot Disk TPS 2500S 型热常数分析仪

表 2-6　袁店二矿西风井土体导热系数测定结果

编号	岩性	深度/m	常温条件下		低温条件下	
			试样表面温度/℃	导热系数/[kJ/(m·h·K)]	试样表面温度/℃	导热系数/[kJ/(m·h·K)]
D1	黏土	49.55~71.10	15	5.117	−10	6.724
D2	黏土	89.75~97.41	15	5.364	−10	7.159
D3	黏土	94.85~100.75	15	5.962	−10	6.812
D4	黏土	189.30~201.68	15	5.690	−10	7.171
D5	黏土	215.25~220.60	15	5.745	−9	7.376

三、导温系数

导温系数是传热过程中的热惯性指标，又称为热扩散系数，是表征土中某一点在其相邻点温度变化时改变自身温度能力的指标，单位为 m²/h。导温系数是研究温度场变化的基本热学指标，其值主要取决于土的成分、含水率、密度等参数，其变化规律与导热系数相似。导温系数计算公式为：

$$\alpha = \lambda / c_M \tag{2-3}$$

式中　α——冻土的导温系数，m²/h；

　　　λ——导热系数，kJ/(m·h·K)；

　　　c_M——冻土的质量比热容，kJ/(kg·K)。

四、结冰温度

（一）定义

湿土中水由液态转变为固态时的相变温度称为结冰温度。结冰温度与土的含水率、粒度、水溶液的浓度等有关，其值通常在 0 ℃以下。崔广心等专家对结冰温度进行了试验研究，获得了外载在 20 MPa 以内湿土的结冰温度变化规律。湿砂土、湿黏土在不同外载下的结冰温度见表 2-7 和表 2-8。另外，湿土的含盐量对结冰温度影响较大，如含水率为 25％的冻结黏土，在含 0.5 mol/L NaCl 时，在无外载条件下的结冰温度为−2.05 ℃；在含 1.0 mol/L NaCl 时，在无外载条件下的结冰温度为−4.1 ℃。

表 2-7　湿砂土在不同外载下的结冰温度

含水率 w/%	外载/MPa						平均变化率 /(℃/MPa)
	0	2	4	6	8	10	
15.03	−0.15	−0.30	−0.45	−0.50	−0.70	−0.90	−0.075
17.51	−0.15	−0.35	−0.45	−0.55	−0.90	−0.95	−0.08
20.04	−0.20	−0.30	−0.40	−0.50	−0.70	−0.90	−0.07

表 2-8　湿黏土在不同外载下的结冰温度

含水率 w/%	外载/MPa						平均变化率 /(℃/MPa)
	0	4	8	12	16	20	
16.70	−0.26	−0.49	−0.83	−1.14	−1.24	−1.70	−0.072
26.90	−0.02	−0.34	−0.63	−1.00	−1.30	−1.66	−0.082
30.60	−0.05	−0.31	−0.67	−0.98	−1.28	−1.59	−0.077
48.80	−0.02	−0.33	−0.57	−0.82	−1.10	−1.55	−0.077

（二）试验方法

试验严格按照国家标准《土工试验方法标准》（GB/T 50123—2019）执行。试验在低温瓶与零温瓶间进行，低温瓶温度为−7.6 ℃，零温瓶温度为（0±0.1）℃，试验杯应用黄铜制成，其直径为 3.5 cm、高为 5 cm，带有杯盖。试验装置如图 2-5 所示。

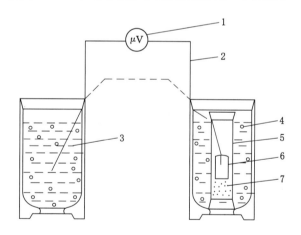

1—电压表；2—热电偶；3—零温瓶；4—低温瓶；5—塑料管；6—试样杯；7—干砂。

图 2-5　冻结温度试验装置示意图

（1）冻结温度计算

地层的冻结温度可用下式表示：

$$T = V/K \tag{2-4}$$

式中　T——冻结温度，℃；

V——热电势跳跃后的稳定值，μV；

K——热电偶的标定系数，$℃/\mu V$。

（2）冻结温度与时间的关系曲线

冻结温度与时间的关系曲线如图 2-6 所示。

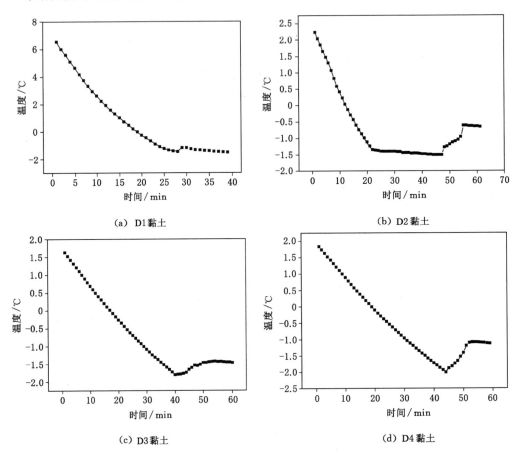

图 2-6　冻结温度与时间的关系曲线

（3）试验结果

袁店二矿西风井土体冻结温度试验结果如表 2-9 所列。

表 2-9　袁店二矿西风井土体冻结温度测定结果

土样编号	土样名称	取样深度/m	冻结温度/℃
D1	黏土	49.55 ~ 71.10	-1.44
D2	黏土	89.75 ~ 97.41	-1.50
D3	黏土	94.85 ~ 100.75	-1.79
D4	黏土	189.30 ~ 201.68	-2.00
D5	黏土	215.25 ~ 220.60	-2.21

五、冻土的冻胀融沉特性

(一)基本概念

冻土也具有热胀冷缩的特性。冻土中的水发生相变,土的体积则发生变化:当大量的水分从液态转化为固态时,土便发生冻胀;当水从固态转变为液态时,土便发生融化下沉,这就是冻土的冻胀融沉特性。

冻结土体温度升高,冻土融化,冰融化成水,体积缩小,构成了融化沉降,同时,土体在重力和上覆荷载的作用下要发生排水固结,融沉应由这两部分的沉降量构成。由于冻土融化一般要产生超静孔隙水压力,土体的强度大大降低,所以受冻融作用的土体比原状土强度还要低,融沉量一般大于冻胀量。

通常采用冻胀率、冻胀量和冻胀力 3 个指标评价冻胀的影响。冻胀率是冻胀量与冻结地层厚度的比值;冻胀量指的是冻土表面冻胀位移的绝对值;冻胀力是土体冻结膨胀受到约束时土体对约束体的作用力。

井筒冻结工程中,人工冻土常为上下土层同时冻结,对于不同的土层,其矿物成分、粒度组成、土体温度、含水量、所受外载和地压等影响均可能不同。一般情况下,冻胀量与土样含水率的关系特别明显,冻胀量随着土样含水率的增大而增大。试验表明,冻胀量随着液限和塑性指数的增大而增大。而塑性指数与土的颗粒组成、土颗粒矿物成分以及土中水的离子成分和浓度等因素有关。塑性指数越大表明土颗粒越细,且细黏粒的含量越高,则其比表面积和可能的结合水含量也高,同时黏土矿物可能具有的结合水含量也越高。冻胀量与饱和度成正比,未饱和的土,其土颗粒未完全充填,而饱和土没有这部分空隙,只有向外扩展,所以冻胀量也较大。土样由常温降到 $-5\ ℃$ 时,冻胀非常明显,随着温度的降低,冻胀发展缓慢,温度降低到一定值时,冻胀不甚明显。这是由于黏土层中存在着强结合水、弱结合水、毛细水和自由水,其冰点各不相同,土样由常温降到 $-5\ ℃$ 时,土中的自由水和毛细水基本结成冰,而这两种水在土中占绝大多数,所以冻胀比较明显。随着温度的不断下降,自由水和毛细水已绝大部分结成冰,以后冻胀缓慢。$-15\ ℃$ 以后,土中只有结合水是未冻水,这时虽然有部分未冻水结成冰,但量很少,所以冻胀不明显。黏土的冻胀量一般高于砂土,钙质黏土高于一般黏土。这些规律对冻结工程是非常有价值的。

(二)试验方法与原理

试验依照《人工冻土物理力学性能试验 第 2 部分:土壤冻胀试验方法》(MT/T 593.2—2011)执行。试验采用重塑土,样品制备满足《土工试验方法标准》(GB/T 50123—2019)相关规定。冻胀试验设备见图 2-7。

冻胀试验中样品直径 50 mm、高 25 mm。

调节冻胀仪的冷板温度到试验温度,其温度波动度为 $\pm0.2\ ℃$。热端恒温水源温度调到 $(20+0.2)℃$,温度波动度为 $\pm0.2\ ℃$。

(1)待冷板温度达到试验温度时,将试样放入冻胀仪中规定位置处,安装好仪表并对量表或位移计调零。

图 2-7　微机控制冻胀试验设备

（2）按 1 min、2 min、5 min、10 min、20 min、30 min、1 h、2 h、3 h、6 h、12 h 测读试样高度变化值，直至 1 h 内其试样高度的变形增量小于原试样高度的 0.05% 后 1 h 为止，由数据采集系统自动记录。

冻胀率试验（自由冻胀试验）：轴向无约束冻胀试验，即样品在轴向可以自由膨胀。在试验过程中，按规定要求的时间测量样品的轴向位移与时间的关系，并得到样品的最大冻胀量 δ_{max}。样品的最大冻胀量 δ_{max} 与样品原长的比值为样品的冻胀率。

冻胀力试验（有约束冻胀试验）：即样品在零位移约束下进行的冻土冻胀力的试验。在样品的顶端施加有纵向约束，并用荷重传感器量测冻土的冻胀约束力，同时记录试验过程中冻土的冻胀约束力的发展与时间的关系，得到冻土最大冻胀约束力 σ_{max}。整个试验过程中无外界水源对试验样品补水。

袁店二矿西风井冻胀试验样品的高径比为 0.5∶1，即样品尺寸为 $\phi50$ mm×25 mm。通过试验获得封闭条件（无外界补给水源）下 5 层冻土的冻胀率和冻胀力见表 2-10。

表 2-10　冻土冻胀力、冻胀率汇总表

编号	岩性	深度/m	冻胀率/%			冻胀力/MPa		
			−5 ℃	−10 ℃	−15 ℃	−5 ℃	−10 ℃	−15 ℃
D1	黏土	49.55~71.10	0.83	1.50	2.22	0.43	0.76	1.07
D2	黏土	89.75~97.41	0.49	0.93	2.83	—	1.00	1.12
D3	黏土	94.85~100.75	0.52	1.69	2.13	0.18	0.69	0.94
D4	黏土	189.30~201.68	0.68	1.25	1.43	0.37	0.72	1.22
D5	黏土	215.25~220.60	0.85	1.01	1.35	0.40	0.81	0.98

在无外界水源补给的试验条件下，试验结果表明：不同冻结温度下土体的冻胀率差异较大，−5 ℃ 条件下冻胀量普遍较小，当冻结温度低于 −10 ℃ 时，试验土体表现出较强的冻胀特性。实际工程中由于存在地下水的补给条件，冻结土体的冻胀性更明显。

国内几个冻结井筒的实测资料表明,在黏土层、钙质黏土层和亚黏土层中的冻胀力要比砂层中的大得多。两淮、兖州、徐沛矿区的冻结压力参考值见表2-11。

表 2-11　两淮、兖州、徐沛矿区的冻结压力参考值

深度/m	冻结压力/MPa				
	黏土			砂质黏土	砂层
	两淮矿区	兖州矿区	徐沛矿区		
50	1.2	1.05	1.1	0.9	0.6
100	1.6	1.33	1.5	1.3	0.9
150	2.0	1.6	1.87	1.7	1.2
200	2.4	1.9	2.25	2.1	1.55
250	2.8	2.2	2.62	2.5	1.85
300	3.2	2.6	3.0	2.9	2.2
350	3.6	—	—	3.2	2.5

六、未冻水含量

（一）基本概念

冻土是指温度低于 0 ℃且含有冰的土壤或岩石。由于土体中的水分受到固体骨架毛细和吸附作用,相较于纯水,土体的冰点会降低,即使在较低温度下仍有一部分水不冻结,这部分水被称为土体中的未冻水。未冻水的存在使土颗粒被冰胶结的程度变差,冻土的强度降低,同时未冻水也是土体产生冻胀的主要通道,对冻土的性质有较大的影响。

（二）测试原理及方法

核磁共振是指原子核被外磁场磁化后对射频的响应。多孔介质孔隙水中的氢原子是随机排布的,每个氢原子的磁矩方向具有随机性,当外部施加磁场时,氢原子会被磁化,磁化后的氢原子核会围绕磁场的方向转动。当自旋的氢原子核达到一定的运动频率时将会与外部的磁场形成相互作用,此时将会产生可测量的信号。

当撤销外加强磁场作用后,具有磁矩定向排布的氢原子又回到原始杂乱无章的状态,其能级降低,从高能级恢复到低能级的现象称为弛豫现象,所需要的时间称为弛豫时间 T。弛豫过程分为纵向弛豫过程以及横向弛豫过程,对应的时间分别是纵向弛豫时间 T_1 以及横向弛豫时间 T_2,横向弛豫具有快速性的特点,并且该过程能够反映多孔介质绝大部分的物理信息,因此 T_2 弛豫测量成为核磁共振技术表征低温多孔介质未冻水含量变化规律的优选方式。

目前被冻土体未冻水含量主要采用低场核磁共振仪（NMR）进行测试,如图 2-8 所示,从左往右依次为高压低温控制箱、恒温低温箱、磁场保护恒温箱、核磁共振仪和测试设备。低场核磁共振仪的主要技术参数如表 2-12 所列。

图 2-8　核磁共振仪(NMR)测试系统

表 2-12　低场核磁共振仪的主要技术参数

名称	参数
主磁场强度/T	0.5
磁场均匀度/(10^{-6})	20
磁场稳定性/(Hz/h)	300
射频脉冲频率/MHz	1.0～30
射频功率/W	300
最大采样脉宽/kHz	2 000

通过低场核磁共振试验,分别得到初始含水率为 8%(25%饱和)、16%(50%饱和)、24%(75%饱和)以及 32%(100%饱和)的砂样在冻结过程中的 T_2 谱曲线,如图 2-9 所示。

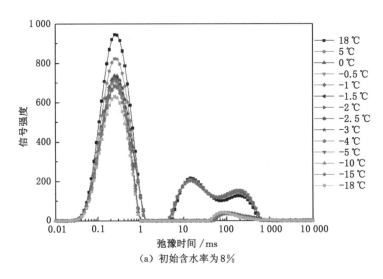

(a) 初始含水率为8%

图 2-9　不同初始含水率低温多孔介质 T_2 谱随温度的变化规律

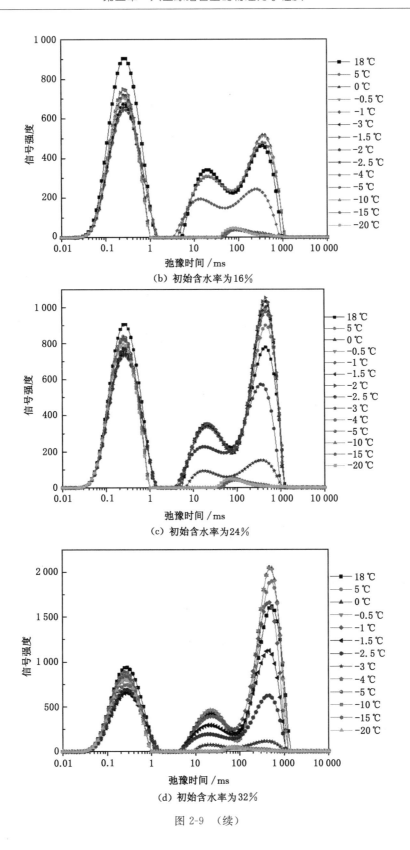

（b）初始含水率为16％

（c）初始含水率为24％

（d）初始含水率为32％

图 2-9 （续）

根据 T_2 谱波峰面积与含水率之间的对应关系,绘制出不同初始含水率砂样的总含水率、微小孔隙含水率、中等孔隙含水率以及较大孔隙含水率与温度的关系曲线,如图 2-10 所示。

(三)未冻水含量数学模型

(1)Anderson 模型

Anderson 以及 Tice 在 1972 年提出了采用幂函数描述未冻水的重力含量与冻结温度关系的表达式。由于该公式形式简单、参数较少,得到了广泛的应用。Anderson 模型的表达式如下:

$$w_u = \begin{cases} \alpha(-T)^\beta & T < T_f \\ w_0 & T \geqslant T_f \end{cases} \tag{2-5}$$

式中　w_u——重力未冻水含水率;

　　　α,β——拟合参数;

　　　T——温度,℃;

　　　T_f——多孔介质的冰点;

　　　w_0——多孔介质的初始重力含水率。

重力含水率与体积含水率的关系如下式所示:

$$\theta_u = \frac{w_u \rho_d}{100 \rho_w} \tag{2-6}$$

式中　θ_u——多孔介质的体积未冻水含量;

　　　ρ_d,ρ_w——多孔介质的干密度以及水的密度,对于一种多孔介质,$\rho_d/100\rho_w$ 的值是一个常数。

因此可以将式(2-5)转换成体积未冻水含量的表达式:

$$\theta_u = \begin{cases} \alpha'(-T)^\beta & T < T_f \\ \theta_0 & T \geqslant T_f \end{cases} \tag{2-7}$$

式中,$\alpha' = \dfrac{\rho_d}{100\rho_w}\alpha$,$\theta_0$ 是多孔介质的初始含水率。

(2)Mckenzie 模型

Mckenzie 在 2007 年提出了描述多孔介质饱和度与温度关系的指数函数表达式:

$$S_w = S_{wres} + (1 - S_{wres})\exp\left[-\left(\frac{T-T_f}{\gamma}\right)^2\right] \tag{2-8}$$

式中　S_w——多孔介质体积含水率的饱和度,Mckenzie 认为多孔介质在冻结后仍然存在一部分不冻水;

　　　S_{wres}——与不冻水含量对应的残余饱和度;

　　　T_f——多孔介质的冰点;

　　　γ——拟合参数。

多孔介质饱和度与未冻水体积含量 θ_u 的关系式为:

$$S_w = \frac{\theta_u}{\theta_0} \tag{2-9}$$

残余饱和度与不冻水含量 θ_{res} 的关系式为:

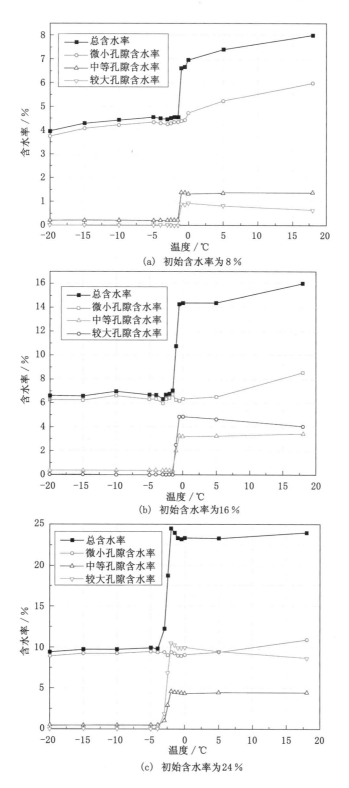

(a) 初始含水率为8%

(b) 初始含水率为16%

(c) 初始含水率为24%

图 2-10　不同初始含水率时低温多孔介质未冻水含量变化规律

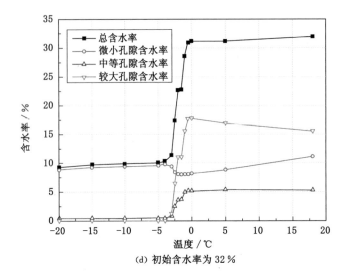

(d) 初始含水率为 32%

图 2-10(续)

$$S_{wres} = \frac{\theta_{res}}{\theta_0} \tag{2-10}$$

将式(2-9)以及式(2-10)代入式(2-8)可得体积未冻水含量与温度的关系式为:

$$\theta_u = \begin{cases} \theta_{res} + (\theta_0 - \theta_{res})\exp\left[-\left(\dfrac{T - T_f}{\gamma}\right)^2\right] & T < T_f \\ \theta_0 & T \geqslant T_f \end{cases} \tag{2-11}$$

(3) Zhang 模型

Zhang 认为当温度降低至绝对零度,即 -273.15 ℃时,多孔介质中的含水率减少为 0,基于该假设 Zhang 提出了未冻水含量随冻结温度变化的预测公式,如下式所示:

$$\theta_u = \begin{cases} \theta_0\left[1 - \left(\dfrac{T_f - T}{T_{k0} + T_f}\right)^w\right] & -T_{k0} < T < T_f \\ \theta_0 & T \geqslant T_f \end{cases} \tag{2-12}$$

式中,$T_{k0} = 273.15$ ℃;w 是拟合常数。

(4) Kozlowski 模型

大量研究成果表明:多孔介质中存在一部分强结合水,该部分水分无法冻结,因此当温度 T 降低至一定值后,多孔介质中含水率不再随着温度的降低而减小,此时对应的含水率 θ_{res} 称为剩余未冻水含量,对应的温度为 T_{res}。而当温度高于冻结温度 T_f 时,多孔介质中的含水率保持初始含水率 θ_0 不变。Kozlowski 基于上述理论提出了未冻水含量与冻结温度的关系式:

$$\theta_u = \begin{cases} \theta_0 & T > T_f \\ \theta_{res} + (\theta_0 - \theta_{res})\exp\left[\delta\left(\dfrac{T_f - T}{T - T_{res}}\right)^\varepsilon\right] & T_{res} < T \leqslant T_f \\ \theta_{res} & T \leqslant T_{res} \end{cases} \tag{2-13}$$

式中,δ 和 ε 为拟合参数。

需要说明的是,Kozlowski 提出的未冻水含量的计算模型是通过重力含水率表示的,在本研究中为了计算及对比方便,将公式转化成体积含量的表示方式。

第三节　人工冻结岩土的力学性质

冻土的力学指标包括冻土的强度、流变性、蠕变性及其强度松弛。

冻土强度(包括单轴抗压强度和三轴剪切强度)是由冰和岩土颗粒胶结后形成的黏结力和内摩擦力所组成,与冻土的生成环境和过程、外载大小和特征、温度、岩土的含水率和含盐量、岩土性质和岩土颗粒组成等因素有关。其中,温度、岩土性质、生成环境和外载大小是影响冻土强度的主要因素。

一、冻土的单轴抗压强度

(一)冻土单轴抗压强度的影响因素

(1)温度对冻土抗压强度的影响

试验表明:冻土抗压强度随冻土温度的降低而增大。随着温度降低,岩土中水结冰量增大,冰的强度增大,岩土胶结能力增强。国内外学者认为,在一定温度范围内冻土抗压强度与负温绝对值呈线性关系。计算冻结凿井工程中的冻土抗压强度一般采用下式:

$$\sigma_b = 0.8 \mid \theta \mid + 2 \tag{2-14}$$

式中　σ_b——冻土极限抗压强度,MPa;

　　　θ——冻土的温度,℃。

(2)含水率对冻土抗压强度的影响

试验表明:岩土中的含水率是影响冻土强度的主要因素之一。当岩土未达到饱和之前,冻土抗压强度随含水率增大而提高;当达到饱和后,冻土抗压强度随含水率增大而降低。

(3)岩土的颗粒组成对冻土抗压强度的影响

岩土颗粒成分和大小是影响冻土强度的重要因素。当其他条件相同时,粗颗粒愈多,冻土抗压强度愈高,反之就愈低。这是岩土中所含结合水的差异造成的。

(二)冻土单轴抗压强度试验方法

(1)试验装置

冻土单轴强度试验和单轴蠕变试验在 WDT-100 冻土试验机上进行,如图 2-11 所示。试验机最大竖向加载能力为 10 t,精度为 1%。试验荷载和试验数据全部由计算机程序控制和采集。

(2)试验要求

① 试验前,样品必须在试验温度下养护 24 h 以上,以确保样品内外温度一致;

② 试验操作严格按照行业标准《人工冻土物理力学性能试验 第 4 部分:人工冻土单轴抗压强度方法》(MT/T 593.4—2011)具体规定进行;

③ 试验按应变控制加载方式进行,应变速率控制在 1%。为了克服加载时间对试验结果的影响,冻土无侧限抗压强度取试样破坏时的加载时间大约等于(30±5)s 时的强度值;

④ 竖向位移量测:在试样两侧对称布置 2 支位移计,量测试样的轴向变形,并取其平均值计算轴向应变;

图 2-11　WDT-100 冻土试验机

⑤ 径向位移量测:在试样的两侧水平对称布置 2 支位移计,量测试样的径向变形,计算试样的径向应变;

⑥ 每组试验一般进行 3～5 个试样,若试验数据离散得厉害,应增加试样数目,并除去离散性较大的数据;

⑦ 保证试样轴线与试验机加载轴线基本重合,避免偏心加载。

（3）试验数据处理

① 应变按下式计算:

$$\varepsilon_1 = \frac{\Delta h}{h_0} \tag{2-15}$$

式中　ε_1——轴向应变;

　　　Δh——轴向变形,mm;

　　　h_0——试验前试样高度,mm。

② 试样横截面面积按下式作校正:

$$A_a = \frac{A_0}{1 - \varepsilon_1} \tag{2-16}$$

式中　A_a——校正后试样截面面积,mm^2;

　　　A_0——试验前试样截面面积,mm^2。

③ 应力按下式计算:

$$\sigma = \frac{F}{A_a} \tag{2-17}$$

式中　σ——轴向应力,MPa;

　　　F——轴向荷载,N。

④ 以轴向应力为纵坐标,轴向应变为横坐标,绘制应力-应变关系曲线。取最大轴向应力作为冻土单轴抗压强度。

袁店二矿西风井冻土单轴抗压强度与试验温度的关系如表 2-13 所列。

表 2-13　袁店二矿西风井冻土单轴抗压强度与试验温度的关系

地层分组	土性	深度/m	试验温度					
			−5 ℃		−10 ℃		−15 ℃	
			单轴强度/MPa	平均值/MPa	单轴强度/MPa	平均值/MPa	单轴强度/MPa	平均值/MPa
D1	黏土	49.55～71.10	2.49 2.66 1.50	2.21	4.11 2.07 2.52	2.90	4.39 4.78 4.45	4.54
D2	黏土	89.75～97.41	1.19 2.50 1.11	1.60	3.00 3.18 2.28	2.82	5.14 5.25 3.73	4.71
D3	黏土	94.85～100.75	1.25 0.68 2.23	1.39	3.31 1.95 3.63	2.96	4.14 3.73 3.45	3.77
D4	黏土	189.30～201.68	1.92 2.33 0.77	1.67	3.16 — 2.25	2.71	3.83 4.86 4.96	4.55
D5	黏土	215.25～220.60	1.40 1.79 2.06	1.75	2.12 1.99 2.25	2.12	4.23 4.06 3.77	4.02

冻土弹性模量确定方法:取极限抗压强度一半与其所对应的应变值的比值,即

$$E = \frac{\sigma_s/2}{\varepsilon_{1/2}} \tag{2-18}$$

式中　E——试样弹性模量,MPa;

σ_s——试样极限抗压强度,MPa;

$\varepsilon_{1/2}$——试样极限抗压强度值一半所对应的应变值。

袁店二矿西风井冻土弹性模量与试验温度的关系如表 2-14 所列。

表 2-14　袁店二矿西风井冻土弹性模量与试验温度的关系

地层分组	土性	深度/m	试验温度					
			−5 ℃		−10 ℃		−15 ℃	
			弹性模量/MPa	平均值/MPa	弹性模量/MPa	平均值/MPa	弹性模量/MPa	平均值/MPa
D1	黏土	49.55～71.10	74.07 92.73 67.72	78.17	94.31 60.87 106.28	87.15	100.06 102.42 176.28	126.27

表 2-14(续)

地层分组	土性	深度/m	试验温度					
			−5 ℃		−10 ℃		−15 ℃	
			弹性模量/MPa	平均值/MPa	弹性模量/MPa	平均值/MPa	弹性模量/MPa	平均值/MPa
D2	黏土	89.75~97.41	22.06	83.62	110.42	103.79	162.31	184.78
			184.78		99.25		163.33	
			44.03		101.69		228.69	
D3	黏土	94.85~100.75	—	47.64	86.58	81.88	112.10	115.07
			54.81		109.55		122.30	
			40.48		49.51		110.81	
D4	黏土	189.30~201.68	36.88	59.82	87.66	75.27	160.41	142.29
			58.67		—		128.70	
			83.91		62.87		137.76	
D5	黏土	215.25~220.60	41.09	54.34	59.02	62.17	114.75	154.29
			38.43		52.88		195.65	
			83.51		74.61		152.48	

冻土泊松比的确定方法:取冻土在弹性范围内横向与纵向应变的比值,即

$$\mu = \frac{\varepsilon_x}{\varepsilon_z} \qquad (2\text{-}19)$$

式中　ε_x——冻土径向应变值;

　　　ε_z——轴向应变值。

冻结黏土的泊松比虽然随温度的降低而呈线性减小,但变化并不明显,温度每下降1 ℃,泊松比减小 0.005~0.010。泊松比与试验温度关系如表 2-15 所列。

表 2-15　袁店二矿西风井冻土泊松比与试验温度的关系

地层分组	土性	深度/m	试验温度					
			−5 ℃		−10 ℃		−15 ℃	
			泊松比	平均值	泊松比	平均值	泊松比	平均值
D1	黏土	49.55~71.10	0.32	0.30	0.26	0.26	0.22	0.21
			0.28		0.29		0.23	
			0.30		0.24		0.18	
D2	黏土	89.75~97.41	0.29	0.27	0.21	0.24	0.17	0.19
			0.25		0.23		0.21	
			0.27		0.27		0.19	
D3	黏土	94.85~100.75	0.33	0.30	0.25	0.25	0.19	0.20
			0.29		0.28		0.22	
			0.27		0.21		0.20	

表 2-15(续)

地层分组	土性	深度/m	试验温度					
			−5 ℃		−10 ℃		−15 ℃	
			泊松比	平均值	泊松比	平均值	泊松比	平均值
D4	黏土	189.30～201.68	0.28	0.28	0.25	0.25	0.23	0.23
			0.31		0.29		0.26	
			0.26		0.21		0.21	
D5	黏土	215.25～220.60	0.22	0.27	0.21	0.24	0.22	0.21
			0.27		0.28		0.19	
			0.32		0.24		0.21	

二、冻土的三轴抗剪强度

试验表明,当正应力小于 10 MPa 时,冻土的抗剪强度可用库仑表达式描述:

$$\tau_b = C_0 + \sigma \cdot \tan\varphi \tag{2-20}$$

式中　τ_b——冻土的抗剪强度,MPa;

　　　C_0——冻土的黏聚力,MPa;

　　　σ——正应力,MPa;

　　　φ——冻土的内摩擦角,(°)。

（一）冻土三轴抗剪强度的影响因素

影响冻土抗剪强度的因素与冻土抗压强度的影响因素相同,仅在程度上有所区别。

（二）冻土三轴抗剪强度试验方法

试验依照行业标准《人工冻土物理力学性能试验 第 3 部分:人工冻土静水压力下固结试验方法》(MT/T 593.3—2011)和《人工冻土物理力学性能试验 第 5 部分:人工冻土三轴剪切强度试验方法》(MT/T 593.5—2011)执行。

试验在低温岩石三轴试验机中进行。试验机由低温箱、自动加载系统、数据采集仪等组成。试验过程中的加载、数据采集及试验结束全部由计算机自动控制。试验机外观如图 2-12 所示。

样品为 ϕ61.8 mm×125.0 mm 圆柱体。试验按轴向应变速率 0.08%/min 进行剪切加载。试验时对试样先进行固结,后冻结,达到设计温度后,恒温不少于 24 h 再进行剪切试验。

袁店二矿西风井冻土抗剪强度指标、内摩擦角、黏聚力与温度的关系如表 2-16 所列。

三、流变性

冻土属于流变体。由于冻土中冰和未冻水的存在,冻土具有明显的流变特征。流变性是在恒载作用下,其变形随时间而增大且没有明显的破坏特征。

(a) 围压加载装置

(b) 试样安装

图 2-12 低温岩石三轴试验机

表 2-16 袁店二矿西风井冻土抗剪强度指标、内摩擦角、黏聚力与温度的关系

层位	土性	深度/m	温度/℃	围压/MPa	抗压强度 $(\sigma_1 - \sigma_3)$/MPa	C/MPa	φ/(°)
D1	黏土	49.55~71.10	-8	0.5	2.32	0.93	8.36
				0.7	2.42		
				0.9	2.46		
			-15	0.5	4.32	1.54	14.61
				0.7	4.45		
				0.9	4.59		
D2	黏土	89.75~97.41	-8	0.5	2.51	0.99	8.74
				1.0	2.64		
				1.5	2.87		
			-15	0.5	4.46	1.59	15.27
				1.0	5.21		
				1.5	5.29		
D3	黏土	94.85~100.75	-8	0.5	1.88	0.64	12.2
				1.0	2.05		
				1.5	2.42		
			-15	0.5	4.01	1.49	13.15
				1.0	4.49		
				1.5	4.63		

表 2-16(续)

层位	土性	深度/m	温度/℃	围压/MPa	抗压强度 $(\sigma_1-\sigma_3)$/MPa	C/MPa	φ/(°)
D4	黏土	189.30～201.68	−8	1.5	2.63	0.83	9.03
				2.0	2.57		
				2.5	3.10		
			−15	1.5	4.74	1.61	11.49
				2.0	4.86		
				2.5	5.32		
D5	黏土	215.25～220.60	−8	2.0	2.11	0.56	9.59
				2.5	2.33		
				3.0	2.51		
			−15	2.0	4.08	1.33	10.71
				2.5	4.55		
				3.0	4.59		

在试验的基础上,获得国内外学者公认的冻土应力-应变关系(即本构关系)为:

$$\sigma = A(\theta,t)\varepsilon^m \tag{2-21}$$

式中　σ——应力,MPa;

　　　ε——应变,无量纲;

　　　m——强化系数,无量纲,一般小于 1;

　　　$A(\theta,t)$——随时间变化的变形模量,MPa。

$A(\theta,t)$ 是时间和冻土温度的函数,温度一定时可表示为:

$$A(\theta,t) = c_1 t^{-c_2} \tag{2-22}$$

式中　t——时间,min;

　　　c_1,c_2——试验系数。

四、蠕变性

(一)定义

冻土的蠕变性是在应力不变时,应变随时间变化的特性。由于冻土具有明显的流变性,其应力-应变关系不仅受荷载值的影响,还受时间的影响。单向受压状态下冻土的蠕变如图 2-13 所示。

冻土受力后,首先发生瞬时的弹性和塑性变形(OA 段),之后进入蠕变阶段。

第 1 段为不稳定蠕变阶段(AB 段),其变形速率 $\bar{\varepsilon} = \mathrm{d}\varepsilon/\mathrm{d}t$ 逐渐衰减;

第 2 段为稳定蠕变阶段(BC 段),其变形速率 $\bar{\varepsilon} = \mathrm{d}\varepsilon/\mathrm{d}t$ 为常数;

第 3 段为蠕变强化阶段(CD 段),其变形速率 $\bar{\varepsilon} = \mathrm{d}\varepsilon/\mathrm{d}t$ 逐渐增大,直到最后破坏。

在实际应用中,冻结黏土的蠕变过程主要表现为塑性蠕变类型,基本上不出现第三蠕变

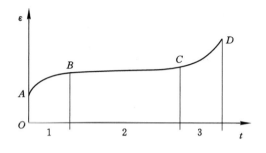

图 2-13　冻土蠕变曲线图

阶段,对于此类的蠕变如果只考虑其过程的前两个阶段,则可用统一的蠕变方程描述:

$$\varepsilon = A_1(\theta)\sigma^{B_1} t^{C_1} \qquad (2\text{-}23)$$

式中　ε——冻土的蠕变应变;

　　　σ——冻土的蠕变应力,MPa;

　　　t——时间,min;

　　　$A_1(\theta)$,B_1,C_1——试验系数,冻土的力学性质与冻土负温状态矿物成分、颗粒组成、

　　　　　　未冻水含量、荷载作用时间及冻结速度有关,表示其力学性质的

　　　　　　指标有抗压强度、抗剪强度及流变性等。

（二）试验方法

试验依照行业标准《人工冻土物理力学性能试验 第6部分:人工冻土单轴蠕变试验方法》(MT/T 593.6—2011)。试验荷载取3级,分别为 $\sigma = 0.3\sigma_s$, $\sigma = 0.5\sigma_s$, $\sigma = 0.7\sigma_s$(σ_s 为冻土瞬时抗压强度)。试验采用单试件多级加载方法进行。

袁店二矿4组冻土蠕变与温度、应力、时间的关系曲线如图2-14和图2-15所示。

－5 ℃时冻土蠕变曲线如图2-14所示。

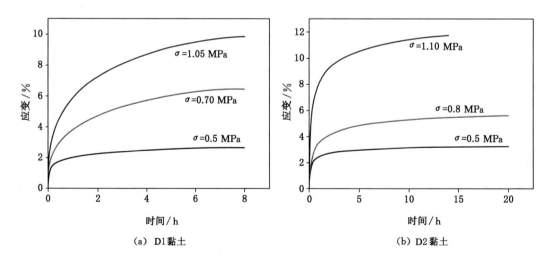

图 2-14　－5 ℃时冻土蠕变曲线

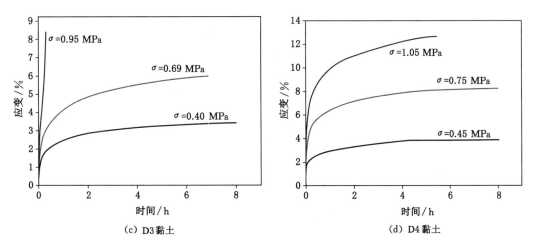

（c）D3黏土　　　　　　　　（d）D4黏土

图 2-14（续）

－10 ℃时冻土蠕变曲线如图 2-15 所示。

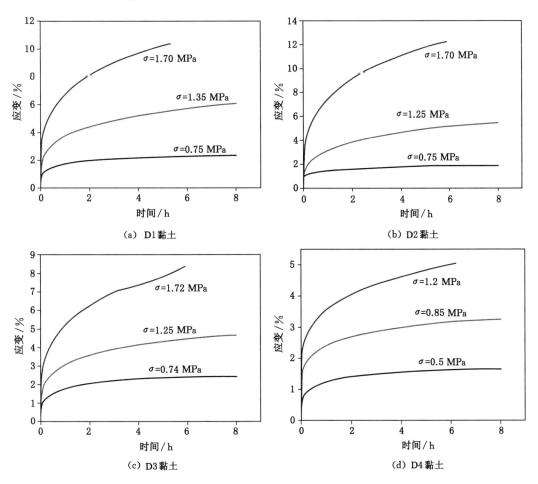

（a）D1黏土　　　　　　　　（b）D2黏土

（c）D3黏土　　　　　　　　（d）D4黏土

图 2-15　－10 ℃时冻土蠕变曲线

冻土的蠕变特性中蠕变与时间、应力之间的关系则可按幂函数描述,即

$$\varepsilon = \frac{A}{(|T|+1)^K} \cdot \sigma^B t^C \qquad (2\text{-}24)$$

式中　A——通过试验确定的常数;

B,C,K——试验确定的应力、时间、温度影响无量纲常数;

σ——蠕变应力,MPa;

t——蠕变时间,h;

ε——蠕变应变,%。

式(2-24)中各拟合参数见表2-17。

表 2-17　袁店二矿西风井井筒检查孔各层冻土单轴蠕变参数

层位	土性	温度/℃	应力/MPa	应变与时间、应力关系
D1	黏土	−5	0.50	$\varepsilon = 6.725\,0\sigma^{1.425\,1}t^{0.296\,8}$
			0.70	
			1.05	
		−10	0.75	$\varepsilon = 3.138\,1\sigma^{1.315\,2}t^{0.185\,4}$
			1.35	
			1.70	
		第一层蠕变总回归方程		$\varepsilon = \dfrac{64.007}{(|T|+1)^{1.257\,6}}\sigma^{1.370\,2}t^{0.241\,1}$
D2	黏土	−5	0.50	$\varepsilon = 3.965\,2\sigma^{1.407\,2}t^{0.141\,7}$
			0.80	
			1.10	
		−10	0.75	$\varepsilon = 2.641\,1\sigma^{1.520\,7}t^{0.154\,1}$
			1.25	
			1.70	
		第二层蠕变总回归方程		$\varepsilon = \dfrac{13.181\,3}{(|T|+1)^{0.670\,4}}\sigma^{1.464\,0}t^{0.147\,9}$
D3	黏土	−5	0.40	$\varepsilon = 7.125\,0\sigma^{1.357\,2}t^{0.246\,2}$
			0.69	
			0.95	
		−10	0.74	$\varepsilon = 5.247\,6\sigma^{1.207\,5}t^{0.211\,7}$
			1.25	
			1.72	
		第三层蠕变总回归方程		$\varepsilon = \dfrac{17.596\,5}{(|T|+1)^{0.504\,6}}\sigma^{1.282\,3}t^{0.229\,0}$

表 2-17(续)

层位	土性	温度/℃	应力/MPa	应变与时间、应力关系
D4	黏土	−5	0.45	$\varepsilon = 9.370\,6\sigma^{1.398\,1}t^{0.215\,2}$
			0.75	
			1.05	
		−10	1.20	$\varepsilon = 4.671\,2\sigma^{1.251\,7}t^{0.227\,0}$
			0.85	
			0.50	
	第四层蠕变总回归方程			$\varepsilon = \dfrac{73.361\,6}{(\mid T\mid +1)^{1.148\,5}}\sigma^{1.324\,9}t^{0.221\,1}$
D5	黏土	−5	1.10	$\varepsilon = 7.968\,2\sigma^{1.667\,1}t^{0.110\,5}$
			0.80	
			0.50	
		−10	1.25	$\varepsilon = 5.841\,7\sigma^{1.450\,6}t^{0.103\,6}$
			0.90	
			0.50	
	第五层蠕变总回归方程			$\varepsilon = \dfrac{19.947\,4}{(\mid T\mid +1)^{0.512\,2}}\sigma^{1.558\,9}t^{0.107\,1}$

五、冻土与基础间的冻结力

土中水在 0 ℃以下变成冰的同时,也将土与基础牢固地胶结在一起,这种胶结力称为冻结力。土与公路结构物接触面上的冻结力,只有在建筑物与土之间产生相对位移时才能表现出来,而且与外力作用的方向相反。冻结力又称为冻着力或冻结强度。冻结力对基础的作用:在季节冻融层中冻结力越大,冻胀力也越大,对结构物起破坏作用;在多年冻土层中冻结力起锚固作用,同时还能提高地基的承载能力。

影响冻结力的因素有很多,如土的含水量、负温度、土的颗粒成分、密度及荷载作用时间等。冻结力与上述各因素的关系如下。

(一)冻结力与含水率的关系

在一定的负温下,当土中含水率大于该负温的未冻水含水率时即有冻结力产生,并随着含水率的增大而增大。这是由于当含水率小于临界值时,随着含水率的增大参加胶结的冰晶数量也增加,土与基础之间的胶结面积也增加,从而冻结力一直处于上升趋势。当土中含水率处于天然饱和状态而土中没有明显的冰透镜体存在时,冻结力将出现峰值,此时的含水率称为临界含水率。而后冻结力随着含水率的继续增加而减少,当土中颗粒基本悬浮于冰中,此时含水率相应的冻结力将趋于冰的极限冻结力,这是由于含水率超过临界值之后,随着含水率的继续增加,使参加胶结的冰晶的数量达到最大值,土颗粒的作用逐渐消失,从而使胶结强度逐渐变小,最后趋于冰的胶结力,如图 2-16 所示。

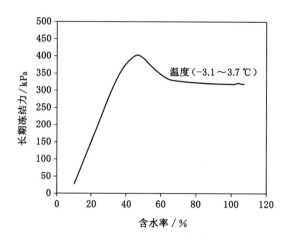

图 2-16　砂黏土长期冻结力与含水率的关系曲线

（二）冻结力与温度的关系

当土中含水率大于未冻水含量而温度低于起始冻结温度时，土中水逐渐发生相变。由于土中冰的出现，有冰就有了冻结力，在强相变区、中相变区范围内冻结力随着温度降低而迅速增大，其关系曲线如图 2-17 所示。

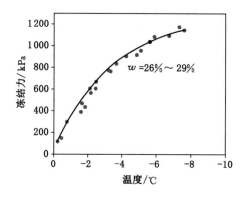

图 2-17　砂黏土长期冻结力与温度的关系曲线

而在弱相变区范围内随着温度的降低，冻结力的增长就相对变慢。其原因是冻结力的大小与冰晶和基础间的胶结强度有关，也与参加胶结的冰晶多少有关。在强相变区、中相变区范围内，一方面，随着温度降低，冰晶中的温度降低，使冰晶中氢离子活性变小，冰晶结构更紧凑，因而胶结强度变大；另一方面，随着温度降低仍有较多的未冻水结成冰，因而参加胶结的冰晶数量增加。

以上两个因素同时作用的结果，使得冻结力随着温度降低而有较快的增长。而在弱相变区内，由于在这一温度区段内，随着温度的降低而能冻结成冰的未冻水含水量已经很少，因而冻结力的增长仅依靠冰晶中氢离子活性减弱这一因素来实现。所以在弱相变区内，随着温度降低，冻结力的增加相对较慢。

（三）冻结力与土颗粒成分的关系

在黏性土、砂土和砾石土中，以砂土的冻结力最大，砾石土的冻结力最小。在上述 3 类土中，砂土的矿物颗粒与基础之间通过冰胶结在一起，其面积虽然小于黏性土，但它聚冰形成的透镜体往往是很少的，而且冻结砂土的未冻水含量与黏性土相比是很少的，因此，砂土冻结力最大。冻结砾石土的未冻水含量虽然也很小，但由于矿物颗粒大，使它与基础胶结面积相应减小，而且砾石间的孔隙往往被冰充填，也会起到降低强度的作用。

（四）冻结力与荷载作用时间的关系

众所周知，加大压力会降低冰的熔点，使冰在负温下融化。因此，在外部荷载长期作用下冻土中的冰就会缓慢地融化，随之冻结应力也将随着时间增加而降低并出现松弛现象。也就是说，在外载不变的情况下，其变形会随着时间不断增加并产生冻土蠕变现象，冻土的这种性质叫作流变性。由于冻土具有流变性，冻结力的大小与加载速度有着密切关系，加载速度越高，所测得的冻结压力越大，反之则越小。因此，对工程有实际意义的是长期冻结力。

六、冻结井常见的冻胀现象

土壤在冻结过程中由于水结冰引起体积膨胀产生冻胀力，增加了土壤的内应力。冻结井筒常见的冻胀现象有地表隆起、井筒工作面底鼓以及壁后融土回冻引起的冻胀等。

冻结压力是在井筒掘砌过程中，冻结壁施加于井壁上的侧压力。它是一种临时性施工荷载，存在于筑壁后和冻结壁化冻前，对外层井壁的稳定性和施工安全颇为不利。影响冻结压力的主要因素有土层性质、土层埋深、冻结壁强度、井帮温度、井壁结构及施工工艺等。

国内冻结压力的实测资料表明，黏性土层较砂性土层的冻结压力大，特别是含蒙脱土、伊利土和高岭土等膨胀性黏土层的冻结压力最大，对井壁的危害也最大。

第三章 地层冻结人工制冷技术

第一节 地层冻结人工制冷原理

冻结凿井的制冷系统是由氨循环系统、冷却水系统、盐水循环系统等组成,制冷方式一般有一级压缩制冷和二级压缩制冷。一级压缩制冷是由三大循环系统构成,即氨循环系统、盐水循环系统和冷却水循环系统。二级压缩制冷由两台及以上的串联高(低)压缩机及其循环系统构成。

一、氨循环

氨循环制冷过程实际上是卡诺的热功转换过程。氨循环在制冷过程中起主导作用,为了使地热传递给冷却水再释放给大气,必须将蒸发器中的饱和蒸气氨压缩成为高压高温的过热蒸气,使与冷却水产生温差,在冷凝器中将热量传递给冷却水,同时过热蒸气氨冷凝成液态氨,实现气态到液态的转化。液态氨经节流阀降压流入蒸发器中蒸发,再吸收周围盐水中的热量变为饱和蒸气氨,周而复始,构成氨循环[图 3-1(a)]。氨循环系统设备由蒸发器、氨压缩机、冷凝器和节流阀构成。由图 3-1(a)、(b)可知,1 点表示氨处于饱和蒸气状态,经压缩机等熵压缩(近似看作绝热过程)变为高温高压的过热蒸气氨 2,再经冷凝器等压冷却,冷凝为高压常温的液态氨 3,再经节流阀,高压液态氨变为低压液态氨(等焓过程)4,进入蒸发器中蒸发,吸收其周围盐水的热量(等压蒸发)变为饱和蒸气氨,周而复始,构成氨循环系统。

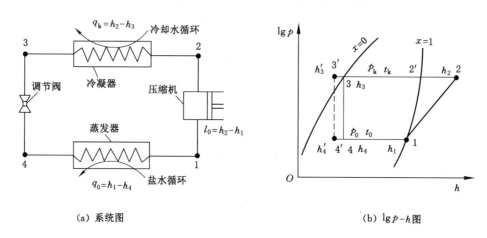

(a) 系统图　　(b) lg$p$-h图

图 3-1　一级压缩制冷原理

图 3-1(b)中的 4—1 为等压蒸发过程,其单位理论制冷量计算为:

$$q_0 = h_1 - h_4 \text{ 或 } q_v = q_0/v_1 \tag{3-1}$$

式中　q_0——单位理论制冷量,kJ/kg;

　　　q_v——单位容积制冷量,kJ/m³;

　　　h_1,h_4——蒸发器进出口处氨的焓值,kJ/kg;

　　　v_1——压缩机入口处氨的比容,m³/kg。

图 3-1(b)中 1—2 为等熵压缩过程,其单位压缩理论功计算公式为:

$$l_0 = h_2 - h_1 \qquad (3\text{-}2)$$

图 3-1(b)中 2—3 为等压冷凝过程,其单位冷凝热量计算公式为:

$$q_k = h_2 - h_3 = q_0 + l_0 \qquad (3\text{-}3)$$

假如氨的流量为 $G(\text{kg/s})$,则系统的制冷效率为:

$$\varepsilon_0 = \frac{Gq_0}{Gl_0} = \frac{h_1 - h_4}{h_2 - h_1} \qquad (3\text{-}4)$$

随着井筒冻结深度的加深,要求更低的盐水温度,通常一级压缩使用氨作为制冷介质时,经济蒸发温度只能达到 $-25\ ℃$ 左右,目前深冻结井一般要求经济蒸发温度达到 $-35\sim-25\ ℃$。因此,现在的冻结井普遍应用二级压缩制冷,串联双级压缩的原理如图 3-2 所示。

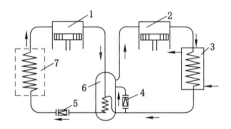

1—低压机;2—高压机;3—冷凝器;4,5—节流阀;6—中间冷却器;7—蒸发器。

图 3-2　二级压缩制冷过程示意图

二、盐水循环

盐水循环以泵为动力驱动盐水进行循环,在冻结凿井降温中起着特别重要的作用。主要内容有盐水循环管路、盐水输送方式、盐水总量及盐水泵选型和氯化钙用量等,盐水的循环方式如图 3-3 所示。盐水箱中的低温盐水经泵升压进入去路干管和配液圈,并从供液管流入冻结器的环形空间,与冻结器周围岩层进行热交换升温后,沿回液管流经集液圈和回路干管,返回盐水箱继续降温。

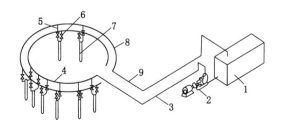

1—盐水箱;2—盐水泵;3—去路干管;4—配液圈;

5—供液管;6—回液管;7—冻结器;8—集液圈;9—回路干管。

图 3-3　盐水管路循环系统图

盐水的输送方式因冻结井冻结深度和冻结壁厚度不同而有很大差异,主要有一去一回、两去一回和两去两回等方式,见表 3-1。

表 3-1　盐水的输送方式

项目	输送方式		
	一去一回	两去一回	两去两回
图示	1—盐水箱;2—去路盐水干管;3—回路盐水干管;4—盐水泵	1—盐水箱;2,3—去路盐水干管;4—回路盐水干管;5—盐水泵	1—盐水箱;2,3—去路盐水干管;4,5—回路盐水干管;6—盐水泵
主要内容	一去一回可串 1 台或 2 台盐水泵	两去一回,两去路分别串 1 台或 2 台盐水泵,地沟槽内设 2 圈配液圈、1 圈集液圈	两去两回,两去路分别串 1 台或 2 台盐水泵,地沟槽内的配液圈、集液圈分别为 2 圈
适用条件	冻结深度 400 m 以内,井筒净直径 4.5~6.5 m	冻结深度 300 m 以下,井筒净直径 7~8 m,采用双圈冻结	冻结深度 400 m 以下,井筒净直径 7~8 m,采用双圈冻结

冻结器是低温盐水与地层进行热交换的换热器,盐水流速越快,换热强度就越大。冻结器由冻结管、供液管和回液管组成。根据工程需要可采用正、反两种盐水循环系统(图 3-4)。

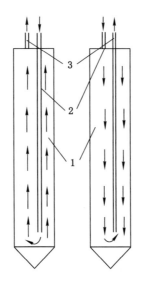

1—冻结管;2—供液管;3—回液管。

图 3-4　正反盐水循环

正常情况下用正循环供液,积极冻结期间,冻结器进出口温度差一般为 3～7 ℃,消极冻结期间,其进出口温度差为 1～3 ℃。蒸发器中氨的蒸发温度与其周围的盐水温度相差 5～7 ℃。冻结器表面的吸热率即为单位时间、单位面积的吸热量(263～292 W/m²)。为了观察盐水在冻结管中是否漏失,应在去、回路盐水干管和冻结器进出口处安装流量计。

上述盐水循环称为闭路盐水循环(集中回液)。国外还使用一种开路回液盐水循环,其主要特点是无集液圈,每根回液管单独回液,便于观察每根冻结管盐水是否漏失。这种开式盐水循环用管量大,较闭路循环复杂。盐水管路应严格进行保温处理,一般情况下盐水管路的热损耗大约占冻结站总制冷量的 25%。

三、冷却水循环

冷却水循环系统在制冷过程中的作用是将压缩机排出的过热蒸气冷却成液态氨,以便进入蒸发器中重新蒸发。冷却水把氨蒸气中的热量释放给大气。冷却水温度越低,制冷系数就越高。冷却水温一般较氨的冷凝温度低 5～10 ℃,冷却水由水泵驱动,通过冷凝器进行热交换,然后流入冷却塔再进入循环水池,冷却后的循环水应随时由地下水补充。冷却水循环系统如图 3-5 所示。

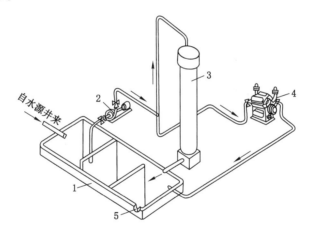

1—循环水池;2—水泵;3—冷凝器;4—压缩机;5—泄水沟。

图 3-5　冷却水循环系统

第二节　人工制冷工质及冷媒质

在制冷装置中实现制冷循环的工作物质称为制冷工质(或简称为制冷剂)。制冷工质在蒸发器内吸收被冷却物体(如水、盐水)的热量而制冷,在冷凝器中经过水或空气的冷却放出热量而冷凝。所以说制冷工质是实现制冷循环不可缺少的物质。

一、对制冷工质的要求

目前,制冷工质虽说种类很多,但并不是任何液体都能用作制冷工质,它应具有如下基本要求。

1. 热力学方面的要求

(1) 在大气压力下制冷工质的蒸发温度要低,以便于在低温下蒸发吸热。

(2) 常温下制冷工质的冷凝压力不宜过高,这样可以减少制冷装置承受的压力,也可降低制冷工质向外渗漏的可能性。

(3) 单位容积制冷量要大,这样可以缩小压缩机的尺寸。

(4) 制冷工质的临界温度要高,以便于用一般的冷却水或空气进行冷凝。

(5) 绝热指数要低。绝热指数越小,压缩机排气温度越低,不但有利于提高压缩机的容积效率,而且对压缩机的润滑也是有好处的。表 3-2 列举了常用制冷工质的绝热指数及 $t_0 = -20\ ℃$、$t_k = 30\ ℃$ 时的绝热压缩温度。

表 3-2　常用制冷工质的绝热指数及绝热压缩温度

制冷工质	氨(R717)	氟利昂(R12)	氟利昂(R22)	氟利昂(R502)
压缩比	6.13	4.92	4.88	4.50
绝热指数	1.310	1.136	1.184	1.132
绝热压缩温度/℃	110	40	60	36

由表 3-2 可以看出,在相同的温度条件下,氨的绝热指数比氟利昂的绝热指数大,因此绝热压缩时,氨的排气温度要比氟利昂的排气温度高得多,所以氨压缩机在气缸顶部应设水套,以防气缸过热。

2. 物理化学方面的要求

(1) 制冷工质在润滑油中的可溶性。根据制冷工质在润滑油中的可溶性,可分为有限溶于润滑油和无限溶于润滑油的制冷工质。有限溶于润滑油的制冷工质,其优点是在制冷设备中制冷工质与润滑油易分离,蒸发温度比较稳定;缺点是蒸发器和冷凝器的传热面上会形成油膜从而影响传热。无限溶于润滑油的制冷工质,其优点是润滑油随制冷工质一起渗透到压缩机的各个部件,为压缩机的润滑创造了良好的条件,在蒸发器和冷凝器的传热面上不会形成油膜而阻碍传热;缺点是制冷工质中溶有较多润滑油时,会引起蒸发温度升高使制冷量减少,润滑油黏度降低,制冷工质沸腾时泡沫多,蒸发器的液面不稳定。

(2) 制冷工质的黏度和密度尽可能小,这样可以减小制冷工质在管道中的流动阻力,可以降低压缩机的耗功率和缩小管道直径。

(3) 热导率和放热系数要高,这样便于提高蒸发器和冷凝器的传热效率,减小其传热面积。

(4) 具有化学稳定性。制冷工质在高温下不分解、不燃烧、不爆炸。

(5) 具有一定的吸水性。当制冷系统中渗进极少的水分时,虽会导致蒸发温度升高,但不至于在低温下形成"冰塞"而影响制冷系统的正常运行。

(6) 对金属和其他材料不产生腐蚀作用。

3. 其他方面的要求

(1) 制冷工质对人体健康无损害,不具有毒性、窒息性和刺激性。制冷工质的毒性级别分为六级,一级毒性最大,六级毒性最小。毒性分级标准见表 3-3。

表 3-3　制冷工质毒性分级标准

级别	条件		产生的结果
	制冷工质蒸气在空气中的体积百分比/%	作用时间/min	
一级	0.5～1.0	5	致死
二级	0.5～1.0	60	致死
三级	2.0～2.5	60	开始死亡或成重症
四级	2.0～2.5	120	产生危害作用
五级	20	120	不产生危害作用
六级	20	>120	不产生危害作用

（2）价格便宜。

二、制冷工质的种类

常用制冷工质按其化学组成可分为四类，即无机化合物、氟利昂（卤代烃）、碳氢化合物（烃类）及混合制冷工质。

1. 无机化合物

无机化合物的制冷工质有氨（NH_3）、水（H_2O）、二氧化碳（CO_2）等，其中氨是常用的一种制冷工质。国际上规定用 RXXX 表示制冷工质的代号。对于无机化合物，其制冷工质的代号为 R7XX，其中 7 表示无机化合物，7 后面两个数字是该物质分子量的整数。如氨的代号为 R717，水的代号为 R718，二氧化碳的代号为 R744。

2. 氟利昂

氟利昂是饱和烃类（饱和碳氢化合物）的卤族衍生物的总称，其种类较多，它们的热力性质也有较大的区别，可分别适用于不同要求的制冷机。氟利昂作为制冷工质，同样也用 R 和数字表示它的代号，氟利昂的化学分子式为 $C_m H_n F_x Cl_y Br_z$，氟利昂的代号用"R($m-1$)($n+1$)xBz"表示。R 后面第一位数字 $m-1$，即氟利昂分子式中碳原子数减去 1，该值为 0 时则省略不写。R 后面第二位数字 $n+1$，为氢原子数 n 加 1。R 后面第三位数字 x 为氟原子数。R 后面第四位数字 z 为溴原子数，如果溴原子数 z 为 0 时，与字母 B 一起省略。代号中氯原子数 y 不表示。例如，二氟一氯甲烷化学分子式为 $CHClF_2$，因为碳原子数 $m=1$，$m-1=0$，氢原子数 $n=1$，$n+1=2$，氟原子数 $x=2$，溴原子数 $z=0$，故代号为 R22，称为氟利昂 22。

3. 碳氢化合物

碳氢化合物称为烃。烃类制冷工质有烷烃类制冷剂（甲烷、乙烷）、烯烃类制冷剂（乙烯、丙烯）等。从经济观点来看碳氢化合物是比较好的制冷剂，其优点是凝固温度低，易于获得等；缺点是安全性差，易燃烧和爆炸。其在空调制冷及一般制冷中并不采用，只用于石油化学工业的制冷系统中。

4. 混合制冷工质

混合制冷工质又称为多元混合溶液。它是由两种或两种以上的制冷剂按一定比例混合而成的均匀溶液。混合制冷工质按其定压下发生相变（蒸发、冷凝）的过程特征又分为共沸溶液、非共沸溶液和近共沸混合物。共沸溶液是指在固定压力下蒸发或冷凝时，其蒸发温度和冷凝温度恒定不变,而且它的气相和液相具有相同组分的溶液。共沸溶液制冷工质代号的第一个数字均为 5,目前作为共沸溶液制冷工质的有 R500、R502 等。非共沸溶液是指在固定压力下蒸发或冷凝时,其蒸发温度和冷凝温度是不断变化的,气、液相的组成成分也不同的溶液。上述相变的开始温度与终了温度之差(不含任何过冷或过热)称为相变温度滑变。目前非共沸溶液应用的有 R12/R13、R22/114、R22/R152a/R124 等。近共沸混合物是温度滑变很小的非共沸混合物,在整个制冷循环过程中成分的变化很小,因而从全部热力指标上看,几乎很像共沸混合物。

三、常用制冷工质的性质

目前常用的制冷工质有水、氨和氟利昂,其性质见表 3-4。

表 3-4　常用制冷工质性能

制冷工质代号	分子式	分子量	标准沸点/℃	凝固温度/℃	临界温度/℃	临界压力/MPa	临界比体积/(m³/kg)	绝热指数(20 ℃,101.325 kPa)	毒性级别
R718	H_2O	18.02	100.0	0.0	374.12	22.12	3.000	1.330(0 ℃)	无
R717	NH_3	17.03	−33.35	−77.7	132.4	11.52	4.13	1.320	2
R11	$CFCl_2$	101.91	23.70	−111.0	198.00	4.37	1.805	1.135	5
R12	CF_2Cl_2	120.91	−29.80	−155.0	112.04	4.12	1.793	1.138	6
R13	CF_3Cl	104.46	81.50	−180.0	28.78	3.86	1.721	1.150(10 ℃)	6
R22	CHF_2Cl	86.47	−40.84	−160.0	96.13	4.99	1.905	1.194(10 ℃)	5a
R134a	$C_2H_2F_4$	104.03	−26.25	101.0	101.10	4.06	1.942	1.110	6
R500	$CF_2Cl_2/$ $C_2H_4F_2$	99.30	33.30	−158.9	105.50	4.30	2.008	1.127(30 ℃)	5a
R502	$CHF_2Cl/$ C_2H_4Cl	111.64	−45.60		90.0	42.66	1.788	1.133(30 ℃)	5a

1. 水(R718)

水作为制冷工质,其优点是无毒、无味、不会燃烧和爆炸。但水蒸气的比容大,单位容积制冷量小,水的凝固点高,不能制取较低的温度,只适用于蒸发温度 0 ℃ 以上的情况。所以,水作为制冷工质常用于蒸汽喷射制冷机和溴化锂吸收式制冷机中。水的物理参数是在标准大气压下,它的沸点为 100 ℃,临界温度为 374.12 ℃,临界压力为 22.12 MPa,凝固温度为 0 ℃。

2. 氨(R717)

氨主要用于制冰和冷藏制冷。氨作为制冷工质具有良好的热力性能。标准蒸发温度 $t_s = -33.35$ ℃,常温下冷凝压力 $p_k \leqslant 1.47$ MPa,通常在 1.2 MPa 左右,最低蒸发温度可达 −77.7 ℃。单位容积制冷量较大,容易获得,价格低廉,适于大中型制冷机使用。冻结法施工中的制冷工质几乎全部使用氨。其缺点:氨蒸气无色,有强烈的刺激臭味,对人体有较大毒性。液氨飞溅到皮肤上可引起冻伤。空气中容积浓度达 0.5%～0.6% 时,人在其中停留 0.5 h 就会中毒。当浓度达 11%～14% 时,即可燃烧(黄火焰);当浓度达到 16%～25% 时,可引起爆炸。因此,冷冻站内空气中氨的浓度不能超过 0.02 mg/L。有时,氨也会在制冷设备中爆炸,这主要是由系统中自由状态氢引起的。因此,必须及时排出系统中的空气和其他非凝性气体。氨可按任何比例溶解于水中,每升水中可溶 1 300 L 氨,同时放出大量热量。所以,氨中有水时,可使蒸发温度稍微提高,并对金属有腐蚀作用,但磷、铜除外。一般规定氨中含水不得超过 0.2%。氨在润滑油中溶解度很小,系统中往往发生油的聚积并形成油膜,影响散热效果。润滑油比重大,油往往积存在容器下部,应定时放出。

3. 氟利昂

氟利昂制冷工质所具有的优点是无毒、无臭、不易燃烧,对金属不腐蚀,绝热指数小,因而排气温度低;具有较大的分子量,适用于离心式制冷压缩机。其缺点是部分制冷工质(如R12)的单位容积制冷量小,制冷工质的循环量较大;密度大,流动阻力大;含氯原子的氟利昂遇明火时会分解出有毒气体;放热系数低;价格贵,易泄漏而不易被发现。大多数氟利昂不溶于水,为了防止系统发生冰塞,必须设干燥器。多数氟利昂溶解于油,如 R11、R12、R500 等,有限溶油的有 R22,R502 等,不溶于油的有 R13 等。

目前常用的氟利昂制冷工质有 R12、R22、R11、R13 等,其性能如下:

(1) 氟利昂 12(R12)

1930 年前后氟利昂 R12 的出现,引起了制冷技术的革新。目前使用的主要是甲烷和乙烷的衍生物。R12 无色、无味,对人体危害极小,不燃烧,不爆炸,是最安全的制冷工质。R12 在大气压力下的蒸发温度为 -29.8 ℃,凝固温度为 155 ℃。冷凝压力较低,用水冷却时,冷凝压力不超过 1.0 MPa,用风冷却时,也只有 1.2 MPa 左右。R12 溶于油,因而在冷凝器的传热面上不会形成油膜而影响传热。但是 R12 和润滑油一起进入蒸发器,随着 R12 不断蒸发,蒸发器润滑油含量增加,使蒸发温度升高,传热系数降低。为了使润滑油和 R12 一起返回压缩机,设计中一般采用干式蒸发器,从上部供液,下部回气,并应保证上升回气立管有足够的带油速度。R12 对水的溶解度极小,为了防止系统发生冰塞,规定 R12 的含水率(质量分数)不得超过 0.002 5%,并且在制冷系统中设置干燥器。R12 的最大缺点是单位容积制冷量小,对臭氧层有破坏作用,被列为首批限用制冷工质。

(2) 氟利昂 22(R22)

R22 是一种良好的制冷工质,故常用在窗式空调器、冷水机组、立柜式空调机组中。R22 在常温下,冷凝压力和单位容积制冷量与氨差不多。R22 无色、无臭、不燃烧、不爆炸,毒性稍比 R12 大,但仍然是很小的,传热性能与 R12 差不多,流动性比 R12 好,溶水量比R12 稍大。但 R22 仍属于不溶水物质,含水量超过溶解度仍会发生冰塞,并且对金属有腐蚀作用,所以对 R22 的含水量(质量分数)仍限制在 0.002 5% 以内,所采取的措施同 R12。R22 与润滑油能有限溶解,润滑油在 R22 制冷系统中产生的影响和 R12 基本相同。所以在设计选择设备以及所考虑的因素与 R12 系统也应相同。

(3) 氟利昂 11(R11)

R11 的溶水性、溶油性以及对金属的作用与 R12 相似,毒性比 R12 稍大,R11 的分子量大,单位容积制冷量小,所以主要用于空调离心式制冷压缩机中。

(4) 氟利昂 13(R13)

R13 在大气压力下的蒸发温度为 -81.5 ℃,凝固温度为 -180 ℃,可用在 $-110\sim$ -70 ℃的低温系统中。其优点是在低温下蒸气比热容较小,单位容积制冷量大;缺点是临界温度较低,常温下压力很高。所以,适用于重叠式制冷系统,作为低温级的制冷工质。R13 不溶于油,而在水中的溶解性与 R12 大致一样,对金属不产生腐蚀作用。

(5) 氟利昂 134a(R134a)

R134a 是一种新开发的制冷工质,a 表示该物质为同分异构物。其热力性质与 R12 非常接近,但 R134a 难溶于油。目前 R134a 已取代 R12 作为汽车空调中的制冷工质。

4. 混合制冷工质

(1) R500 制冷工质

R500 制冷工质是由质量百分比为 73.8% 的 R12 和 26.2% 的 R152a 组成。与 R12 相比,使用同一台压缩机其制冷量约提高 18%。在大气压力下,R500 的蒸发温度为 $-33.3\ ℃$。

(2) R502 制冷工质

R502 制冷工质是由质量百分比为 48.8% 的 R22 和 51.2% 的 R115 组成。它与 R22 相比,采用 R502 的单级压缩机,制冷量可增加 5%～30%;采用双级压缩机,制冷量可增加 4%～20%,在低温下,制冷量增加较大。在相同的 t_0 和 t_k 下,压缩比较小,排气温度比 R22 低 15～30 ℃。在相同的工况下,R502 比 R22 的吸入压力稍高,而压缩比又较小,故压缩机的容积效率提高,在低温下更为有利。在大气压力下,R502 的蒸发温度为 $-45.6\ ℃$,R22 的蒸发温度为 $-40.84\ ℃$,故蒸发温度在 $-45℃$ 以上时,系统内不会出现真空,避免了外界空气渗入系统的可能性。R502 与 R22 一样,具有毒性小、无燃烧和爆炸危险,对金属材料无腐蚀作用,对橡胶和塑料的腐蚀性也小。

因此,R502 具有较好的热力、化学和物理特性,是一种较理想的制冷工质,适合于蒸发温度在 -45～$-40\ ℃$ 的单级、风冷式冷凝器的全封闭和半封闭制冷压缩机中使用。它的主要缺点是价格较贵。

四、制冷工质储存注意事项

制冷工质大多数储存在钢瓶中,存放时应注意:

(1) 存放制冷工质的钢瓶必须经过耐压试验,并定期进行检查。

(2) 不同的制冷工质应采用固定的专用钢瓶,装存不同制冷工质的钢瓶时不要互相调换使用。

(3) 氨瓶漆成黄色,氟利昂钢瓶漆成银灰色,并在钢瓶上标明所存制冷工质的名称。

(4) 储存制冷工质的钢瓶不得露天安放或曝晒在阳光下,安放地点不得靠近火焰及高温地方。

(5) 在运输过程中严防钢瓶相互碰撞,以免引起爆炸。

(6) 当钢瓶内的制冷工质使用结束后,应立即关闭控制阀,以免漏入空气和水蒸气。

五、制冷工质的发展

在蒸气压缩式制冷的历史上,用作制冷工质的物质有 50 多种,各自取得了不同程度的成功。最早的机器,波尔金斯(1834 年)和哈里森(1856 年)用乙醚。乙醚很不安全,不便应用推广。到 19 世纪 70 年代至 80 年代,相继引入了一些更好的制冷工质,如 CO_2、NH_3 和 SO_2。这些制冷工质在很长一段时期内曾起过主导作用,直到合成卤代烃(氟利昂)出现。率先出现的是 R12(CF_2Cl_2),此后陆续增加了卤代烃的其他品种。自 1932 年起,该类物质占据了制冷工质市场。制冷、空调、冷冻、冷藏领域的主要制冷工质是 R11、R12，R22 和 R502；低温制冷中的主要制冷工质为 R13 和 R503，属于氟利昂中的 CFCs 类（烷烃的氯、氟完全衍生物）、HCFCs（烷烃的氯、氟不完全衍生物）类及 CFCs 与 HCFCs 类的混合物。从制冷装备的经济技术要求出发，优良的制冷工质循环特性理想，毒害小，无燃烧性，化学性质稳定，对制冷机通用器件材料无腐蚀。所以这类制冷工质的出现曾带来制冷工业变革性的进步。第二次世界大战以后，早期制冷工质中唯一只有 NH_3 仍在大型工业制冷系统中使用，其他制冷装置使用 CFCs 和 HCFCs。

制冷工质的历史又到了另一个转变阶段。造成这种转变的原因完全是出自保护地球环境的迫切需要。工业飞速发展所造成的负效应是对环境造成危害，臭氧层日益受到破坏和地球变暖两大问题的严峻程度引起人们极大的担忧。1974 年，罗兰德和莫里纳提出了含氯卤代烃在大气平流层会被阳光分解的理论。该分解过程中游离出的氯离子将加速臭氧的分裂。该理论导致了 1987 年联合国环境保护计划会议在加拿大蒙特利尔签署《关于消耗臭氧层物质的蒙特利尔义定书》以及相继的一些修正主义定。本次会议指出 CFCs 是重要的臭氧破坏物质，要求发达的工业国于 1995 年 12 月 31 日前完全停止使用 CFCs。HCFCs 也属于臭氧破坏性物质，在第二阶段被禁止之列，规定到 2030 年全部停止使用。制冷界必须履行这一政策。由于四种主要制冷工质 R11、R12、R22 和 R502 的应用差不多完全覆盖了制冷、空调的整个领域，所以制冷业正在进行大规模的压缩式制冷工质的替代工作。

作为 HCFCs 替代物的新制冷工质必须同时满足制冷与环境保护两方面的要求。

在制冷方面，应考察其热力性质（保证制冷循环有效、经济）、理化性质（稳定与材料相容）和安全性（毒性、可燃性）。

在环境方面，应考察其臭氧破坏影响与温室影响。臭氧破坏的评价指标为 ODP（臭氧破坏指数）。新制冷工质的 ODP 应为零。温室影响先用 GWP（全球增温潜势）评价，它指制冷工质逸散到大气中造成的直接温室影响。后来有人认为仅 GWP 并不全面，还应考虑制冷工质用于制冷装置多耗电能，由于火电生产多排放 CO_2 所造成的间接温室影响，故又引入了综合考虑这两方面因素的温室影响指标 TEWI（总当量温室效应指数）。新制冷工质的 GWP 与 TEWI 应尽量小。

六、选择冷媒剂的基本要求

在制冷技术中，传递冷效应的物质称为冷媒剂（又称为载冷剂），如盐水（$CaCl_2$ 或 NaCl 溶液）、乙醇、空气和各种卤化物均可作为冷媒剂。在冷藏库中，常用空气或盐水来冷却储存的食品；在空调中，采用冷冻水作为载冷剂，将冷冻水送入喷水室或水冷式表面冷却器来处理送入房间的空气。冻结法施工中多用 $CaCl_2$ 溶液作为冷媒剂。

（1）在工作温度范围内不凝固、不汽化。

（2）比热容要大，这样冷媒剂的载冷量就大，而冷媒剂流量就小，管道的直径和泵的尺寸减小，循环泵功率减小。

（3）密度小、黏度小，可以减小流动阻力。

（4）热导率高、传热性能好，以减小热交换器的传热面积。

（5）对金属不腐蚀，不会燃烧和爆炸，无毒，对人体无刺激作用，化学稳定性好。

（6）易购买，价格便宜。

七、常用冷媒剂的性质

1. 空气

空气作为冷媒剂的优点是到处都有,容易取得,不需要复杂的设备;其缺点是比热容小,所以只有利用空气直接冷却时才采用它。在冷藏库中,就是利用库内空气作冷媒剂来冷却食品的。

2. 水

水具有比热容大、无毒、不燃烧、不爆炸、化学稳定性好、容易获得等优点,因此,在空调制冷系统中广泛用水作为冷媒剂。但是,水的凝固点高,因而只能用作制取 0 ℃以上温度的冷媒剂。

3. 盐水

盐水可作为制取制冷温度低于 0 ℃的冷媒剂。配制盐水所用的盐有氯化钠($NaCl$)、氯化钙($CaCl_2$)和氯化镁($MgCl_2$)。常用作冷媒剂的盐水有氯化钠($NaCl$)溶液和氯化钙($CaCl_2$)溶液。

要合理选择盐水的浓度,盐水溶液的浓度越大,其密度越大,流动阻力增大;同时,浓度增大,其比热容减小,输送一定冷量所需盐水溶液的流量增加,同样增加泵的功率消耗。因此,只要保证蒸发器中盐水溶液不会冻结,其凝固温度不要选择过低。一般的选法是,选择盐水的浓度使凝固温度(凝固点)比制冷工质的蒸发温度低 5~8 ℃(采用水箱式蒸发器时取5~6 ℃;采用壳管式蒸发器时取 6~8 ℃)。而且盐水溶液浓度不应大于冰盐合晶点浓度。由此可见,氯化钠($NaCl$)溶液只使用在蒸发温度高于—15 ℃的制冷系统中,氯化钙($CaCl_2$)溶液可使用在蒸发温度不低于—49 ℃的制冷系统中。

盐水对金属有腐蚀作用,腐蚀的强弱与盐水溶液中的含氧量有关,含氧量越大,腐蚀性越强。为了降低盐水对金属的腐蚀作用,必须采取防腐措施:第一,最好采用闭式盐水系统,使之与空气减少接触;第二,在盐水溶液中加入一定量的防腐剂。其做法是:1 m^3 氯化钙水溶液中应加 1.6 kg 重铬酸钠(Na_2CrO_7)和 0.45 kg 氢氧化钠($NaOH$);或 1 m^3 氯化钠水溶液中应加 3.2 kg 重铬酸钠和 0.89 kg 氢氧化钠。加入防腐剂后,盐水应呈弱碱性(pH=8.5)。这可利用酚酞试剂来测定,酚酞试剂与盐水混合时须呈淡玫瑰色。需要注意的是,重铬酸钠对人体皮肤有腐蚀作用,在配制溶液时须加小心。

盐水在使用过程中会吸收空气中的水分,使其浓度降低,凝固温度升高,特别是在开式盐水系统中。所以,必须定期测定盐水的浓度和补充盐量,以保持要求的浓度。

冻结法施工中多用 $CaCl_2$ 溶液作为冷媒剂,其性能如表 3-5 所列。

表 3-5　氯化钙溶液性能

在 15 ℃时			凝固温度 /℃	在各种温度下溶液的比热容/[kJ/(kg·K)]					
密度 /(g/cm³)	波美度 /°Bé	浓度/%		—30 ℃	—20 ℃	—10 ℃	0 ℃	10 ℃	20 ℃
1.20	24.1	21.9	—21.2	—	2.952	2.977	3.002	3.027	3.052
1.21	25.1	22.8	—23.3	—	2.914	2.939	2.964	2.990	3.015
1.22	26.1	23.8	—25.7	—	2.881	2.906	2.831	2.956	2.981
1.23	27.1	24.7	—28.3	—	2.847	2.872	2.897	2.923	2.948
1.24	28.1	25.7	—31.2	2.793	2.818	2.843	2.868	2.893	2.918

表 3-5(续)

在 15 ℃时			凝固温度 /℃	在各种温度下溶液的比热/[kJ/(kg·K)]					
密度 /(g/cm³)	波美度 /°Bé	浓度/%		−30 ℃	−20 ℃	−10 ℃	0 ℃	10 ℃	20 ℃
1.25	29.0	26.6	−34.6	2.763	2.789	2.814	2.839	2.864	2.890
1.26	29.9	27.5	−38.6	2.734	2.759	2.784	2.809	2.835	2.860
1.27	30.8	28.4	−42.6	2.705	2.730	2.555	2.780	2.805	2.830
1.28	31.7	29.4	−50.1	2.680	2.705	2.730	2.555	2.780	2.805
1.286	32.2	29.9	−55.0	2.663	2.688	2.713	2.738	2.763	2.789
1.29	32.5	30.8	−50.6	2.650	2.675	2.701	2.726	2.751	2.776
1.30	33.4	31.2	−41.6	2.625	2.776	2.675	2.701	2.726	2.751

选用氯化钙溶液作冷媒剂时,应使该浓度的冰点比制冷工质的沸点低 6～8 ℃,否则氯化钙溶液易出现冰析现象。氯化钙溶液的浓度太大时,因低温析盐将会堵塞管路(图 3-6)。在蒸发温度 $t_0 = -35 \sim -25$ ℃时,选择氯化钙溶液浓度为 29～31 °Bé(相应的密度 $\rho = 1.250 \sim 1.270$ g/cm³),其冰点为 −42.6～−34.6 ℃。

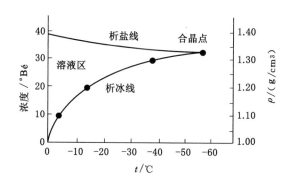

图 3-6　氯化钙溶液的析盐曲线

溶液浓度波美度的定义为:

$$B = \frac{145(\rho - 1)}{\rho} \tag{3-5}$$

式中　B——波美度,°Bé;

　　　ρ——盐水溶液的密度,g/cm³。

为了进一步降低盐水溶液的凝固点,可用 85% 的 $CaCl_2$、10% 的 $MgCl_2$ 和 5% 的甲醇混合溶液配制出凝固温度在 −50 ℃ 以下的冷媒剂。

4. 有机物冷媒剂

在一些不允许使用有腐蚀性冷媒剂的场合,可采用甲醇、乙二醇、丙二醇等水溶液。甲醇的凝固温度为 −97.8 ℃。甲醇具有燃烧性,使用时应采取防火措施。乙二醇、丙二醇水溶液的特性相似。它们的合晶点温度可达 −60 ℃ 左右(这时醇的浓度为 60%),都无色、无味、无电解性,密度和比热容大。乙二醇水溶液略有腐蚀性、略带毒性,但无危害。丙二醇无毒、无腐蚀性,可与食品接触而不致污染,所以丙二醇是良好的冷媒剂。

第三节 地层冻结人工制冷设备

压缩机根据其工作原理的不同,可分为容积式压缩机和离心式压缩机两大类。容积式压缩机依靠改变气缸容积来进行气体压缩,常用的容积式压缩机有活塞式压缩机和回转式压缩机。活塞式压缩机是容积式压缩机中使用最广泛的机种。离心式压缩机是依靠离心力的作用连续地将吸入的气体压缩。

一、活塞式制冷压缩机

1. 活塞式制冷压缩机的分类

活塞式制冷压缩机是制冷压缩机中使用最为广泛的一种压缩机。这种类型的压缩机规格型号很多,能适应一般制冷的要求。但由于活塞及连杆惯性力大,限制了活塞的运行速度,故排气量一般不能太大。活塞式制冷压缩机一般适用于中、小型制冷。

(1)根据气体流动情况,活塞式制冷压缩机可分为顺流式和逆流式两大类。顺流式制冷压缩机如图 3-7 所示,活塞式压缩机的机体由曲轴箱、气缸体和气缸盖三部分组成。曲轴箱内的主要部件是曲轴,曲轴通过连杆带动活塞在气缸内做往复运动来压缩气体。活塞为一空心圆柱体,它的内腔与进气管连通,进气阀设在活塞顶部。当活塞向下移动时,气缸内的气体从活塞顶部进入气缸;当活塞向上移动时,气缸内的气体被压缩,并由上部排出,气缸内气体顺同一方向流动,故称顺流式。顺流式活塞制冷压缩机由于进气阀设在活塞上,因而增加了活塞的重量及长度,限制了压缩机转速的提高,且自重大,占地面积大。逆流式活塞制冷压缩机如图 3-8 所示。此种压缩机的进、排气阀均设置在气缸顶部。当活塞向下移动时,低压气体由顶部进入气缸;活塞向上移动时,被压缩的气体仍从顶部排出。这样,由于气体进入气缸及排出气缸的运动路线相反,故称为逆流式制冷压缩机。逆流式制冷压缩机活塞尺寸小、质量轻,便于提高压缩机转速,一般为 $1\,000\sim1\,500$ r/min,有的可高达 3 500 r/min,因而其质量及尺寸大为减小。

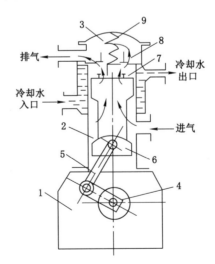

1—曲轴箱;2—气缸体;3—气缸盖;4—曲轴;5—连杆;6—活塞;7—进气阀;8—排气阀;9—缓冲弹簧。

图 3-7 顺流式活塞压缩机

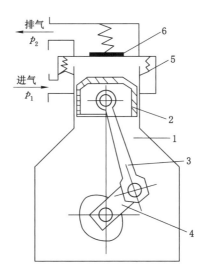

1—气缸;2—活塞;3—连杆;4—曲轴;5—进气阀;6—排气阀。

图 3-8　逆流式活塞压缩机

(2) 根据气缸排列和数目的不同,活塞式制冷压缩机可分为卧式、立式、高速多缸压缩机。卧式制冷压缩机气缸水平放置,此压缩机制冷量较大,但转速低(200～300 r/min),且材料消耗多,占地面积大。立式制冷压缩机气缸垂直放置,气缸一般为 2 个,转速不大于 750 r/min,现使用较少。高速多缸制冷压缩机是目前广泛使用的一类活塞式压缩机,由于缸多且小,因而转速快、质轻体小、平衡性能好、噪声和振动较小,并且易于调节制冷量。目前常用的有三种类型,即 V 形、W 形和 S 形(扇形)。

(3) 根据构造不同,活塞式制冷压缩机分为开启式、半封闭式和全封闭式。开启式制冷压缩机的压缩机和驱动电动机分别为两个设备,一般氨制冷压缩机和制冷量较大的氟利昂压缩机为开启式。半封闭式制冷压缩机是驱动电动机与压缩机的曲轴箱封闭在同一空间内,因而驱动电动机是在气态制冷剂中运行的,因此,对电动机的要求较高。此外,这种压缩机不适用于有爆炸危险的制冷剂,所以半封闭式制冷压缩机均为氟利昂制冷压缩机。全封闭式制冷压缩机是压缩机与电动机装在一个外壳内。

(4) 根据压缩机的级数不同,活塞式制冷压缩机可分为单级和双级制冷压缩机。双级压缩机又分为双机双级和单机双级制冷压缩机。

(5) 按所采用的制冷剂不同,活塞式制冷压缩机可分为氨压缩机和氟利昂压缩机。制冷压缩机均用一定的型号来表示,新系列活塞式单级制冷压缩机产品型号包括气缸数量、所用制冷剂种类、气缸排列形式、气缸直径和传动方式等内容。

例如 4AV12.5A 制冷压缩机,该压缩机为 4 缸,氨制冷剂,气缸排列形式为 V 形,气缸直径 12.5 cm,直接传动。

对于单机双级制冷压缩机,在单级型号前加"S"表示双级。例如 S8AS12.5 制冷压缩机,该压缩机为双级,8 缸,氨制冷剂,气缸排列形式为 S 形,气缸直径 12.5 cm,直接传动。又如 4FV7B 制冷压缩机,该压缩机为 4 缸,氟利昂制冷剂,气缸排列形式为 V 形,气缸直径为 7 cm,B 为半封闭式。若最后字母是 Q,则为全封闭式。

我国目前生产的制冷压缩机系列产品为高速多缸逆流式压缩机,根据缸径不同,有50 mm、70 mm、100 mm、125 mm 及 170 mm,再配上不同缸数,共有 22 种规格,以用来满足不同制冷量的要求。

2. 活塞式制冷压缩机的构造

开启式活塞制冷压缩机由机体、活塞及曲轴连杆机构、气缸套及进排气阀组合件、卸载装置、润滑系统 5 个部分组成。以最常见的 8AS 12.5 型开启式制冷压缩机为例,如图 3-9 所示。

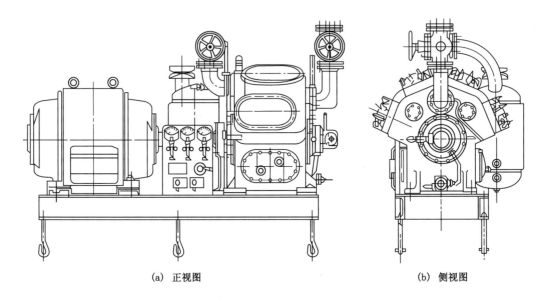

(a) 正视图　　　　　　　　　　　　　　(b) 侧视图

图 3-9　8AS-12.5 型开启式制冷压缩机外形图

在我国冻结法施工中主要用活塞式压缩机。它是制冷机氨循环中的主要设备,是实现补偿功的机械。活塞式压缩机,按标准制冷能力可分为小型机(<60 kW)、中型机(60～600 kW)及大型机(>600 kW)三类。我国煤矿在冻结法施工时常用的压缩机有 100、125、170 和 250 系列,其技术特征如表 3-6 所列。

表 3-6　常用压缩机技术特征

型号	6AW-10	8AS-10	16AS-10	4AV-12.5	6AV-12.5	8AS-12.5	4AV-17	6AW-17	8AS-17	8AS-25
气缸数量/个	6	8	16	4	6	8	4	6	8	8
气缸直径/mm	100	100	100	125	125	125	170	170	170	250
活塞行程/mm	70	70	70	100	100	100	140	140	140	200
额定转数/(r/min)	960	960	960	960	960	960	720	720	720	600
理论容积/(m³/s)	0.053	0.071	0.141	0.079	0.118	0.157	0.153	0.229	0.306	0.785
标准冷量/kW	87.5	116.67	—	116.67	175	233.33	245	385	513.33	1 166.67
吸气管直径/mm	80	90	125	80	100	100	100	125	150	200
排气管直径/mm	65	80	2×65	65	80	100	80	100	125	200
冷却水管直径/mm	45	45	45	20	20	20	20,25	20,25	20,25	—
首次加油量/kg	15	15	25	36	42	50	80	90	100	90

表 3-6(续)

型号	6AW-10	8AS-10	16AS-10	4AV-12.5	6AV-12.5	8AS-12.5	4AV-17	6AW-17	8AS-17	8AS-25
压缩机耗水量/(kg/h)	750	1 000	2 000	—	—	—	2 000	3 000	4 000	8 000
压缩机质量/kg	450	550	1 100	750	1 000	1 100	2 000	3 000	3 500	6 500
功率/kW	30	40	—	55	75	95	—	130	180	—

二、螺杆式制冷压缩机

螺杆式压缩机是回转式压缩机的一种,它只有旋转运动部件,动平衡性能好,几乎无振动,无气阀,可高速旋转。因此,它具有体积小、质量轻的优点,适合作为移动式制冷设备。螺杆式压缩机最早用于压缩空气,由于它具有很多优点,因而逐渐用于制冷压缩机(图 3-10)。

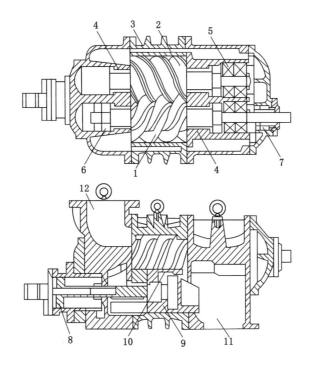

1—阳转子;2—阴转子;3—机体;4—滑动轴承;5—止推轴承;6—平衡活塞;7—轴封;
8—能量调节用卸载活塞;9—卸载滑阀;10—喷油孔;11—排气口;12—进气口。

图 3-10　螺杆式制冷压缩机

螺杆式制冷压缩机由壳体和转子组成,两个螺旋形转子互相啮合,其中凸齿形转子称阳转子(也称阳螺杆),凹齿形转子称阴转子(也称阴螺杆)。电动机带动阳转子一端旋转称为主动转子,阴转子为从动转子。一般阳、阴转子齿数比为 4:6,大流量螺杆机为3:4。齿数比为 6:8 时,压缩比 $p_k/p_0=20$。转子的左端(前端)为吸气端,右端为排气端。转子的一对齿槽容积称为基元容积。当齿槽与进气口相通时,制冷工质便进入基元容积内。继续旋转,基元容积扩大,进气量增加,当旋转到一定角度时,基元容积离开进气口,吸气过程结束。

再继续旋转时,基元中的气体受到压缩,压力逐渐升高,完成压缩过程。由于螺杆式制冷压缩机转速较高,输气近于连续,没有脉动,又无余隙,输气系数较活塞式制冷压缩机高,尤其是在压缩比高时,优点更为显著。一般其输气系数为0.75~0.90。螺杆式制冷压缩机采用喷油冷却,制冷工质接近等温压缩,即便在高压比时,一级压缩(蒸发温度可达-40 ℃)排气温度也不会超过90 ℃。以上是螺杆式制冷压缩机的结构原理和优点。缺点:由于螺杆式制冷压缩机采用喷油冷却,耗油量大,输油系统复杂,不适合变压比下工作,噪声大,以及转子加工精度高等。

我国许多厂家已经开始生产螺杆式制冷压缩机(表3-7),最大标准制冷量为1 400 kW。

表3-7 我国生产的螺杆式制冷压缩机主要技术特征

型号参数	LG25×25	25CF	LG60-25/12	LGA125DD	LGA-200
标准制冷量/kW	1 400	1 050	737.3	47.8(R12) 70.8(R22) 76.2(NH$_3$)	591.5(R22) 614.8(NH$_3$)
制冷工质	NH$_3$	NH$_3$	NH$_3$	R12,R22,NH$_3$	R22,NH$_3$
理论容积/(m³/s)	0.355	0.556	0.425	0.044	0.302
转子形线	对称圆弧	单边不对称摆线包络	对称圆弧	对称圆弧	单边不对称摆线圆弧
转子直径/mm	250	250	250	125	200
转子长度/mm	250	375	300	125	300
转速/(r/min)	2 950	2 950	2 950	2 950	2 960
轴功率/kW	280	500(电机)	275(电机)	14.1(R12) 23(R22) 24.2(NH$_3$)	173.8(R22) 176.5(NH$_3$)
质量/t	10	4.2	0.6	—	—
机组尺寸/mm		4 350×1 800×2 810	3 480×1 125×1 420	610×340×350	

三、离心式制冷压缩机

离心式制冷压缩机是一种速度型压缩机,通过高速旋转的叶轮对气体做功,使其流速增大,而后通过扩压器使气体减速,将气体的动能转换为压力能,气体的压力就得到相应提高。随着大型空气调节系统和石油化学工业的日益发展,迫切需要大型极低温制冷压缩机,离心式制冷压缩机能够很好地适应这种要求。

1. 离心式制冷压缩机的特点

离心式制冷压缩机的主要优点有:

(1)制冷量大,而且大型离心式压缩机的效率接近现代大型立式活塞压缩机。

(2)结构紧凑、质量轻,比同等制冷量的活塞式制冷压缩机轻80%~88%,占地面积可以减小一半左右。

（3）没有磨损部件,因而工作可靠,维护费用低。

（4）运行平稳、振动小、噪声小。运行时制冷剂中不混有润滑油,故蒸发器和冷凝器的传热性能好。

（5）能够经济地进行无级调节。当采用进气口导叶阀时,可使机组的负荷在30%~100%范围内进行高效率的能量调节。

（6）能够合理地使用能源。大型离心式制冷压缩机耗电量非常大,为了减少发电设备、电动机以及能量转换过程的各种损失,大型离心式压缩机(制冷量在3 500~4 500 kW以上)可用蒸汽轮机或燃气轮机直接拖动,甚至再配以吸收式制冷机,实现经济合理利用能源。

但是,由于离心式制冷压缩机的转数很高,所以对于材料强度、加工精度和制造质量均要求严格,否则易于损坏,且不安全。此外,小型离心式制冷压缩机的总效率低于活塞式制冷压缩机,故其适用于大型或特殊用途的场所。

2.离心式制冷压缩机结构

单级离心式制冷压缩机的结构如图3-11所示。低压气体从侧面进入叶轮中心以后,靠叶轮高速旋转产生的离心力作用,获得动能和压力能,流向叶轮的边缘。由于离心式制冷压缩机叶轮的圆周速度很高,气体从叶轮边缘流出的速度也很高,为了减少能量损失,以及提高离心式制冷压缩机出口气体的压力,除了像水泵那样装有蜗壳以外,还在叶轮的边缘设有扩压器。这样,从叶轮流出的气体首先通过扩压器进入蜗壳,使气流的速度有较大的降低,将动能转化为压力能,以获得高压气体,排出压缩机。

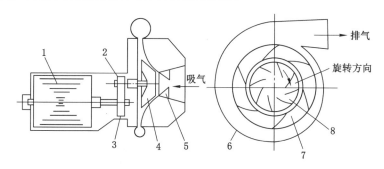

1—电动机;2—增速齿轮;3—主动齿轮;4,8—叶轮;5—导叶调节阀;6—蜗壳;7—扩压器。

图3-11　单级离心式制冷压缩机结构示意图

由于对离心式制冷压缩机的制冷温度和制冷量有不同要求,需要采用不同种类的制冷剂。而且,压缩机要在不同的蒸发压力(蒸发温度)和冷凝压力下工作,这样要求离心式制冷压缩机能够产生不同的能量头。因此,离心式制冷压缩机也像离心水泵那样有单级和多级之分,也就是说,主轴上的工作叶轮可以是一个,也可以是多个。显然,工作叶轮的转数越高,级数越多,离心式制冷压缩机产生的能量越高。

离心式制冷压缩机中应用得最广泛的制冷工质是R11和R12,只有制冷量特别大的离心式制冷压缩机才使用R114和R22作为制冷工质。

3.影响离心式压缩机制冷量的因素

（1）蒸发温度

当制冷压缩机的转数和冷凝温度一定时,压缩机制冷量随蒸发温度变化的百分比如图

3-12 所示。从图中可看出,离心式制冷压缩机制冷量受蒸发温度变化的影响比活塞式制冷压缩机的大,蒸发温度越低,制冷量下降得越剧烈。

（2）冷凝温度

当制冷压缩机的转数和蒸发温度一定时,冷凝温度对压缩机制冷量的影响如图3-13所示。从图中可以看出,冷凝温度低于设计值时,冷凝温度对离心式制冷压缩机的制冷量影响不大;但是当冷凝温度高于设计值时,随着冷凝温度的升高,离心式制冷压缩机的制冷量将急剧下降。

（3）转数

对于活塞式制冷压缩机来说,当蒸发温度和冷凝温度

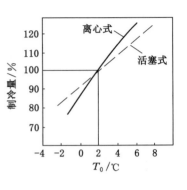

图 3-12 蒸发温度变化对制冷量的影响

一定时,压缩机的制冷量与转数成正比关系,即转数变化的百分数也就是活塞式制冷压缩机制冷量变化的百分数。但是离心式制冷压缩机则不然。由于压缩机产生的能量与叶轮外缘圆周速度（也可以说与压缩机的转数）的平方成正比,所以随着转数的降低,离心式制冷压缩机产生的能量急剧下降,故制冷量也必将急剧降低,如图 3-14 所示。

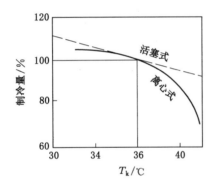

图 3-13　冷凝温度对制冷量的影响

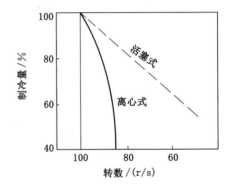

图 3-14　转数对制冷量的影响

四、回转式制冷压缩机

回转式制冷压缩机属于容积式压缩机,它是靠回转体的旋转运动替代活塞式制冷压缩机中活塞的往复运动以改变气缸的工作容积,从而将一定数量的低压气态制冷剂压缩。回转式制冷压缩机主要有旋转式及涡旋式两种,其中旋转式制冷压缩机已商品化,分别替代制冷量在 8～12 kW 以下和制冷量为 100～1 200 kW 的往复式活塞制冷压缩机。涡旋式制冷压缩机是近年来研制的一种回转容积式制冷压缩机,用以替代制冷量为 8～150 kW 的往复式活塞制冷压缩机。回转式制冷压缩机构造简单、容积效率高、运转平稳、能够实现高速和小型化,但由于回转式制冷压缩机主要依靠滑动进行密封,故对精度要求较高。

1. 滚动转子式制冷压缩机

滚动转子式制冷压缩机有多种,它具有一个圆筒形气缸,其上部有进、排气孔,排气孔上装有排气阀,以防止排出的气体倒流。气缸中心是具有偏心轮的主轴,偏心轮上套装一个可以转动的套筒。主轴旋转时,套筒沿气缸内表面滚动,从而形成一个月牙形的工作腔,该工

作腔的位置随主轴旋转而变动,但该腔总容积为一定值。气缸上部的纵向槽内装有滑板,靠弹簧作用力使其下端与转子套筒严密接触,将工作腔隔成两部分,具有进气口部分为进气腔,排气口部分为压缩腔,这两个工作腔的容积随主轴旋转而改变。

2.涡旋式制冷压缩机

涡旋式制冷压缩机构造简单,不需要进排气阀组,在较大压缩比范围内可保持高的容积效率,且允许气态制冷剂中带有液体,主要由固定螺旋槽板和旋回的螺旋槽板组成。气态制冷剂从固定的螺旋槽板的外部被吸入,在固定螺旋槽板与旋回的螺旋槽板所形成的空间中被压缩,被压缩后的高压气态制冷剂从固定螺旋槽板中心排出。旋回的螺旋槽板绕偏心轴公转,如图 3-15 所示。为了防止旋回的螺旋槽板自转,设有防自转环,该环上部和下部的突肋分别嵌在旋回的螺旋槽板下面和壳体的键槽内。涡旋式制冷压缩机的工作也分为进气、压缩和排气三个过程,但是在两个螺旋槽板所组成的不同空间进行着不同的过程,外侧空间与吸气口相通,始终处于吸气过程;中心部位与排气口相通,始终进行排气过程;上述两空间之间的两个半月形封闭空间内,则一直在进行压缩过程。因此,涡旋式制冷压缩机基本上是连续进气和排气,转矩均衡,振动小有利于电动机在高效率点工作。

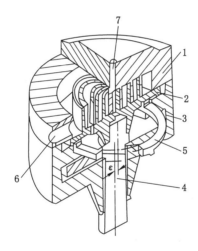

1—固定螺旋槽板;2—旋回的螺旋槽板;3—壳体;4—偏心轴;5—防自转环;6—进气口;7—排气口。

图 3-15　涡旋式制冷压缩机构造简图

五、制冷压缩机的选型

根据实际制冷量的要求,确定低压缩机的台数为:

$$N_1 = \frac{V_h}{v_h} \tag{3-6}$$

式中　N_1——低压缩机台数,台;

v_h——一台压缩机的理论容积,m^3/s;

V_h——冻结一个井筒时,要求的压缩机理论容积,m^3/s。

$$v_h = \frac{Q_0 v_1}{q_0 \lambda} \tag{3-7}$$

式中　v_1——压缩机入口的比体积，m^3/kg；

　　　λ——输气系数；

　　　q_0——单位理论制冷量，kJ/kg。

高压缩机台数可按高低压缩机的理论容积比求出，最后再验算电动机功率。

冷冻站实际制冷能力为：

$$Q_0 = K\pi dnHq \qquad (3\text{-}8)$$

式中　Q_0——冻结一个工程（如一个井筒）时的实际制冷能力，kW；

　　　K——管路冷量损失系数，一般取 $1.10\sim1.25$；

　　　d——冻结管直径，m；

　　　H——冻结深度，m；

　　　n——冻结管数目，个；

　　　q——冻结管的吸热率，一般取 $0.26\sim0.29\ kW/m^3$。

在矿山冻结法施工中，常用主、副井顺序冻结方案，即先冻主井后冻副井，因此，冻结站实际制冷能力应考虑到副井积极冻结时，再加上主井消极冻结时的实际制冷量，即

$$Q_0 = Q_{0f} + (0.25\sim0.50)Q_{0z} \qquad (3\text{-}9)$$

式中　Q_0——冷冻站实际制冷量，kW；

　　　Q_{0f}——副井积极冻结所需制冷量，kW；

　　　Q_{0z}——主井积极冻结所需制冷量，kW；

　　　$0.25\sim0.50$——消极冻结时冷量减少系数。

第四节　冻结站设计与布置

一、冻结站的设置模式

冻结站的设置模式根据一个冻结站服务井筒的个数可分为单井设置模式和多井设置模式两种。只服务于一个井筒时为单井设置模式，多个井筒共用一个冻结站时为多井设置模式。边界风井及矿井改扩建工程中，一般只有一个独立的井筒施工，此时只设一个冻结站即可。矿井工业广场内有多个井筒时，应尽量共用一个冻结站，只有当井筒较多且同期施工、各井筒相距较远时或者多个冻结单位承担不同井筒冻结任务时，方可考虑设多个冻结站。近十多年来，淮南矿区的井型多为特大型矿井，矿井工业广场内同期施工的井筒多达4个，而且所有井筒并非由一家冻结单位承担冻结任务，故有时一个工业广场内设置2个冻结站，部分矿井的设置情况如表3-8所列。

表 3-8　淮南矿区部分矿井冻结站设置情况

序号	矿井名称	同期施工的井筒数/个	冻结站数/个	冻结站承担的井筒
1	谢桥矿(扩)	3(箕斗井、二副井、风井)	2	二副井与中央风井共用，箕斗井单设
2	张集矿	3(主井、副井、风井)		
3	张北矿	3(主井、副井、风井)	2	主、副井共用，风井单设

表 3-8(续)

序号	矿井名称	同期施工的井筒数/个	冻结站数/个	冻结站承担的井筒
4	顾桥矿	主区:3(主井、副井、风井)	2	主、风井共用,副井单设
		南区:2(进风井、回风井)		
5	顾北矿	3(主井、副井、风井)		
6	丁集矿	3(主井、副井、风井)	2	主、副井共用,风井单设
7	潘北矿	3(主井、副井、风井)		
8	朱集矿	4(主井、副井、风井、矸石井)	2	风井和矸石井共用
9	潘一东	4(主井、2副井、风井)		

确定冻结站设置模式需考虑以下因素：

(1) 技术经济因素。多个井筒同时施工时,是设一个还是两个冻结站,应从技术经济角度进行合理分析和可行性比较分析。

(2) 需冻结井筒的数目。只有一个井筒的情况下,只能一个井筒设一个独立的冻结站。

(3) 井筒需要的冷量。当一个井筒需要制冷量很大时,一个冻结站难以满足要求时则需设多个冻结站。

(4) 冻结单位的设备能力。冻结单位的设备能力难以达到多个井筒同时冻结的要求时可设多个冻结站。

(5) 井筒开工时间。多个井筒短时间内相继开工,一家冻结单位难以保证足够的制冷能力时,需设多个冻结站。如多个井筒相继开工且积极冻结期能相互错开、甚至相继冻结的情况下可设置一个冻结站。

(6) 管理因素。很多情况下,井筒掘砌单位与冻结单位不是同一家公司,施工中会产生一些工艺与技术上的协调问题,为了便于施工协调管理,当某公司同时具有冻结和掘砌能力时,则在综合平衡优化的基础上可考虑一个井筒的冻结与施工由一家公司负责。如丁集矿,有主井、副井和中央风井 3 个井筒,其中风井井筒的冻结和掘砌均由一家公司承担,且仅负责风井的冻结工程,主、副井冻结则由另一家制冷公司承担。

二、冻结站位置的选择

冻结站位置的选择有以下要求：

(1) 不应妨碍井筒掘进时提升绞车房及稳车的布置。

(2) 避开掘进排矸运输线路及广场运输线路。

(3) 盐水干管的弯头少,冷却水排泄方便。

(4) 服务于多个井筒时,在距离上应尽量兼顾两个井筒。

(5) 不能离井口太近,但也不应太远,一般以 50 m 左右为宜。

(6) 应布置在地下水流方向的上游。

(7) 应服从于矿井的总体部署,尽量不占用或影响永久建筑物的正常开工。

(8) 尽可能利用车间、仓库等矿井大型永久建筑物,以减少大型临时设施工程。如顾桥矿主井和风井借用了永久支护材料棚作为冻结机房,顾桥副井、顾北主井和副井、朱集矸石井和风井等借用了永久综合机组库作为冻结站,如图 3-16 所示。

图 3-16　顾北矿利用大型永久综合机组库作为冻结站

(9) 供冷、供电、供水、排水方便。

(10) 符合防火、通风等安全规程的要求。

淮南矿区部分井筒冻结站的布置情况如表 3-9 所列。

表 3-9　淮南矿区部分井筒冻结站的布置情况

井筒名称	占地面积/m²	备注
顾桥主风井	—	利用材料库
顾桥副井	—	利用永久综合机组库
顾北主井和副井	—	利用永久综合机组库
丁集风井	5 000	

三、冻结站与制冷设备布置原则与施工要求

冻结站是安置冻结制冷系统及设备的场所,从总体上分为室内和室外两大部分,除储氨罐、冷凝器及冷却水循环系统布置在室外以外,盐水箱(蒸发器)、盐水泵、压缩机、中间冷却器等其他设备均布置在室内。氨压缩机一般布置在冻结站的中心,一个冻结站由若干套制冷单元组成,一个单元形成一个制冷循环,各单元之间由管路连接,并入干管送往井口。

1. 冻结站布置原则

(1) 冻结站厂房可利用井口附近的永久建筑。新建冻结站厂房时,其位置应不影响矿井永久建筑施工并与其他临时设施相协调。

(2) 冻结站厂房应靠近井口,一般距井口 50～80 m,地面高程应高于井口地表的自然高程。

（3）厂房防火要求应符合现行《建筑设计防火规范（2018年版）》（GB 50016—2014）中的火灾危险性乙类建筑的有关规定。

（4）机房应有足够数量、安装良好朝外开的门窗，并采用手开。

（5）机房应有通风口，自然通风的气流不应受到周围环境的阻碍。

（6）机房应备有风机，室内氨含量浓度不得超过0.004%，应设有防毒、自救和消防器具。

（7）机房内要留有足够的设备及系统、管路安装和维护空间。

（8）运转期间，房外气温超过30℃时，高压储液器、冷凝器、氨瓶等应设遮阳凉棚。

（9）机房内不能存储易燃易爆物质（如氨、氮等）。

（10）机房设计时应便于水的排出。

（11）当安全阀开启时，制冷剂应能顺利排放到安全地点。

2. 冻结站施工要求

（1）地坪标高：高出工业广场水平面0.5 m。

（2）外形尺寸：主要根据设计需冷量、制冷设备类型、数量确定。一般主站房跨度为12 m，屋角度为169°，高5.2 m（若有辅助站房，则辅助站房跨度为8 m，与主站房连接处高4.4 m，辅助高3.6 m）。主站房长度根据施工需要调整，一般每间长5.0～5.5 m不等。屋顶伸出墙面0.3 m，屋顶为蓝色彩钢瓦，立面为白色彩钢瓦，设有透明采光板和通风设施。

（3）材料：钢结构立柱、框架，彩钢瓦屋面、墙体，高强塑料采光板。

（4）窗户：塑钢窗，白色透明玻璃，窗户底边距地坪1.5 m，尺寸为1.5 m×1.5 m。

（5）门：轻钢构架，彩钢板门面。

（6）地坪：机房主干道打一层100 mm厚混凝土，其他一律打一层50 mm厚混凝土，用水泥砂浆抹面。

（7）电缆沟：500 mm（宽）×700 mm（深）砖混且水泥砂浆抹面收光。

3. 制冷设备基础类型

（1）承受静荷载

蒸发式冷凝器、热虹吸氨储液器、热虹吸蒸发器等设备基础承受静荷载。一般可按厂家提供的基础尺寸施工；但在不稳定的特殊地层中，应提前做好基础底部加固处理或加大原基础尺寸。

（2）承受动荷载

制冷压缩机、盐水泵、清水泵、盐水管道泵等设备的基础既承受静荷载，还承受动荷载，同时吸收和隔离动力产生的振动。在不稳定的特殊地层中，必须提前做好基础底部地层加固处理，并加大设备原有基础尺寸。

4. 制冷设备布置原则

（1）整体便于设备的维护、操作，整齐美观。

（2）两台相邻压缩机突出部位的间距，不应小于1 m；应留有维修和更换部件的空间。

（3）压缩机上的仪表显示器件（压力表、油压表等）、电脑操作面板、排气阀门等，应面向主要操作通道。

（4）机上阀门高度应为1.2～1.5 m，超过高度应设操作台。

（5）中间冷却器应位于冷冻站机房中间，但要靠近高压机。

（6）蒸发式冷凝器设于室外，热虹吸干式蒸发器布置在近井口方向上，并尽量接近井口。

（7）热虹吸氨储液器基础应使冷凝器出液口高于热虹吸氨储液器进液口 200～300 mm，保证冷凝器氨自重流下；热虹吸氨储液器出液口应高于油冷却器进口中心线 1.5～1.8 m。

（8）冷热盐水混合器、盐水泵应安装在热虹吸干式蒸发器附近，多台盐水泵应留有维护、检修间隙。

5. 制冷设备施工要求

（1）基础规格应符合现场使用设备要求，混凝土标号应不低于 C25。

（2）基础位置应以冻结站布置中心线为准，用经纬仪和水平尺标定基础的埋入深度及顶面标高。

（3）压缩机基础深度应达到硬底，经夯实后，方可浇筑混凝土。

（4）压缩机冷凝器预留地脚螺孔的尺寸（长×宽）不应小于 100 m×100 mm，须垂直。

（5）基础应连续施工，冬季施工应采取早强措施，注意保温养护。

（6）混凝土拆模时间不应少于 3 d，安装设备时混凝强度应达设计强度的 70% 以上。

（7）混凝土基础的允许偏差：长、宽、高为 ±30 mm，表面标高为 ±10 mm，基准点标高为 ±5 mm。

（8）在特殊地层施工时，应提前做好基础底部的处理工作。

（9）蒸发式冷凝器、热虹吸氨储液罐、热虹吸干式蒸发器、盐水管道泵地脚螺栓可采用一次浇筑。螺栓位置固定板允许偏差：中心距为 ±5 mm，垂直度不大于 1/100，高差不大于 ±10 mm。

冻结站制冷系统工艺流程如图 3-17 所示。

四、冻结干管选择与布设

1. 盐水干管的布设

冻结干管指从冻结站至井口的盐水输送管路，包括去路干管和回路干管。干管的直径和数量需根据盐水流量确定。淮南矿区常用干管型号：

（1）朱集矿矸石井和中央风井：主冻结管为 $\phi377$ mm，辅助冻结管为 $\phi273$ mm。

（2）丁集矿风井：盐水干管规格为 $\phi426$ mm×10 mm。

干管的趟数主要依据需要的盐水流量确定。多圈管布置时，主冻结孔单独设一趟去、回路钢管，辅助孔（包括防片帮孔）设一趟去、回路干管。

干管的布设方式有三种：架空、地面和地沟。选择时主要考虑温度的损耗、冻结站与井筒之间的道路交通情况。架空式很少采用，过去一般采用地沟铺设的方式，随着保温材料技术性能的提高，现大多采用地面铺设的方式，这样可省去挖砌沟槽的费用；当有道路与管路相交时，则道路采用桥式跨越。

盐水干管的保温十分重要，保温效果不好，冷量损耗可达 20%。目前常用的几种隔热材料有聚苯乙烯泡沫塑料、聚氯酯泡沫塑料、聚氯乙烯泡沫塑料等。例如，淮南丁集矿风井采用的是聚氨酯橡塑保温材料。

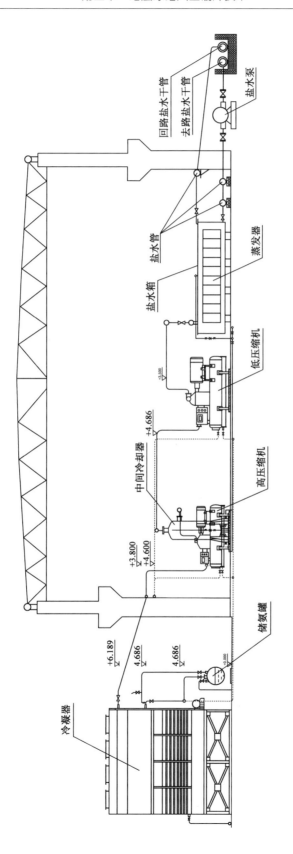

图 3-17　朱集矿冷东站制冷系统工艺流程图（单位：m）

2. 集配液圈的布置

当采用单圈管冻结时,设单趟去、回路干管,井口的集配液圈布置如图 3-18 所示。当采用多圈管冻结时,干管需设双去双回 4 趟干管,井口的连接方式如图 3-19 所示。

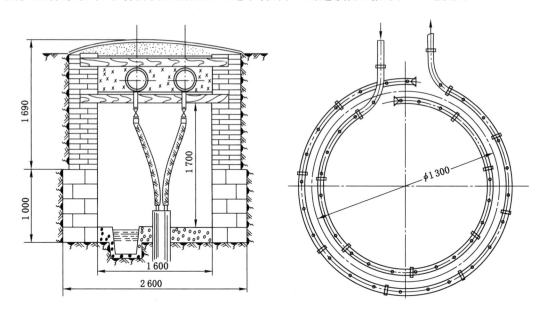

图 3-18 单圈管冻结集配液圈布置

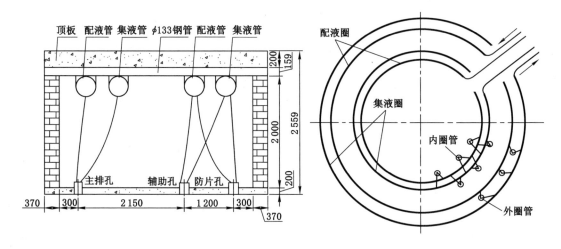

图 3-19 朱集矿风井三圈管冻结时集配液圈的布置

五、冻结站施工组织设计编制大纲

1. 工程概况及设计依据

(1) 工程概况:矿井设计概况,地理位置及交通情况,井筒工程地质、水文地质概况。

(2) 编制原则及施工要求。

(3) 设计依据:井检孔地质报告,井壁结构设计图,掘砌施工组织设计,矿井及选煤厂总平面布置图,有关规范、规程、规定、标准、定额等,施工队伍技术水平、装备水平,国内外的先进经验。

2. 冻结方案设计

(1) 冻结深度及控制层位。

(2) 控制层位冻结壁厚度及掘进段高。

(3) 冻结壁平均温度及冻土计算强度。

(4) 冻结孔布置方式及冻结工艺。

(5) 冻结孔布置与冻结工艺优化组合。

(6) 冻结设计参数优化。

(7) 冻结壁形成特性及试挖时间分析。

(8) 冻结方案设计主要技术参数。

(9) 冻结法凿井工期分析。

3. 制冷系统设计

(1) 制冷设备选型、数量。

(2) 制冷设备布置及制冷循环系统。

(3) 制冷剂、焊条及辅助设备、材料。

(4) 监测系统。

(5) 低温管路及设备隔热。

4. 冷却水系统设计

(1) 冷却循环水水源。

(2) 水泵选型及数量。

(3) 冷却循环系统管路。

5. 盐水系统设计

(1) 盐水种类、浓度、循环量及需用量。

(2) 盐水泵选型及数量。

(3) 盐水泵布置及盐水循环系统。

(4) 盐水干管及地沟槽结构。

(5) 盐水流量和温度的检测系统。

(6) 循环系统保温隔热。

(7) 阀门焊条及辅助设备、材料。

6. 冻结站配电系统设计

(1) 供电系统选择。

(2) 用电负荷计算。

(3) 配电线路和配电装置设计。

(4) 变电及配电设备选型。

(5) 变(配)电室的位置及平面布置。

(6) 安全用电措施。

7. 冻结站基础工程设计与施工

(1) 制冷设备、盐水泵及三大循环系统基础设计与施工。

（2）配电系统基础工程设计与施工。

8.冻结三大循环系统安装

（1）制冷系统安装。

（2）冷却水系统安装。

（3）盐水系统安装。

（4）低温管路及设备的隔热层装设。

（5）冻结站厂房搭建。

六、冻结站施工前的准备工作

冻结站施工与安装属于多工序、多工种平行交叉作业,要求冻结孔施工期间完成冻结站设备基础和厂房施工,以及制冷（氨）系统、冷却水系统、盐水系统的安装调试工作待冻结孔、水位观测孔、测温孔竣工验收后立即转入盐水干管、环形沟槽施工和管路安装、打压试漏、隔热,早日转入灌盐水、充氨和试运转。为此应做好以下准备工作:

（1）冻结施工组织设计和图纸审查:对设计和图纸存在的问题及时进行修改,将图纸差错消除在施工之前。

（2）校核设备基础:对安装有关的预留孔洞位置、标高、管道支架、基础质量进行审核,不符合要求的部分应及时进行修改。

（3）设备清点:根据图纸要求的机器设备、附件、阀门等的型号、规格、数量进行清查,做好记录,并办理交接手续。

（4）材料准备:检查所有管材、型钢等规格、数量是否齐全。所用管材应做化学成分化验,选择合格的电焊机、焊条等材料。

（5）检查施工机具:安装常用的切管机、弯管机、电焊机、气焊设备、小绞车、打压泵及空压机、烘箱、滤油机、千斤顶等必须处于良好工作状态。

（6）选好预制管件加工场所。

（7）编制施工进度计划。

七、提高制冷冻结技术水平的主要措施

（1）选用与冻结需冷量相适应的较大型制冷机组。选用制冷量大于 1×10^6 kcal/h 的双级螺杆式盐水机组,其特点是冷冻站装机台数少,制冷效率和自动化程度高,安装、运转、维护、拆运均较方便,并具有故障少、维护人员少、运转费用低、占地面积小等优点。

（2）选用高效蒸发式冷凝器。选用与冷冻机组制冷能力相适应的高效蒸发式冷凝器,能使冷却水补给量降至 2.5% 以下,对减少冷却水费用和防止冷却水源井抽水对冻结壁交圈时间的影响具有重要意义。

（3）选用氨虹吸蒸发器和热虹吸氨储液器,使二者的结构更加紧凑实用。

（4）选用防潮、导热系数小的材料作为低温管路和盐水箱的隔热材料。采用聚氨酯软质保温材料和聚苯乙烯泡沫板对低温盐水管路和盐水箱进行隔热,能使冷冻站的无功冷量损失系数降至 0.15 以下。

（5）编制合理的制冷冻结施工组织设计。根据冻结设计主要技术参数及各孔圈之间冻土交汇时间、内侧冻土扩至井帮时间、外侧冻结壁的扩展范围、掘砌速度等预测数据,编制制

冷冻结施工组织设计,为井筒掘砌提供制冷冻结总体计划。

（6）加强盐水温度与流量检测,确保每个冻结器安全正常运转。

① 采用涡街式流量计检测去路干管的盐水流量,应满足冻结设计对盐水总流量的要求。

② 采用一台流量计与回路盐水干管引出端、冻结器回液管相连接构成盐水专用检测装置,并利用冷冻沟槽中回路盐水流量检测辅助圈逐个连接冻结器回液管。

③ 采用一总线测温系统,对干管去、回路和各冻结器盐水温度变化进行监测,分析冻结盐水系统运转状况。

（7）加强冻结壁交圈时间的检测分析工作,为正确制定开挖时间提供依据。

① 深入分析井检孔地质报告,优选判断冻结壁交圈时间的代表性检测层位及地段。

② 含水量、地下水流速较大地层,尽可能采用单层独立报导水位。

③ 在不了解含水层静止水位的前提下,应避免采用综合报导水位的方法。

④ 对含水量较小的层位可考虑采用单孔分层报导水位。

⑤ 在未弄清水位管不冒水原因的前提下,不应盲目进行开挖。

（8）加强冻结壁形成特性实测分析、工程预报与调控,为安全快速施工创造有利条件。

① 树立冻结为井筒掘砌服务的观念,及时向掘砌、监理、建设等单位提供井筒冻结信息。

a. 开冻后,每周向掘砌、监理、建设等单位提供盐水温度、流量、测温孔和水位孔的实测数据,以及不同深度的冻结壁交圈时间的预测值。

b. 冻结壁交圈后,每隔 $15\sim30$ d 向掘砌、监理、建设等单位提供待施工段冻结壁形成状况。工程预报的主要技术指标有:各孔圈之间冻土的交汇时间及状况、内外侧冻土扩展范围、不同土层和不同深度冻土扩至井帮的时间、井帮温度、冻结壁的有效厚度和平均温度等。

c. 根据掘砌施工状况和冻结工程预报分析,对各孔圈各冻结器的盐水温度和流量及时提出调控意见。

② 积极配合冻结段施工需要,做好盐水温度、流量调控工作,为冻结段安全快速施工创造有利条件。

第四章　冻结法凿井立井井壁设计

第一节　井壁筑壁材料

冻结井筒筑壁材料经过几十年的应用与发展,目前主要由以下材料组成:

(1) 混凝土。冻结段外层井壁选用掺入高效防冻早强减水剂(如 HNT 型矿用防冻早强系列减水剂等)的混凝土,在冻结段内层井壁和基岩段井壁选用掺入防水剂(如 HNT 矿用系列混凝土防裂密实防水剂等)的混凝土,深部井壁混凝土设计强度等级为 C45～C100。

(2) 钢筋。选用 HRB400 级钢筋,抗拉与抗压强度设计值为 360 MPa。

(3) 聚苯乙烯泡沫塑料板。外层井壁与围岩之间增设的可压缩层选用聚苯乙烯泡沫塑料板,其作用是缓卸压,防止黏土层迅速增大的初期冻结压力对井壁的破坏。可压缩层抗压强度为 0.15 MPa,抗弯强度 0.15 MPa,按体积计算的吸水率小于 1％,导热系数为 1.26 kJ/(m·h·℃),导热系数很小,能起到隔热保温作用,减少冻土对井壁混凝土的影响,改善混凝土井壁的养护环境,同时还可防止因混凝土早期水化热传至冻土而降低冻结壁的强度,使用温度为 −40～80 ℃,根据土层性质和冻结情况铺设 1～3 层,每层厚度为 25 mm。

(4) 双层塑料板。内、外层井壁之间的夹层选用厚 1.0～1.5 mm 的双层塑料板,其作用为辅助内层井壁隔水作用。

(5) 钢板和沥青。竖向可压缩井壁材质为钢板及沥青,或管板组合式可缩装置。

第二节　立井井壁结构

随着冻结技术的发展,冻结井井壁结构的设计取得了长足的发展和进步。目前的井壁设计基本确保了井筒安全。

最早采用冻结法施工的国家是加拿大。20 世纪 50 年代,在加拿大萨斯喀彻矿区穿过恶劣岩层凿井时采用了铸铁丘宾筒冻结井壁,在冻结壁与井壁之间充填混凝土,并对该段壁后注浆的方法,尽可能地填充所有孔隙。

国内对冻结法施工的研究工作是从 1955 年开始的,当时在开滦林西风井中首次应用冻结法技术。60 多年来,我国已经在冻结法施工的理论和应用方面做出很多研究成果,并利用冻结技术建成各种规模的井筒 800 多个。在应用初期,井筒深度仅 150 m 左右,冻结深度也仅仅 160 多米,井筒由于深度比较小,多采用单层钢筋混凝土井壁和素混凝土井壁。事实证明,在井筒深度不大的情况下,采用这样的设计基本能满足各方面的要求。

20 世纪 60 年代中后期,由于施工井筒冲积层厚度逐渐增大,如最厚的为平八矿东风井,冲积层厚 324 m,冻深达 330 m,井筒采用原来的设计出现了严重漏水现象,此时期发现冻结压力是一种不可忽视的临时荷载,同时认识到单层井壁对较深井筒防水存在的问题越来越多,井壁的支护强度也需提高,并开始对冻结压力和冻结温度进行测试。此时,井壁由单层混凝土支护形式改为双层钢筋混凝土支护形式,以外壁来临时抵抗冻结压力,用双层井壁来共同承受永久地压。

20世纪70年代初期,施工井筒深度达到了320 m,井壁安全问题更加突出,外层井壁破坏概率增大,漏水现象特别突出,不少学者对当时的情况进行研究分析,总结出估算地压的重液公式以及深厚表土层下估算冻结压力的计算公式。20世纪70年代中后期,施工井筒深度达到410多米,地层特点是:上层覆土深度大,达到350 m,含水量大。很多井筒都发生了透水事故,这个情况得到了专家们的重视,开始对深井井壁结构进行研究,引入了带有塑料薄板防水夹层的复合井壁结构的概念,外壁采用可缩性混凝土块砌筑,内壁设计按照承载1.0倍水压考虑。事实证明,这种结构能够满足承载力的要求并能很好解决渗漏问题,并在20多个井筒中使用合格。

20世纪80年代,我国第一次在淮南孔集西六风井采用了钢板沥青滑动井壁,其后东欢坨副井也采用了相同的井壁结构,为我国冻结井井壁结构形式的推陈出新增添了新的篇章。后来在新集矿主副井以及祁南矿的3个冻结井筒还采用了沥青复合井壁,为推进井壁结构的设计工作做出了一些尝试。

这里值得一提的是,1987年徐淮地区有部分冻结井筒相继发生了破坏,此时正值永城矿区深厚表土层开发的前期准备工作阶段,这引起了极大关注。1989年,永城矿区陈四楼矿井主副冻结井开工建设,并对徐淮地区冻结井井筒破坏的原因做了调研,认为井筒破坏是由于表土层疏水,井筒承受了较大的负摩擦力。为此,要求在井壁设计中除按常规设计外还应进行纵向附加力的计算,以满足井壁在三向应力作用下的强度要求。在对冻结段钢筋混凝土单层井壁、钢筋混凝土双层井壁、钢筋混凝土夹层井壁,以及设置竖向可压缩层等结构类型井壁进行比较的基础上,永城矿区陈四楼矿主副井选用了钢筋混凝土夹层井壁和设置竖向可压缩层的结构类型。目前该类型井壁在深厚冲积层井壁设计中成为通用类型。

我国常见的井壁结构主要类型及特点见表4-1。冻结段典型的井壁结构如图4-1所示。

表4-1 常见的井壁结构主要类型及特点

结构类型	优缺点	适用条件	备注
单层井壁(砌块)	1. 施工工艺简单; 2. 水化热小,壁后冻土融化范围小; 3. 砌壁后即可承受地压; 4. 整体抗压强度低; 5. 封水性能差; 6. 需手工操作,劳动量大	砂层埋深小于50 m	开滦林西风井冲积层厚65 m,采用缸砖井壁漏水量为100 m³/h,经3次注浆,漏水量仍有10 m³/h
单层混凝土井壁或钢筋混凝土井壁	1. 施工工艺简单、速度快、一次成井; 2. 分段施工,井壁易产生裂缝,导致漏水; 3. 混凝土浇筑初期强度低,容易被较大的冻结压力破坏	1. 单层混凝土井壁适用于砂层埋深小于50 m的小直径井筒; 2. 钢筋混凝土井壁适用于砂层埋深为100 m左右的井筒	1. 在冻结壁强度允许的条件下尽可能增大段高,减少接缝; 2. 采用台阶或双斜面接缝加塑料止水带防水效果较好

表 4-1(续)

结构类型	优缺点	适用条件	备注
双层混凝土井壁或钢筋混凝土井壁	1. 内层自下而上连续浇筑,施工条件好,质量易保证,封水性好; 2. 内外层两次浇筑,整体受力没有单层混凝土井壁好; 3. 外层厚度不小于 300～350 mm	1. 砂层埋深 100～300 m; 2. 150 m 以下有较厚膨胀性黏土层时,外层井壁应尽量局部采用砌块筑壁	20 世纪 70 年代至 80 年代早期,双层钢筋混凝土井壁是我国原有冻结井筒井壁结构的主要形式,浅井目前仍在采用
双层钢筋混凝土井壁中夹防水层,外设泡沫塑料板	1. 塑料滑动层使两层井壁不能结合,减少了内层井壁所受的约束,内层井壁的整体性、封水性更能得到保证; 2. 泡沫塑料板能隔温缓压,改善了外层井壁早期养护条件	松散层厚度为 100～400 m 时均适用	双层钢筋混凝土井壁中夹滑动防水层并外设泡沫塑料板的结构类型是我国现有冻结井筒井壁结构的主要形式,只要精心施工,可以做到内壁不裂不漏

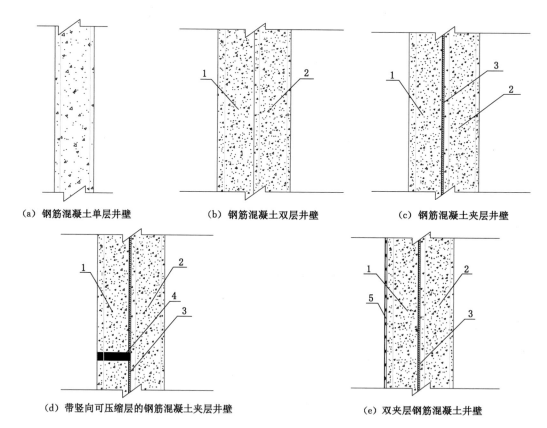

(a) 钢筋混凝土单层井壁　　(b) 钢筋混凝土双层井壁　　(c) 钢筋混凝土夹层井壁

(d) 带竖向可压缩层的钢筋混凝土夹层井壁　　(e) 双夹层钢筋混凝土井壁

1—钢筋混凝土外层井壁;2—钢筋混凝土内层井壁;3—塑料夹层;4—可压缩层;5—外壁泡沫塑料板。

图 4-1　冻结段典型井壁结构

第三节　立井井壁荷载

立井井筒作为矿井的咽喉部位,根据冻结法凿井的施工特点,确定冻结井壁的荷载,选择适宜的井壁结构形式,合理地设计井壁结构,对井筒在施工期间和运营期间的安全有着十分重要的意义。

一、井壁荷载发展过程

我国已有 70 余年的冻结法凿井工程实践经验,对冻结井壁外荷载的认识过程大致可以分成以下几个阶段:

第一阶段,在 20 世纪 50～60 年代初,认为井壁仅承受水平地压(水土压力),引用松散体挡土墙来计算水平地压,同时认为井壁自重由地层承载,后来为了井筒安全,将部分井壁自重(10%～40%的自重)作为井壁的荷载。冻结井壁多采用单层钢筋混凝土或素混凝土井壁,混凝土强度等级低于 C20。

第二阶段,在 20 世纪 60～70 年代,此时单层井壁漏水情况已经严重到不能满足工程要求,认识到冻结压力是一种不可忽视的井壁临时外荷载,冻结井壁结构也由钢筋混凝土单层井壁发展为钢筋混凝土双层井壁,利用外层井壁来抵抗冻结压力,内、外层井壁共同抵抗水平地压,混凝土强度等级也提高到 C40,井壁的防水性能得到改善。

第三阶段,20 世纪 70 年代后期,在此期间,主要认识了井壁的温度应力。淮北、淮南矿区内的多个井筒,其冻结井内层井壁由于温度应力出现了大量的环向裂缝,导致井筒发生漏水现象。于是双层钢筋混凝土塑料夹层复合井壁结构被研制出,该结构外层井壁主要承担冻结压力、内层井壁承担静水压力,在内、外层井壁间铺设塑料薄板夹层以解除内、外层井壁间约束,防止内层井壁因温度应力而产生裂缝。

第四阶段,20 世纪 80 年代,随着矿井建设的发展,常规的开采水平已无法满足需求,矿井开始进入深水平开采时期,随着开挖深度越来越大,冻结压力及其非均匀性的显现,使得较多冻结井外层井壁因承受较大冻结压力被压裂。在冻土和外层井壁之间铺设泡沫塑料板可减小冻结压力,同时可起隔热和削弱井壁压力非均匀性的作用,改进了深井冻结井壁结构形式。

第五阶段,20 世纪 90 年代～21 世纪初,安徽两淮矿区以及江苏徐州、河南永夏等矿区相继发生大量的立井井壁破裂事故,认识到因地层疏水沉降、冻结壁解冻等产生的作用于井筒之上的竖向附加力是造成立井井壁破裂的主要原因,此时,竖向可压缩井壁结构得到相应研究和广泛应用。

第六阶段,21 世纪初至今,此时,对冻结井壁荷载的认识已较为全面,科研学者及工程技术人员主要从提高井下混凝土强度等级和改进井壁结构形式来满足冻结井筒的支护要求。

地压的计算公式较多,但冻结井应用较多的是水土混合的重液公式及层位水压公式。重液公式计算简单,符合冲积层中流砂层含水量较大的特点。

二、重液公式

利用重液公式时,永久地压的计算公式为:

$$P = r_c H \tag{4-1}$$

式中 P——计算深度的永久地压,MPa;

　　　　r_c——水土混合重力密度,一般取 $r_c = 0.013 \ \text{MN/m}^3$;

　　　　H——计算处深度,m。

三、内外层井壁间水压

内外层井壁间的水压计算公式为:

$$P_水 = 0.01 r_0 H \tag{4-2}$$

式中 $P_水$——内外层井壁间的水压,MPa;

　　　　H ——计算处深度,m。

根据部分井筒的实测资料,作用于井壁上的实际水压值均较理论水压值小,平均水压折减系数可取理论值的 $85\% \sim 90\%$。

四、竖向附加力及负摩擦力

井壁的竖向附加力包括:井壁自身的重力、井筒装备的重力以及直接支承在井筒上的井塔及其基础的重力。

自 1987 年以来,沿京沪铁路线的山东、江苏、安徽一些矿区的 20 多个冻结井筒,在表土层与基岩段交界面附近遭受严重破坏,这些井筒在水文地质方面有一些共同特点,即松散层厚 $100 \sim 250$ m 并有多层含水层,伴有较厚黏土和松散砂层。这些损坏的冻结井在井筒建成后,在开拓和开采过程中,伴随煤系含水层的疏排,松散层底部含水层的水下渗且无补给,含水层水位逐步下降,承压能力降低,使地层固结压缩,上覆地层发生下沉,使井筒受到垂直向下的摩擦力(以下简称负摩擦力),受到一定的破坏。

负摩擦力的大小与松散层的厚度、构成松散层物质(砂、土)的性质、井壁外表面的形状和光滑程度以及松散层下沉速度等有关,各地区甚至各个井筒的负摩擦力都不相同。中国矿业大学根据祁南煤矿副井井壁外缘单位面积的试验,得出负摩擦力平均值为 50 kPa,而煤炭科学研究总院建井研究分院则提出设计标准值,淮北矿区的设计标准值为 61.5 kPa,大屯、徐州矿区为 56.4 kPa,其他矿区为 62.1 kPa。井壁结构计算遵循以下原则:内层井壁按 $P = 0.01H$ 水压计算,外层井壁按冻结压力计算,按内外层井壁共同承担永久地压校核整体强度,并采取了多种抗压、缓压、减压措施。值得提出的是,沿京广铁路线各个冻结井筒的第三、四系冲积层普遍含水量大,但赋存多层砾石层及石灰岩结核的砾岩层。由于原生岩本身强度高,生产中煤系含水层水位下降,未发生负摩擦力破坏井壁的情况,故井壁结构设计应视冲积层岩性区别对待。

在地压(或冻结压力)及纵向力和负摩擦力作用下,井壁三向受压,可用式(4-3)校核井壁强度:

$$\sigma_{xd} = \sqrt{\sigma_r^2 + \sigma_t^2 + \sigma_z^2 - \sigma_r \sigma_t - \sigma_t \sigma_z - \sigma_z \sigma_r} \leqslant f_c \tag{4-3}$$

式中 σ_{xd}——三向压应力作用的计算相当应力,N/mm^2;

σ_r——井壁径向计算应力，N/mm^2；

σ_t——井壁切向计算应力，N/mm^2；

σ_z——井壁竖向计算应力，N/mm^2；

f_c——井壁材料的设计强度值，N/mm^2。

$$\sigma_z = \gamma H + \frac{P_f + F_z}{A} \tag{4-4}$$

式中　γ——井壁材料的重力密度，MN/m^3；

H——计算处深度，m；

P_f——井筒负摩擦力，MN；

F_z——井筒装备重力，MN；

A——井筒横截面积，m^2。

第四节　可缩性井壁接头

自 20 世纪 80 年代以来，我国安徽两淮、江苏徐州、河南永夏、山东兖州和黑龙江东荣等矿区相继发生大量的立井井壁破裂事故，轻者产生井壁混凝土开裂剥落、钢筋弯曲外露、立井井筒变形、涌水和卡罐等现象，重者造成井壁破裂、突水溃砂、淹井、工业广场地表沉降、地面建筑物开裂和矿井停产等重大安全事故，给煤矿带来巨大的经济损失，严重威胁煤矿安全生产和职工人身安全。

现场观察表明，上述立井井壁破裂带均发生在表土层与风化基岩段交界面附近，大多数在表土层底部含水层中，少数在风化基岩段中。矿井开采生产的疏排水引起底部含水层水位下降，造成底部含水层固结沉降，导致上覆地层随之沉降，因地层疏水沉降产生的作用于井筒之上的竖向附加力（负摩擦力）是造成立井井壁破裂的主要原因。特别对于采用冻结法施工的立井井筒，因井筒周边冻结壁解冻而产生的地层融化沉降，在一定程度上会增大竖向附加力，从而使某些矿井在投产前或投产后不久即发生井壁破裂事故。

在以下情况时会产生竖向附加力：

① 冻结壁解冻，土层发生融沉。

② 表土含水层因疏水产生固结沉降。

③ 井壁的竖向热胀冷缩受到土层约束。

④ 地表水向地下渗透。

⑤ 开采工业场地和井筒保护煤柱引起岩石和土层下沉。

由于过去在立井井壁结构设计中未曾认识到疏水沉降特殊地层的竖向附加力问题，从而导致了矿井生产期间大范围的井壁破裂事故。因此，在类似特殊地层条件下新建立井井筒的井壁结构设计必须考虑竖向附加力的作用。

竖向附加力的大小与立井井筒深度、地层沉降量和井壁结构竖向刚度等因素密切相关。传统设计的钢筋混凝土井壁均为整体竖向刚性结构，无法与地层同步下沉，这导致井壁承受巨大的竖向附加力。为此，根据"横抗竖让"的原则，提出了疏水沉降特殊地层条件下的竖向可缩性井壁结构。"抗"即增大井壁厚度或提高混凝土强度的等级，但由于竖向附加力非常巨大，该方法在技术上难以实现，且经济上不合理；"让"即在井壁竖向适当位置设置可缩性接头,当作用在井壁上的竖向附加力达到一定值时,可缩性接头便产生压缩变形,使积聚在井壁内的竖向应力得以释放,井壁和地层同步下沉,从而可以减小竖向附加力对井壁的作用。根据井筒所处地层的实际情况,在地层变形较大的地方设置可缩性井壁接头,可保证可缩性井壁接头的良性压缩变形,从而达到减小竖向附加力和预防立井井壁破裂的目的。

一、可缩性井壁接头设计原则

可缩性井壁接头的设计原则为:

(1)可缩性接头可根据需要设置1个或多个,其数量及位置分别取决于地层预测沉降量和地层形状。

(2)所有可缩性接头累积的竖向总可压缩量和井壁的竖向可缩量之和应大于地层预测沉降量。

(3)可缩性接头发生压缩变形的临界荷载应大于上覆井壁和井筒装备自身重力之和,并小于该处井壁结构的竖向破坏荷载。

(4)可缩性接头应在产生竖向可缩变形前后均不发生漏水现象;另外,可缩性接头还应满足防腐及易加工等要求。

二、可缩性井壁接头结构形式

可缩性井壁接头的结构特征是设置断面呈"工"字形的圆环形筒状体,顶部为上法兰盘、底部为下法兰盘,上法兰盘和下法兰盘之间是用于承载竖向荷载的2~3圈环状立板,在圆环形筒状体的外缘,跨接在上法兰盘和下法兰盘之间的是承载水平荷载的弧形板。接头设置上下防水钢板圈。可缩性井壁接头与井壁连接示意图(1/4井壁模型)如图4-2所示。

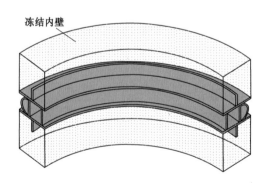

冻结内壁

图 4-2 可缩性井壁接头与井壁连接示意图

在接头下法兰盘的底部固连钢垫板,钢垫板的外缘为齿状,相邻齿状之间预留的空间可用来浇筑、振捣混凝土,内缘上也开设有圆形混凝土振捣孔。在钢垫板的底部和上法兰盘的顶部分别设防水钢圈,以防止地下水渗入。接头在其整圈沿圆周方向上可分设若干节,具体节数由井筒净直径和提吊能力而定。每节立板上按设计位置开一个沥青注入孔,内立板上焊接有与沥青注入孔连通的沥青注入管,钢板之间采用焊接。冻结井可缩性井壁接头断面如图4-3所示,下部钢垫板平面如图4-4所示。我国目前主要通过增大井壁厚度、提高筑壁混凝土强度等级等技术途径来防止因竖向附加力引起的井壁破坏。如淮北某矿风井采用增大井壁厚度的方法,使净径 5.0 m 井筒的井壁厚度增大 0.3 m,混凝土强度提高 2 个等级。此方法施工速度慢、工程造价高。与上述技术相比,采用可缩性井壁接头具有施工工艺简单、成本低廉、推广应用容易等优点。工程应用表明,冻结井采用可缩性井壁接头可有效减小竖向附加力达 50% 以上,实现了新建立井井筒预防井壁破裂的目的。

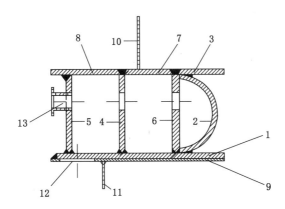

1—下法兰盘;2—弧形板;3、7、8—上法兰盘;4—中立板;5—内立板;6—外立板;9—下部钢垫板;
10—上部防水钢板;11—下部防水钢板;12—混凝土浇筑孔;13—沥青注入管。

图 4-3　冻结井可缩性井壁接头断面图

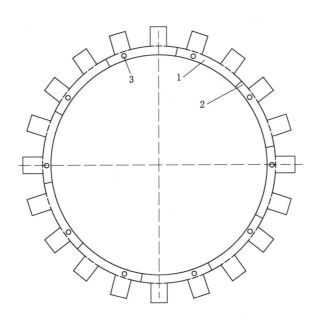

1—下部钢垫板;2—下部防水钢板;3—混凝土浇筑孔。

图 4-4　下部钢垫板平面图

竖向可缩性复合井壁结构各部分的作用是:

(1)外层井壁在施工期间承受冻结压力和限制冻结壁的变形。在冻结壁解冻后,冻结压力消除,外层井壁与内层井壁共同承受永久地压、自身重力和部分竖直附加力。

(2)内层井壁承受外层井壁或夹层传来的水平侧压力,同时,承受自身重力、设备重力和外层井壁或夹层传来的部分竖直附加力。内层井壁还要满足防止井壁漏水的要求。

（3）夹层位于内层井壁和外层井壁之间，主要作用是防止漏水和改善井壁受力状况。因不同的功能要求，夹层可以选用不同的材料和结构形式。常用的夹层有塑料板、沥青和钢板。

（4）可缩性井壁接头的作用是为保持井壁竖向可缩性以适应特殊地层的竖直附加力。可缩层可由实心可缩材料构成，也可制成空心结构的可缩装置。它要求在井壁自身重力作用下具有刚性特征，当荷载超过某一设定值以后，可缩层具有可压缩特性。

（5）泡沫塑料层设置在冻结壁与外层井壁之间，其厚度以 25～75 mm 为宜，既起到隔热作用，又可防止混凝土析水被冻坏。同时，由于冻结壁径向变形，泡沫塑料层自身被压缩，从而起到减小冻结压力的作用。它在黏土层中使用效果较明显。

三、可缩性井壁接头参数设计要求

针对采用冻结法施工的矿井，为了保证井筒不因负摩擦阻力过大而被破坏，冻结井井壁一般需具有以下力学特征：当垂直荷载不大时，冻结井井筒足以承受横向水压；当垂直荷载增大到一定值时，井壁发生垂直压缩变形，导致井筒和地层一同下沉，以减小井壁在竖直方向上的附加力（负摩擦阻力）。为使冻结井井壁具有上述力学特征，在原有传统的钢筋混凝土井壁的基础上，根据井筒所在地层的位置，在地层可能变形较大位置处，添加并使用井壁接头，以保证井壁的安全。井壁接头的设计应满足如下 3 个要求。

1. 强度和刚度要求

可缩性井壁接头在水平方向上能承受水平地压，竖直方向的临界荷载 Q_{zmax} 应满足式（4-5）要求：

$$Q_p < Q_{zmax} < Q_z \tag{4-5}$$

式中　Q_p——井壁自身重力；

　　　Q_{zmax}——可缩性井壁接头竖直方向的临界荷载；

　　　Q_z——井壁结构的竖向临界荷载。

这样既可保证可缩性井壁接头在竖向附加力增大到一定数值后和井壁自身所受荷载达到其材料极限承载能力之前，不发生屈服、失稳及压缩变形，又可有效地减小竖向附加力，从而保证井壁不会轻易被破坏。

2. 可缩量的要求

可缩性井壁接头可根据需要设置 1 个或多个，所有可缩性井壁接头累积竖向可压缩量应大于地层可能的下沉量，即应满足式（4-6）：

$$A + B \geqslant U \tag{4-6}$$

式中　A——可缩性井壁接头累积竖向可压缩量；

　　　B——井壁自身竖向可缩量；

　　　U——地层可能下沉量。

3. 防水及其他要求

可缩性井壁接头应具有良好的防水性，即该接头在产生竖向可缩变形前后，均不发生漏水现象。另外，还应满足防腐及易加工等要求。

四、可缩性井壁接头的施工流程

（1）进料。对所使用的材料，按图纸及相关规范的要求进料。材料要有质量保证书，不符合要求、无出厂标记的材料不得进入施工现场。

（2）检查。画线前钢板要进行几何尺寸检查，钢板直线度和局部波状平面度大于 1 mm 的或钢板表面有严重划痕的不得使用。

（3）号料。按照图纸的设计要求号料，画线时要考虑结构在焊接时所产生的收缩量，同时要考虑组合间隙，间隙允差 1.5～2 mm，画线时应先画中心线，再画两边及端线。所有画线必须经过两人以上检查，校对无误后方可转入下料工序。

（4）下料。下料前清除钢板表面切割区内的铁锈油污，检查下料尺寸是否符合图纸要求，下料尺寸无误后方可下料。切割后要保留号料线。切割线与号料线的偏差为手工切割时不得超过±1.5 mm。切割端面应当光滑干净，波纹一致，并应清除边缘上的熔瘤和飞溅物。切割截面与钢板表面的不垂直度应不大于钢板厚度的 10%，且不得大于 2.0 mm。每个序号板的下料，要有首件下料，按图纸校对无误后，才能进行正式下料。

（5）坡口加工。按图要求切割坡口，切割后仔细清除边缘的毛刺、飞溅物、熔渣及不平处。

（6）组装。组装前检查各部件是否符合图纸要求，连接表面及沿焊缝每边 30～50 mm 范围内的铁锈、毛刺、油污等必须清除干净，组装的允许偏差应符合有关规定。定位点焊所用的焊条型号应与正式焊接焊条相同，点焊高度不宜超过设计焊缝高度的 2/3，组装后按图纸要求检查各部分尺寸是否符合要求，验收后方可施焊。

（7）焊接。焊条用 J422 型焊条，施焊前焊工应复查组装质量和焊缝的处理情况，如不符合要求应修整合格后方能施焊。焊接完毕后应清除熔渣及金属飞溅物。多层焊接应连续施焊，其中每一层焊道焊完后应及时清理，如发现有影响焊接质量的缺陷，必须清除后再焊。焊缝出现裂纹时，焊工不得擅自处理，应申报技术负责人查清原因，制定修补措施后，方可处理。

严禁在焊缝区以外的母材上打火引弧。在坡口内起弧的局部面积应熔焊一次，不得留下弧坑。严禁进行在焊缝内填充金属熔焊等不符合规范要求的焊接。

（8）检查与验收。施工过程中，要严把质量关，同时以后道工序检查前道工序，确保无误后，下道工序方可施工。完工构件焊缝质量应完全符合图纸要求，不合格的部位必须进行返修。

五、可缩性井壁接头计算实例

针对可缩性井壁接头技术方面的要求，安徽理工大学为临涣煤矿中央风井研制了一种井壁接头结构。该结构为钢结构，安装于−230.3 m 水平内层井壁中。图 4-5 为可缩性井壁接头平面图。由图可知，竖向可缩性井壁结构整圈分为 6 节，每节由 9 块钢板焊接制成。

设计的竖向可缩性井壁接头是一个圆环形筒状体，它的断面呈"工"字形，顶部是上法兰盘，下部为下法兰盘和钢垫板焊接而成，上法兰盘和下法兰盘中间由外立板、内立板、弧形板连接，如图 4-6 所示。外立板和内立板主要承担竖向附加力的作用，弧形板主要承载地下水的压力，接头在其整圈沿圆周方向上设置 6 节，每节内、外立板上均在距离上法兰盘一定位置处设置一个沥青注入孔，内立板上焊接一个与沥青注入孔相通的沥青注入管，注入沥青后

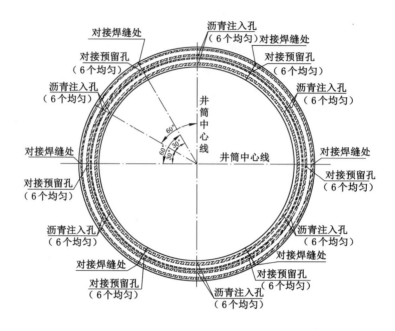

图 4-5　冻结井井壁可缩性接头平面图

的可缩性井壁接头具有良好的承载能力和竖向变形能力。各个钢板之间采用焊接方式连接,每一节有 5 块钢板在地面焊接,其他钢板在井下焊接。

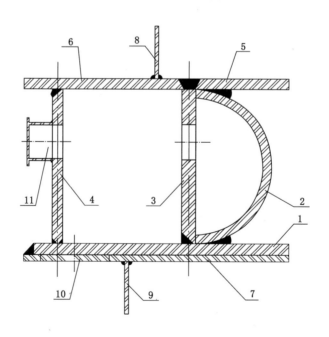

1—下法兰盘;2—弧形板;3—外立板;4—内立板;5、6—上法兰盘;7—下部钢垫板;
8—上部防水钢圈;9—下部防水钢圈;10—混凝土振捣孔;11—沥青注入口。

图 4-6　冻结井井壁可缩性接头断面图

根据冻结井竖向可缩性井壁接头所处地层情况的不同,在钢筋混凝土井壁的内层井壁中设置 1 个或 2 个可缩性井壁接头,当负摩擦阻力达到一定数值时,可缩性接头开始发生竖向变形,使井壁和地层一同下沉,但同时保证井壁整体的可缩量要大于地层可能的下沉量,使负摩擦阻力减小,从而保证井筒井壁不发生破裂。

研究发现,井壁接头放置在冻结井的位置不同,所产生的效果有所不同,当井壁接头放置在风化基岩段时,垂直方向压缩效果最好,最大垂直附加力最小,能够承担工程所需要的横向水压。对于竖向可缩性接头数量而言,深厚表土层应设置 2 个竖向可缩性接头,若表土层深度不大,可以设置 1 个竖向可缩性接头,也可以使负摩擦阻力减小,从而达到保护井筒不破裂的要求。

井壁接头的几何参数受内外层井壁厚度、竖井净直径、混凝土强度、井壁重力、水平侧向压力等多种因素的影响。在井壁接头结构中,弧形板由于只承受横向水压,在垂直方向上呈拱形,厚度相对于立板较小,对井壁接头的竖向承载力影响不大。为了使井壁接头能满足强度和垂直方向压缩率的要求,设计和研究的重点应放在内外立板的厚度上。内、外立板厚度可采取式(4-7)确定。

$$Q_{zmax} = 2\pi(\delta_1 r_1 + \delta_2 r_2)\lambda\sigma_s \tag{4-7}$$

式中　Q_{zmax}——可压缩性接头的竖向临界荷载;

δ_1——内立板的厚度;

δ_2——外立板的厚度;

r_1——内立板的中心半径;

σ_s——钢材屈服极限;

λ——材质变异系数,取 0.95~1.0。

对于中央风井来说,在累深 230.3 m 处设置一个井壁接头,其内层井壁混凝土强度等级是 C60,厚度为 0.67 m,井筒净半径 3.28 m,则可得在深度为 −230.3 m 层位处接头的设计临界承载为:

$$Q_{zmax} = (60/2) \times 0.7 \times \pi \times (3.95^2 - 3.28^2) = 319.58 \text{ (MN)}$$

在冻结井可压缩性接头中,内、外立板中心半径分别是 3.38 m、3.665 m,则有:

$$\delta_1 r_1 + \delta_2 r_2 = 3.38 \times \delta_1 + 3.665 \times \delta_2 = 0.211\ 35 \text{ (m}^2\text{)}$$

由上式选择内、外立板的厚度,即

$$\delta_1 = 0.03 \text{ m}, \delta_2 = 0.03 \text{ m}$$

该冻结井筒在深度为 −230.3 m 层位处的可压缩性接头的实际竖向临界荷载如下:

$$Q_{zmax} = 2\pi(0.03 \times 3.665 + 0.03 \times 3.38) \times 1 \times 220 = 292.15 \text{ (MN)}$$

深度为 −230.3 m 层位井筒的装备自重是:

$$Q_P = 0.01 \times 2.45 \times 230.3 \times 3.14 \times (3.95^2 - 3.28^2) \times 1.2 = 102.99 \text{ (MN)}$$

深度为 −230.3 m 层位井筒内层井壁混凝土的极限承载力为:

$$Q_Z = 60 \times 0.7 \times 3.14 \times (3.95^2 - 3.28^2) = 638.84 \text{ (MN)}$$

综上所述,井壁接头的实际竖向临界荷载满足设计方面的要求,则设置于临涣煤矿中央风井 −230.3 m 层位双立板接头方案如图 4-7 所示,可压缩性接头几何设计参数见表 4-2。

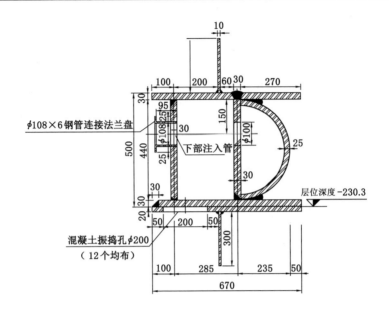

图 4-7　临涣煤矿中央风井双立板井壁接头断面方案

表 4-2　临涣煤矿中央风井可压缩性接头几何设计参数

层位深度 /m	每圈节数 /节	高度 /mm	内立板厚度 /mm	外立板厚度 /mm	弧板厚度 /mm	上法兰盘厚度 /mm	下法兰盘厚度 /mm
−230.3	6	500	30	30	25	30	30

注:双立板接头高度不包含下钢圈垫板的高度。

第五节　立井井壁设计

　　我国多年冻结井井壁结构发展变化历史证明,单层混凝土井壁不适宜做冻结井的支护。这一方面是由施工工艺决定的,即掘砌交叉作业段高受限制,井壁接茬多,防水问题较难解决;另一方面,单层井壁多采用现浇混凝土,井壁直接与冻土接触,导致井壁强度不易保证,特别是冲积层较深时,冻结压力早期来压快,混凝土强度的增幅小于外加荷载的增幅,往往导致井壁受损或破坏。即使混凝土强度的增幅大于冻结压力的增幅,其仍是在低温条件下和承受荷载的环境中增大的,自身的结构和龄期强度都会受影响,这是冲积层支护把单层井壁改为双层井壁的主要原因。

　　20 世纪 70 年代,在设计井壁时,首先用永久荷载计算整个井壁总厚度,接着按冻结压力计算外壁厚度,然后将总厚度减去外壁厚度即内壁厚度。这种设计井壁厚度的方法,对冻结冲积层厚度在 200 m 以内的井筒,问题尚不突出。因为浅井冻结压力较小,计算出的外层井壁厚度不大,内层井壁厚度尚能得到一定的保证,但对于更大的冲积层厚度,内层井壁厚度则显得过小而不合理。

　　双层井壁外层井壁的厚度采用分别计算的方法确定。内层井壁的设计按安全水压 $P=$

$0.09H$ 来控制,这样计算出来的内层井壁有足够大的厚度和较强的抗渗能力;内层井壁是在常温条件下浇筑和养护的,强度可得到有效保证;同时,采用滑模套壁施工质量可得到有效保证。这种设计井壁厚度的方法已得到普遍认可。

外层井壁厚度的计算,必须考虑当外层井壁施工时,冻结压力是一种不可忽视的临时荷载。由于土层不同,冻结压力的大小也有较大差异。在采用双层井壁支护时,除在设计和施工中要重点加强内层井壁强度外,还应注意当冻结井壁需要注浆时,适宜采用注浆技术向壁间注浆,这样不仅能提高井壁的封水效果,而且可提高双层井壁的整体承载能力。

塑料防水夹层复合井壁是在双层钢筋混凝土井壁基础上发展而成的一种新型井壁,在河南深冻结井建设中发挥了重要作用。该种井壁结构应用塑料板置于外层井壁与土层之间,以减小井壁间的竖向约束,尤其是外壁与土层间的约束,改善井壁竖向受力条件。冻结段在套内壁时于内、外层井壁之间铺设塑料夹层,以减小温度应力。

随着时间的推移和实践认识的不断提高,特别是 1987 年徐淮地区发生井壁破坏的事故,有关教学、科研、设计单位对井壁破裂原因进行了大量研究和一系列模拟试验,证明冲积层含水层水位受开采影响而下降造成了地层压缩沉降,从而产生了施加于井壁外表面的竖向附加力,在其增大到一定数值时,井壁难以承受巨大的竖向附加力而破坏。因而,自 1990 年后在一些深厚冲积层冻结井设计出了一些双层整体可缩井壁和内层整体可缩井壁。

双层竖向可缩井壁结构即内、外层井壁均安设可缩井壁结构,它保持传统双层钢筋混凝土井壁的基本结构形式不变,只是在内、外层井壁适当位置设置特制的可缩装置。其受力特点是:当竖向荷载不大时,井壁本身和可缩装置的强度足以承担所有的外加荷载,当作用在井壁上的竖直附加力增大到一定值后,内外壁可缩装置开始压缩变形,以减小土体与井壁间的相对位移,减小竖直附加力的数值,从而达到井壁安全。

内层可缩井壁结构通过内层井壁的伸缩可以有效地防止内层井壁因土层沉降而破坏,且施工方便,质量容易保证。这种井壁结构能充分利用外层井壁这一临时支护结构的竖向承载力。

关于内、外层井壁厚度的设计,内层井壁系承担永久荷载,按冲积层的水柱高度为依据确定其厚度是比较符合实际的。外层井壁的厚度由于制约因素较多,应区别情况确定其合理厚度。

目前,冻结段井壁的基本结构形式是钢筋混凝土塑料夹层双层复合井壁并添加滑动型可压缩层或竖向可压缩层的结构形式。其基本理论是:外层井壁在冻结段施工过程中,起临时支护承受冻结压力的作用;内层井壁是永久井壁的主体,冻结段解冻后内、外层井壁共同承受水土压力或永久地压。

一、井壁设计原则

(1)井壁设计的前提条件。立井井筒是矿井的咽喉,是运输、提升、通风及各种管线的主要通道,设计安全、可靠的井壁是矿井安全与正常生产的首要保证。因此,井壁设计的前提条件是有可靠的井筒检查孔,以及岩土分层柱状图、涌水量资料、冻土物理力学试验相关资料等。

（2）安全。设计的井壁应有足够的强度和刚度,以保证井壁在施工和生产期间,在各种荷载作用下不丧失稳定性和产生破坏。

（3）密封。井壁若漏水不但会增加矿井排水费用,恶化井筒内部环境,而且能造成冲积层移动,产生砂、土流失,甚至破坏井壁。因此,井筒永久支护完成后,应当进行密封防水。

（4）耐久。组成井壁的各部分筑壁材料要能抵抗地下水及井筒内有害气体的侵蚀,保证矿井在服务年限内安全使用。

（5）施工。井壁结构应光滑、经济,并便于施工。

总之,井壁结构形式的选择是深冻结井中的关键技术难题之一。井壁结构形式与井筒施工工艺的选择、冻结壁的设计、冻结钻孔的布置、井筒施工安全及技术经济的合理性息息相关,因此应认真对待,选择适合我国冻结井的井壁结构形式。

二、冻结深度的确定

冻结深度主要依据井筒的水文地质性质确定,井筒冻结深度(主冻结管深度)关系井筒进入基岩段施工的连续性和井筒冻结段施工的安全性。冻结深度不够大时,进入基岩风化裂隙带容易发生安全事故。

《煤矿井巷工程施工标准》(GB/T 50511—2022)规定,立井井筒的冻结深度,应根据地层埋藏条件和井筒掘砌深度确定,并应深入稳定的不透水基岩 10 m 以上;单圈冻结孔、多圈冻结孔主冻结孔的深度不应小于井筒冻结深度,且冻结深度为 300～400 m 时,深入不透水层 10～12 m,400～500 m 时,深入不透水层 12～14 m,超过 500 m 时为 14～18 m;辅助冻结孔的深度,应穿过冲积层深入基岩风化带 5 m 以上;防片帮孔深度应符合井筒连续施工的要求。

淮南矿区井筒冻结深度一般应深入稳定岩层 5 m 以上,当表土段底部基岩风化严重,且两者有水力联系时,冻结深度应穿过基岩风化带,并深入不透水基岩 10 m 以上;当表土层底部基岩下部 30 m 左右仍有含水岩层时,冻结深度应穿过含水基岩到不透水层;当表土层底部为第三系、与含水基岩有水力联系、胶结性差,且含水量大时,冻结深度应穿过第三系到不透水基岩;当表土层厚度占井筒总深度的比例达 75% 以上,且基岩又有多层涌水量较大的含水层时,冻结深度应到不透水基岩石。

内圈冻结孔及防片帮孔的设计深度,既要考虑满足井筒的早日开挖,防止掘进过程中的井筒片帮,又要考虑井筒的变径、掘进速度和连续施工等方面的要求。采用"三同时"作业时,须满足基岩段地面预注浆岩帽交错最小长度的要求。

合理的冻结深度可节省冻结费用,保证井壁质量,加快建井速度,同时能防止涌水冒砂事故,对井壁设计及施工都很重要。冻结深度的确定原则如下:

（1）冻结深度必须穿过风化基岩,深入不透水的稳定岩层 10 m 以上。

（2）若基岩风化带裂隙发育,且风化带以下基岩破碎,富水性强或有断层及断层破碎带时,冻结深度应考虑穿过破碎基岩。

（3）距离风化带 30 m 左右及 30 m 以内的含水基岩岩层,应与松散层一起冻结,并采用差异冻结法施工。

（4）应兼顾冻结段支护设计深度。冻结深度一般须大于表土段井壁支护深度。

三、壁座或内、外层井壁整体浇筑段位置的选择

近年来，为减小冻结孔圈径和冻结壁厚度，许多冻结井筒在壁座位置处将内、外层井壁间的夹层取消，改为整体浇筑，即用内、外层整体浇筑段井壁和基岩井壁的收台来代替大壁座。整体浇筑段位置或设置壁座的位置应按下列原则确定：

（1）壁座（整体浇筑段）必须设在坚硬稳定岩层中，避免设置在破碎带和断层附近。

（2）壁座（整体浇筑段）底部应比井筒的冻结深度浅5～8 m。

（3）壁座（整体浇筑段）尽可能设在基岩浅部，使壁座真正承载井筒重力，同时减小冻结段的井壁深度，节省材料，加快施工进度，减少建井费用。

四、混凝土及钢筋混凝土井壁设计

1. 冻结井壁设计的有关系数

冻结法凿井的井壁包括内层井壁和外层井壁，其中内层井壁的主要作用为承受外层井壁或夹层传来的水平侧压力，同时承受自重、设备重力和外层井壁或夹层传来的部分竖向附加力，内层井壁还要满足防止井壁漏水的要求；外层井壁的主要作用为承受施工期间的冻结压力和限制冻结壁的变形。在冻结壁解冻后，冻结压力消除，外层井壁和内层井壁共同承受永久地压、自重和部分竖向附加力。

双层钢筋混凝土井壁的施工顺序是：外层井壁采用短段掘砌自上而下的施工，到达壁座之后，内层井壁采用自下而上的滑模施工。两次施工的双层钢筋混凝土井壁，在承受永久地压时按照整体式井壁计算。外层井壁主要承受以冻结压力为主的施工荷载，对外层井壁须进行单独验算。

冻结法凿井井壁要具有足够的强度以及良好的稳定性和低渗漏水性能（淋水量小于5 m³/h）。井壁结构是长期处在地下水中的特种结构，结合工程设计经验，井壁结构的各项分项系数见表4-3。

表 4-3　井壁设计所需的各项系数

受力特征	荷载种类	结构重要性系数 γ_0	荷载组合系数 Ψ	荷载分项系数 γ_G	设计取值 γ_k	备注
均匀侧压力	土压和水压	1.21	1.0	1.2	1.45	
静水压力	水压	1.21	1.0	1.2	1.45	
稳定压力	土压、水压、冻结压力	1.21	1.0	1.2	1.45	
不均匀压力	土压、水压及岩层	1.21	0.85	1.2	1.2	荷载的特殊情况，建议降低组合系数
井筒纵向偏压	上部结构影响产生的荷载	1.21	0.85	1.2	1.2	因多种荷载影响，建议降低组合系数

2. 钢筋混凝土井壁的设计计算

冻结法凿井井壁除复合井壁、临时井壁和试验采用的素混凝土井壁外，一般都采用双层钢筋混凝土井壁。

按照内、外层井壁分开的受力假定，内层井壁按照静水压力计算井壁厚度，外层井壁在内、外水压作用下达到平衡，仅承受悬浮土压，但外层井壁仍应按冻结压力计算井壁厚度。

（1）井壁厚度的确定

内层井壁厚度的计算公式为：

$$h_1 = r\left(\sqrt{\frac{f_c}{f_c - 2v_k P_水}} - 1\right) \tag{4-8}$$

外层井壁厚度的计算公式为：

$$h_2 = (r + h_1)\left(\sqrt{\frac{f_c}{f_c - 2v_k P_冻}} - 1\right) \tag{4-9}$$

$$f_{cz} = f_c + \mu f_y \tag{4-10}$$

式中　$P_水$——井筒计算深度处的水压，MPa；

　　　r——井筒净半径，mm；

　　　h_1——内层井壁厚度，mm；

　　　h_2——外层井壁厚度，mm；

　　　$P_冻$——井筒计算深度处的冻结压力，MPa；

　　　μ——井壁设计中选定的含钢率，%；

　　　f_c——混凝土轴心抗压强度设计值，N/mm²；

　　　f_y——钢筋强度设计值，N/mm²；

　　　f_{cz}——钢筋与混凝土综合强度设计值，N/mm²；

　　　v_k——设计荷载系数，计算内层井壁厚度时取 $v_k = 1.35$，按冻结压力计算外层井壁厚度时取 $v_k = 1.05$。

（2）井壁环向稳定性验算

保证圆环稳定的基本条件为：

对混凝土来说，

$$\frac{L_0}{h} \leqslant 24 \tag{4-11}$$

对钢筋混凝土来说，

$$\frac{L_0}{h} \leqslant 30 \tag{4-12}$$

式中　h——井壁厚度，mm；

　　　L_0——井壁圆环的换算长度，mm，若假定井壁圆环为三铰拱结构，则 $L_0 = 1.814 r_0$，若假定井壁圆环为无铰拱结构，则 $L_0 = 1.13 r_0$，其中 r_0 为井壁中心半径，单位为 mm。

验算井壁环向稳定性时，截取井筒单位高度的圆环按平面问题考虑。当圆环失稳时，均匀径向临界压力为：

$$P_k = \frac{3EI}{r_0^3(1-v_c^2)} \tag{4-13}$$

式中　P_k——圆环失稳的临界压力，MPa；

　　　E——井壁材料弹性模量，N/mm^2；

　　　I——井壁纵截面惯性矩，mm^4；

　　　B——截面单位高度，取 $B=1$ mm；

　　　v_c——混凝土泊松比。

　　保证圆环稳定性的验算必须符合下式：

$$P_k = \frac{3EI}{r_0^3(1-v_c^2)} \geqslant v_k P \tag{4-14}$$

式中　v_k——稳定性计算安全系数，$v_k=1.4$；

　　　P——计算深度处的井壁侧压力，MPa。

　　（3）按均匀侧压力（水压＋土压）对外层井壁环向配筋的计算

　　确定内、外层井壁厚度后，求出内、外层井壁界面位置的切向应力 σ_x，内层井壁内缘切向应力 σ_1，按轴心受压构件分别核算内层井壁和外层井壁的强度及计算需要的配筋量。

$$\sigma_1 = \frac{2R^2 v_k P}{R^2 - r^2} \tag{4-15}$$

$$\sigma_x = \frac{(r_x^2 + r^2)v_k R^2 P}{R^2 - r^2} \tag{4-16}$$

$$\sigma_2 = \frac{(r_x^2 + r^2)v_k P}{R^2 - r^2} \tag{4-17}$$

式中　σ_1——内层井壁内缘切向应力，MPa；

　　　σ_2——内层井壁外缘切向应力，MPa；

　　　σ_x——外层井壁内缘切向应力，MPa；

　　　r_x——内、外层井壁界面半径，mm；

　　　v_k——设计荷载系数，取 $v_k=1.35$；

　　　R——井壁外半径，m；

　　　r——井筒净半径，m；

　　　P——井筒计算处地压，MPa。

　　双层井壁的应力计算简图如图 4-8 所示。

　　当 $\sigma_1 \leqslant f_c$ 时，混凝土本身强度能够承受水压、土压，可按构造要求配置环向钢筋；当 $\sigma_1 > f_c$ 时，需对整个截面进行强度验算，取 1 m 高井壁，按下式计算环向钢筋量 A_g：

$$\mu = \frac{\sigma_1 - f_c}{f_y} \tag{4-18}$$

$$A_g = \mu b h = 1\,000 \mu h \tag{4-19}$$

　　当 $\mu < \mu_{min}$ 时，按 $A_g = \mu b h = 1\,000\mu h$ 计算，计算处的钢筋量可平均分配在内外层井壁两侧（对称布置），但外层井壁还应满足在冻结压力作用下计算的钢筋量。

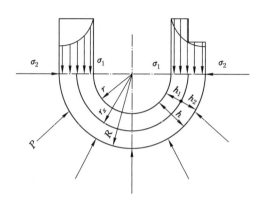

图 4-8　双层井壁应力计算简图

当 $\sigma_1 > f_c$，$\sigma_2 < f_c$ 时，内层井壁环向钢筋量按下式计算：

$$\mu_1 = \frac{\sigma_1 - f_c}{f_y}, A_g = \mu_1 b h_1 = 1\,000\mu_1 h_1 \qquad (4\text{-}20)$$

式中　μ_1——内层井壁的含钢率，%；

　　　h_1——内层井壁厚度，mm。

外层井壁的环向钢筋量按下式计算：

$$\mu_2 = \frac{\sigma_x - f_c}{f_y}, A_g = \mu_2 b h_2 = 1\,000\mu_2 h_2 \qquad (4\text{-}21)$$

式中　μ_2——外层井壁的含钢率，%；

　　　h_2——外层井壁厚度，mm；

　　　σ_x——外层井壁内缘切向应力，MPa。

当 $\sigma_x \leqslant f_c$ 时，可按构造要求配筋，但同时应满足在冻结压力作用下计算的配筋量。

（4）按吊挂力计算外层井壁竖向钢筋

外层井壁竖向钢筋按照吊挂力计算。外层井壁自上而下短段掘砌，由于混凝土入模温度较高及水泥水化热的影响，井壁外围的冻土融化。融化段高内的井壁自重产生吊挂力，吊挂段高取决于冻土融化高度，而冻土融化高度又与冻结壁温度、一次浇筑壁厚、入模温度、掘砌速度等因素有关。在无确切资料时，一般在设计中根据经验，可取吊挂段高 $H = 15 \sim 20$ m。

$$A_s = \frac{v_L N}{f_y} \qquad (4\text{-}22)$$

$$N = \pi(R^2 - r^2)\gamma H \qquad (4\text{-}23)$$

式中　A_s——外层井壁吊挂钢筋面积，mm²；

　　　f_y——吊挂钢筋强度设计值，N/mm²；

　　　v_L——吊挂荷载系数，取 $v_L = 1.2$；

　　　N——一个吊挂段高的重力，N；

　　　γ——钢筋混凝土容重，25 000 N/mm³；

H——一个吊挂段高的高度,取 $H=15\sim20$ m;

R——井壁外半径,m;

r_1——外层井壁内半径,m。

竖向钢筋在施工期间起吊挂作用,解冻后承受井帮的轴向不均匀应力,起分散应力的作用。

求出 A_g 后,还应计算钢筋根数及间距。

$$n = \frac{A_g}{a_g} \tag{4-24}$$

$$d = \frac{2\pi(R-a)}{n} \tag{4-25}$$

式中　n——钢筋根数,根;

a_g——单根钢筋面积,mm^2;

d——钢筋间距,mm;

a——钢筋中心至外层井壁外边缘距离,mm;

R——井壁外半径,mm。

第六节　工程计算实例

某煤矿中央风井井筒净直径 6.5 m,井筒设计总深度 666.2 m,其中井口绝对标高为 +29.7 m,井底水平−650 m(实际−635.0 m),水窝深度 1.5 m。该井筒井位穿过的地层自上而下为:新生界(包括第四系、新近系)和二叠系,其中新生界松散层厚度为 245.9 m。该井筒基岩风化带底界深度为 266.9 m,风化带厚 21 m。下部基岩以细砂岩、粉砂岩及泥岩为主,且检查孔在 262.50~263.10 m、270.50~271.62 m 和 545.81~546.51 m 揭露 3 个破碎带。本设计中央风井井筒冻结段井壁采用双层钢筋混凝土内夹塑料板复合井壁结构,在井壁与冻土之间视土层情况铺设 25 mm 厚的泡沫塑料板,以隔热和减小冻土压力。内层井壁采用双排钢筋混凝土结构,外层井壁采用单层钢筋混凝土结构。内、外层井壁共同承受水土压力,其中外层主要承受冻结压力,内层井壁主要承受水压。井筒直径 6.5 m,井口绝对标高+29.7 m,一水平标高−650.0 m,水窝深度 1.5 m,井筒冻结深度 330.0 m,冻结段支护深度 324.0 m。

一、确定井壁厚度

井筒冻结段总的支护深度为 312 m,支护段数可分为 2 段垂深,即 0~165 m 垂深和 165~312 m。

(1) 0~165 m 垂深

① 垂深 100 m 以上,内、外层井壁均采用 C30 混凝土和 HRB400 钢筋。

$$P_水 = 0.01H = 0.01 \times 100 = 1.0 \text{(MPa)}$$

$$P_冻 = 0.01H = 0.01 \times 100 = 1.0 \text{(MPa)}$$

内层井壁钢筋与混凝土综合强度计算值为：

$$f_{cz} = f_c + \mu_{min} \cdot f_y$$
$$= 14.3 + 0.004 \times 360 = 15.74 \ (N/mm^2)$$

内层井壁厚度为：

$$h_1 = r \times \left(\sqrt{\frac{f_{cz}}{f_{cz} - 2v_k P_{水}}} - 1 \right)$$
$$= 3\ 250 \times \left(\sqrt{\frac{15.74}{15.74 - 2 \times 1.35 \times 1.05 \times 1.0}} - 1 \right)$$
$$= 340 \ (mm)$$

故内层井壁厚度取 400 mm。

外层井壁钢筋与混凝土综合强度计算值为：

$$f_{cz} = f_c + \mu_{min} \cdot f_y$$
$$= 14.3 + 0.002 \times 360 = 15.02 \ (N/mm^2)$$

外层井壁厚度为：

$$h_2 = (r + h_1) \times \left(\sqrt{\frac{f_{cz}}{f_{cz} - 2v_k{'} P_{冻}}} - 1 \right)$$
$$= (3\ 250 + 400) \times \left(\sqrt{\frac{15.02}{15.02 - 2 \times 1.05 \times 1.0}} - 1 \right)$$
$$= 285 \ (mm)$$

故外层井壁厚度取 350 mm。

② 垂深 100～165 m，内、外层井壁均采用 C40 混凝土和 HRB400 钢筋。

$$P_{水} = 0.01H = 0.01 \times 165 = 1.65 \ (MPa)$$
$$P_{冻} = 0.01H = 0.01 \times 165 = 1.65 \ (MPa)$$

内层井壁钢筋与混凝土综合强度计算值为：

$$f_{cz} = f_c + \mu_{min} \cdot f_y$$
$$= 19.1 + 0.004 \times 360 = 20.54 \ (N/mm^2)$$

内层井壁厚度为：

$$h_1 = r \times \left(\sqrt{\frac{f_{cz}}{f_{cz} - 2v_k P_{水}}} - 1 \right)$$
$$= 3\ 250 \times \left(\sqrt{\frac{20.54}{20.54 - 2 \times 1.35 \times 1.05 \times 1.65}} - 1 \right)$$
$$= 448 \ (mm)$$

故内层井壁厚度取 500 mm。

外层井壁钢筋与混凝土综合强度计算值为：

$$f_{cz} = f_c + \mu_{min} \cdot f_y$$
$$= 19.1 + 0.002 \times 360 = 19.82 \ (N/mm^2)$$

外层井壁厚度为：

$$h_2 = (r + h_1) \times \left(\sqrt{\frac{f_{cz}}{f_{cz} - 2v_k'P_{\overline{冻}}}} - 1 \right)$$

$$= (3\ 250 + 500) \times \left(\sqrt{\frac{19.82}{19.82 - 2 \times 1.05 \times 1.65}} - 1 \right)$$

$$= 378\ (\text{mm})$$

故外层井壁厚度取 450 mm。

根据以上计算结果,在 0~165 m 垂深范围内,考虑到井壁负摩擦力的作用,内层井壁厚度取 500 mm,外层井壁厚度取 500 mm。

(2) 165~312 m 垂深

① 垂深在 165~230 m,内层井壁采用 C40 混凝土,外层井壁采用 C50 混凝土,内、外层井壁均采用 HRB400 钢筋。

$$P_{\overline{水}} = 0.01H = 0.01 \times 230 = 2.3\ (\text{MPa})$$

$$P_{\overline{冻}} = 0.01H = 0.01 \times 230 = 2.3\ (\text{MPa})$$

内层井壁钢筋与混凝土综合强度计算值为:

$$f_{cz} = f_c + \mu_{min} \cdot f_y$$

$$= 19.1 + 0.004 \times 360 = 20.54\ (\text{N/mm}^2)$$

内层井壁厚度为:

$$h_1 = r \times \left(\sqrt{\frac{f_{cz}}{f_{cz} - 2v_k P_{\overline{水}}}} - 1 \right)$$

$$= 3\ 250 \times \left(\sqrt{\frac{20.54}{20.54 - 2 \times 1.35 \times 1.05 \times 2.3}} - 1 \right)$$

$$= 683\ (\text{mm})$$

故内层井壁厚度取 750 mm。

外层井壁钢筋与混凝土综合强度计算值为:

$$f_{cz} = f_c + \mu_{min} \cdot f_y$$

$$= 23.1 + 0.002 \times 360 = 23.82\ (\text{N/mm}^2)$$

外层井壁厚度为:

$$h_2 = (r + h_1) \times \left(\sqrt{\frac{f_{cz}}{f_{cz} - 2v_k'P_{\overline{冻}}}} - 1 \right)$$

$$= (3\ 250 + 750) \times \left(\sqrt{\frac{23.82}{23.82 - 2 \times 1.05 \times 2.3}} - 1 \right)$$

$$= 479\ (\text{mm})$$

故外层井壁厚度取 550 mm。

② 垂深 230~312 m,内、外层井壁均采用 C50 混凝土和 HRB400 钢筋。

$$P_{\overline{水}} = 0.01H = 0.01 \times 312 = 3.12\ (\text{MPa})$$

$$P_{\overline{冻}} = 0.01H = 0.01 \times 1.15 = 0.01 \times 245.9 \times 1.1 = 2.705\ (\text{MPa})$$

内层井壁钢筋与混凝土综合强度计算值为:

$$f_{cz} = f_c + \mu_{min} \cdot f_y$$
$$= 23.1 \times 1.15 + 0.004 \times 360 = 28.005 \, (\text{N/mm}^2)$$

内层井壁厚度为：

$$h_1 = r \times \left(\sqrt{\frac{f_{cz}}{f_{cz} - 2v_k P_{水}}} - 1 \right)$$

$$= 3\,250 \times \left(\sqrt{\frac{28.005}{28.005 - 2 \times 1.35 \times 1.05 \times 3.12}} - 1 \right)$$

$$= 679 \, (\text{mm})$$

故内层井壁厚度取 750 mm。

外层井壁钢筋与混凝土综合强度计算值为：

$$f_{cz} = f_c + \mu_{min} \cdot f_y$$
$$= 23.1 + 0.003 \times 360 = 24.18 \, (\text{N/mm}^2)$$

外层井壁厚度为：

$$h_2 = (r + h_1) \times \left(\sqrt{\frac{f_{cz}}{f_{cz} - 2v_k' P_{冻}}} - 1 \right)$$

$$= (3\,250 + 750) \times \left(\sqrt{\frac{24.18}{24.18 - 2 \times 1.05 \times 2.705}} - 1 \right)$$

$$= 572 \, (\text{mm})$$

故外层井壁厚度取 600 mm。

根据以上计算结果,在 165~312 m 垂深范围内,考虑到井壁负摩擦力的作用,最终内层井壁厚度取 750 mm,外层井壁厚度取 600 mm。

最终选取的井壁厚度和混凝土强度等级见表 4-4。

表 4-4 井壁厚度和混凝土强度等级取值

垂深/m	内层井壁		外层井壁	
	厚度/mm	混凝土强度等级	厚度/mm	混凝土强度等级
0~100	500	C30	500	C30
100~165	500	C40	500	C40
165~230	750	C40	600	C50
230~312	750	C50	600	C50

二、井壁环向稳定性验算

(1)按内、外层井壁共同承受水土压力,对总壁厚 1 000 mm 区段进行的稳定性验算

对于 0~100 m 垂深段,内、外层井壁总厚度为 1 000 mm,井壁中心半径为：

$$r_0 = 3\,250 + \frac{1\,000}{2} = 3\,750 \, (\text{mm})$$

水土压力为：

$$P = \frac{0.13H}{10} = 1.3 \text{（MPa）}$$

井壁截面惯性矩为：

$$I = \frac{bh^3}{12} = \frac{1 \times 1\,000^3}{12} = 8.33 \times 10^7 \text{（mm}^4\text{）}$$

长细比为：

$$\frac{L_0}{h} = \frac{1.814 r_0}{h} = \frac{1.814 \times 3\,750}{1\,000} = 6.802\,5 < 30$$

故长细比可得到保证。

均匀径向临界压力为

$$P_k = \frac{3EI}{r_0^3(1-v_c^2)} = \frac{3 \times 3 \times 10^4 \times 8.33 \times 10^7}{3\,750^3 \times (1-0.2^2)}$$

$$= 148.1 \text{（MPa）} > v_k P = 1.4 \times 1.3 = 1.82 \text{（MPa）}$$

故井壁环向稳定性可得到保证，安全度较大。

其余 3 段按照上述方法验算井壁环向稳定性均可得到保证。

（2）外层井壁在冻结压力作用下的稳定性验算

① 0～100 m 垂深段，外层井壁采用 C30 混凝土。

$$h_2 = 500 \text{ mm}$$

$$r_0 = 3\,250 + 500 + \frac{500}{2} = 4\,000 \text{（mm）}$$

$$I = \frac{bh^3}{12} = \frac{1 \times 500^3}{12} = 1.042 \times 10^7 \text{（mm}^4\text{）}$$

$$\frac{L_0}{h} = \frac{1.814 r_0}{h} = \frac{1.814 \times 4\,000}{500} = 14.512 < 30 \text{（长细比得到保证）}$$

$$P_k = \frac{3EI}{r_0^3(1-v_c^2)} = \frac{3 \times 3 \times 10^4 \times 1.042 \times 10^7}{4\,000^3 \times (1-0.2^2)}$$

$$= 15.3 \text{（MPa）} > v_k P = 1.4 \times 1.0 = 1.4 \text{（MPa）}$$

故井壁环向稳定性可得到保证。

② 100～165 m 垂深段，外层井壁采用 C40 混凝土。

$$h_2 = 500 \text{ mm}$$

$$r_0 = 3\,250 + 500 + \frac{500}{2} = 4\,000 \text{（mm）}$$

$$I = \frac{bh^3}{12} = \frac{1 \times 500^3}{12} = 1.042 \times 10^7 \text{（mm}^4\text{）}$$

$$\frac{L_0}{h} = \frac{1.814 r_0}{h} = \frac{1.814 \times 4\,000}{500} = 14.512 < 30 \text{（长细比得到保证）}$$

$$P_k = \frac{3EI}{r_0^3(1-v_c^2)} = \frac{3 \times 3.25 \times 10^4 \times 1.042 \times 10^7}{4\,000^3 \times (1-0.2^2)}$$

$$= 16.6 \text{（MPa）} > v_k P = 1.4 \times 1.65 = 2.3 \text{（MPa）}$$

故井壁环向稳定性可得到保证。

③ 165～230 m 垂深段，外层井壁采用 C50 混凝土。

$$h_2 = 600 \text{ mm}$$

$$r_0 = 3\,250 + 750 + \frac{600}{2} = 4\,300 \text{（mm）}$$

$$I = \frac{bh^3}{12} = \frac{1 \times 600^3}{12} = 1.8 \times 10^7 \text{（mm}^4\text{）}$$

$$\frac{L_0}{h} = \frac{1.814 r_0}{h} = \frac{1.814 \times 4\,300}{600} = 13.0 < 30 \text{（长细比得到保证）}$$

$$P_k = \frac{3EI}{r_0^3(1-v_c^2)} = \frac{3 \times 3.45 \times 10^4 \times 1.8 \times 10^7}{4\,300^3 \times (1-0.2^2)}$$

$$= 24.4 \text{（MPa）} > v_k P = 1.4 \times 2.459 = 3.443 \text{（MPa）}$$

故井壁环向稳定性可得到保证。

④ 230～312 m 垂深段，外层井壁采用 C50 混凝土。

$$h_2 = 600 \text{（mm）}$$

$$r_0 = 3\,250 + 750 + \frac{600}{2} = 4\,300 \text{（mm）}$$

$$I = \frac{bh^3}{12} = \frac{1 \times 600^3}{12} = 1.8 \times 10^7 \text{（mm}^4\text{）}$$

$$\frac{L_0}{h} = \frac{1.814 r_0}{h} = \frac{1.814 \times 4\,300}{600} = 13.0 < 30 \text{（长细比得到保证）}$$

$$P_k = \frac{3EI}{r_0^3(1-v_c^2)} = \frac{3 \times 3.45 \times 10^4 \times 1.8 \times 10^7}{4\,300^3 \times (1-0.2^2)}$$

$$= 24.4 \text{（MPa）} > v_k P = 1.4 \times 2.459 = 3.443 \text{（MPa）}$$

故环向稳定性可得到保证。

三、按冻胀力对外层井壁环向配筋的计算

（1）垂深 0～100 m 的外层井壁，冻结压力按 $P_{冻} = 0.01H = 0.01 \times 100 = 1.0$（MPa）计算，外层井壁厚 500 mm，强度荷载系数 $v_k = 1.05$，C30 混凝土的 $f_c = 14.3$ N/mm²。

内径：

$$r = 3\,250 + 500 = 3\,750 \text{（mm）}$$

外径：

$$R = 3\,250 + 500 + 500 = 4\,250 \text{（mm）}$$

$$\frac{r}{10} = \frac{3\,750}{10} = 375 \text{（mm）} < 500 \text{（mm）}$$

按照厚壁圆筒公式计算的 σ_{max} 为：

$$\sigma_{max} = \frac{2R^2 v_k P_{冻}}{R^2 - r^2} = \frac{2 \times 4\,250^2 \times 1.05 \times 1.0}{4\,250^2 - 3\,750^2}$$

$$=9.48（N/m^2）<f_c=14.3（N/mm^2）$$

按构造要求计算的最小配筋率为：

$$A_g=\mu_{min}bh=0.002\times1\,000\times500=1\,000（mm^2）$$

故采用 Φ 18@200 钢筋，$A_g=1\,272\ mm^2$。

（2）垂深 100～165 m 的外层井壁，冻结压力按 $P_冻=0.01H=0.01\times165=1.65\ MPa$ 计算，外层井壁厚 500 mm，强度荷载系数 $v_k=1.05$，C40 混凝土的 $f_c=19.1\ N/mm^2$。

内径：

$$r=3\,250+500=3\,750（mm）$$

外径：

$$R=3\,250+500+500=4\,250（mm）$$

$$\frac{r}{10}=\frac{3\,750}{10}=375（mm）<500（mm）$$

按照厚壁圆筒公式计算的 σ_{max} 为：

$$\sigma_{max}=\frac{2R^2v_kP_冻}{R^2-r^2}=\frac{2\times4\,250^2\times1.05\times1.65}{4\,250^2-3\,750^2}$$

$$=15.65（N/mm^2）<f_c=9.1（N/mm^2）$$

按构造要求计算的最小配筋率为：

$$A_g=\mu_{min}bh=0.002\times1\,000\times500=1\,000（mm^2）$$

故采用 Φ 22@200 钢筋，$A_g=1\,570\ mm^2$。

（3）垂深 165～230 m 的外层井壁，冻结压力按 $P_冻=0.01H=0.01\times230=2.3\ MPa$ 计算，外层井壁厚 600 mm，强度荷载系数 $v_k=1.05$，C50 混凝土的 $f_c=23.1\ N/mm^2$。

内径：

$$r=3\,250+750=4\,000（mm）$$

外径：

$$R=3\,250+750+600=4\,600（mm）$$

$$\frac{r}{10}=\frac{4\,000}{10}=400<600（mm）$$

按照厚壁圆筒公式计算的 σ_{max} 为：

$$\sigma_{max}=\frac{2R^2v_kP_冻}{R^2-r^2}=\frac{2\times4\,600^2\times1.05\times2.3}{4\,600^2-4\,000^2}$$

$$=19.8（N/mm^2）<f_c=23.1（N/mm^2）$$

按构造要求计算的最小配筋率为：

$$A_g=\mu_{min}bh=0.002\times1\,000\times600=1\,200（mm^2）$$

故采用 Φ 25@200 钢筋，$A_g=1\,900\ mm^2$。

（4）垂深 230～312 m 的外层井壁，冻结压力按 $P_冻=0.01H=0.01\times245.9=2.459\ MPa$ 计算，外层井壁厚 600 mm，强度荷载系数 $v_k=1.05$，C50 混凝土的 $f_c=23.1\ N/mm^2$。

内径：

$$r=3\,250+750=4\,000（mm）$$

外径：

$$R = 3\,250 + 750 + 600 = 4\,600\,（\text{mm}）$$

$$\frac{r}{10} = \frac{4\,000}{10} = 400\,（\text{mm}）< 600\,（\text{mm}）$$

按照厚壁圆筒公式计算的 $\sigma_{\max}$ 为：

$$\sigma_{\max} = \frac{2R^2 v_k P_{\text{冻}}}{R^2 - r^2} = \frac{2 \times 4\,600^2 \times 1.05 \times 2.3}{4\,600^2 - 4\,000^2}$$

$$= 19.8\,（\text{N/mm}^2）< f_c = 23.1\,（\text{N/mm}^2）$$

按构造要求计算的最小配筋率为：

$$A_g = \mu_{\min} bh = 0.002 \times 1\,000 \times 600 = 1\,200\,（\text{mm}^2）$$

故采用 $\Phi 25 @200$ 钢筋，$A_g = 1\,900\,\text{mm}^2$。

四、内层井壁按承受静水压力的环向配筋的计算

（1）垂深 $0 \sim 100\,\text{m}$ 的内层井壁，静水压力按 $P_{\text{水}} = 0.01H = 0.01 \times 100 = 1.0\,\text{MPa}$ 计算，内层井壁厚 $500\,\text{mm}$，强度荷载系数 $v_k = 1.35$，C30 混凝土的 $f_c = 14.3\,\text{N/mm}^2$。

内径：

$$r = 3\,250\,\text{mm}$$

外径：

$$R = 3\,250 + 500 = 3\,750\,（\text{mm}）$$

$$\frac{r}{10} = \frac{3\,250}{10} = 325\,（\text{mm}）< 500\,（\text{mm}）$$

按照厚壁圆筒公式计算的 $\sigma_{\max}$ 为：

$$\sigma_{\max} = \frac{2R^2 v_k P_{\text{水}}}{R^2 - r^2} = \frac{2 \times 3\,750^2 \times 1.35 \times 1.0}{3\,750^2 - 3\,250^2} = 10.8\,（\text{N/mm}^2）< f_c = 14.3\,（\text{N/mm}^2）$$

按构造要求计算的最小配筋率为：

$$A_g = \mu_{\min} bh = 0.004 \times 1\,000 \times 500 = 2\,000\,（\text{mm}^2）$$

故采用 $\Phi 18 @200$ 钢筋，双侧布置，$A_g = 1\,272 \times 2 = 2\,544\,\text{mm}^2$。

（2）垂深 $100 \sim 165\,\text{m}$ 的外层井壁，静水压力按 $P_{\text{水}} = 0.01H = 0.01 \times 165 = 1.65\,\text{MPa}$ 计算，内层井壁厚 $500\,\text{mm}$，强度荷载系数 $v_k = 1.35$，C40 混凝土的 $f_c = 19.1\,\text{N/mm}^2$。

内径：

$$r = 3\,250\,\text{mm}$$

外径：

$$R = 3\,250 + 500 = 3\,750\,（\text{mm}）$$

$$\frac{r}{10} = \frac{3\,250}{10} = 325\,（\text{mm}）< 500\,（\text{mm}）$$

按照厚壁圆筒公式计算的 $\sigma_{\max}$ 为：

$$\sigma_{\max} = \frac{2R^2 v_k P_{\text{水}}}{R^2 - r^2} = \frac{2 \times 3\,750^2 \times 1.35 \times 1.65}{3\,750^2 - 3\,250^2} = 17.9\,（\text{N/mm}^2）< f_c = 19.1\,（\text{N/mm}^2）$$

按构造要求计算的最小配筋率为：

$$A_g = \mu_{min}bh = 0.004 \times 1\ 000 \times 500 = 2\ 000\ （mm^2）$$

故采用 Φ 20 @200 钢筋，双侧布置， $A_g = 1\ 570 \times 2 = 3\ 140\ mm^2$ 。

（3）垂深 165～230 m 的外层井壁，静水压力按 $P_水 = 0.01H = 0.01 \times 230 = 2.3$ MPa 计算，内层井壁厚 750 mm，强度荷载系数 $v_k = 1.35$ ，C50 混凝土的 $f_c = 23.1$ N/mm² 。

内径：

$$r = 3\ 250\ mm$$

外径：

$$R = 3\ 250 + 500 = 3\ 750\ （mm）$$

$$\frac{r}{10} = \frac{3\ 250}{10} = 325\ （mm）< 750\ （mm）$$

按照厚壁圆筒公式计算的 σ_{max} 为：

$$\sigma_{max} = \frac{2R^2 v_k P_水}{R^2 - r^2} = \frac{2 \times 4\ 000^2 \times 1.35 \times 2.3}{4\ 000^2 - 3\ 250^2} = 18.3\ （N/mm^2）< f_c = 23.1\ （N/mm^2）$$

按构造要求计算的最小配筋率为：

$$A_g = \mu_{min}bh = 0.004 \times 1\ 000 \times 750 = 3\ 000\ （mm^2）$$

故采用 Φ 22 @200 钢筋，双侧布置， $A_g = 1\ 900 \times 2 = 3\ 800\ mm^2$ 。

（4）垂深 230～312 m 的外层井壁，静水压力按 $P_水 = 0.01H = 0.01 \times 245.9 = 2.459$ MPa 计算，内层井壁厚 750 mm，强度荷载系数 $v_k = 1.35$ ，C50 混凝土的 $f_c = 23.1$ N/mm² 。

内径：

$$r = 3\ 250\ mm$$

外径：

$$R = 3\ 250 + 750 = 4\ 000\ （mm）$$

$$\frac{r}{10} = \frac{3\ 250}{10} = 325\ （mm）< 750\ （mm）$$

按照厚壁圆筒公式计算的 σ_{max} 为：

$$\sigma_{max} = \frac{2R^2 v_k P_水}{R^2 - r^2} = \frac{2 \times 4\ 000^2 \times 1.35 \times 2.459}{4\ 000^2 - 3\ 250^2} = 19.5\ （N/mm^2）< f_c = 23.1\ （N/mm^2）$$

按构造要求计算的最小配筋率为：

$$A_g = \mu_{min}bh = 0.004 \times 1\ 000 \times 750 = 3\ 000\ （mm^2）$$

故采用 Φ 25 @200 钢筋，双侧布置， $A_g = 2\ 453 \times 2 = 4\ 906\ mm^2$ 。

五、按吊挂力计算外层井壁竖向钢筋

（1）垂深 0～100 m

吊挂段高 H 取 20 m，此段外层井壁厚 500 mm，内径 $r = 3\ 250 + 500 = 3\ 750$ mm，外径 $R = 3\ 250 + 500 + 500 = 4\ 250$ mm。结构荷载强度系数 $v_k = 1.2$ 。

一个吊挂段高重力为：

$$N = \pi(R^2 - r^2)\gamma H = \pi \times (4.25^2 - 3.75^2) \times 25 \times 20 = 6\ 280\ (\text{kN})$$

$$A_g = \frac{v_L N}{f_y} = \frac{1.2 \times 6\ 280 \times 1\ 000}{360} = 20\ 933\ (\text{mm}^2)$$

故采用Φ18 钢筋，$a_g = 254.5\ \text{mm}^2$。需要钢筋根数为 20 933/254.5＝83 根。

外层井壁钢筋布置圈长度为：

$$L = 2\pi \times (4\ 250 - 100) = 26\ 062\ (\text{mm})$$

钢筋间距为 26 062/83＝314 mm。

故实际采用Φ18@250 钢筋，钢筋根数为 26 062/250＝104 根。

$$A_g = 254.5 \times 104 = 26\ 468\ (\text{mm}^2) > 20\ 933\ (\text{mm}^2)$$

（2）垂深 100～165 m

吊挂段高 H 取 20 m，此段外层井壁厚 500 mm，内径 $r = 3\ 250 + 500 = 3\ 750$ mm，外径 $R = 3\ 250 + 500 + 500 = 4\ 250$ mm。结构荷载强度系数 $v_k = 1.2$。

一个吊挂段高重力为：

$$N = \pi(R^2 - r^2)\gamma H = \pi \times (4.25^2 - 3.75^2) \times 25 \times 20 = 6\ 280\ (\text{kN})$$

$$A_g = \frac{v_L N}{f_y} = \frac{1.2 \times 6\ 280 \times 1\ 000}{360} = 20\ 933\ (\text{mm}^2)$$

故采用Φ18 钢筋，$a_g = 254.5\ \text{mm}^2$。需要钢筋根数为 20 933/254.5＝83 根。

外层井壁钢筋布置圈长度为：

$$L = 2\pi \times (4\ 250 - 100) = 26\ 062\ (\text{mm})$$

钢筋间距为 26 062/83＝314 mm。故实际采用Φ18@250 钢筋，钢筋根数为 26 062/250＝104 根。

$$A_g = 254.5 \times 104 = 26\ 468\ (\text{mm}^2) > 20\ 933\ (\text{mm}^2)$$

（3）垂深 165～312 m

吊挂段高 H 取 20 m，此段外层井壁厚 600 mm，内径 $r = 3\ 250 + 750 = 4\ 000$ mm，外径 $R = 3\ 250 + 750 + 600 = 4\ 600$ mm。结构荷载强度系数 $v_k = 1.2$。

一个吊挂段高重力为：

$$N = \pi(R^2 - r^2)\gamma H = \pi \times (4.6^2 - 4.0^2) \times 25 \times 20 = 8\ 101.2\ (\text{kN})$$

$$A_g = \frac{v_L N}{f_y} = \frac{1.2 \times 8\ 101.2 \times 1\ 000}{360} = 27\ 004\ (\text{mm}^2)$$

故采用Φ20 钢筋，$a_g = 314\ \text{mm}^2$。需要钢筋根数为 27 004/314＝86 根。

外层井壁钢筋布置圈长度为：

$$L = 2\pi \times (4\ 600 - 100) = 28\ 260\ (\text{mm})$$

钢筋间距为 28 260/86＝328 mm。

故实际采用Φ20@250 钢筋，钢筋根数为 28 260/250＝113 根。

$$A_g = 314 \times 113 = 35\ 482\ (\text{mm}^2) > 27\ 004\ (\text{mm}^2)$$

冻结段井壁结构如图 4-9 所示。

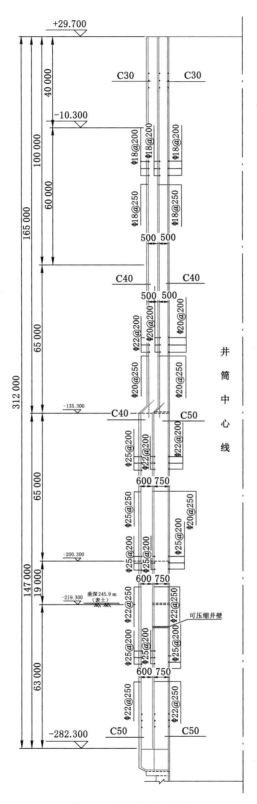

图 4-9 冻结段井壁结构

第五章　冻结法凿井立井冻结壁设计

第一节　冻结壁荷载

冻结壁是一种临时承载结构,在设计永久井壁(内层井壁)时不能将其承载能力考虑进去,但在设计外层井壁时,应该考虑其与外层井壁相互作用、共同承载。冻结井壁外荷载可分为两类,即立井运营期间荷载和施工期间荷载。立井运营期间荷载包括井壁自重、水平地压、水压力、竖向附加力和水平附加力等;立井施工期间荷载包括冻结压力、温度应力和注浆压力等。

一、井壁自重

井壁自重包含井壁、井筒装备和部分井塔的重量。若不考虑井筒装备与井塔的重量,由井壁自重荷载引起的自重应力按下式计算:

$$\sigma_g = \gamma_h H \tag{5-1}$$

式中　σ_g——自重应力,kPa;

γ_h——井壁的平均重力密度,一般取 $24\sim25$ kN/m³;

H——计算深度,m。

二、水平地压

水平地压是指表土地层施加于立井井壁上的侧压力,是地层中水和土共同作用的结果。对于松软的表土层,水平地压的计算大都以松散体极限平衡理论为基础,但按其研究方法可分为以下几类:

① 平面挡土墙主动土压力理论,如普氏公式、秦氏公式、索氏公式和重液公式等;

② 空间轴对称极限平衡理论,如别列赞采夫提出的圆筒形挡土墙主动土压力公式;

③ 拱效应理论,如夹心墙土压力公式。

下面对我国常用的几种立井水平地压计算公式进行介绍。

(1) 普氏地压公式

$$P = \gamma H \tan^2\left(45° - \frac{\varphi}{2}\right) \tag{5-2}$$

式中　P——水平地压,kPa;

H——计算深度,m;

γ——岩土层重力密度,kN/m³;

φ——岩层内摩擦角,(°)。

（2）重液地压公式

我国立井表土地压计算最常用的是重液公式,该公式将立井周边含水表土层视为水土混合的重液体,则作用在井壁上的水平地压可按照静液定律计算:

$$P = 1.3\gamma_w H \tag{5-3}$$

式中　γ_w——水的重力密度,一般取 10 kN/m^3;

　　　H——计算深度,m。

（3）圆筒形挡土墙地压公式

1952 年,苏联的别列赞采夫基于空间轴对称极限平衡理论,考虑井筒的圆筒状空间结构,假定土体与井壁无摩擦力,井筒周边土体滑动曲面为圆锥体,进而采用圆筒形挡土墙主动土压力理论来计算立井表土水平地压:

$$P = \gamma R_0 \frac{\tan\left(45° - \dfrac{\varphi}{2}\right)}{\lambda - 1}\left[1 - \left(\frac{R_0}{R_b}\right)^{\lambda-1}\right] + q\left(\frac{R_0}{R_b}\right)^{\lambda} \cdot \tan\left(45° - \frac{\varphi}{2}\right) +$$
$$C\cot\varphi \cdot \left[\left(\frac{R_0}{R_b}\right)^{\lambda} \cdot \tan\left(45° - \frac{\varphi}{2}\right) - 1\right] \tag{5-4}$$

式中　R_0——井筒掘进半径,m;

　　　R_b——土体滑动线与地面交点的横坐标值,m,且有:

$$R_b = R_0 + H\tan\left(45° - \frac{\varphi}{2}\right) \tag{5-5}$$

　　　q——地面超载,kPa;

　　　λ——简化系数,且有:

$$\lambda = 2\tan\varphi \cdot \tan\left(45° - \frac{\varphi}{2}\right) \tag{5-6}$$

　　　C——土体黏聚力,kPa;

　　　φ——土体内摩擦角,(°);

　　　γ——土体重力密度,kN/m^3。

当地面超载 $q = 0$,黏聚力 $C = 0$ 时,则有:

$$P = \gamma R_0 \frac{\tan\left(45° - \dfrac{\varphi}{2}\right)}{\lambda - 1}\left[1 - \left(\frac{R_0}{R_b}\right)^{\lambda-1}\right] \tag{5-7}$$

（4）夹心墙地压公式

苏联的崔托维奇在 1951 年提出竖井平行夹心墙地压理论。该理论的地压产生机理是:首先假设井筒周围有一个被扰动了的破碎圈,这个破碎圈在自重应力作用下向下滑动,其一侧与井壁,另一侧与未扰动土产生摩擦,这就发生了松散体的成拱效应,使上部土体作用于下面"计算土层面上"的竖向均布荷载没有秦氏地压理论所采用的初始应力场那样大,马英明于 1979 年提出井筒周围形成滑动筒体,引用土力学中关于两刚性墙体间松散体压力原理,导出了立井夹心墙地压公式。

$$P = \frac{\gamma b - C}{\tan\varphi}\left[1 - \exp\left(-\frac{AH\tan\varphi}{b}\right)\right] \tag{5-8}$$

式中　b——扰动松散体滑动区宽度的一半,m,可取$(0.5\sim1.0)R_0$;

H——计算深度，m；

γ——土体重力密度，kN/m³；

C——土体黏聚力，kPa；

φ——土体内摩擦角，(°)；

A——土体侧压力系数，且有

$$A = \tan^2\left(45° - \frac{\varphi}{2}\right) \qquad (5-9)$$

三、水压力

水压力由下式计算：

$$P_w = \gamma_w H \qquad (5-10)$$

式中　P_w——水压力，kPa；

γ——水的重力密度，一般取 10 kN/m³；

H——计算深度，m。

四、冻结压力

外层井壁承受的外荷载即冻结压力，其主要是冻结壁变形、壁后融土回冻时的冻胀变形、土层吸水膨胀变形和壁后冻土的温度变形这四者对井壁作用的结果，它是由土层的原始应力、土层中的水、水结冰时体积膨胀、黏土吸湿后体积膨胀，以及冻土的蠕变等因素形成的。

冻结压力主要包括两部分：

① 现浇混凝土时，冻土融化再冻结产生的冻胀压力。因无外部补给水源，这种冻胀压力只是由于冻土融化的水和现浇混凝土所产生的水分再冻结成冰而致。这种冻胀压力是有限的，且可以通过在现浇混凝土外层井壁与冻结壁之间适当加一层泡沫层消除。

② 冻结壁是一流变体，其变形随时间变化而变化。这种位移被外层井壁所约束，故外层井壁对冻结壁产生反力。

由于冻结压力是冻结壁对外层井壁的作用力，而它又是由于外层井壁的存在而产生的，也就是说，冻结压力是冻土壁和外层井壁这两个地下结构物之间的相互作用，作用力的大小与两者的特性有关，且互为作用力与反作用力。冻结压力的大小有以下三种情况：

① 冻土壁的变形能力和外层井壁的刚度均很大，作用于外层井壁的冻结压力则很大；

② 冻土壁的变形量很大，但外层井壁刚度很小，则冻结压力很小；

③ 冻土壁变形量很小，不论外壁的刚度如何，冻结压力都很小。

外层井壁支护是施工时的临时支护，而冻结压力是确定外层井壁厚度的主要依据。以往对冻结压力的研究做了大量工作，也总结了一些可供借鉴的公式，但对于一些特殊的冻结井，就很难有其准确性，这是因为冻结压力大小的制约因素较多。例如冻结壁强度、冻结壁厚度、冻土墙的壁面温度、土性埋深段高及施工工艺等。实践表明，同一个井筒，同一个深度，如果有不同的冻结壁强度或不同的壁面温度，那么其冻结压力的体现就不会相同。同理，同一个深度，不同的井筒其地层的土性也很难相同，冻结压力也不可能一样。目前，在深冻结井依冻结压力计算出来的外层井壁厚度过厚,在深冻结井设计中,最好能与冻结壁一起考虑,使冻结壁与外壁共同组成受力体系,这样可减少外壁厚度,节省投资,有利于冻结法凿井向更深层次发展。

(1) 影响冻结压力的主要因素

① 土性:由蒙脱石、伊利石和高岭石等颗粒组成的黏土冻结压力最大,砂性土次之,砾石和粗砂最小。

② 冻结深度:同类土性,深度越大,冻结压力越大。

③ 冻结温度:冻结温度越低,冻结壁自身强度越高,对井壁的冻结压力越小。

④ 冻结壁厚度:相同温度,相同深度,冻结壁越厚,冻结壁压力越小。

⑤ 施工工艺:段高越大,井帮暴露时间越长,在冻结壁允许范围内,作用于外层井壁的初期冻结压力可以减小,但若变形较大,易引起冻结管断裂。

实测证明:冻结压力的大小并不是随冻结深度增加而增加,而主要是根据黏土层的厚度和岩性而发生变化,且在黏性土层中冻结压力较大,故在确定最大冻结压力时,应比较最深岩土层的冻结压力和最深黏土层的冻结压力值,取其大者。另外,冻结压力沿整个施工段高分布是不均匀的,且沿井壁的环向分布也呈现出非均匀性。

(2) 冻结压力的经验公式

由于影响冻结压力的因素众多,故很难用理论计算的方法获得冻结压力值,一般参照已有的冻结压力实测结果,基于地质条件与工程条件,拟合冻结压力的经验公式。现有的冻结压力的经验公式如下:

① 冻结压力经验公式一

$$P_d = K_t K_d (1.38 \lg H - 1.26) \tag{5-11}$$

式中　P_d——冻结压力,MPa;

K_t——温度影响系数,由井帮温度 t 确定,当 $t > -6$ ℃时,取 $0.9 \sim 1$;

K_d——土性影响系数,对于黏土,K_d 取 $0.9 \sim 1.1$,钙质等冻胀和膨胀黏土取 $1.05 \sim 1.15$;

H——计算处深度,m。

在一般设计中,不能确定井帮温度时,根据国内冻结井筒施工情况,对 K_t 建议采用表5-1 中的值。

表 5-1　K_t 取值

深度范围	$H \leqslant 100$ m	100 m $< H < 150$ m	$H \geqslant 150$ m
K_t	$0.9 \sim 1.1$	$1.0 \sim 1.1$	1.15

式(5-11)的特点是考虑了深度、温度和土性对冻结压力的影响。

② 冻结压力经验公式二

当 $H \leqslant 100$ m 时:

$$P_d = 1.74 \times (1 - e^{-0.02H}) \tag{5-12}$$

当 $H > 100$ m 时:

$$P_d = 0.005H + 1.0 \tag{5-13}$$

③ 冻结压力的实测数值

不同地区、同样土层、同样测深，冻结压力差别较大，有的甚至相差数倍。

同一井筒、同样土层，冻结压力也有区别，如表 5-2 所示为临涣煤矿主井冻结压力实测数值。

表 5-2　临涣主井冻结压力实测数值

土层名称	垂深/m	最大压力/MPa	砌壁后前 7 d 压力/MPa	埋设压力盒时井帮温度/℃
钙质黏土	131.09	1.63	0.54	−1
	131.79	1.58	0.72	−1
	132.49	1.64	0.79	−1
	132.84	1.93	1.03	−1
	133.04	1.98	0.98	−1
	133.04	1.81	0.95	−1
钙质黏土	134.69	2.11	1.29	−1
	136.14	1.95	1.17	−1
砂质黏土	137.69	1.94	1.05	−1
黏土	142.72	1.78	1.26	−1.5
	142.80	1.74	1.13	−1.5
黏土	216.85	2.24	0.70	−8～−7
	216.85	2.16	0.50	−8～−7
粗砂	233.65	2.40		−9
	233.75	2.33		−9
	233.75	2.00		−9

同一土层、深度不同，冻结压力也不同，不同深度黏土层的冻结压力值如表 5-3 所示。

表 5-3　不同深度黏土层的冻结压力值

表土深度/m	100	150	200	250	300	＞300
冻结压力/MPa	1.2	1.6	2.0	2.3	2.77	2.8～3.5

应该说明，个别特殊地层，冻结压力可能超过此值，可根据经验适当提高，或在施工中采取局部措施解决。

④ 其他冻结压力经验公式

姚直书和程桦根据安徽杨村矿主井的冻结压力实测数据，回归分析得到深厚黏土层冻结压力与深度的关系表达式为：

$$P_d = (0.010\ 1 \sim 0.012\ 9)H \tag{5-14}$$

陈远坤根据安徽涡北矿副井 3 个深度水平和风井 4 个深度水平的冻结压力实测数据，回归分析得到涡北矿井筒冻结压力与深度的关系表达式为：

$$P_d = \begin{cases} 0.012\ 65H & H \leqslant 275 \text{ m} \\ 1.158\ 7 + 0.008\ 19H & H > 275 \text{ m} \end{cases} \tag{5-15}$$

汪仁和等根据安徽淮南顾北矿深厚钙质黏土地层井筒的冻结压力实测数据,拟合出黏土地层平均冻结压力与深度的关系表达式为:

$$P_d = (0.012\,3 - 0.648)H \tag{5-16}$$

盛天宝根据河南赵固一矿主井、副井、风井 $197\sim507$ m 共 7 个黏土层的冻结压力实测数据,回归分析得到黏土地层最大冻结压力与深度的关系表达式为:

$$P_d = (0.016\,5 \sim 0.023\,0)H \tag{5-17}$$

王衍森等对巨野矿区龙固矿、郭屯矿、郓城矿共 9 个冻结施工过程中获得的冻结压力实测数据进行了汇总分析,提出冻结压力可按重液水平地压取值,即:

$$P_d = (0.012 \sim 0.013)H \tag{5-18}$$

冻结压力的大小和分布对冻结井筒外层井壁的设计与施工以及保证深井施工安全尤其重要。冻结壁是一种临时承载结构,在设计外层井壁时,冻结壁和井壁要视为共同体来考虑。在这种设计中,除应考虑冻结壁、外层井壁及周围土体位移协调条件,将冻结壁视为黏弹性体或黏弹塑性体来考虑其位移变化外,还需考虑两壁相互作用时,冻结壁的变形引起的外壁变形量不能超过外壁现浇混凝土龄期强度所对应的允许变形量,否则外井壁就会产生裂隙或破坏而导致安全事故。

国内现有的研究都是针对某些矿井进行冻结压力的工程实测,根据某一个矿井的实测数据进行回归得到的冻结压力公式,数据具有很大的片面性。且冻结压力实测数据是通过在外井壁埋设压力盒的手段获得的,但这种实测手段无法避免存在压力盒标定时的受载与埋设在外层井壁内受力条件不一致、表面抛光的压力盒承载面与冻结壁(无论冻或融)接触面积聚大量的水、外壁现浇混凝土龄期强度和外壁变形的影响等问题。这些因素的影响使得所测"冻结压力"未能完全反映出外层井壁真实所受的压力,这一点是应该引起高度重视并予以再认识的,所以实测冻结压力结果只能作为设计的定性参考,而不能作为定量参考。因此寻求更合理的冻结井冻结压力的计算方法对冻结法凿井有着十分重要的现实意义。

(3)减缓冻结压力的措施

为了减缓冻结压力,目前常在实际施工中采用现浇钢筋混凝土外壁与井帮冻土间铺设 $25\sim75$ mm 的聚苯乙烯泡沫塑料板结构,塑料板单层厚度为 25 mm,铺设 $1\sim3$ 层,其抗压强度为 0.15 MPa,抗弯强度为 0.15 MPa,按体积计算的吸水率小于 1%,导热系数为 1.26 kJ/(m·h·℃),使用温度为 $-40\sim80$ ℃。

泡沫塑料板主要起到减缓卸压的作用,防止黏土层迅速增长的初期冻结压力对井壁混凝土的破坏。泡沫塑料板的弹性和可压缩性较大,在很大程度上可以减少不均匀的冻结压力,改善外壁受力状态。且泡沫塑料板导热系数很小,起到了隔热保温作用,减少了冻土对井壁混凝土的影响,改善了混凝土养护温度。实际施工中在混凝土与冻结壁之间加可缩板,可延缓冻结压力作用于井壁上的时间,同时起到隔热作用,提高混凝土早期养护温度,使得整个冻结段外壁一次掘砌,内壁一次套壁,整个工程做到安全、优质。

五、冻结井壁的温度应力

冻结井筒钢筋混凝土井壁在施工期间,温度变化较大,内外壁温差 $10\sim20$ ℃,而水化热升温至降温的温差更大,有时达到 $30\sim40$ ℃,必然引起井壁内部结构产生温度应力。井壁内产生约束温度应力,即竖向和径向约束温度应力。

实测资料表明内层井壁竖向钢筋受拉,井壁有时出现环向裂缝,而不冻结的井壁裂缝少见,这是温度应力作用引起的结果。

对冻结井壁来说,温度应力主要有结构自身的温度应力以及由于温差引起外界对井壁的约束应力两种。

第二节　冻结壁温度

冻结所依赖的人工制冷,靠温度的降低来形成冻结壁,故冻结壁形成的本质问题还是温度问题,施工中最为关注的是盐水温度、冻结壁的温度和井帮的温度。

（1）盐水温度设计

盐水温度指冻结站盐水箱内的温度,它的高低会直接影响到蒸发器的工作效率,从而影响制冷的效果。根据冻土温度需求及多年施工经验统计,不同井径及不同深度的盐水温度值如表 5-4 所示。

表 5-4　不同井径及不同深度的盐水温度

表土层厚/m		<100	100～250	250～400	>400
盐水温度/℃	井筒净直径≤6.0 m	−20	−20～−25	−25～−30	−30～−36
	井筒净直径>6.0 m	−22	−22～−27	−27～−32	−32～−36

（2）冻结壁平均温度

冻结壁平均温度是指冻结壁内部的土层温度。冻结壁内的温度在不同的部位是不同的,离冻结器越远,冻结壁温度越高。冻结壁的平均温度需通过计算而得。平均温度越低,冻结壁强度越高。根据冻土温度需求及多年施工经验统计,不同表土层厚的冻结壁平均温度值如表 5-5 所示。

表 5-5　不同表土层厚的冻结壁平均温度

表土层厚/m	<150	150～250	250～400	>400
冻结壁平均温度/℃	−5～−7	−7～−10	−10～−14	−14～−16

（3）井帮温度设计

井帮温度是判断井壁稳定性的直接信息,一般在井底开挖后立即测试。井帮温度越低,表明冻结壁内的温度越低,井帮越稳定。根据冻土温度需求及多年施工经验统计,不同井深的井帮温度值如表 5-6 所示。

表 5-6　不同井深井帮温度

井深/m		50	100	150	200	250	300	350	>400
井帮温度/℃	砂土	−2	−2～−3	−3～−5	−5～−7	−7～−9	−9～−11	−11～−13	<−13
	黏土	4～0	0～−2	−2～−4	−4～−6	−6～−8	−8～−10	−10～−12	<−12

一、冻结壁交圈时间估算

冻结井施工实践表明,冻结井开冻时,冻结壁向内侧发展得快,一般当冻结壁达到设计值时,内侧冻结壁厚度占总厚度的 55%～60%,采用的经验公式为:

$$\tau = \frac{nE_d}{\nu} \tag{5-19}$$

式中　τ——冻结时间,d;

$\quad\quad E_d$——冻结壁设计厚度,m;

$\quad\quad n$——冻结壁向井心内的扩散系数,通常取 0.55～0.60,对于深井取 0.50～0.55;

$\quad\quad \nu$——冻土向井筒中心的平均扩展速度,mm/d,根据经验数据,砾石层 $\nu=35～45$ mm/d,

$\quad\quad\quad$砂层 $\nu=20～25$ mm/d,黏土 $\nu=15～20$ mm/d,岩层 $\nu=60～70$ mm/d。

二、冻结壁平均温度估算

在计算冻结壁强度时,需要用到冻结壁平均温度这一参数,用以确定冻土强度。确定冻结壁平均温度的公式较多,目前最常用的是成冰公式:

$$t_m = t_c \left[1.135 - 0.352\sqrt{s} - 0.785\frac{1}{\sqrt[3]{E}} + 0.266\sqrt{\frac{s}{E}} \right] - 0.466 \tag{5-20}$$

式中　t_c——盐水温度,℃;

$\quad\quad s$——冻结管间距,m;

$\quad\quad E$——冻结壁厚度,m;

$\quad\quad t_m$——按零度边界线计算的冻结壁平均温度,℃。

当井帮温度低于 1 ℃时,冻结壁有效厚度中的平均温度 $t_m{}'$ 为:

$$t_m{}' = t_m + wt_n \tag{5-21}$$

式中　w——经验系数,$w=0.25～0.30$;

$\quad\quad t_n$——计算水平的井帮温度,℃,冻结段井帮土壤温度(t_n)估算值见表 5-7。

表 5-7　冻结段井帮土壤温度(t_n)估算值

井深/m		100	200	300	400	500
冻土进入井帮前开挖的温度/℃	砂性土层	1～−1	−3～−5	−7～−9	−11～−13	−13
	黏性土层	1～2	−1～−2	−4～−6	−8～−10	<−10
冻土进入井帮开挖的温度/℃	砂性土层	1～−3	−5～−7	−9～−11	−10～−12	<−16
	黏性土层	1～0	−2～−4	−6～−8	−11～−13	<−14

根据冻土温度需求及多年施工经验统计,不同表土层厚的冻结壁平均温度值如表 5-8 所示。

表 5-8　不同表土层厚的冻结壁平均温度表

表土层厚/m	<150	150～250	250～400	>400
冻结壁平均温度/℃	−5～−7	−7～−10	−10～−14	−14～−16

淮南矿区部分立井冻结壁厚度及平均温度见表5-9。

表 5-9　淮南矿区部分立井冻结壁厚度及平均温度

井筒名称	净直径/m	冻结深度/m	冻结管圈数	冻结壁平均温度/℃	冻结壁厚度/m
潘一矿主井	7.5	200	1	−7.5	4.5
潘一矿副井	8.0	200	1	−7.5	4.41
潘一矿中风井	6.5	221	1	−7.5	4.0
潘一矿东风井	6.5	320	1	−7.5	5.36
潘二矿主井	6.6	325	1	−7.5	5.1(断管5根)
潘二矿副井	8.0	325	1	−7.5	5.1(断管7根)
潘二矿西风井	6.5	327	1	−7.5	4.84(断管8根)
潘二矿南风井	7.0	320	1	−7.5	5.14(断管14根)
潘三矿主井	7.5	280	1	−10	2.67(断管7根)
潘三矿副井	8.0	280	1	−10	2.83(断管4根)
潘三矿中风井	6.5	310	1	−10	2.35(断管7根)
潘三矿东风井	6.5	415	2	−7.5	6.5(断管22根)
潘三矿新西风井	7.0	508	4	−17	8.6
谢桥矿主井	7.2	362	1	−10	4.76
谢桥矿副井	8.0	360	2	−12	5.31
谢桥矿矸石井	6.6	330	1	−10	3.43(断管33根)
丁集矿主井	7.5	552	3	−17	11.0
丁集矿副井	8.0	550	3	−16.5	11.5
顾桥矿主井	7.5	325	2	−15	5.6
顾桥矿风井	7.5	370	2	−15	5.9
顾北矿主井	7.6	500	4	−12/−15	7.2/9.6(井深464 m)
顾北矿副井		500	3+防片1		7.6(外圈至帮)
潘北矿风井	7.0	395		−15	6.3
潘一矿二副井	7.0	330			3.9
顾桥南区进风井	8.6	345	2	−15	6.4
潘一东矿二副井	8.6	276	2	−12	4.1

第三节　冻结壁厚度设计

冻结壁厚度是指能满足井筒掘砌施工时的冻结壁强度与变形要求的厚度,称之为有效厚度。冻结壁厚度计算主要是依据表土地压、冻土热学与力学性质、井筒掘进荒径、掘进段高与空帮时间、井壁结构与施工工艺等,实际上是冻土热学和力学的耦合计算,影响因素很多,故一般采取冻土热学与力学分别计算和互相校验的方法。

冻结壁厚度计算经历了由弹性、弹塑性到流变体假设过程,相应地,经历了无限长厚壁圆筒静态理论、动态理论和有限长厚壁圆筒准动态理论。事实证明无限长厚壁圆筒静、动态理论(包括弹性体、弹塑性体和流变体)不符合实际情况,是深冻结井中事故发生的重要原因之一。有限长厚壁圆筒准动态理论虽比较符合实际情况,但因冻土蠕变参数对计算结果影响较大,由于获取这些参数的方法与手段尚不完善,因此该理论也存在着优化的迫切需要。目前,对于超深厚表土采用理论计算(解析计算)、工程类比(多元统计回归)及数值分析(有限元数值模拟)三者相结合的办法综合确定冻结壁厚度。

一、设计原则

冻结壁是冻结凿井的临时支护,在井筒开挖过程中它与井壁共同承担冻结压力与地层压力,其厚度设计正确与否是确定冻结法凿井成败的关键问题之一,因而设计冻结壁厚度应考虑的原则有:

① 冻结壁厚度既能满足强度条件又能满足变形条件的要求。

② 运用冻结壁有效厚度、有效平均温度、有效强度等概念;严格控制冻结孔的终孔间距和内侧径向偏值,确保深部冻结壁的有效厚度、有效强度和稳定性。

③ 选取埋深最大的砂性土层和厚黏性土层作为冻结壁强度设计和稳定性验算的控制地层。

④ 冲积层较浅,以砂土层为主的井筒,应选择冲积层底部的含水层作为控制层;冲积层较深,且中下部赋存多层厚黏土层,除选择底部含水层作为控制层外,还应选择深部黏土层作为控制层。

⑤ 协调好冻结与掘砌的关系,在确保安全的条件下加快掘砌速度,实现高速掘进。

二、常用冻结壁厚度计算公式

许多学者在设计冻结壁方面主要考虑厚度的因素,主要基于强度条件与变形条件的两种极限状态来对冻结壁进行设计计算。基于强度条件极限状态认为已知外力作用,冻结壁的厚度应满足其应力值不得大于强度极限所达到的厚度值。在已知外力作用的情况下,按照变形条件计算,冻结壁变形值在规定的时间内不得超过最大允许值达到的冻结壁厚度。安全的冻结壁厚度值应该同时具备两种极限条件。现在工程实践中,较为广泛使用的是强度条件极限状态,因为对于变形条件极限状态而言,实践中较难确定一些计算参数,故采用较少。

由于冻结壁作为一个材质非均匀的圆筒状厚壁,计算困难,因此在工程设计时依据冻结壁的平均温度将其转换为平均强度,然后将冻结壁看成材料均匀的厚壁圆筒计算。影响冻结壁的厚度因素主要有地压、冻结壁物理力学性能、工艺施工方法和采用的设计计算方法。工程实践中根据选取的计算模型和强度理论差异,计算出的冻结壁厚度也会不一样。

从力学性能与变形特点上来看,冻结壁是一种力学性质十分复杂的介质,它可能表现出弹性、塑性的变形特点,也可能表现出流变的变形特征。这些变形特征与冻结壁的赋存状态、开挖过程密切相关。

冻结壁的性态通过极限深度区域界定,随着深度的增加冻结壁的变形依次呈现出弹性、弹塑性、黏弹性、黏塑性等力学特征。

在均匀外压作用下,冻结壁出现以半径 $r=\rho$ 为界面的两个带:塑性带($a\leqslant r\leqslant\rho$)和弹性带($\rho\leqslant r\leqslant b$),如图 5-1 所示。

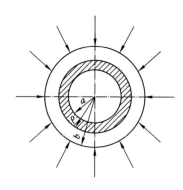

图 5-1　冻结壁受力示意图

设 P_1 为冻结壁内缘（$r=a$）刚过渡到塑性状态时（第一临界状态）的极限荷载，P_2 为冻结壁外缘（$r=b$）已过渡到塑性状态时（第一临界状态）的极限荷载，由弹性力学平衡方程得：

$$\frac{P}{\sigma} = \ln\frac{\rho}{a} + \frac{1}{2}\left(1 - \frac{\rho^2}{b^2}\right) \tag{5-22}$$

由式（5-22）得第一临界地压值 P_1、第二临界地压值 P_2 分别为：

$$P_1 = \frac{\sigma}{2}\left(1 - \frac{a^2}{b^2}\right) \tag{5-23}$$

$$P_2 = \sigma\ln\frac{b}{a} \tag{5-24}$$

式中　a——冻结壁圆筒内半径，m；

　　　b——冻结壁圆筒外半径，m；

　　　σ——冻土的长时强度，MPa。

冻土长时强度按冻土单轴抗压强度除以安全系数选取，冻结壁圆筒外半径先粗略按经验公式计算 100 m 附近与 200 m 附近处冻结壁厚度进行估算。

结合地压重液公式，给出第一、第二极限深度 H_1 和 H_2。

$$H_1 = \frac{P_1}{0.013} \tag{5-25}$$

$$H_2 = \frac{P_2}{0.013} \tag{5-26}$$

根据极限深度，将井筒地层分为三个区域，$0 \sim H_1$ 范围为弹性区域，根据冻土弹性力学介质模型，得出无限长弹性厚壁筒拉麦公式；$H_1 \sim H_2$ 范围为弹塑性区域，根据冻土弹塑性力学介质模型，得出无限长弹塑性厚壁圆筒的多姆克公式；$H_2 \sim$ 表土底部为黏弹塑性区域，根据冻土黏弹塑性力学介质模型，得出有限段高按变形条件的冻结壁厚度公式，亦可根据长时冻土强度，由里别尔曼公式或者维亚洛夫-扎列茨基公式计算冻结壁厚度。在弹性区域及弹塑性区域，选择深部含水砂层作为控制层计算冻结壁厚度，同时选择深部黏土层对冻结壁厚度进行校核。在黏弹塑性区域，尤其是表土层大于 400 m 时，应以深部较厚的且含水量低的膨胀性钙质黏土层作为控制层，并根据其稳定性来计算冻结壁厚度。

（1）直线公式

冻结壁厚度与井筒掘进半径的关系为：

$$\frac{E_d}{R} = \frac{P}{K} \tag{5-27}$$

式中　E_d——冻结壁厚度，m；

　　　R——井筒掘进半径，m；

　　　P——水和土的地层压力，MPa；

　　　K——冻土极限抗压强度，MPa。

当冻结井比较深时，井筒的掘进直径范围一般在 $2\sim3$ m，此范围内冻土的抗压强度浅部开掘初期较低，当开掘到中深部时冻土抗压强度较高，一般为 $3\sim7$ MPa，水和土的地层压力多取 $P = \gamma H = 0.013H$。

（2）按有限长黏塑性体强度条件计算

$$E = \sqrt{3}(1-\xi)\frac{Ph}{\sigma_t'}K \tag{5-28}$$

式中　h——掘进段高，即冻结壁暴露高度，m；

　　　K——安全系数，采用 $1.1\sim1.3$；

　　　P——地压值，MPa，$P = 0.013H$；

　　　H——控制层位底板深度，m；

　　　h——掘进段高，m；

　　　σ_t'——冻土长时强度或计算强度，MPa；

　　　ξ——暴露段冻结壁两端固定程度系数，可按照表 5-10 取值。

表 5-10　暴露段冻结壁两端固定程度系数取值

土性	冻土进入荒径距离			
	$0\sim0.2$ m	$0.2\sim0.4$ m	$0.4\sim0.6$ m	$0.6\sim0.8$ m
砂、砂砾	$0\sim0.14$	$0.14\sim0.28$	$0.28\sim0.38$	$0.38\sim0.46$
砂性土	$0\sim0.12$	$0.12\sim0.24$	$0.24\sim0.32$	$0.32\sim0.38$
黏性土	$0\sim0.11$	$0.11\sim0.22$	$0.22\sim0.28$	$0.28\sim0.32$

（3）拉麦公式

此计算方法是 Lame 学者首先提出的，计算原理是把冻结壁看成材料均匀、长度无限长、小变形的圆筒厚壁。假定冻结壁的所有断面都是在弹性状态，完全不会存在塑性变形，最终得出冻结壁厚度的计算公式：

$$E_1 = R_a\left(\sqrt{\frac{[\sigma]}{[\sigma] - \Psi_1 P}} - 1\right) \tag{5-29}$$

式中　E_1——冻结壁厚度，m；

　　　R_a——井筒掘进荒径，m；

　　　$[\sigma]$——冻土许用应力，取单轴抗压强度除以 $2.5\sim4$ 的安全系数，MPa；

　　　P——地压，MPa，根据式（4-4）、式（4-5）确定；

　　　Ψ_1——系数（第三强度理论取 2，第四强度理论取 $\sqrt{3}$）。

拉麦公式一般适用于深度小于 100 m 的立井冻结壁厚度计算。

（4）多姆克公式

多姆克（Domke）提出了把冻结壁看成均布荷载作用下的无限长并且理想的弹塑性材料厚壁圆筒，将冻结壁分为内圈与外圈，内圈可达到塑性状态，但外圈将持续为弹性状态而保持承载能力。水平荷载施加于筒壁，使冻结壁形成弹性应力区和塑性流变区，进行极限条件计算时选取的是第三强度理论，进而提出了广为人知的"多姆克公式"计算冻结壁厚度：

$$E_1 = R_a \left[\Psi_2 \left(\frac{P}{\sigma_s} \right) + \Psi_3 \left(\frac{P}{\sigma_s} \right)^2 \right] \tag{5-30}$$

式中　E_1——按强度条件计算的冻结壁厚度，m；

　　　R_a——井筒最大掘进半径，m；

　　　P——计算深度 H 的地压，按重液公式计算，MPa；

　　　σ_s——砂性土的冻土计算强度，根据不同试验方法求得的冻土无侧限瞬时抗压强度除以相应的安全系数 m 求得，MPa。

多姆克公式适用于 200 m 左右的立井冻结深度计算。

冻结壁深度在 H_2～表土层底部，冻结壁厚度按里别尔曼公式、维亚洛夫-扎列茨基公式或者有限段高变形条件计算公式等推算。

（5）按无限长塑性厚壁筒计算

目前，在国内外许多研究中，当岩土体处于冻结深、地压大情况时，土体受到冻结形成冻结壁，可将其看成是塑性厚壁圆筒，当冻结壁转化为塑性极限状态时，将其看作一平面问题，通过某一安全系数确保冻结壁是否安全，进而计算出冻结壁厚度公式：

$$E_1 = R_a \left[\exp \Psi_4 \left(\frac{P}{\sigma_s} \right) - 1 \right] K \tag{5-31}$$

式中　Ψ_4——系数，采用第三强度理论与第四强度理论取值分别为 1 和 $\frac{\sqrt{3}}{2}$；

　　　K——安全系数，取 1.1～1.2。

当采用式（5-25）、式（5-26）分析计算时均是基于无限长厚壁圆筒取值的，在冻结法施工过程中冻结壁的暴露长度仅限于未支护段，并不是无限长，故对冻结壁的稳定性影响较大的是隧道掘进段长度与其两端的支护方式。但该计算方法未考虑这部分内容，使得最终计算出的冻结壁厚度较为保守而过厚。按照该计算方法得出的冻结壁厚度，既不经济又达不到预期的效果。所以将无限长条件变为有限段长度来计算冻结壁厚度更能达到预期目的。

（6）里别尔曼公式

国外学者里别尔曼于 1960 年认为基于极限平衡原理来对冻结壁厚度进行计算更为合理，假设：

① 冻结壁受到的地压为 $P = \sum \gamma_i h_i$；

② 掘进段高两端不产生位移；

③ 视冻土为理想塑性体；

④ 由第三强度理论得出，抗压强度是抗剪强度的 2 倍；

⑤ 基于强度松弛原理，冻土强度取值随时间变化。

故由上述 5 种假设以及基于极限平衡原理最终推导出冻结壁厚度计算公式：

$$E = \frac{\gamma H}{\sigma_\tau} h K \tag{5-32}$$

式中　E——冻结壁厚度，m；

γ——土层平均重力密度，kN/m^3；

H——计算处土层底板深度，m；

h——安全掘进段高，m；

K——安全系数，取 $1.1\sim1.2$；

σ_τ——冻土长时强度，可取瞬时强度除以 $2\sim2.5$ 的安全系数，MPa。

（7）维亚洛夫-扎列茨基公式

国外学者维亚洛夫-扎列茨基于 1962 年同样假定上述 5 种假设，并基于第四强度理论，最终得出冻结壁计算公式：

$$E_1 = \sqrt{3}\,\chi\,\frac{Ph}{\sigma_\tau} \tag{5-33}$$

式中　χ——支承条件系数，如果洞内土体未全部冻结完成，将认为冻结壁在掘进段高区段上端不产生位移，而下端可产生位移，$\chi=1$；如果洞内土体冻结全部完成，将认为冻结壁在掘进段高区段两端均不产生位移，$\chi=0.5$。

其他符号意义同前。

（8）基于数理统计法的冻结壁设计方法

由于我国冻结法最早应用于煤矿施工中，故我国在煤矿施工中采用冻结法经验丰富。我国许多学者充分利用丰富的冻结法施工经验，通过对以往井筒冻结设计的汇总，运用数理统计的数学分析方法，采用等效直径来替代全部的井筒掘进直径，最终推导出冻结壁厚度计算的经验公式：

$$E_1 = \alpha R_a H^\beta \tag{5-34}$$

式中　H——冻结壁在某处的计算深度，m；

α、β——经验系数，$\alpha=0.04$，$\beta=0.61$。

由于该冻结壁厚度计算经验公式是基于煤矿工程冻结法施工经验推导而来的，并不适用于地铁隧道中的冻结设计，故不考虑此种方法的冻结壁厚度设计。

（9）基于温度场发展规律的冻结壁设计方法

假如测温孔的温度在施工阶段可以测得，我们就能从温度场出发，从而计算最终冻结壁厚度。具体说来，就是着眼于温度场这一核心，发散开两条思路，第一是根据温度场的计算结果求取冻土的强度，以确定冻结管外围的冻结壁厚度，第二便是以冻结温度场为前提，根据已知的测温孔温度，再结合温度场内温度的变化规律求得冻结壁厚度。在这一方面，国内的周晓敏教授从圆管稳态导热原理和热量守恒原理出发，并假定温度场的温度恒定，着眼单管冻结温度场，发现冻土吸收的能量与冻结管释放的能量相等，从而推导出单管冻结圆柱的温度场公式：

$$t = t_y\,\frac{\ln\dfrac{r_2}{r_1}}{\ln\dfrac{r_2}{r_1}} \tag{5-35}$$

在对冻结壁的厚度进行计算时，测温孔内的温度 t 和离测温孔的距离 r 是已知的，因此求解冻结圆柱体的外半径 r_2 时，上式亦可转化为：

$$r_2 = \mathrm{e}^{\frac{t_y \ln r - t \ln r_1}{t_y - t}} \qquad (5-36)$$

式中　r_1——冻结管外半径，m；

　　　r_2——冻结管柱外半径，m；

　　　r——冻结圆柱内任意导热面的半径，m；

　　　t_y——冻结管外壁温度，℃；

　　　t——测温孔内温度，℃。

（10）按有限段高变形条件公式计算

$$\frac{b}{a} = \left[1 + \overline{K} \, \frac{\left(1 + \dfrac{1}{B}\right) P}{\left(\dfrac{u_a}{a}\right)^{\frac{1}{B}}} (A t^c) \left(\frac{h}{a}\right)^{1 + \frac{1}{B}} \right]^{\frac{B}{B-1}} \qquad (5-37)$$

式中　E——冻结壁厚度，$E = b - a$，m；

　　　a——井筒掘进半径，m；

　　　b——冻结壁外半径，m；

　　　$\overline{K}$——段高两端固定条件，$\overline{K} = \dfrac{1-\xi}{2^{\frac{1}{B}}}$ 或 $\overline{K} = \dfrac{1}{2}\left(1 + \dfrac{1}{B}\right)$，$0 \leqslant \xi \leqslant 0.5$；

　　　P——地压，MPa；

　　　h——安全掘进段高，m；

　　　u_a——暴露段冻结壁内缘的允许位移值，一般取 0.05 m；

　　　t——冻结壁暴露时间，h；

　　　A、B、C——15 ℃时冻土三轴蠕变试验参数。

（11）深冻结壁时空设计公式

$$\frac{b}{a} = \left[\frac{\left(1 - \dfrac{1}{B}\right)(1-\xi)P}{(T+1)^{\frac{K}{B}}} \left(\frac{h}{u_a}\right)^{\frac{1}{B}} \frac{h}{a} A^{\frac{1}{B}} t^{\frac{C}{B}} + 1 \right]^{\frac{B}{B-1}} \qquad (5-38)$$

式中　E——冻结壁厚度，$E = b - a$，m；

　　　a——井筒掘进半径，m；

　　　b——冻结壁外半径，m；

　　　ξ——段高两端固定系数，$0 \leqslant \xi \leqslant 0.5$；

　　　P——地压，MPa；

　　　h——安全掘进段高，m；

　　　u_a——暴露段冻结壁内缘的允许位移值，一般取 0.05 m；

　　　t——冻结壁暴露时间，h；

　　　T——冻土温度绝对值，℃；

　　　A、B、C——15 ℃时冻土三轴蠕变试验参数。

三、安全段高计算

安全段高计算推荐使用维亚洛夫-扎列茨基公式：

$$h = \frac{E\sigma}{HP} \qquad (5\text{-}39)$$

式中　h——按变形条件计算的安全段高，m；

　　　σ——黏性土层的冻土持久抗压强度或计算强度，MPa；

　　　η——工作面冻结状态系数，取 $0.865 \sim 1.732$；

　　　其他参数意义同式(5-32)。

第四节　冻结壁厚度计算实例

一、顾桥煤矿深部进风井井筒冻结壁厚度计算

顾桥煤矿深部进风井，设计井口标高＋25.6 m，井筒深度 1 057.6 m，净直径 8.6 m，冲积层厚 264.59 m，井壁全厚 1.60 m，井筒掘进荒径 11.906 m，以冲积层底部砾岩层（垂深 264.59 m）作为控制层位。

把冻结壁看成均布荷载作用下的无限长并且理想的弹塑性材料厚壁圆筒，将冻结壁分为内圈与外圈，内圈可达到塑性状态但外圈将持续为弹性状态而保持承载能力。本井筒按无限长弹塑性厚壁圆筒计算，采用多姆克公式计算冻结壁厚度。

$$E_1 = R_a \left[\Psi_2 \left(\frac{P}{\sigma_s} \right) + \Psi_3 \left(\frac{P}{\sigma_s} \right)^2 \right]$$

式中，隧道掘进半径 $R_a = 5.953$ m，Ψ_2 取 0.29，Ψ_3 取 2.3，则：

$$P = 0.013H = 0.013 \times 264.59 = 3.44 \text{（MPa）}$$

控制地层的冻土计算强度取 6.24 MPa。

$$E_1 = 5.953 \times \left[0.29 \times \left(\frac{3.44}{6.24} \right) + 2.3 \times \left(\frac{3.44}{6.24} \right)^2 \right]$$

$$= 5.1 \text{（m）}$$

二、顾桥煤矿东回风井井筒冻结壁厚度计算

顾桥煤矿东回风井，设计井口标高＋25.6 m，井筒深度 1 035.6 m，净直径 7.0 m，井壁全厚 1.80 m，井筒掘进荒径 10.7 m。主要参数如下：

① 冻结盐水温度：$t_y = -34 \sim -32$ ℃。

② 控制层位冻土平均温度：-15 ℃。

③ 控制层位：回风井深度为 401.4 m，固结黏土。

④ 冻土抗压强度：回风井砂质黏土层 $\sigma_{-15} = 3.73$ MPa，安全系数取 $m = 1.25$。

⑤ 冻结井帮温度：符合规范要求。

⑥ 主排冻结孔表土最大孔间距：一般小于等于 2.4 m。

假设洞内土体未全部冻结完成，认为冻结壁在掘进段高区段上端不产生位移，而下端可产生位移，按有限长厚壁筒计算：

$$E_1 = \sqrt{3} \chi \frac{Ph}{\sigma_\tau}$$

式中，χ 取 1。

$$P = 0.013H = 0.013 \times 401.4 = 5.22 \text{（MPa）}$$

掘进段高 h 取 2.5 m；

$$\sigma_t' = \frac{3.73}{1.25} = 2.984 \text{（MPa）}$$

$$E = \sqrt{3} \times 1 \times \frac{5.22 \times 2.5}{2.984} = 7.6 \text{（m）}$$

根据以上计算结果，并考虑井筒掘进荒径的大小，结合涡北、郭屯、口孜东等深井施工经验及在淮南地区（张集、顾桥、潘北、潘一、朱集、潘一东等）多年施工经验，确定进风井冻结壁厚度为 $E = 8.1$ m。

三、临涣煤矿中央风井井筒冻结壁厚度计算

临涣煤矿中央风井主要参数如下：

① 井筒净直径 6.5 m，最大开挖荒直径 9.3 m。

② 积极冻结期盐水温度：$t_y = -32 \sim -28$ ℃。

③ 控制层位：松散层底部 −226.75 m 黏土层。

④ 设计控制层冻结壁平均温度：−13 ℃。

⑤ 冻土抗压强度：根据冻土试验报告，控制层处的冻土单轴抗压强度为：$\sigma_{-10} = 3.74$ MPa，$\sigma_{-15} = 5.39$ MPa，由插值法计算得出 $\sigma_{-13} = 4.73$ MPa。

按有限长黏塑性体计算：

$$E = \sqrt{3}(1-\xi)\frac{Ph}{\sigma_t'}K$$

式中，掘进段高 h 取 4.0 m，安全系数 K 取 1.15，控制层位底板深度 H 为 226.75 m，则：

$$P = 0.013H = 0.013 \times 226.75 = 2.95 \text{（MPa）}$$

冻土长时强度或计算强度 σ_t'，根据冻土试验报告，控制层处的冻土单轴抗压强度为：$\sigma_{-10} = 3.74$ MPa，$\sigma_{-15} = 5.39$ MPa，由插值法计算得出 $\sigma_{-13} = 4.73$ MPa。

暴露段冻结壁两端固定程度系数 ξ 取 0.3，则：

$$E = \sqrt{3} \times (1 - 0.3) \times \frac{2.95 \times 4.0}{4.73} \times 1.15 = 3.48$$

折减系数 m 取 1.4 m，故 $E = 3.48 + 1.4 = 4.88$。

根据计算结果，综合考虑井筒开挖荒径的大小、开挖前冻结时间要求及开挖速度要求，并结合近年来同类工程的施工经验，确定冻结壁厚度为 $E = 5.0$ m。

第六章　钻孔施工与冻结器的安装

第一节　施 工 准 备

冻结法凿井应在井壁结构、冻结壁厚度确定之后,就进行冻结孔的布置与施工的准备工作,以便取得最佳的冻结凿井效果。如何做到工期短、效益高、质量优,开工前应做好多方面准备工作。

一、冻结孔的布置方法

(1)冻结孔的布置原则

① 钻孔布置应满足各控制层冻结壁厚度的要求;

② 各控制层位冻结壁平均温度均满足设计要求;

③ 井筒开挖后,上部冻结应接近井帮,满足井筒开挖条件;

④ 当井筒掘砌到各控制层位,冻结壁强度应满足设计要求;

⑤ 钻孔的开口间距及偏斜率应满足规范的要求。

(2)冻结孔的布置方式

随着冲积层厚度及冻结壁设计厚度的增大,冻结和掘砌的配合很关键,为了协调两者的关系,冻结孔布置逐渐由单圈冻结孔发展为主冻结孔内侧增设防片帮孔或辅助冻结孔,双圈冻结孔及其内侧增设防片帮孔或辅助冻结孔等布置方式。根据具体情况,每种方式的适用条件如下:

① 当冻结壁设计厚度≤5.0 m,或冲积层厚度≤300 m,或冻结孔距井帮≤3.2 m时,适宜采用单圈冻结孔布置方式。

② 当冻结壁设计厚度>5.0~6.5 m,或主冻结孔距井帮>3.2 m,或冲积层厚度>300~450 m时,适宜采用在主冻结孔内侧增设防片帮孔的布置方式。

③ 当冻结壁设计厚度>6.5~8.0 m时,适宜采用主冻结孔内增设辅助冻结孔及防片帮冻结孔的布置方式,同时辅助孔可采用两圈冻结孔"梅花"状布置。

无论采用上述何种冻结孔布置方式,主冻结孔深度应穿过冲积层和基岩风化带进入不透水稳定基岩10 m以上,辅助冻结孔深度宜穿过冲积层进入强风化带5 m以上,防片帮孔深度取冲积层厚度的1/2~3/4为宜,这样既可节约冻结需冷量又可防止因防片帮孔或辅助孔距井帮太近而发生断管。

(3)冻结孔布置圈径

冻结孔的间距和偏斜率是影响冻结孔布置圈径的主要因素,开口间距直接影响冻结孔的数量,终孔间距直接影响冻结壁的形成时间及平均温度,而钻孔偏斜直接影响布置圈径和终孔间距。

布置冻结孔时,冻结孔的偏斜率取值原则是:位于冲积层的钻孔不宜大于 0.3%,但相邻两个钻孔终孔间距应小于 3.0 m;位于风化带及含水基岩的钻孔不宜大于 0.5%,相邻两个终孔间距应小于 5.0 m。

冻结孔的开孔间距及偏斜率见表 6-1,冻结孔布置直径的计算方法见表 6-2。

表 6-1　冻结孔的开孔间距及偏斜率

冲积层埋深 H/m	<200	200~300	300~400	>400	风化带及基岩
开孔间距/m	1.40	1.35	1.30	1.25~1.30	1.25~1.30
偏斜率/%	0.20	0.25	0.30	0.30	<0.50

(4) 水文观测孔和测温孔的布置

水文观测孔用于观测井筒冻结过程中的水位升降情况,并视冻结壁交圈情况布置于井筒净断面内,通常距井心 1~2 m,并注意不妨碍提升和方便掘砌作业。

每个井筒应设 2~3 个水文观测孔,并分层报导各含水层的水位升降情况,应在主要含水层部位设过滤网,采取隔板套管式结构,起到一孔分层报导水位的作用。最深处的观测孔要伸入冲积层底部的含水层中,并防止基岩中的水与水文孔串通,给水位报导和开挖工作带来困难。

温度观测孔是观测井筒冻结段各层位岩层温度降低及变化状况的孔,布置位置均在井筒掘进断面以外,位于偏斜较大的两冻结孔界面上。冻结壁内、外侧至少各布置一个观测孔,新区或条件较复杂的地区,孔数应适当增加。冻结壁内、外层至少应有一个孔伸入冻结段的全部含水层中,测温孔底部应为封底式,管子接头不渗不漏,其布置原则及要求见表 6-3。

二、合理选择钻机、钻具

钻机是钻冻结孔的主要设备,20 世纪钻中深冻结孔,一般多选用 TXB-1000 型钻机(取芯)及 DZJ-500/1000 型冻注两用钻机,有较高的打垂直孔的性能。目前有的深度加深一些的冻结井选用 TSJ-2000A 型、TSJ-2000E 型及 ZJ-2000 型钻机,这是各钻孔施工单位继 DZJ-500/1000 型冻注两用钻机之后,更新换代的设备,已被普遍应用,为深井尤其是超深井建设发挥了重要作用。口子东矿主井冻深 737 m 钻孔工程所用的主要设备见表 6-4。

表 6-2　冻结孔布置直径的计算方法

冻结孔圈	布孔方式	计算公式	符号意义
主冻结孔	单圈孔	$\Phi_{z1}=D_n+1.1E+20E$	$\Phi_{z1}、\Phi_{z2}、\Phi_{z3}$——单圈孔、主冻结孔、主孔内侧增设辅助孔圈与防片帮孔、主孔内外侧均增设辅助孔时的主冻结孔圈直径,m;
	主孔内侧增设辅助孔圈与防片帮孔圈	$\Phi_{z2}=D_n+2[(E+E_y)+20E]$	$\Phi_{nf}、\Phi_{yf}$——主孔内、外侧增设的辅助孔圈直径,m;
	主孔内、外侧均增设辅助孔圈与防片帮孔圈	$\Phi_{z3}=D_n+2\{[(E-E_y-S_{yf})+20E]$	$\Phi_{p1}、\Phi_{p2}$——主冻结孔内侧只增设防片帮孔、主冻结孔内侧同时增设辅助孔与防片帮孔时的防片帮孔圈直径,m;
辅助冻结孔	主孔内侧增设辅助孔圈与防片帮孔圈	$\Phi_{nf}=\Phi_{z2}-2S_{nf}$	D_n——井筒掘进直径,m; $E、E_y$——冻结壁设计厚度、外侧冻结壁厚度,m; θ——冻结孔允许偏斜率,取 0.2%;
	主孔内、外侧均增设辅助孔圈	$\Phi_{nf}=\Phi_{z2}-2S_{nf}$ $\Phi_{yf}=\Phi_{z2}+2S_{yf}$	H_p——防片帮孔深度,m; $S_{nf}、S_{yf}$——防片帮孔圈与内、外侧辅助冻结孔圈之间的距离,m;
防片帮冻结孔	主孔内侧只增设防片帮孔圈	$\Phi_{p1}=\Phi_{np}+2(0.3L_z+H_p)$	L_z——单圈孔布置时主冻结孔至井壁距离,m;
	主孔内侧增设辅助孔圈与防片帮孔圈	$\Phi_{p2}=\Phi_{nf}-2S_{pf}$	S_{pf}——主冻结孔内侧辅助孔圈与防片帮孔圈之间的距离,m;
主冻结孔	个数	$n=\dfrac{\pi D}{L}$	n——主冻结孔选定数量,个; L——主冻结孔预先开孔间距,m; D——冻结圈直径,m;
	开孔间距	$L'=\dfrac{\pi D}{n}$	L'——主冻结孔实际开孔间距,m; n——主冻结孔选定数量,个
辅助冻结孔	个数	$n_f=\dfrac{\pi D_f}{L_f}$	n_f——辅助冻结孔选定数量,个; D_f——辅助冻结孔布置圈直径,m; L_f——辅助冻结孔开孔间距,m;
	开孔间距	$L_f'=\dfrac{\pi D_f}{n_f}$	L_f'——辅助冻结孔实际开孔间距,m; D_f——辅助冻结孔布置圈直径,m; n_f——辅助冻结孔选定数量,个

表 6-3 立井井筒观测孔的种类、布置原则及要求

项目	水文观测孔	温度观测孔
布置原则	位于井筒净断面内,一般距井心 1.0～2.0 m,应不妨碍提升和掘砌工作	1. 位于偏斜较大的两冻结孔界面上; 2. 冻结壁内、外侧至少各布置一个孔,新区或地质条件复杂的地区,孔数应适当增加
深度	有一根水文管要伸入冲积层底部含水层中,但底部含水层下部必须有一隔水层或不含水基岩,以免基岩中的水与水文孔串通,给水位报导和开挖工作造成困难	至少要有一个观测孔伸入冻结段的全部含水层中
结构	1. 隔板套管式结构起到一孔分层报导冻结壁形成情况的作用; 2. 在主要含水层部位设过滤网	1. 测温管底部为封底式; 2. 管子接头不渗不漏

表 6-4 钻孔主要设备一览表

序号	设备名称	规格型号	数量	用途	备注
1	钻机	TSJ-2000A	4 台	钻孔	
2	钻机	ZJ-2000	4 台	钻孔	
3	泥浆泵	TBW850/50	10 台		
4	钻塔	27 m	1 台		
5	钻塔	24 m	7 台		
6	除砂器	CZ-20	1 台	净化泥浆	
7	螺杆钻具	5LZ165-70	3 台	纠偏	
8	光学对点器		1 台	灯光测斜	100 m 以内用
9	陀螺测斜仪	JDT-5A	4 台	测斜纠偏	
10	测井绞车		5 台		

三、钻场基础的构筑

(一)钻场基础施工

应根据冻结方案的钻孔布置,首先构筑井口周围的钻场基础,钻场施工顺序是:以三七灰土找平基础、预留孔位及泥浆循环沟槽、浇灌混凝土基础并找平,然后安装钻机。钻场基础尺寸的确定见表 6-5。

表 6-5　钻场基础尺寸的确定

钻孔布置	计算公式	符号意义
单圈孔	$D_1=\sqrt{D_0^2-2D_0+2B^2}+2K$ $D_2=D_0+2a$ 或 $D_2=D_0+1$ $D_3=\sqrt{D_0^2-2D_0B+2B^2}-2K$ $D_4=D_0+2L_1$ $D_n=D_1+2b$ $D_y=D_0+2(L-\dfrac{B}{Z})$	D_0——单圈冻结孔的布置圈直径,m; D_{on}——双圈冻结孔的内布置圈直径,m; D_{oy}——双圈冻结孔的外布置圈直径,m; D_1、D_2、D_3、D_4、D_5——第一、第二、第三、第四、第五圈环形轨道圈径,m; D_n——灰土盘内径,m; D_y——灰土盘外径,m; L——滑动底盘长度,m; L_1——电动机至钻机轴中心距,一般取 5 m;
双圈孔	$D_1=\sqrt{D_{on}^2-2D_{on}B+2B^2}+2K$ $D_2=\sqrt{D_{oy}^2-2D_{oy}B+2B^2}+2K$ $D_3=D_{oy}+1$ $D_4=\sqrt{D_{oy}^2+2D_{oy}B+2B^2}-2K$ $D_5=D_{oy}+2L_1$ $D_n=D_{oy}-2B$ $D_y=D_{oy}+2(L-\dfrac{H}{2})$	B——钻塔底跨度,m; K——富裕值,一般取 0.2 m; a——第二圈环形轨道至钻孔中心的距离,一般取 0.5 m; b——第一圈环形轨道至灰土盘内径的距离,一般取 1.5～2.0 m; 注:D_{on} 和 D_{oy} 间距大于 3 m 时,D_1、D_2 间可加一圈环形轨道

（二）施工要求及注意事项

（1）为确保钻塔整体稳定,扩大承载面积,一般采用 C30 混凝土浇筑基础结构,整个钻场水平误差不超过±5 mm,混凝土下方基础必须用三七灰土夯实压平,混凝土厚度不小于 400 mm。

（2）在三七灰土基底上预留钻孔孔口及泥浆循环沟槽,孔位用木桩打牢、桩上钉一圆钉作为标志,孔间距允许误差为±2 mm,泥浆循环沟槽宽度为 300 mm。

（3）混凝土浇灌前,在井盘周围用红砖砌筑 400 mm 高的二四墙,作为混凝土模板及混凝土粗平基点,钻场基础混凝土凝固 7 d 后,即可进行钻机安装。

【案例 6-1】　陈四楼矿主、副井均采用冻结法施工,根据冻结方案布置钻孔,首先构筑井口周围钻场基础,这两个钻场基础有单圈孔钻孔布置(图 6-1),也有主冻结孔内侧增设防片帮孔及多圈孔和插花孔布置(图 6-2),陈四楼矿主、副井钻场基础尺寸见表 6-6。

表 6-6　陈四楼矿主、副井钻场基础尺寸

钻场基础主要尺寸	井筒名称	
	主井	副井
D_0——冻结孔的布置圈直径,m	15.30	18.20
D_1、D_2、D_3、D_4——第一、第二、第三、第四圈环形轨道圈径,m	11.46、16.30、21.75、25.30	13.99、19.20、24.56、28.20
D_n——灰土盘内径,m	7.46	14.20

表 6-6(续)

钻场基础主要尺寸	井筒名称	
	主井	副井
D_y——灰土盘外径,m	25.80	29.20
L——滑动底盘长度,m	8.50	8.50
L——电动机至钻机轴中心距,m	5.00	5.00
B——钻塔底跨度,m	6.00	6.00
K——富裕值,m	0.20	0.20
a——第二圈环形轨道至钻孔中心的距离,m	0.50	0.50
b——第一圈环形轨道至灰土盘内径的距离,m	2.00	2.00

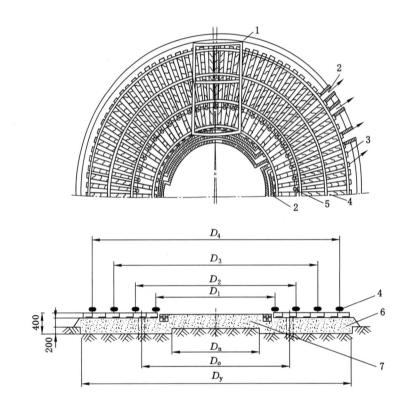

1—滑动底盘;2—泥浆沟槽;3—枕木;4—环形轨道;5—钻孔;6—三七灰土盘;7—黏土垫层。

图 6-1　单圈孔钻孔基础结构

四、钻孔泥浆系统

(一) 钻孔泥浆的选择

钻孔泥浆的选择应考虑到同时钻进钻机的台数,每台钻机的进尺和穿过的地层不同,多采用独立式泥浆循环系统(图 6-3),钻孔泥浆的质量要求见表 6-7,泥浆池及回浆沟槽的规格要求见表 6-8。

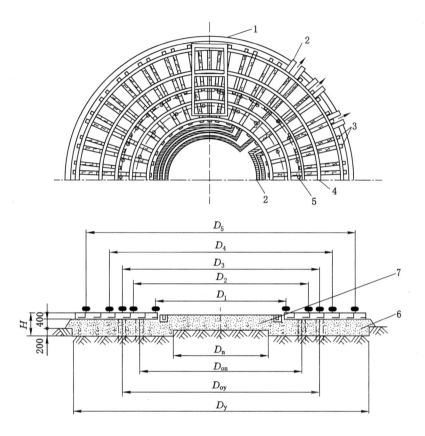

1—滑动底盘;2—泥浆沟槽;3—枕木;4—环形轨道;5—钻孔;6—三七灰土盘;7—黏土垫层。

图 6-2　主冻结孔内侧增设辅助孔的钻场基础结构

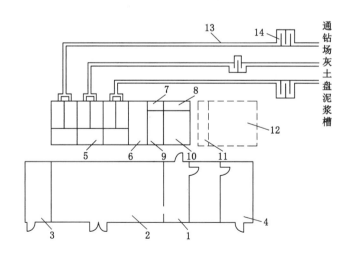

1—值班室;2—泥浆泵;3—化验室;4—配电室;5—供浆室;6—储浆室;7—药剂池;8—清水池;
9—搅拌池;10—泡土池;11—搅拌机;12—黏土;13—循环沟槽;14—中间沉淀池。

图 6-3　独立式泥浆循环系统

表 6-7　钻孔泥浆的质量要求

钻具种类	土层名称	黏度/s	视密度/(g/cm³)	含砂量/%	胶体率/%	失水量/(mL/h)
一般钻具	砂土	20~22	1.20	≤2	>97	<10
	黏土	16~18	1.10	≤2	>97	<8~10
	砾石	20~22	1.20	≤2	>97	<8~10
	风化带	18~20	1.15	≤2	>97	<15
	基岩	17~19	1.10	≤2	>97	<15
代纳钻具	各类岩层	21	1.20	≤1		

表 6-8　泥浆池及回浆沟槽的规格要求

名称	规格(长×宽×深)/(m×m×m)	要求
供浆池	5×3×(1.5~2)	1. 每台钻机用 1 个,并配 1 个泥浆池、2 个循环池; 2. 砖砌,水泥砂浆抹面铺底 15 mm 厚,墙高出地面 200 mm
沉淀池	2×1.5×(1~1.5)	1. 每台钻机用 1 个,并配 1 个泥浆池、2 个循环池; 2. 砖砌,水泥砂浆抹面铺底 15 mm 厚,墙高出地面 200 mm
储浆池	5×2×(1.5~2)	1. 几台钻机共用; 2. 砖砌,水泥砂浆抹面铺底 15 mm 厚,墙高出地面 200 mm
泡土池	4×3×(1.5~2)	
回浆沟槽	(40~60)×0.4×0.4	1. 每台钻机用 1 条,上坡坡度为 2%,下坡坡度为 3%,以便于沉淀岩屑; 2. 砖砌,水泥砂浆抹面铺底 15 mm 厚,墙高出地面 200 mm

目前有些施工单位推广应用双聚泥浆,它是以膨润土和水为基本原料、PAM(聚丙烯酰胺)和 PAN(聚丙烯酯)为处理剂、纯碱和 CMC(纤维素)为添加剂配制而成的,此类泥浆通过循环净化系统重复使用。该种泥浆形成的孔壁皮薄、坚硬而滑腻,系结构力强的塑性柔体,对不吸水的破碎岩块形成网膜,使孔壁保持稳定,有利于钻进和下测斜管,同时,消除了钻孔缩径、抱钻、黏卡钻具等现象,降低了扭转阻力,减少了断脱事故,泥浆排放量可降低60%,减少了环境污染状况。

(二)化学泥浆配制

严格按化学泥浆配制方法和操作程序操作。化学粉剂分别在容器内浸泡 48 h,造浆膨润土必须预水化处理,具体方法是先在泥浆池中放入清水并按一定比例加入适量纯碱,然后徐徐加入黏土,搅拌均匀浸泡 24 h,使用时再加入化学处理剂拌匀后即可。

(三)泥浆净化及管理

泥浆净化采用除砂器及加长泥浆沟槽,保证一定数量的沉淀池,定时捞砂、定期清理泥浆池。

为了确保泥浆质量,项目部指派专人分管泥浆工作,钻机由机长负责,班长配合进行调整和管理,每天至少测定两次泥浆性能并做记录,保证泥浆的性能指标达到规定要求。

在使用过程中,泥浆性能会发生变化,需经常调整和补充新泥浆或处理剂。在工程技术人员指导下,合理调节泥浆比重和黏度,可加入适当聚丙烯酰胺或稀原浆。如需提高黏度可加入聚丙烯腈或稠原浆;降低失水量和提高胶体率均可加入适量的聚丙烯腈;提高泥浆酸碱度时加入适量碱。多种泥浆材料的加入量,视性能需要而定,坚持少调、勤调的原则。

（四）其他工作

各岗位职工应参加培训并考核合格,分组到位;供电正常,钻机调试完好,道路畅通、通信无阻,监测、监控设备调试完毕;施工耗材准备到位;废浆净化装置设置完好,满足文明施工和环保要求。

第二节　钻　孔　施　工

一、简况

钻孔是冻结井施工的一道重要工序,它分为冻结孔、水文孔和测温孔等。在冻结凿井,特别是深冻结井中,钻孔工程量大,单井可达 100 km,钻孔多达几百个,工期有时近一年,多钻机作业,作业面积小,钻孔稠密,垂直度要求高,钻孔的质量直接影响冻结时间、冻结壁强度及井筒的掘砌安全,而水文孔和测温孔的质量直接影响观测效果。在施工过程中要根据钻孔质量要求及穿过的地层条件,配备相应的钻具,同时配备满足要求的泥浆泵用于钻孔施工,开钻前要对钻机安装位置予以找正,使转盘中心、钻孔中心和钻塔提升中心重合。钻机底盘和基础间隙要垫实,确保开孔垂直度;开孔误差不得超过 ±10 mm,正常钻进时,应根据岩性特点及具体施工情况及时调整钻压、钻速、泵量和泥浆配比等参数并及时测斜和纠偏,使每个钻孔施工达到速度快、工期短、效益高、质量优。部分矿井的冻结孔施工状况见表 6-9。

二、钻孔施工的程序控制

从部分冻结井钻孔状况来看,钻孔工期特别是深冻结井的钻孔工期,约占冻结井冷冻掘砌工期的 1/3,因此在确保钻孔质量的前提下,应加快造孔速度。因此,钻孔施工前对钻孔施工的定位及深度、井径和垂直度的确定均应按施工组织设计各项参数指标进行,施工顺序应按施工控制程序进行,如图 6-4 所示。

三、钻孔施工的质量保证体系

由于冻结孔施工密度大,因此要以钻孔质量为本,对于每一个钻孔、每一道工序都应从源头上把好质量关,监理单位应跟踪进行 24 h 监控,对整个钻孔工程质量实行事前控制、事中控制和事后控制。钻孔质量保证体系如图 6-5 所示。

四、钻孔孔位

对冻结孔施工孔位偏斜的要求:冻结孔属密集型钻孔,并有多台钻机,在井口约200 m² 的场地上作业,钻孔定位和偏斜要求应按《煤矿井巷工程质量验收规范（2022 版）》(GB 50213)从严控制,具体应达到以下要求:

表 6-9　近年来部分冻结法凿井钻孔施工作业状况表

序号	矿井名称	时间	工期/d	钻机型号	工程量/m	冲积层厚度/m	冻结深度/m	月均进尺/m	台月进尺（最高）/m
1	巴拉素矿井及选煤厂中央回风井冻结、掘砌及相关硐室工程	2014 年 4 月 29 日—2014 年 7 月 5 日	69	TSJ-2000，5 台	25 000	42	570		
2	木盘川回风立井井筒冻结工程	2016 年 3 月 31 日—2016 年 6 月 5 日	67	TSJ-2000A，4 台	11 081	32.27	421		1 684
3	袁店二井煤矿安全改建工程西风井井筒冻结及掘砌工程	2019 年 8 月 8 日—2019 年 10 月 24 日	78	TSJ-2000，4 台	19 540	278.8	350		
4	丁集煤矿安全改建及二水平延深项目第二副井、第二回风井井筒冻结工程	2019 年 9 月 16 日—2020 年 1 月 5 日	112	TSJ-2000，7 台	77 986	533.05	574	3 000	3 404
5	钱营孜煤矿	2020 年 9 月 3 日—2020 年 10 月 29 日	57	TSJ-2000，4 台	17 008	92.6	325	2 238	2 413
6	赵石畔主立井冻结工程	2021 年 3 月 7 日—2021 年 5 月 4 日	59	TSJ-2000E，4 台	17 945	60	475		

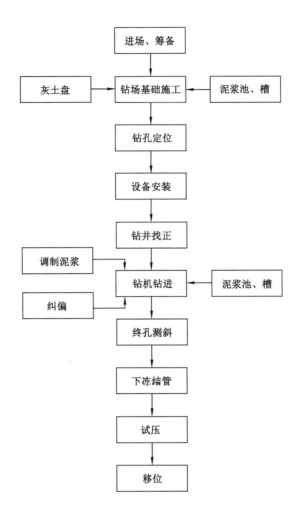

图 6-4　钻孔施工控制程序图

（1）孔位标定孔间距允许误差不超过±2 mm，开孔孔位偏差径向向外 0～20 mm，切向±20 mm。

（2）钻孔偏斜率控制：表土段≤2‰，基岩段≤4‰；300 mm 以深按靶域半径控制，即任何施工水平偏斜值，表土段≤0.8 m，基岩段≤1.0 m。

（3）冻结孔径向偏值：表土段、中圈孔≤600 mm，防片帮孔（内圈孔）≤700 mm。

（4）表土段最大孔间距：外圈孔≤2.8 m，基岩段相邻两深孔最大间距≤4.5 m。

五、重视首个钻孔的施工

第一个钻孔很重要，可认为是试验孔或检验孔。钻孔过程中要进一步验证地层分布；掌握各层位造浆能力、确定钻进所需泥浆参数；检验钻机能力与钻具组合合理性；检验辅助系统能力与资源配备的协同性；完善和修正设计的不足。

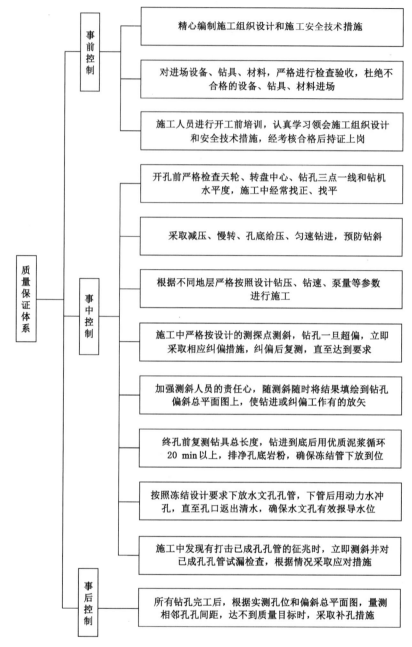

图 6-5　钻孔质量保证体系

第三节　钻孔测斜与纠偏

立井打钻对垂直度要求高,防偏很关键。测斜是防偏的主要手段,是纠偏的根本依据,要求测斜设备精度高、岗位人员责任心强、现场工作协调性好。测斜工作从钻孔准确定位开始。

一、钻孔测斜

严格监控钻孔轨迹,按规定延伸进行测量,每次测斜成果均与上次结果反复校核,偏斜过大的钻孔,在施工过程中要增加测点,适时纠偏,控制钻铤顶角,确保轨迹趋势。

钻进 0～100 m 段,采用配套经纬仪进行灯光测斜,100 m 以下及成孔选用 JDT-5A 陀螺测斜定向仪测井,并指导钻进,每 30 m 布置 1 个测点,根据具体情况可调整测点;成孔按 50 m 一个测点绘制偏斜平面图。表土层与岩石交界面另布置 1 个测点。陀螺仪测斜同一点必须上下复测,发现疑点要重新测量,确保测斜资料的可靠性。冻结孔测斜技术和要求见表 6-10。

表 6-10　冻结孔测斜技术和要求

项目		内容
测斜要求		1. 测量数据要准确。测点的深度、顶角、方位角三者是确定钻孔轴心线在地层内空间坐标位置的重要参数。若数据不准,就不能反映钻孔在地层内的真实位置,给冻结孔钻进造成假象,使冻结工程遭受损失。 2. 测斜工作要及时。测斜按要求测距进行,严防盲目追求进尺而拖延测量时间,造成钻孔偏斜过大难以纠偏的恶果。 3. 测量间距要合理。测量间距愈小,反映结果愈真实。不提钻时测量间距一般为 10～20 m,提钻时测量间距为 20～30 m。 4. 绘制图表要精确。 5. 测斜制度,如冻结孔偏斜质量检查和验收制,测斜人员责任制等要健全
测斜方法	经纬仪灯光测斜法	精度高、设备简单、操作方便、直观,但受钻孔深度(一般<150 m)和弯曲的限制,要求具有光学对点器或偏心经纬仪,测量方法有直角坐标法、同心圆坐标法和图解法
	陀螺仪测斜法	测量精度高,可以不提钻连续测斜,投点误差小于 0.3%,并自动计算,打印出结果,但测量范围较小
	磁性单点测斜仪测斜方法	可用于内径为 50 mm 以上的钻杆,沿钻杆内径将测斜仪放入孔底进行测斜,结构简单,使用方便,坚固耐用
测量结果的绘制	绘制内容及目的	1. 冻结孔偏斜测量结果汇总成表。 2. 绘制冻结孔偏斜总平面图、分层平面图及冻结壁交圈图。 3. 图表供有关部门了解钻孔偏斜情况和相互关系,分析冻结壁形成情况,决定是否补打孔以及作为制定井筒施工安全技术措施的依据
	冻结孔偏斜总平面图的绘制	偏斜总平面图是将全部冻结孔的开孔位置以及各测量水平的偏斜位置水平投影在一张图上绘制而成。绘图的方法如下: 1. 按比例(一般 1:20～1:40)先绘出井筒的净径、荒径、冻结孔布置圈径。 2. 按方位标出冻结孔孔口的实际位置和号数,并以实际孔口位置为原点。 3. 以井筒中心为定向点,按照各孔测点的偏距和方位,以小圆标示,注明深度。 4. 以细线将各点按顺序连起来,即得全部钻孔的偏斜情况
	冻结孔偏斜分层平面图	偏斜分层平面图是将全部冻结孔的开孔位置以及水平的偏斜距离和方位水平投影在一张图上绘制而成,供绘制冻结壁形成图使用。绘制的方法如下: 1. 选用与冻结孔偏斜总平面图相同的比例。 2. 画出井筒的净径、荒径和冻结孔布置圈直径。 3. 标出冻结孔的孔口位置和此水平孔口偏斜位置及最大孔距。 4. 冻结壁内、外侧厚度比取 55:45,即在冻结孔的实际位置向井心方向移动 1/10 冻结圆柱半径做圆心,以冻结扩展半径(R)为半径作圆,就得出此孔的冻结圆柱,依次画出各冻结孔形成的冻结圆柱,去掉相交部分就得出该水平的冻结壁形成预想图。 5. 一般每隔 50 m 作图一张,在软硬地层交界面含水量大的层位、最大地压处以及差异冻结、分期冻结、局部冻结等分界处都应有相应的冻结壁交圈图

二、钻孔纠偏

钻孔施工应以防偏为主、纠偏为辅。

钻孔施工前应认真找好"三点一线",并将钻机垫实,不得颤动;施工中应按规程精心操作,把握好开孔划眼、正常施工和终孔三阶段的施工,钻孔上部纠偏一般采用传统的垫、顶、铲、扫、扩等方法,中深部采用 5LZ120-7.0 井下动力螺杆钻具。该机具配合泥浆泵、长短扶正器、陀螺定向仪在定向纠偏方面具有效率高、精确度好的优点,尤其在控制钻孔内偏上。

第四节 冻结器的安装与验收

一、冻结管结构及要求

冻结管的质量好坏,关系到冻结工程的成败,因此要选用好材质的无缝钢管,结构要合理,以确保施工质量。冻结管接头是薄弱部位,在断管事故中通常首先被拉伸和弯曲破坏,目前还未发现母体管损坏的情况。冻结管的结构及质量要求见图 6-6 以及表 6-11。

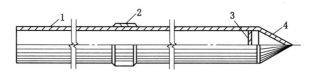

1—无缝钢管;2—管接箍;3—隔板;4—底锥。

图 6-6 冻结管结构

表 6-11 冻结管结构及质量要求

组成部分	结构与规格			连接方法	质量要求
冻结管	冻结井深度 /m	冻结管壁厚 /mm	冻结管外径 /mm	管箍	1. 冻结管应有出厂合格证和有关试验报告。 2. 冻结管必须采用无缝钢管,每批新钢管应抽样试验,其压力应为 7 MPa,无渗漏现象为合格,当复用旧冻结管时,应逐根检查,试验压力与新钢管相同。 3. 严密不漏,能在低温(−35 ℃)下工作。 4. 能承受地压、盐水压力及温度压力。 5. 不得弯曲变形
	≤200	≥5	108～127		
	200～300	≥6	127～168		
	>300	≥7	159～168		
管箍	按石油套管和接箍规范加工			外箍丝扣	合乎规范质量要求
	长度为 200 mm,厚度≥8 mm,内径比管材大 1.0～1.5 mm			外箍焊接	1. 焊缝不得渗漏,不得有砂眼和裂纹,且低于管外缘。 2. 同心偏差<1.5 mm。 3. 内衬管对焊每根冻结管需打坡口。 4. 管箍的材质应与管材材质相同
	长度 80 mm,厚度同冻结管,外径比管材内径小			内衬管对焊	

表 6-11(续)

组成部分	结构与规格	连接方法	质量要求
底锥	1. 上口外径等于管材外径。 2. 高度等于管材外径。 3. 壁厚≥8 mm(隔板同)	焊接	1. 用低碳钢或可焊性好的钢板。 2. 焊缝不得渗漏,不得有砂眼和裂缝,且低于表面

注:由于低碳钢具有足够的强度,在低温下有很好的韧性和塑性,而且可焊性好,不但对防止冻结管断裂有重要作用,并且价格较低,可作为冻结管的首选材料,内衬箍对焊接头抗破坏能力最强,接头应采用内套管对焊焊接。

二、冻结管的下放和试漏

(1)当钻孔达到设计要求后,即可将配好的冻结管下入钻孔内,在下管过程中,先将每节管子提起,用小锤敲打,震掉管壁内的附着物,然后再接长管子,管子下到底后应重新校核下管深度,向管子周围填土固定,进行成孔测斜,绘制成钻孔偏斜图,管内注入清水,管口加盖,防止杂物进入管内。

(2)进行动力试漏,压力一般为 2 MPa,经过 30 min 后压力下降不超过 0.05 MPa 为合格,试漏设计压力公式为:

$$P = 1.5P_1 + \frac{\gamma - 1}{10}H \tag{6-1}$$

式中　P——动压试漏设计,MPa;

　　　P_1——盐水泵工作压力,MPa;

　　　γ——盐水密度,kg/L;

　　　H——冻结管高度,m。

(3)漏孔处理,当动力试漏 30 min 内的压力下降小于 0.1 MPa 时,采用氯化钙锈蚀丝扣法处理;当动力试漏 30 min 内压力下降达 0.1~0.2 MPa 时,采用硅胶泥堵漏,即利用水玻璃与氯化钙、水起化学反应,生成水硅酸钙(硅胺)。

冻结管的下放和试漏见表 6-12。

表 6-12　冻结管的下放与试漏

工序	操作方法	注意事项
下管	1. 可用钻机提升,配合管卡、提引丝头、平板车滑道下放。 2. 下管前,复核配管尺寸,检查质量,并做记录,确保下管长度。 3. 丝扣管接头要加铅油拧紧,严防渗漏,焊接管应先用铁水平尺找正,确保焊缝质量,一般低碳钢管用 T422 电焊条。 4. 冻结管下入后,管子四周填土,管口加盖,防止杂物落入管内	1. 管子提起后用小锤敲打,清除管内异物。 2. 冻结管焊接时,管头在管箍内应对齐,以防卡陀螺仪。 3. 焊好后,冷却 10 min 以上放入孔内,以防突然遇冷变脆。 4. 管子放不下去时,先用人力扭转加压,再提起缓冲几下,实在不行,再加钻机滑车向下加压,严禁加压过猛,以免损坏管接箍和底锥。 5. 无论在地面或下管,焊管接箍时,最好一个人操作并做记录,发生渗漏时,便于查清原因和制定处理方法

表 6-12(续)

工序		操作方法	注意事项
试漏	动压	1. 冻结管下去后立即注入清水,用水压机进行动压试漏。 2. 向孔内打压至设计压力,经 15 min 压力下降不超过 0.05 MPa,再延续 15 min,压力保持不变者为合格	1. 试压工具、连接管路、盖板等,必须严密不漏。 2. 观察期间必须以压力不降为合格。 3. 冻结管应下放到底后试漏,不得用管卡悬吊在井口板上,以防撞坏底锥和管接箍
	静压	向安装好的冻结管内灌入清水,经 1~2 d 后再注入 30~40 mm 的机油,油面距管口 100~200 mm	注油后 8~12 h 进行液面降落测量,测量时应选择管口较平的位置做上标记,以便每次在同一位置测量,减少误差,每昼夜测一次,连续测 3~4 昼夜,液面下降不超过 1 mm 为合格,否则应进行处理

三、冻结孔的漏孔处理及验收

冻结孔的漏孔处理及验收见表 6-13、表 6-14。

表 6-13　冻结孔的漏孔处理

处理方案	适用情况	操作方法
氯化钙溶液锈丝扣法	动压试漏 30 min,压力降小于 0.1 MPa 的轻微漏失的丝扣管	把比重为 1.20~1.25 的氯化钙溶液灌入孔内,加压 0.4~0.8 MPa,使盐水溶液从渗水接头丝扣处渗出,经 24 h,排出盐水,使冻结管空置 2~4 昼夜,由于丝扣受腐蚀生锈起阻止渗水作用
硅胶堵漏法	动压试漏 30 min,压力下降 0.1~0.2 MPa 的中等漏失	1. 排出管内清水,注入比重为 1.3 的水玻璃溶液,然后逐渐加压至 0.8、1.6、2.4 MPa,每种压力保持 1 h 左右。 2. 提出水玻璃并用清水冲洗两遍,然后注入比重为 1.20~1.25 的氯化钙溶液,停放 2 h 再逐渐加压至 0.4、0.8、1.2、1.6 MPa,每种压力保持 1 h 左右,使水玻璃与氯化钙和水起化学反应,产生硅胶。 3. 提出氯化钙溶液,使冻结管空置 24 h
水泥浆循环堵漏	动压试漏 30 min,压力下降为 0.2 MPa 以上的严重漏失	利用泥浆泵用比重为 1.2 的水泥浆通过钻杆循环,泵压由 2.0 MPa 逐渐下降为 1.5、1.0、0.5 MPa,时间为 3 h 左右,然后用清水冲洗干净(控制为最小压力或无压力),停 7 h 后进行试压。如再漏,用上述方法再次处理,直至试压合格为止
水泥浆封闭底锥法	估计为底锥渗漏或上述方法无效果时	在水泥浆中加入 2%~3%(重量比)氯化钙或水玻璃,搅匀,用泥浆泵注入底锥 2 m 左右,待水泥凝固(7 d 左右)后进行试压

表 6-14　冻结孔的验收

验收内容	验收方法	处理方法
严密性	所有冻结孔按规范要求进行动压试验,以检查与原试压有无出入,或有无被邻孔打穿、渗漏现象,并做验收记录	1. 堵漏处理。 2. 套管法处理。 3. 拔出另下管或另打一孔

表 6-14(续)

验收内容	验收方法	处理方法
垂直度和孔间距	根据成孔测斜资料,检查开孔间距、终孔间距是否达到设计要求	1. 根据终孔间距,确定补孔数和位置。 2. 制定补充措施
深度和管内有无充填物	检查冻结孔钻进下管记录,或现场实测抽查,下管深度不小于设计值 500 mm,不大于设计值 1 000 mm 为合格,检查管内有无铁锈、泥浆、沙子等沉淀物	1. 充填物为铁锈、沙子时,可用捞沙管将其捞净,并用清水循环。 2. 充填物为泥浆时,用清水循环。 3. 钻孔不够深,影响冻结时,应拔出重打、重下或另打一孔

注:冻结孔检验评定应遵照《煤矿井巷工程质量检验评定标准》(MT/T 5009)有关规定执行。

四、水位观测孔和测温孔的施工要求

水位观测孔要严格按设计施工,下管前应认真在地面配组,钻孔用稀泥浆冲洗后方可下管。下管时应指定专人监督焊接质量,焊缝应严密,为防止各含水层相互串通,最好一个水位观测孔报导一层含水层,并准确确定各含水层位置深度、厚度,准确接好花管。李粮店矿副井 6 个水位观测孔花管位置在钻孔中的起止标高如图 6-7 所示。按照设计要求下好水文管后,及时压入清水冲洗水文管,直至管外返清水为止。

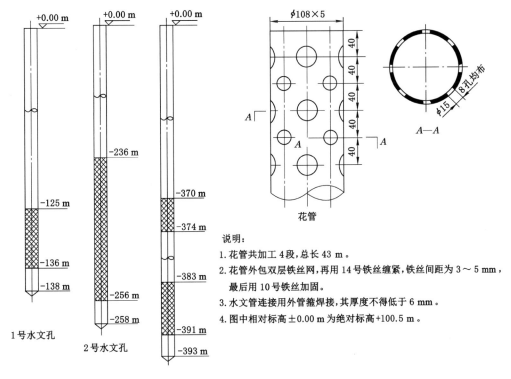

说明:
1. 花管共加工 4 段,总长 43 m。
2. 花管外包双层铁丝网,再用 14 号铁丝缠紧,铁丝间距为 3～5 mm,最后用 10 号铁丝加固。
3. 水文管连接用外管箍焊接,其厚度不得低于 6 mm。
4. 图中相对标高±0.00 m 为绝对标高+100.5 m。

图 6-7 李粮店矿副井水位观测孔花管结构位置图

测温孔施工与冻结孔相同,但下管后不做动压试验,不得注水;为方便下放,管径可略小于冻结管。

五、补孔施工

一般当冻结孔存在以下情况时应进行补孔：

(1) 相邻冻结孔的实际间距超过设计值。

(2) 冻结管渗漏未处理好，对冻结壁形成产生不利影响。

(3) 经验算冻结管实际深度不够，对深部冻结壁形成产生不利影响。

(4) 冻结管偏入掘进直径或距井帮太近易于断管。

补孔的开口位置应选择在冻结壁设计控制层位相邻两孔实际偏距的 1/2 处，并靠近冻结孔布置圈的外侧。根据相邻冻结管的偏斜情况，严格控制补孔的偏向和偏值，严防打穿相邻的冻结管。

六、冻结孔施工实例

(一) 冻结孔布置方案

丁集煤矿第二副井井筒冻结造孔工程于 2019 年 9 月 16 日开钻施工，至 2020 年 1 月 5 日工程施工结束，历时 112 d。共完成各类钻孔 154 个，工程量 77 986 m，其中，冻结孔 145 个，测温孔 6 个，水位观测孔 3 个，如图 6-8 所示。

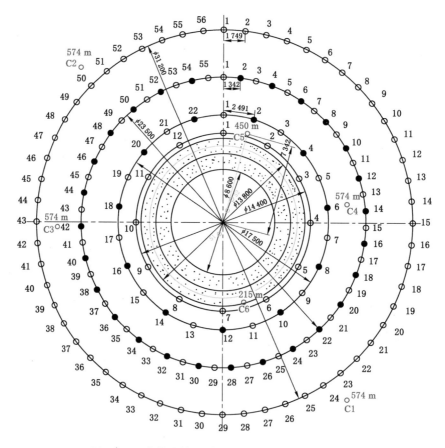

图 6-8　丁集煤矿第二副井井筒冻结工程钻孔布置图

丁集煤矿安全改建及二水平延深项目第二副井井筒冻结工程设计表土段采用冻结法施工,基岩段采用地面预注浆封水。冻结孔设计采用三圈孔加防片帮孔方式冻结,见表 6-15。

表 6-15　丁集煤矿第二副井冻结孔布置方案

项目名称		参数
外排孔	圈径/m	31.2
	孔数/个/深度/m	56/538
	开孔间距/m	1.75
	冻结管规格/mm	$\phi108\times5$(200 m 以上),$\phi108\times6$(200～340 m),$\phi140\times6$(340～400 m),$\phi140\times7$(400 m 以下)
中排孔	圈径/m	23.5
	孔数/个/深度/m	28/574,27/538
	开孔间距/m	1.34
	冻结管规格/mm	$\phi159\times5$(200 m 以上),$\phi159\times6$(200～400 m),$\phi159\times7$(400 m 以下)
内排孔	圈径/m	17.5
	孔数/个/深度/m	11/450,11/538
	开孔间距/m	2.49
	冻结管规格/mm	$\phi159\times5$(200 m 以上),$\phi159\times6$(200～400 m),$\phi159\times7$(400 m 以下)
防片帮孔	圈径/m	14.4
	孔数/个/深度/m	12/215
	开孔间距/m	3.73
	冻结管规格/mm	$\phi140\times5$(200 m 以上),$\phi140\times6$(200 m 以下)

(二)管材规格

冻结管管材采用 20# 钢[执行《输送流体用无缝钢管》(GB/T 8163)标准]。

(1)外排冻结孔:0～200 m 为 $\phi108$ mm×5 mm,200～340 m 为 $\phi108$ mm×6 mm,340～400 m 为 $\phi140$ mm×6 mm,大于 400 m 为 $\phi140$ mm×7 mm。采用内衬箍破口对接焊的连接方式。

(2)中排冻结孔:0～200 m 为 $\phi159$ mm×5 mm,200～400 m 为 $\phi159$ mm×6 mm,大于 400 m 为 $\phi159$ mm×7 mm。采用内衬箍破口对接焊的连接方式。

(3)内排冻结孔:0～200 m 为 $\phi159$ mm×5 mm,200～400 m 为 $\phi159$ mm×6 mm,大于 400 m 为 $\phi159$ mm×7 mm。采用内衬箍破口对接焊的连接方式。

(4)防片帮孔:0～200 m 为 $\phi140$ mm×5 mm,大于 200 m 为 $\phi140$ mm×6 mm。采用内衬箍破口对接焊的连接方式。

(三)冻结孔质量要求

(1)工程质量标准

《煤矿井巷工程质量验收规范(2022 版)》(GB 50213)、《煤矿井巷工程施工标准》(GB/T 50511)、冻结设计方案等。

（2）质量要求

深厚表土层冻结工程，冻结钻孔的质量直接影响工程的成败。为保证冻结壁均匀，确保冻结工程的成功和冻结工期，根据冻结设计方案，对冻结孔施工质量提出如下要求：

开孔必须严格按施工组织设计要求进行布置、施工。冻结孔施工应采用定向钻进，以确保冻结孔垂直度、孔间距符合设计要求，避免补孔。

《煤矿井巷工程施工标准》（GB/T 50511）规定，冻结孔的偏斜率，位于冲积层的钻孔不宜大于 0.3%，但相邻两个钻孔终孔的间距不得大于 3.0 m；位于风化带及含水基岩的钻孔，不宜大于 0.5%，但相邻两个钻孔终孔的间距不得大于 5 m。当相邻两个钻孔的偏斜值超过上述规定时，应补孔。

应当指出，随着钻孔设备和工艺的不断完善，当冲积层厚度较大时，规范对冲积层冻结孔偏斜率≤0.3%和基岩中两相邻冻结孔终孔间距≤5 m 的规定要求偏低。根据最近几年深厚冲积层冻结孔垂直度状况分析，认为在采用钻、测、纠相结合的钻进工艺和靶域钻进措施的条件下，偏斜要求可进一步提高。冻结孔质量要求见表 6-16。

表 6-16　丁集煤矿第二副井冻结孔质量要求

种类	钻孔质量要求
冻结孔	1. 钻孔偏斜率≤2‰。 2. 靶域半径：0～200 m，≤0.4 m；200～400 m，≤0.6 m；400 m 以下，≤0.8 m。 3. 成孔孔间距：外排孔，≤3.0 m。中排孔 538 m 以上，≤2.4 m；574 m，≤3.8 m。内排孔 450 m 以上，≤3.7 m；450 m 以下，≤6.2 m。防片帮孔，≤4.5 m。 4. 内偏值：内排孔内偏值≤0.3 m
水位观测孔	偏斜要求不得偏出井筒内壁外，为了准确报导冻结壁交圈情况，根据井检孔资料，冲积层含、隔水层组的划分，第二副井共布置水位观测孔 3 个，设计孔深分别为 125 m、334 m 和 500 m
测温孔	布置 6 个测温孔，原则上是在水流的上方和冻结孔钻孔终孔间距最大的位置，根据冻结孔偏斜情况，做出如下决定： 1 号测温孔布孔位置为主排 23# 孔向外 2.2 m 与主排 24# 孔向外 2.2 m 的交点位置，孔深 574 m。 2 号测温孔布孔位置为主排 50# 孔向外 1.663 m 与主排 51# 孔向外 2.116 m 的交点位置，孔深 574 m。 3 号测温孔布孔位置为主排 43# 孔向外 1.970 m 与主排 42# 孔向外 2.280 m 的交点位置，孔深 574 m。 4 号测温孔布孔位置为中排 13# 孔向内 1.626 m 与中排 14# 孔向内 1.626 m 的交点位置，孔深 574 m。 5 号测温孔布孔位置为防偏 1# 孔向外 1.916 m 与防偏 2# 孔向外 1.916 m 的交点位置，孔深 450 m。 6 号测温孔布孔位置为防偏 6# 孔向内 1.881 m 与防偏 7# 孔向内 1.881 m 的交点位置，孔深 215 m

（四）冻结孔施工

（1）钻场井盘及泥浆池、槽、循环系统施工

施工井盘既要承担施工钻机的重量，又必须保证钻探设备能坐落稳固，且移位方便。因此，必须采用强度较高的混凝土灰土盘，以确保工程的顺利施工。

施工井盘直径：混凝土盘直径为 40.2 m；外加泥浆沟槽三圈，三道墙，泥浆沟槽宽 0.5 m，墙厚 0.24 m，墙高 0.4 m，三七灰土盘直径为 45 m。

灰土盘制作:首先,去除自然地坪以下矸石,回填三七土至自然地坪并分层夯实,上铺三七灰土,搅拌均匀,分两次夯实,三七灰土夯实后厚度应高出自然地坪 0.5 m,要求不平整度不超过 5 cm;其次,在三七灰土盘上采用二四砖铺支模,预留出孔位及循环沟槽(宽0.5 m),在井筒中心半径 1.5 m 范围内采用二四砖铺高 0.36 m,表面铺砂浆与混凝土基础面齐平,并绑扎间排距为 250 mm×250 mm 的 ϕ14 mm 螺纹钢;再次,浇筑 C30 混凝土,要求混凝土盘振动密实后厚 0.4 m,且表面不平整度不大于 2 cm;最后,待混凝土有一定强度后拆除孔位及循环沟槽的砖模,并在底部抹一层 1 cm 厚砂浆。

第二副井冻结造孔工程投入 7 台钻机施工,建 7 条泥浆循环沟槽和 8 个泥浆池与 1 个清水池。泥浆池和清水池规格均为 6 m×3 m×2 m,形成配套的泥浆循环系统,以满足冻结孔施工需要。泥浆池及循环沟槽均采用二四砖砌筑,墙宽为 0.24 m,在泥浆池及循环沟槽的内墙和墙顶均抹一层 1 cm 厚砂浆,并在底部平铺一层砖,然后分别抹一层 2 cm 厚和 1 cm 厚砂浆。

泵房基础:10 m×30 m;用素土回填,在分层夯实找平的基础上平铺一层二四砖,高出泥浆池顶 0.15 m,并抹一层 3 cm 厚砂浆。

(2)施工准备

① 钻塔:采用 22 m 四角钻塔(配底盘)7 套。

② 钻机:采用 TSJ-2000 型钻机 7 台。

③ 泥浆泵:采用 TBW-850/5A 型泥浆泵 7 台。

④ 钻杆:采用 ϕ89 mm 钻杆。

⑤ 钻铤:采用 ϕ159 mm 钻铤。

⑥ 钻头:采用 ϕ190 mm 三牙轮钢齿钻头、ϕ190 mm 三牙轮镶齿钻头。

⑦ 螺杆钻具:采用德州润东石油机械有限公司生产的 5LZ-146-1.5 度螺杆钻。

⑧ 其他配套设备、工具等若干。

(3)测斜、定向仪器

采用 JDT-5A 型陀螺测斜定向仪。

(4)施工工艺与钻具组合

每个钻孔的施工均经过以下过程:① 钻孔定位;② 开孔钻进;③ 打浆堵漏;④ 测斜纠偏;⑤ 终孔测斜;⑥ 下管试压。

布孔:开工前的钻孔现场布放,采用的是经纬仪极坐标法。先用木桩确定基本孔位,然后再用铁钉精密定位。

钻孔定位:每个新孔开孔前,首先将钻塔精确地移到孔位上。其定位方法是:在钻机转盘中心(十字线中心)用铅垂吊线,并限制吊线的孔位误差不大于±20 mm。

由上而下的钻具组合为:主动钻杆→ϕ89 mm 钻杆→ϕ159 mm 加重钻铤→ϕ190 mm 三牙轮钻头。

(5)泥浆的使用

泥浆的作用为携带岩粉、冷却钻头和保护孔壁。针对地层中砂土层较多的特点,施工用泥浆由优质黏土、纯碱及水解聚丙烯腈按配比制成。施工中,泥浆的主要性能指标见表 6-17。

表 6-17　泥浆性能指标

钻进岩性	黏度/s	密度/(×10³ kg/m³)	失水量/(mL/30 min)	含砂率/%	pH 值	胶体率/%
砂层	20～25	1.10～1.15	≤20	<3.5	7～9	>98
黏土	18～20	1.05～1.10	≤20	<3.5	7～9	>98
基岩	19～22	1.05～1.15	≤20	<3.5	7～9	>98

（五）测温孔、水位观测孔施工

本次冻结造孔工程共布置测温孔 6 个、水位观测孔 3 个。测温孔、水位观测孔按要求进行测斜，偏斜数据符合设计要求。

（六）施工控制

1. 仪器校验

施工前或施工过程中都对仪器进行了校验，保证仪器测量精度，将误差控制在最小范围内，保证了资料的准确性，为指导钻进、定向纠偏等提供了可靠依据，确保了工程质量。

2. 过程控制

钻孔全孔均用陀螺测斜仪测斜，正常情况下每 20～40 m 测斜一次，测斜资料随时投图。施工过程中严格按批准的施工组织设计要求进行施工，对于偏斜有超限趋势、偏向不好影响孔间距的钻孔都及时进行了定向纠偏，特别是在最后施工关门孔时，有些偏斜不大的钻孔，为了满足孔间距要求也都采取了定向措施，从而保证了孔间距要求。

3. 防偏与纠偏

施工过程中以防偏为主，纠偏为辅。

在防偏方面，除了采用合理的钻具组合外，首先力求开孔直；第二采用合理的钻进技术参数，特别注意变层时的操作；第三使用性能适宜的泥浆；第四使用高强度的三牙轮钻头。

纠偏方法：对于深冻结孔施工来说，虽然防偏工作应加强，但有效的纠偏手段和方法也是必要的，否则，要保证工程质量和工程的顺利施工是很困难的。

在钻孔测斜过程中，一旦发现孔斜有超限的趋势就应立即进行纠偏。我们常采用的纠偏方法有两种：一是垫钻塔纠偏；二是螺杆钻纠偏。一般在孔深不大于 100 m 时，采用第一种纠偏方法；孔深大于 100 m 后采用第二种纠偏方法。

（1）垫钻塔纠偏

垫钻塔纠偏的基本原理是：人为将钻塔的某一部位垫起，使其歪斜。利用钻塔的歪斜和设备倾斜，使钻具向钻孔偏斜的反方向造斜，从而达到纠偏的目的。

（2）螺杆钻纠偏

螺杆钻纠偏是深孔段最为有效的纠偏方法。其基本原理是利用弯螺杆钻与直接头构成的弯钻具，向钻孔偏斜的反方向造斜，来达到纠偏的目的。

螺杆钻纠偏的成败和效果与定向、纠偏钻进以及纠偏后的钻进有关。其中：定向的精度直接决定着纠偏的成败；纠偏钻进时的度数以及钻进的段长，直接影响着纠偏的效果；纠偏后的钻具组合及钻进参数也会对纠偏效果产生较大的影响。为取得较为理想的纠偏效果，应做好以下工作：

① 定向前应对钻孔进行精确测斜，以便精确定向。

② 认真分析钻孔的偏斜情况，做出正确的定向方案。

③ 选择合适的弯螺杆钻。

④ 采用陀螺定向仪定向。在操作过程中要细心,把人为误差减小到最低限度。

⑤ 纠偏钻进。钻压一般取 8～12 kN;钻进段长一般为 3～7 m,具体根据钻孔的偏斜情况及弯螺杆钻的度数而定。

⑥ 纠偏后要及时进行测斜,根据测斜情况决定其钻进方法与参数。当纠偏后的方位正确,顶角较小时,则用短钻铤加压钻进(钻压一般取 12～16 kN);当纠偏后的方位正确,顶角较大时,则用长钻铤轻压钻进(钻压一般取 4～6 kN);当纠偏后的方位正确,顶角较理想时,则用长钻铤正常钻压钻进(钻压一般取 8～10 kN)。

4. 终孔测斜

终孔测斜都是在矿方、监理单位的现场监督下进行的。测斜前,首先校准孔位,经复测,在孔位满足设计要求后,才进行终孔测斜工作。测斜原始方位均以井筒中心为基准,采用经纬仪定向。终孔测斜成果资料真实客观,可靠度高。

5. 终孔下管

下管工作在终孔测斜后进行,终孔测斜后由矿方、监理单位在现场对钻孔进行验收并签字,达到要求后才进行下管工作。

（七）井盘保护措施

为确保冻结造孔工程的顺利进行,对井盘制定以下安全保护措施:

(1)保证井盘强度:井盘制作选用达到标准要求的材料,严格施工工艺,确保三七灰土和混凝土的强度达到设计要求。

(2)开孔保护措施:冻结孔开孔时,泥浆漏斗黏度要达到 45 s 以上,待钻孔深度达到 50 m,才可调整泥浆到正常钻进使用的各项参数。

(3)泥浆储备:钻进过程中,排出的泥浆要有部分储存起来,储存的泥浆不允许加水,尽量保证泥浆的黏度和密度,用于冻结孔终孔后回灌或新孔开孔用。

（八）补孔处理方案

Z14#孔二次复压出现掉压情况,经过第三方对 Z14#孔及周边相邻的 Z13#孔、Z15#孔复测,根据测斜资料显示 Z14#孔与相邻钻孔没有对头情况。为保证工程质量,在原 Z14#孔向外 0.6 m 位置施工补孔。补孔按照设计要求施工,补 14#孔施工结束后经过联合验收符合设计要求。

（九）工程质量评述

由于加强了施工中过程控制的管理,相邻孔的孔间距达到了冻结设计的孔间距要求。

外排孔设计要求最大孔间距不大于 3 000 mm,实际施工最大孔间距为 2 788 mm（W12#孔与 W13#孔之间,孔深 330 m 处）。

中排孔 538 m 前设计要求最大孔间距不大于 2 400 mm,实际施工最大孔间距为 2 285 mm（Z53#孔与 Z54#孔之间,孔深 360 m 处）;538～574 m 设计要求最大孔间距不大于 3 800 mm,实际施工最大孔间距为 3 623 mm（Z25#孔与 Z27#孔之间,孔深 390 m 处。

内排孔 450 m 前设计要求最大孔间距不大于 3 700 mm,实际施工最大孔间距为 3 287 mm（N14#孔与 Z15#孔之间,孔深 360 m 处）;450 m 以下设计要求最大孔间距不大于 6 200 mm,实际施工最大孔间距为 5 558 mm（N17#孔与 N19#孔之间,孔深 538 m 处）。

防片帮孔设计要求最大孔间距不大于 4 500 mm,实际施工最大孔间距为 4 247 mm（F6#

孔与 F7# 孔之间,孔深 120 m 处)。

以上数据均达到了原设计要求参数,质量合格。

第五节　冻结钻孔施工常见事故预防与处理

在冻结钻孔施工中,由于地层、泥浆、人为等原因,经常会遇到一些突发事件(事故),如果未能及时制定出有效的处理方案将事故排除,将影响钻孔质量,甚至使孔报废,不仅影响了施工速度,增加了施工成本,更有可能延误工期。本节对以下几种冻结钻孔施工中常见的事故进行了分析,并对事故产生原因、预防措施和处理方法做了较详细的阐述。

一、塌孔

(一)塌孔预兆

(1)返出岩屑尺寸增大,数量增多且混杂。

(2)卸掉立轴后,钻杆内返浆严重。

(3)泵压增高且不稳定,严重时会出现蹩泵现象。

(4)钻机负荷显著增加。

(二)塌孔原因

(1)因故停钻,孔壁长时间在泥浆中浸泡。

(2)泥浆性能(如比重、黏度、失水量等)不符合要求,不能维护井壁稳定。

(3)松软且胶结性差的地层,在钻进过后,裸露在孔壁中的岩石失去了原来的平衡力而掉入孔内。

(4)提钻后未及时向孔内补浆,造成静液柱压力降低。

(5)弯曲钻杆对孔壁的碰撞或敲打。

(6)在易塌地层反复多次停泵、开泵或长时间冲孔。

(三)塌孔预防和处理

(1)对钻机、泥浆泵要经常检修,减少因设备故障而引起突然长时间停钻。

(2)泥浆要保持良好的流动性,减少对井壁的冲刷。

(3)在松散地层钻进时,应控制进尺速度,并配制较大密度、黏度、胶体率的泥浆循环护壁。

(4)提钻后钻孔内要及时补浆,保持泥浆对孔壁的压力不变。

(5)一旦发生孔壁严重垮塌,需立即重新调配泥浆,重点提高其防止塌陷和携带大的岩块性能。

二、卡钻

卡钻事故的发生是由于孔内钻具局部受阻,迫使钻具不能回转,虽然有可能在一定范围内提升和下降,但超出范围仍不能提动。

(一)卡钻预兆

(1)钻具回转有滞涩、蹩劲感觉,提动不顺,不放钻具时常有"搁浅"现象。

(2)钻具回转阻力、响声和钻机传动皮带的跳动等情况很不正常,忽高忽低。

（3）泥浆管路压力突然升高。

（二）卡钻原因

（1）地层不稳定，孔壁掉块、探头石以及从孔外掉入物件而形成卡钻。

（2）钻进至黏土、泥砂或软土等遇水易膨胀地层时，钻具容易被地层缩颈而卡住。

（3）由于多次纠偏造成钻孔质量差、顶角大，易使钻具在纠偏位置被卡住。

（三）卡钻预防和处理

（1）当钻孔测斜或钻机停运一段时间时，应将钻具提离孔底 $3\sim5$ m 或更多。

（2）要实时监控泥浆性能，勤捞岩屑，回收的泥浆最好能通过振动筛或沉淀池后再流入泥浆池重复使用，一旦发现泥浆变质，应立即排掉，重新调配新泥浆。

（3）提升和下放钻具时应放缓速度，尽量不要碰击井壁，以免孔壁的石块掉入孔内。

（4）钻孔施工至易缩颈地层时，应调高泥浆性能，减少失水量，而且每钻进 $40\sim50$ m 时要上下窜动一次钻具，并扫孔。

（5）钻具提升不顺畅时，尽量回转，用大泵量、大压力循环泥浆，将挤夹物冲掉。

（6）孔壁掉块或孔外掉物卡钻时，切勿将钻具拉死，应用升降机上下窜动钻具，边转动边提拉，以便将卡物调顺或窜动而解卡。

（7）用反丝钻具将事故钻杆全部反出来后只剩加重钻具时，下岩芯管至钻具被卡处扫孔，将挤卡物扫碎后，再用丝锥捞取，或用岩芯管套上来。

三、埋钻

埋钻事故的发生是由于孔壁坍塌物或岩屑、泥浆中的固相沉淀物等，将孔内钻具外围环状空隙填满，将钻具埋于孔底，致使孔内循环通道被严重堵塞，泥浆不能循环，钻具被迫不能动。

（一）埋钻预兆

（1）钻进或扩孔时，加重钻具外围阻力很大，钻机运转吃力，响声缓慢低沉，活动钻具时感到紧滞。

（2）钻具下放时不易到底，并有缓慢下沉的感觉，开泵冲孔后，可以缓慢下降到孔底。

（3）泥浆上返速度慢，含砂量增多，黏度增大，时有蹩泵或断流现象，开泵困难，甚至开不了泵。

（二）埋钻原因

（1）在钻进过程中，由于塌孔，大量的泥石块掉入孔内。

（2）泥浆性能变差，携带岩屑能力减弱，致使岩屑大量沉淀。

（3）由于孔壁渗水或孔内涌水，而造成孔壁失稳、掉块。

（4）停泵时间长，钻具没有提至安全地带，岩粉沉淀。

（5）处理孔内事故时，由于采用方法不当，造成孔内塌孔。

（三）埋钻预防和处理

（1）在钻进过程中要细心观察，发现异常后要及时采取措施，把钻具提起，加大泵量，反复扫孔排渣。

（2）在埋钻不是很严重的情况下，试图提拉钻具，钻具稍有松动后，可强迫开车，边窜动钻具边往上扫，以扩大孔径，在窜动的同时，要设法尽力恢复孔内泥浆循环，加大泵量，把沉淀物排出。

(3) 当发生埋钻事故,钻具无法活动时,可用反丝钻具将钻杆全部反出来,当孔内只剩加重钻具时,下岩芯管将事故钻具套入管内,边用大泵量冲孔边向下扩孔,当扩至加重钻具接头时,再用丝锥捞取,或用岩芯管套上来即可。

四、钻具脱扣或折断

(一)钻具脱扣或折断预兆

(1) 泵压突然降低。

(2) 如果钻具在异径头处折断或脱落,会出现突然不进尺,并发出磨铁的声音。

(3) 提动钻具突然感到轻快,下放时超过原来位置,拉力表读数比实际钻具悬重小。

(4) 钻具折断后,上部断口容易插入松软地层,出现进尺加快假象,如果断口没有错开,会出现蹩车的不进尺现象,并有磨铁的声音。

(5) 加压钻进时,钻杆突然下降,拉力表指针急剧跳动后,即行下降。

(6) 减压钻进时,钻具上跳,拉力表读数减小。

(二)钻具脱扣或折断原因

(1) 钻具加工质量不符合要求或已经损坏。

(2) 钻具固定不牢,操作不注意。

(3) 拉力、压力、扭力过大或操作不当。

(三)钻具脱扣或折断的处理

(1) 如果为钻具脱落事故,脱头丝扣完好时,可用相应的接头下入孔内对扣捞取。

(2) 如果事故钻具断口完整、无破裂、不歪斜时,可用公、母锥打捞。

(3) 断头有斜茬时,用公锥吃不上扣,可用带导向罩的母锥捞取。

(4) 断头已歪斜,但不太严重时,可用带导向钩的丝锥捞取。

(5) 如果是钻头脱落,可选用相应丝锥捞取,或用岩芯管将其套住后,用磁铁吸取或采取岩芯方法捞取。

五、漏浆

(一)漏浆原因

(1) 原始地层(砾石层、粗砂层等)松散,空隙大。

(2) 扰动地层、坍塌区以及井壁漏水严重的处理井。

(二)漏浆预防

(1) 在漏失地层5~10 m处,采用高黏度、低比重泥浆(泥浆比重低,静液柱压力小,井漏的程度就低)循环钻进。

(2) 在漏失地层应采用小泵量低压循环,以免蹩漏地层,待通过后再恢复正常泵量。

(3) 控制上下钻速度,避免划破孔壁或压裂漏失层。

(4) 塌陷区及井壁漏水严重地段打钻,应先在井内填土和向塌陷区注入黄泥浆,然后再正式开钻。

(三)堵漏措施

堵漏的方法有多种,但如何选用合适的堵漏方案,能以最快的速度、最低的成本堵住漏孔且不留后遗症,就需要根据钻孔漏浆的程度而定。因此,一旦发生漏浆,就应迅速而准确地搜集相关参数,如漏失层位、漏失量、漏失性质(是孔隙漏失、裂隙漏失还是洞穴漏失)、孔内动水位和静水位等。只有通过对以上参数的分析研究,才能确定最佳的堵漏方案,包括堵漏材料和堵漏工艺。

1. 轻微漏失的堵漏方法

(1)用低比重、高黏度、流动性好的泥浆循环钻进。

(2)用锯末碱剂泥浆。

(3)向孔内投入黏土球,高出漏失层 2～3 m,捣实后再钻进,通过后,改用黏度为 40 s 的泥浆钻进。

2. 中等漏失的堵漏方法

(1)用锯末或锯末碱剂泥浆。

(2)用黏土加入一些惰性材料,如锯末、麻刀、干树叶、碎草或其他纤维物质制成具有一定塑性的黏土球投入孔内,捣实并高出漏失段,钻进通过后再采用高黏度泥浆钻进。

3. 严重漏失的堵漏方法

向孔内注入的水泥浆或化学浆可以固结孔隙和裂隙破碎地层,以达到防渗、堵漏、补强、加固的目的,但注化学浆也有一定的缺点,如成本高、操作麻烦、污染环境等问题,甚至有些材料还有一定的毒性,所以要慎重使用。通常使用的化学浆有脲醛树脂泥浆、水泥浆等,塔然高勒副井冻结钻孔施工工程用的水泥浆就是按比例混合的水玻璃泥浆,其堵漏效果显著,但一定要做好注化学浆后钻具和注浆池的清理工作。

六、孔内落物

孔内落物是由于操作不注意而将工具或其他物件掉入孔内,其表现为钻具回转受阻,有响声,或无法钻进,常用的处理方法有:

(1)粘取法:岩芯管中装入粘球粘取。

(2)套取法:将物体套入岩芯管,再进行取芯钻进,将物体取出。

(3)抓取法:将抓齿筒下入孔底,将物体装入套住,再给一定压力,慢车回转使抓齿收拢,将物体取出。

(4)消灭法:下入切铁钻头将物体割碎、套取或消灭。

以上冻结钻孔事故的预防和处理方法是在程村、胡家河、虎豹湾、塔然高勒等工地施工中总结的经验,在实际施工过程中对不同的钻孔事故应采取不同的措施。

第七章　冻结制冷系统设计、安装与运转

我国采用冻结法凿井以来,所用的制冷设备及制冷技术大体经历了三个阶段。20 世纪 50—60 年代大都采用国外进口或仿制国外的冷冻机,体积大、效率低,一般为单级压缩制冷;70—80 年代逐步采用我国自行研制的 8AS 和 6AW 型活塞式系列冷冻机,单级或配组式双级压缩制冷,以适应不同井深、不同工况的要求;90 年代山东兖州矿区与烟台冷冻机厂合作研制成功 KA20C 和 KY-2KA20C 可移式螺杆冷冻机组,单机可达到双级制冷的要求,该类机型结构紧凑、制冷效率高、安装移动方便,更适用于新井建设流动性强的特点。

根据冻结法凿井的要求,小直径浅井一般采用中、小型活塞式冷冻机,该类机型比较灵活,而大直径深井则宜采用大、中型冷冻机以减少装机数量。由于螺杆冷冻机组目前数量有限,使用的还不多。

全部自动化冷冻站虽于 1980 年在潘三东风井试验成功,但由于工地迁移,设备多次拆装,部件损坏严重而未能推广。

冻结法凿井制冷系统通常由氨、盐水和冷却水三大系统组成,少数冻结工程也采用过无盐水冻结和液氮冻结技术。

第一节　冻结制冷系统设计

一、氨循环系统设计

(一) 单级压缩制冷系统

单级压缩制冷系统是我国 20 世纪 50 年代与 60 年代初的主要制冷形式,目前仍用于一些浅井和寒冷地区的冬季施工,盐水温度通常为 -20 ℃左右。1990 年在黑龙江双鸭山矿区东荣二矿主、副井冻结施工时,由于冷却水温度低于 $+15$ ℃,故采用了单级压缩制冷,其盐水温度经常保持在 $-25 \sim -20$ ℃,冬季最低曾达到 -27 ℃,如图 7-1 所示。

(二) 双级压缩制冷系统

安徽淮北矿区 1960 年开始采用单级压缩制冷施工了几个浅井,随后由于该地区夏季气温高,作为冷却水的河水温度高达 $+33$ ℃,制冷效果不好,实际盐水温度只能达到 $-17 \sim -15$ ℃,满足不了 -20 ℃的设计要求,致使井筒积极冻结期长、冻结壁强度低,如马庄副井由此导致井筒开挖时淹井。除此之外,还导致冷冻机运转条件恶化,机械事故增加,影响制冷正常进行。为此,于 1962 年,在杨庄西风井首次试验单双级压缩制冷,即以原单级压缩的冷冻机配组串联为单双级压缩制冷。尽管冷却水温度较高,经双级压缩后盐水温度仍可达到 -22 ℃左右,满足了设计的要求,有关指标见表 7-1。同时由于增设

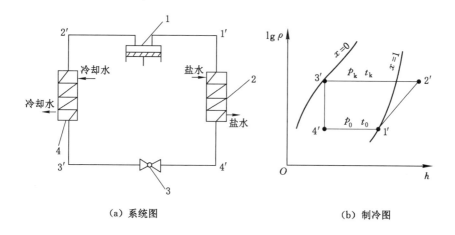

（a）系统图　　　　　　　　　（b）制冷图

1—冷冻机；2—蒸发器；3—调节站；4—冷凝器。

图 7-1　单级压缩制冷原理图

了中间冷却器，压缩比减少，从而增加了冷冻机的进气系数，提高了制冷量，降低了电耗，见表 7-2。

表 7-1　杨庄矿单双级压缩制冷主要指标表

配组形式	配 组	容积比	主 要 指 标				
			冷却水进水温度/℃	冷凝压力/MPa	汽化温度/℃	排出温度/℃	
						高压机	低压机
1打1	低压机：4AJ-15/480 一台 高压机：2AB-27/360 一台	0.416	+20	1.22	−31	95	71
			+25	1.40	−30	101	73
2打1	低压机：4AJ-15/480 一台 2AB-27/360 一台 高压机：4AJ-15/480 一台	0.316	+20	1.22	−30	88	75
			+25	1.39	−30	90	85

表 7-2　杨庄矿单双级压缩制冷主要消耗对比表

冷冻站	冷冻机型号	单、双级	台班耗油定额/kg	实际消耗	
				冷冻机油/kg	电耗/kW·h
杨庄主、副井	2AB-27/360	单	5	2.16	55.3
	4AJ-15/480	单	1.5	1.30	32.4
杨庄西风井	2AB-27/360	双	5	1.27	45.8
	4AJ-15/480	双	1.5	高 1.60,低 0.60	高 46.0,低 22.6

由于采用了双级压缩制冷，杨庄西风井井筒施工期较采用单级压缩制冷的杨庄主井大为提前，具体对比见表 7-3。

表 7-3　杨庄矿单双级压缩制冷主要工期对比表

井筒	冻结深度/m	井筒净直径/m	井壁厚度/m	盐水平均温度/℃	主要工期/d			
					交圈时间	积极冻结期	冻结总时间	井筒掘砌
杨庄主井	71	5.0	0.6	−16	27	44	214	99
杨庄西风井	75	3.5	0.4	−22	21	33	103	58

试验还表明,即使冷却水温度有较大的变化,双级压缩制冷系统各运转指标均无显著变化,而且均能获得稳定的低温盐水。并且为以后大量利用回水、减少新鲜水的供应量提供了基础。在不同冷却水温度的条件下,采用单双级压缩制冷时,获得的盐水温度见表 7-4。

表 7-4　单双级压缩制冷盐水温度对比表

制冷形式	冷却水温度/℃	+5	+10	+15	+18	+20	+23	+25	+29
单级	盐水温度/℃	−27	−24	−21	−20	−16	−17.5	−15.5	−14
双级						−26.0	−25.2	−25.0	−24.6

目前常用的活塞式冷冻机,单级压缩所能达到的蒸发温度 t_0(相应的蒸发压力 p_0)取决于冷凝压力及压力比 p_x/p_0,当其比值等于或大于 8 时,就必须采用双级压缩,若冷凝温度 $t_k = +30$ ℃时,盐水温度只能达到 −22 ℃。对于深井冻结,为了缩短井筒积极冻结时间和提高冻结壁的强度,盐水温度要求在 −30 ℃以下,因此,深井冻结从技术要求上就必须采用双级压缩制冷。安徽两淮矿区在几十个深井冻结中,由于采用了双级压缩,盐水温度一般均维持在 −30 ℃左右,最低时曾达到 −35 ℃。

双级压缩制冷系统分为两种:一种是冷冻机本身设高、低压气缸实现双级压缩,另一种也是我国通常采用的,单机串联成配组式双级压缩,属于一级节流完全冷却的双级制冷系统,根据井筒冻结需要可配组成不同容积比进行运转。其系统见图 7-2。

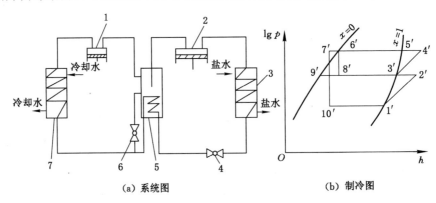

（a）系统图　　　　　　　　　（b）制冷图

1—高压机;2—低压机;3—蒸发器;4、6—调节站;5—中间冷却器;7—冷凝器。

图 7-2　双级压缩制冷原理图

双级压缩系统要增设中间冷却器,其制冷系统也较单级复杂,氨阀和管路多、安装工程量大、工期长、费用高、操作要求严格。故单级及双级压缩各有其适用条件,以发挥各自的优越性。

1. 中间压力的计算

双级压缩制冷时,中间压力的大小,对制冷系统的经济性和冷冻机的容量、功率都有直接的影响。因此,中间压力是双级压缩制冷的一个重要参数,依据多年经验,配组式双级压缩高低压机理论容积比以 1∶2～1∶3 为好,而且分组安装效果更好。尤其是多井共用一个冷冻站时,一个井维护冻结而另一个井积极冻结时,其低压氨系统和盐水系统应隔开。中间压力通常不应超过 0.5 MPa,实际选用的中间压力应尽可能接近理想的中间压力(即高、低压机的压缩比相等)。理想的中间压力可按下式计算:

$$p_{中} = \Psi \sqrt{p_k \cdot p_0} \tag{7-1}$$

式中　$p_{中}$——中间压力,MPa;

　　　p_k——冷凝压力,MPa;

　　　p_0——蒸发压力,MPa;

　　　Ψ——修正系数,取 0.95～1.0。

2. 配组式双级压缩低压机节电技术

冻结法凿井用的冷冻机组容量大、运转时间长、消耗大量电能,据统计,电费约占冻结总费用的 45% 左右,因此节电工作不容忽视。目前常用的冷冻机的电机是厂家按单级压缩配套的,当采用配组式双级压缩制冷时,串联在低压侧的电机运行负载率小于 0.3,造成电机功率因数低、效率低、浪费电力。针对这种情况,1980 年在淮北矿区朱仙庄矿冻结施工时,就进行了三角形改星形绕组接线,并一直沿用至今,取得了很好的效果。

淮南新集矿冷冻站,使用 8AS-17 型冷冻机做低压机,配套电机 JS136-8 由三角形改星形接线前后实际测试数据列于表 7-5 中。

表 7-5　8AS-17 配套电机改接前后实测参数表

参数名称	单位	三角形接线实测数据	星形接线实测数据
电压	V	391	395
电流	A	128	93
空载电流	A	94.6	25
功率因数		0.683	0.840
输入功率	kW	59.3	53.44
无功功率	kW	63.5	34.4
负载率	%	26.4	26.4
输出功率	kW	47.5	47.5
效率	%	80.24	89

功率因数由原三角形接线时的 0.683 提高到星形接线时的 0.840,使无功功率从 63.5 kW 降到 34.4 kW,从而减少了电网中的有功功率损耗。取无功功率经济当量 $k_{经}$=0.08,台时减少电网中的有功功率损失为(63.5−34.4)×0.08=2.328 (kW)。据此,每台 JS136-8 电机,在负载率为 26.4% 时,由三角形改为星形接法后,总台时节电量为 8.154 kW·h。

（三）可移式螺杆冷冻机组的研制与应用

从 20 世纪 90 年代初开始，山东兖州矿区与烟台冷冻机厂合作，历时 10 年，完成了两代可移式螺杆冷冻机组的研制。第一代 KA20C 型可移式螺杆冷冻机组重点解决冷冻站制冷设备的整体移动和氨循环系统装拆工序的简化问题；第二代 KY-2KA20C 型可移式冷冻机组，以 2KA20C 螺杆二次进气制冷机代替 KA20C 螺杆机，使机组低温工况性能显著改善，制冷量与单位轴功率制冷量有了大幅度提高，对深井冻结的效率与节能有突出意义。这两代产品已应用于多个井筒，取得了良好的效果。

KA20C 型可移式螺杆冷冻机组由 KA20C 型冷冻机、附属制冷设备和电气设备组成，安装在共用底盘上，总重 18 t，可用平板车整体搬运，现场接上水、电即可运转。KY-2KA20C 型可移式冷冻机组以 2KA20C 二次进气螺杆冷冻机为主机，并增设中冷器使单机亦能达到双级制冷的效果。为避免因运转时震动而出现故障，主机与电气设备单独放置，附属制冷设备装在共用底盘上，主机装好后与辅机相连，接通水、电即可运转。

两代机组均有完善的自动保护系统，能对主机的各种压力、温度参数和电机负荷等实现自动保护和显示，对蒸发器氨液位进行自动控制，油位自动报警。当制冷系统运转异常时，可立即显示停机报警、延时停机报警和事故信号报警。有关机组性能参数见表 7-6。

表 7-6 可移式螺杆冷冻机组主要性能参数表

项目名称		KA20C 型	KY-2KA20C 型
制冷能力	标准制冷量/(kJ/h)	209×10^4	209×10^4
	$t_k = 30\ ℃, t_0 = -35\ ℃$ 时的制冷量/(kJ/h)	70×10^4	83×10^4
	轴功率/电机功率/kW	148/185	148/220
卧式蒸发器蒸发面积/m²		180	200
卧式冷凝器蒸发面积/m²		120	140
储氨器容积/m³		0.8	0.975
中冷器换热面积/m²		—	23
机组附属设备		集油器、空气分离器、盐水泵、启动柜和控制柜	集油器、空气分离器、盐水泵、启动柜和控制柜
机组外形尺寸(长×宽×高)/mm		6 550×2 900×3 010	主机 3 350×1 400×1 940 辅机 7 100×2 300×2 900
机组质量/t		18	主机 4.5，辅机 18

1982 年 8 月至 1983 年 4 月，在山东枣庄矿区蒋庄副井对 KA20C 型机组进行工业性试验，满足了井筒按期开挖的要求，使用效果良好。与活塞式冷冻机组相比，装拆时间缩短 70%，冻结运转费节约 65%，主要材料消耗下降 70%～85%，电机容量减少 14%，运转材料消耗下降 45%，房屋建筑面积减小 42%，冻结总成本降低 3% 左右。

1989 年在山东兖州矿区北宿矿二号副井，对 KY-2KA20C 型机组进行工业性试验，两台机组同时工作，盐水温度降至 −28 ℃时，做减荷试验，达到了设计要求，井筒按期开挖，效果良好。与第一代 KA20C 型机组相比,低温情况下制冷能力提高了 20%。螺杆式冷冻机典型工况数据见表 7-7。

表 7-7　螺杆式冷冻机典型工况数据表

工况	机型	−35 ℃					−40 ℃				
		制冷量 Q_0	轴功率 N_e	单位轴功率制冷量	制冷量增量	轴功率增量	制冷量 Q_0	轴功率 N_e	单位轴功率制冷量	制冷量增量	轴功率增量
	单位	10^4 kJ/h	kW	kJ/kW·h	%	%	10^4 kJ/h	kW	kJ/kW·h	%	%
−30 ℃	KA20C	70.0	130.24	5 310	20.39	9.14	53.0	123.71	4 268	23.12	14.61
	2KA20C	83.0	143.82	5 795			65.0	132.84	4 891		
−35 ℃	KA20C	66.4	142.30	4 670	24.41	13.80	48.7	134.64	3 615	27.02	17.45
	2KA20C	82.6	155.43	5 314			61.9	145.79	4 243		

(四)制冷系统中的若干技术改进

(1) 单双级两用制冷系统。即在冷冻站高、中压干管之间增设一联络管,并用阀控制,其系统详见图 7-3。根据需要既可单级压缩运转,又可双级压缩运转。在降温初期和井筒维护冻结期,如采用单级压缩制冷,比较经济。

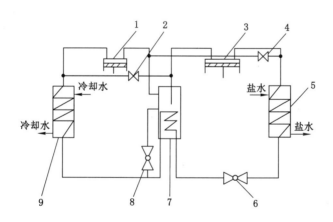

1—高压机;2、4—截止阀;3—低压机;5—蒸发器;6、8—调节站;7—中间冷却器;9—冷凝器。

图 7-3　单双级两用制冷系统图

(2) 设置自动放空气装置。由于系统内的空气和一些不凝性气体的存在,使冷冻机的排气温度上升,冷凝压力升高,造成电机负荷增大和制冷效率的降低。为此,过去冷冻站要定期放空气,此时必须全站停机。1984 年,淮南矿区谢桥冷冻站增设了自动放空气装置以后,可在连续运转过程中不停机放空气,既减少了对大气的污染,又节省了氨,具有明显的经济效益。其结构原理见图 7-4。当混合气体从冷凝器进入空气分离器中,经盘管冷却,使氨气冷凝成液体流入高压储液桶,而空气不凝结积存在分离器上部。若空气分离器内氨多空气少时,由于氨冷凝放热使分离器内的温度没有明显变化;随着分离器上部积存的空气增多,而温度逐渐降低,当温度控制器部位的温度降低至调定的下限时,便发出信号,使电磁阀打开而向盛水容器放出空气;随着空气的放出压力降低,冷凝器的混合气体补充进入分离器,当温度控制处的温度上升至调定上限温度时便发出信号,关闭电磁阀停止放空气。

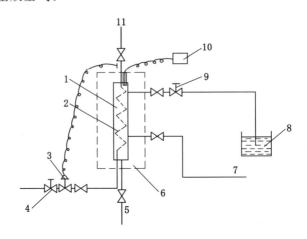

1—空气分离器;2—蒸发盘管;3—氨热力膨胀阀;4、9—电磁阀;5—至氨储液桶;
6—隔热层;7—由冷凝器来;8—水池;10—温度控制器;11—至低压管路。

图 7-4　自动放空气装置图

（3）设置油氨分离器与集油器自动放油装置。高压冷冻机排气中携带着大量冷冻机油,经油氨分离器把油分离后进入冷凝器。若油氨分离器内油过多,势必影响高压气体在其中继续将油分离出来,从而影响了高压机的正常工作。为此要经常将油氨分离器中积存的冷冻机油放入集油器,并定期从集油器放油,使制冷系统处于正常状态。

如图 7-5 所示,当氨油分离器内的油面超过调定的最高位置时,液位控制器 5 中的上接近开关发出信号,电磁阀 1 打开;抽气降压至压力控制器调定值的下限时,电磁阀 4 关闭,并打开电磁阀 1,向集油器放油。当液面降至调定的最低液位或集油器内的油面超过调定的最高液面时,液位控制器 5 的上接近开关发出信号,关闭电磁阀 4 和打开电磁阀 3;当集油器的液面降至调定的最低液位时,液位控制器 6 的下接近开关发出信号,关闭电磁阀 3,停止集油器放油。

（4）氨液分离器的设置,对于采用重力式供液的制冷系统必须设置氨液分离器,可防止液氨进缸和冷冻机阀片的损坏,并可提高制冷效率。

（5）防止冷冻机油进入蒸发器的技术。如冷冻机油进入蒸发器,不仅影响制冷效果,而且使蒸发温度与盐水温度的温差增大,盐水温度难以下降到设计温度。防止的办法一是高压储液桶要定期放油;二是蒸发器安装时,使其向集油包方向倾斜;三是在高压储液桶内设一隔板,使来自冷凝器的油氨分离,或适当提高高压储液桶内回液管吸入口,增加容器内的积油体积。

（6）冷却水处理与冷凝器除垢。由于冷凝器结垢,特别是冷凝器有少量漏氨时,使冷却水 pH 值升高,加速了 Ca_2CO_3 的沉淀而使结垢更加严重,导致冷凝效果降低、耗电增加,严重影响冷冻站制冷效率和冷冻站安全运转。多年来,大都采用人工方法除垢,效果较差。目前,淮北岱河风井采用静电水处理技术,效果较好。

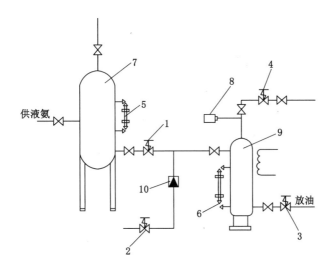

1、2、3、4—电磁阀;5、6—液位控制器;7—油氨分离器;8—压力控制器;9—集油器;10—止回阀。

图 7-5　自动放油装置图

　　静电水处理是 20 世纪 60 年代末,由美国开发的一种新技术,已被美、日等发达国家广泛应用于工业水处理。我国第一台静电水垢控制器于 1975 年研制成功。该法除能除垢溶垢外,还有比较明显的杀菌灭藻作用。

　　静电水垢控制器由供给静电场强度的直流高压电源装置(即高压电发生器)和处理水的控制器两部分组成,见图 7-6。高压电发生器的输入端为 220 V 的交流电源,输出端为所需静电场强度的高压直流电,将高压直流电的正负两极分别接在控制器上,控制器的正极为一绝缘良好的铁芯,铁芯置于四氟乙烯圆筒内,控制器的负极为一钢管,内部电镀锌层。正负极之间保持一定距离,水从中通过并经受静电处理后再进入冷凝器。

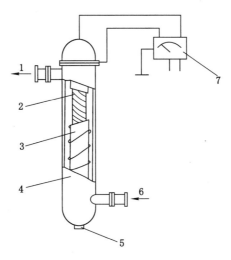

1—出口;2—铁芯线圈(正极);3—绝缘筒;4—钢管(负极);5—排水口;6—入口;7—高压电发生器。

图 7-6　静电水处理装置图

　　采用静电处理后的冷凝器结垢迅速脱落,3 个月后结垢基本清除,冷凝器进出冷却水温差增大,说明热传导系数的增加和制冷系统效率的提高。同时不仅能抑制水藻的生长,而且可以节电。

二、冷却水系统设计

冷却水循环系统在制冷过程中的作用是将压缩机排出的过热蒸气冷却成液态氨,以便进入蒸发器中重新蒸发。冷却水把氨蒸气中的热量释放给大气。冷却水温度越低,制冷系数就越高。冷却水温度一般较氨的冷凝温度低5～10℃,冷却水由水泵驱动,通过冷凝器进行热交换,然后流入冷却塔再进入冷却水池,冷却后的流失循环水应随时由新鲜水补充。冷却水循环系统如图7-7所示,其作用及要求见表7-8。

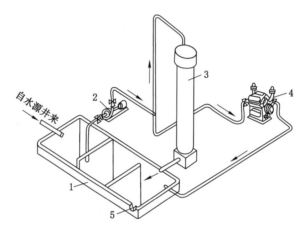

1—循环水池;2—水泵;3—冷凝器;4—压缩机;5—泄水沟。

图 7-7　冷却水循环系统

表 7-8　冷却水循环系统的作用及要求

作用		1.冷却冷凝器中的过热蒸气氨,使之冷凝成液体。 2.冷却冷冻机,保证机器的正常运转
要求	水温	1.单级压缩制冷时,一般不超过20℃。 2.双级压缩制冷最高不超过28℃。 3.用螺杆机串联双级压缩制冷时,不超过30℃
	水质	1.总硬度不大于0.2 mg/L。 2.氧化物和硫酸盐不大于0.5 mg/L。 3.总碱度为1.5～2.5 mg/L。 4.悬浮物不大于50 mg/L。 5.含铬量换算为CrO_3时为1 000～1 500 mg/L。 6.含磷量换算为P_2O_3时为15～25 mg/L。 7.含亚硝酸盐换算为Na_2O_2时为2 000～2 500 mg/L
	水量	1.保证冷凝器中过热蒸气氨充分冷却成液体。 2.保证冷冻机正常运转

（一）水冷式冷凝器冷却水量

冷却水的水量、水质除应符合设计规定外，水源井应布置在冻结井筒的地下水流向的上方，与被冻结的井筒距离不应小于抽水影响半径，一般为 $400 \sim 600$ m。凡影响井筒冻结速度的水源井，在冻结壁未形成前严禁使用。水源井的数量应根据补充冷却水的数量和地下水水源情况确定，一般不少于两个。

如陈四楼矿主、副井冻结时，仍采用传统的水冷式冷凝器，用水量大，每小时需新鲜水数百吨，水源井工程量大，需打 6 个水源井供给新鲜水。

1. 冷却水总需用量

（1）计算公式

$$W = \frac{Q_c}{1\,000 \cdot \Delta t} \tag{7-2}$$

式中　W——冷却水需用量，m^3/h；

$\quad\quad Q_c$——冷凝器的总热负荷，可近似地按冻结站设计需冷量的 1.3 倍计算，kcal/h，先冻主井时，$Q_c = 380 \times 1.3 = 494(\times 10^4\ \text{kcal/h})$，先冻副井时，$Q_c = 356 \times 1.3 = 463(\times 10^4\ \text{kcal/h})$；

$\quad\quad \Delta t$——冷凝器进口水温（23 ℃）与出口水温之差，与设备新旧程度及冷却管的洁净程度有关，取 5 ℃。

（2）计算结果

先冻主井后冻副井时：

$$W = \frac{494 \times 10^4}{1\,000 \times 5} = 988(m^3/h)$$

先冻副井后冻主井时：

$$W = \frac{463 \times 10^4}{1\,000 \times 5} = 926(m^3/h)$$

2. 冷却水的补给水量

陈四楼矿主、副井同时冻结时，冷却水需用量大，采用部分循环水和部分新鲜水混合使用。

（1）新鲜水量的计算公式

$$W_0 = \frac{W(t_2' - t_1')}{t_2' - t_0} \tag{7-3}$$

式中　W_0——新鲜水需用量，m^3/h；

$\quad\quad W$——冷却水总需用量，先冻主井后冻副井时为 988 m^3/h，先冻副井后冻主井时为 926 m^3/h；

$\quad\quad t_2'$——冷却塔的回水温度，取 26 ℃；

$\quad\quad t_1'$——冷凝器进水温度，取 23 ℃；

$\quad\quad t_0$——新鲜水温度，取 20 ℃。

（2）计算结果

先冻主井后冻副井时，新鲜水需用量 $W_0 = 494$ m^3/h，循环水需用量为 494 m^3/h；先冻副井后冻主井时，新鲜水需用量 $W_0 = 463$ m^3/h，循环水需用量为 463 m^3/h。

由于水冷式冷凝器存在耗电量大，耗水量过大，缺水地区水源难找，运行成本昂贵等缺点,目前普遍应用 ZL 型高效蒸发式冷凝器,该冷凝器是将水冷式冷凝器和冷却塔合为一体化结构的设备,它具有效率高、体积小、耗水量少、耗电量低、维护保养方便、运行可靠、防腐性能强等特点。

(二)蒸发式冷凝器冷却水量

邯邢特凿处于 1992 年首先在元氏矿使用蒸发式冷凝器,该矿冻结站安装 5 台 ZL-160 型蒸发式冷凝器,由清水泵设管连续供水,安装水表检测供水量,其水温夏季为 24~25 ℃,冬季为 20~23 ℃。1993 年 6 月 3 日实测每台蒸发式冷凝器耗水量为 0.6 m³/h。

蒸发式冷凝器与水冷式冷凝器耗水量比较见表 7-9。

表 7-9　耗水量比较表

项目	型号	冷凝面积/m²	排热量/(MJ/h)	耗水量/(m³/h)
蒸发式冷凝器	ZL-160	160	900	0.8
水冷式冷凝器	LN-100	100	1 170	35

由此可见蒸发式冷凝器较水冷式冷凝器节水率为 97% 左右,用水量仅为水冷式冷凝器的 3%~5%。

在河南继陈四楼矿主、副井利用水冷式冷凝器之后,邯邢特凿处施工的冷泉矿主、副井冻结工程全部推广采用了蒸发式冷凝器,补给新鲜水量 60 m³/h,较陈四楼矿节约水量 80%,大大节约了新鲜水补给量。后来在 2002 年开工的程村矿主、副井冻结施工中,全部采用了高效蒸发式冷凝器,其中冷却水需用量及补给量计算如下。

1. 冷却水的需用量

(1)计算公式

$$W = W_c + W_e \tag{7-4}$$

$$W_c = \frac{Q_c}{1\ 000 \cdot \Delta t} \tag{7-5}$$

$$W_e = X_e Q_{主/副} \tag{7-6}$$

式中　W——冷却水计算总需用量,m³/h;

W_c——冷凝器冷却水需用量,m³/h;

W_e——冷冻机水套冷却水需用量,m³/h;

Q_c——冷凝器的总负荷,可近似按冻结需冷量(Q)的 1.3 倍计算,kcal/h;

Δt——冷凝器的进水温度与回水温度的差值,一般为 3~4 ℃,取 3.5 ℃;

$Q_{主/副}$——冻结站计算装机能力,主井为 809.66×10⁴ kcal/h,副井为 927.73×10⁴ kcal/h;

X_e——冷冻机单位标准制冷量的冷却水需用量,取 0.1 m³/10⁴ kcal。

(2)计算结果

主井冷却水需用量:

$$W_{c主} = \frac{1.3 \times 253.94 \times 10^4}{1\ 000 \times 3.5} = 943.2\ (m^3/h)$$

$$W_{e主} = \frac{0.1 \times 809.66 \times 10^4}{10^4} = 81.0\ (m^3/h)$$

$$W_{主} = 943.2 + 81.0 = 1\,024.2 \ (\text{m}^3/\text{h})$$

副井冷却水需用量：

$$W_{c副} = \frac{1.3 \times 290.97 \times 10^4}{1\,000 \times 3.5} = 1\,080.7 \ (\text{m}^3/\text{h})$$

$$W_{c副} = \frac{0.1 \times 927.73 \times 10^4}{10^4} = 92.8 \ (\text{m}^3/\text{h})$$

$$W_{副} = 1\,080.7 + 92.8 = 1\,173.5 \ (\text{m}^3/\text{h})$$

2. 冷却水的补给量

为了提高制冷设备的制冷效率和保证制冷系统的安全运转，一是要求尽可能地降低冷却水温度；二是要求降低冷却水补给量。实践证明，新鲜水补给量主要与冷凝器的结构形式、冷却原理及设备冷却效果等因素有关。当采用玻璃钢冷却塔降低温度时，冷却水的补给量约为冷却水总需用量的 1/3；当采用高效蒸发式冷凝器时，冷却水的补给量约为冷却水总需用量的 1/40。在利用冻结井附近水源时，一定要搞清水的流速、流向以及与冻结井的位置关系，否则会影响冻结效果，甚至推迟冻结工期。

新矿区冻结井附近 300～600 m，开机冻结前，要摸清水井布置、水井工作情况，掌握和控制使用，采取对应措施，才能减少抽水影响和损失。当然，千米之外的水井，抽水影响冻结壁交圈的案例也有，这与抽水的强度有关。新井建设，一定要做好调查研究工作。例如，2008 年淮南潘一矿增设的二副井，布置在老矿区，地面水井多，长期抽水，地下水系早已形成，现场调研后发现，抽水影响冻结交圈。经采取控制抽水强度和局部注浆等措施，实现尽快冻结交圈、完成立井施工任务。

三、盐水系统设计

（一）冻结管及盐水

1. 冻结管

在冻结和掘砌过程中，冻结管要承受拉、压、剪和弯曲荷载的综合作用。因此，在选择冻结管时，要求冻结管在低温下既要有一定的强度，又要有良好的韧性。

我国冻结管材质标准尚无明确规定，一般多采用国产低碳钢无缝钢管，直径 127～159 mm、壁厚 6～8 mm，以及进口的低合金钢石油套管。其连接方式既有外箍焊接或丝扣连接，也有内箍焊接，还曾采用公母扣直接连接，甚至直接对焊。如采用低碳钢时，宜采用外箍焊接；如采用中碳钢时宜采用外接箍丝扣连接，而且要求管与管箍材质相同。不论采用何种冻结管和连接方式，都发生过断管事故，当然也有不断的，详见表 7-10。冻结管实物图如图 7-8 所示。

表 7-10　我国煤矿部分冻结井筒断管基本情况统计表

井筒名称	冻结深度 /m	冻结管			冻结管数 /个	断管数 /个	断管率 /%	断管深度 /m	断管土层
		钢号	接头	规格/mm					
芦岭副井	135	低碳钢	公母扣	φ151×4.5	32	7	22	88～126	黏土砂
潘二南风井	320	低碳钢	外箍焊	φ159×7	40	14	35	153～173	黏土
潘三东风井	415	J55	外箍扣	φ139.7×7.72	48	22	46	270～326	黏土

表 7-10(续)

| 井筒名称 | 冻结深度 /m | 冻结管 | | | 冻结管数 /个 | 断管数 /个 | 断管率 /% | 断管深度 /m | 断管土层 |
		钢号	接头	规格/mm					
谢桥矸石井	330	J55	外箍扣	φ139.7×7.72	36	34	92	224~238	黏土
谢桥副井	360	J55	外箍扣	φ139.7×7.72	52	5	10	230~239	黏土
谢桥主井	363	J55	外箍扣	φ139.7×7.72	55	0			
陈四楼主井	423	J55	外箍扣	φ139.7×7.72	57	0			
陈四楼副井	435	CS-80L	外箍扣	φ139.7×7.72	45	0			
邱集副井	330	20#钻杆	焊扣	φ127×6	18	0			

注:"外箍扣"即外接箍丝扣连接。

图 7-8　冻结管实物图

为确保冻结井筒的施工安全,防止冻结管漏失盐水,下冻结管前应检查冻结管外观质量,成孔后还应打压试漏,以不漏为合格,否则应进行处理直至不漏为止。在过去,浅井冻结施工结束后要求回收冻结管,目前深井施工一般不再要求回收,但应及时回收其内供液管,然后在管内进行水泥砂浆充填。

2. 供液管

我国常用的供液管分为有缝钢管和聚乙烯塑料管两种,后者常选用 φ62 mm×6 mm 或 φ75 mm×7 mm 规格。供液管的直径应与所选用的冻结管直径相匹配,即当盐水流量一定时,供液管内盐水要求处于层流状态,而此时冻结管与供液管之间的环形空间的盐水要处于紊流状态,这时供液管内与管外盐水热交换为最小,也就是说供液管内盐水温度升温最小,以便将低温盐水送到冻结管底部而加强下部冻结,而环形空间流动的盐水在紊流状态时,与土层热交换快、冻土扩展迅速而减少冻结时间,有利于冻结。

3. 盐水

常采用氯化钙溶液,其浓度为 30°Be′左右,浓度应根据设计冷媒温度而定。盐水一般在冷冻站水池内配制,并要求在灌注前对水池中的盐水反复循环几次,以达到整个水池盐水浓度均匀的目的。由于冻结管中存在着试压用的冷却水,故在向冻结管灌盐水时要适当提高浓度,但也不宜过浓,以防盐水灌入冻结管后析盐而堵塞供液管。刘二主井在灌盐水时曾发生析盐现象,处理时花费了很长时间。

4. 盐水泵

由于我国目前无专用盐水泵,一般多采用普通水泵,而盐水比重较水大,故原配电机一般在超负荷下运转,容易烧毁,因此应特别注意选配较大的防潮电机以利安全运转。为减少水泵故障而停冻的时间,应设备用泵。

盐水泵的流量、扬程和功率都应进行计算,对于浅井要求每个冻结器盐水流量不小于 $8\ \mathrm{m^3/h}$,而深井则要求流量应大于 $12\ \mathrm{m^3/h}$。

(二)盐水的循环方式

盐水循环相关知识详见第三章第一节相关内容。

(三)盐水循环量与盐水循环总量

冻结器的散热能力主要与盐水温度和冻结器(图 7-9)环形空间内盐水的动力状态有关。根据水力学原理,盐水运动状态取决于雷诺数 Re,当 $Re=2\ 300\sim25\ 000$ 时,盐水运动呈层流向紊流过渡状态,冻结管的散热能力约为层流的 1.3 倍;当 $Re>25\ 000$ 时,盐水运动完全处于紊流状态,冻结管的散热能力将进一步提高。但从工程应用分析,只要把每个冻结器的盐水循环量加大至 $10\ \mathrm{m^3/h}$ 以上时,就可以使冻结器环形空间内的盐水运动由层流状态向紊流状态过渡,这是容易实现的;要把每个冻结器的盐水循环量加大至环形空间内呈紊流运动状态,是不易实现的,也是不经济的。

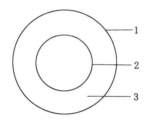

1—冻结管 $\phi140\ \mathrm{mm}\times8\ \mathrm{mm}$;2—塑料供液管 $\phi70\ \mathrm{mm}\times6\ \mathrm{mm}$;3—冻结器环形空间。

图 7-9 冻结器横断面示意图

为了加快冻土的扩展速度,使冻结壁早日交圈和内侧冻结土早日扩至井帮,要求积极冻结期间冻结器环形空间内呈层流向紊流过渡状态,每个冻结器的盐水循环量约为 $13\ \mathrm{m^3/h}$,则冻结器的盐水循环总量可按下式计算:

$$Q_{\max}\geqslant q_{\mathrm{k}}\cdot(N_{\mathrm{z}}+N_{\mathrm{f}}) \tag{7-7}$$

式中 $Q_{\max}$——冻结器盐水循环总量,$\mathrm{m^3/h}$;

q_{k}——每个冻结器的盐水循环量,$\mathrm{m^3/h}$;

N_{z}——主冻结孔的数量,个;

N_{f}——辅助冻结孔(含防片帮孔)数量,个。

(四)氯化钙用量计算

(1)盐水溶液体积

$$V=V_1+V_2+V_3 \tag{7-8}$$

式中 V_1——冻结管内盐水体积,$\mathrm{m^3}$;

V_2——盐水干管及配液管内盐水体积,$\mathrm{m^3}$;

V_3——盐水箱内盐水体积,$\mathrm{m^3}$。

（2）固体氯化钙用量 G

$$G = 1.2 \frac{aV}{p} \tag{7-9}$$

式中　a——每立方米盐水溶液中固体氯化钙质量，一般取 360 kg/m³；

　　　p——固体氯化钙纯度，一般取 $p = 96\%$。

（五）盐水泵的流量、扬程和功率计算

盐水泵的流量、扬程和功率计算见表 7-11。

表 7-11　盐水泵的流量、扬程和功率计算

项目	计算公式	符号意义
流量	$W_{br} = \dfrac{Q_f}{\Delta t \cdot \gamma_{br} \cdot c_{br}}$	W_{br}——盐水流量，m³/h； Q_f——冻结站制冷能力，kcal/h； γ_{br}——盐水密度，kg/m³；
扬程	$H_{bu} = 1.15(h_1 + h_2 + h_3 + h_4) + h_5 + h_6$ $h = \lambda \dfrac{L}{d} \dfrac{\omega_{br}^2}{2g} = h_1 + h_2 + h_3$ 紊流时：$\lambda = \dfrac{0.316\ 4}{\sqrt[4]{Re}}$ 层流时：$\lambda = \dfrac{64}{Re}$ $Re = \dfrac{\omega_{br} \cdot d \cdot \gamma_{br}}{\mu_{br} \cdot g}$	c_{br}——盐水比热容，kJ/(kg·℃)； Δt——去、回路盐水温差，一般浅井（<200 m）取 2~4 ℃，深井（≥200 m）取 4~5 ℃； H_{bu}——盐水泵需要的扬程，m； h_1——盐水干管和集配液圈中的压头损失，m； h_2——供液管中的压头损失，m； h_3——冻结器环形空间的压头损失，m； h_4——盐水管路中弯管、三通、阀门等局部阻力，m，一般取 $0.2(h_1 + h_2 + h_3)$； h_5——盐水泵的压头损失，一般取 3~5 m； h_6——回路盐水管高出盐水泵的高度，一般取 1.5 m； d——管子直径，m； L——管子长度，m； g——重力加速度，取 9.81 m/s²； ω_{br}——盐水流动速度，m/s； λ——盐水流动阻力系数，取决于盐水的物理性质和流动状态； Re——雷诺数，$Re < 2\ 320$ 时，盐水呈层流状态，$Re = 2\ 320 \sim 13\ 000$ 时，盐水从层流向紊流转化，$Re > 13\ 000$ 时，盐水为稳定的紊流； μ_{br}——盐水动力黏滞系数，取 4 kg·s/m³；
电动机功率	$N_{pu} = \dfrac{W_{br} \cdot H_{br} \cdot \gamma_{br}}{102 \times 3\ 600 \cdot \eta_1 \cdot \eta_2}$	N_{pu}——盐水泵的电动机功率，kW； η_1——盐水泵的效率，0.75； η_2——电动机的效率，0.85

注：在无专用的盐水泵时，可以用清水泵。但由于冻结施工循环盐水的比重（1.25~1.27）比清水的比重大 1/4 以上，因此排盐水要比排清水消耗的功率大 1/4 以上。如果选用的水泵刚好满足设计流量和扬程的需要时，则水泵的配套电机就要超负荷运转；否则就应更换较大功率的电机，并相应地加大水轮轴和轴承，这样做比较麻烦，而且也会造成水泵超负荷运转。因此在选用水泵时，除流量和扬程必须满足设计要求外，最好由水泵厂提供高强度的合金钢泵轴，并把原水泵的电机功率加大 1/4。

（六）盐水管路

（1）冻结管规格的选择见表 7-12。

表 7-12　冻结管规格的选择

直径计算公式	常用规格
$$d_t = \sqrt{\dfrac{W_{br}}{2\,830\omega_{br}\cdot n_1} + d'^{\,2}}$$ 式中　d_t——冻结管内直径，m； 　　　n_1——冻结管孔数量，个； 　　　W_{br}——盐水总循环量，m^3； 　　　ω_{br}——冻结器环形空间的盐水允许流速，一般取 0.15（冻结深度小于 100 m 时）～0.5 m^3/h（冻结深度大于 300 m 时）； 　　　d'——供液管外直径，m	1. 一般采用 $\phi(127\sim168)$mm×$(5\sim10)$ mm，近年来有许多井筒采用 $\phi127$ mm×7.5 mm 无缝钢管。 2. 应遵照《煤矿井巷工程质量验收规范（2022 版）》(GB 50213)选用

（2）供液管，盐水干管和集、配液圈的材质及规格的选择见表 7-13。

表 7-13　供液管，盐水干管和集、配液圈的材质及规格的选择

种类	材质	直径计算公式	符号意义	常用规格
供液管	过去一般采用钢管，现已普遍推广聚乙烯软管。聚乙烯软管的隔热性能好、耐低温、无接头或少接头，安装方便，使用效果好	$$d' = \sqrt{\dfrac{W_{br}}{2\,830w'_{br}n'}}$$	d'——供液管内直径，m； d_m——盐水干管及集、配液圈内直径，m； W_{br}——盐水总循环量，m^3/h； w'_{br}——供液管内盐水允许流速，一般取 0.6～1.5 m/s；	一般用 $\phi50$ mm×4 mm～$\phi60$ mm×5 mm，趋向于用 $\phi75$ mm×6 mm
盐水干管，集、配液圈	一般均采用无缝钢管。干管可使用聚乙烯增强塑料管或玻璃钢管	$$d_m = \sqrt{\dfrac{W_{br}}{2\,830w''_{br}}}$$	w''_{br}——盐水干管及集、配液圈内盐水允许流速，一般取 1.5～2 m/s； n'——供液管数量，根	$\phi200$ mm×3 mm

（七）低温管路和设备的隔热设计

在冻结凿井工程中，管路热量损失一般占冻结站全部冷量的 15% 左右。因此，做好绝热保温工作经济效益显著。

目前，常用的保温材料有聚苯乙烯泡沫塑料和塑料薄膜等。低温管路和设备的隔热层厚度计算见表 7-14。

表 7-14　低温管路和设备的隔热层厚度计算

类别	原则	计算公式	符号意义
平壁		$\delta=\dfrac{\lambda}{a}\cdot\dfrac{t_b-t_0}{t_n-t_b}$	δ——隔热层厚度,m; λ——隔热材料的导热系数,$\lambda=\lambda_0+0.000\,012t_p$, kJ/(m²·h·℃);
管道及桶形设备	低温管路和设备的隔热层厚度,应保证隔热层外表面的温度不低于空气露点(即表面不凝水的要求),否则空气中的水汽会在隔热层内凝结成水或冻结成冰,将大大降低隔热性能,并可能使隔热层的结构受到破坏	$d_2\cdot\ln\dfrac{d_2}{d_1}=\dfrac{2\lambda}{a}\cdot\dfrac{t_b-t_0}{t_n-t_b}$ $\delta=\dfrac{d_2-d_1}{2}$	λ_0——隔热材料在 0 ℃时的导热系数,kJ/(m²·h·℃); t_p——材料在制冷装置工作时的平均温度, $t_p=\dfrac{t_b-t_0}{2}$,℃; a——空气对隔热层外表面的放热系数,一般取 7 kJ/(m²·h·℃); t_0——周围空气温度,参考当地气象资料,℃; t_b——隔热层外表面温度,一种是比当地大气露点(t_s)高 1~2 ℃,参考当地的气象资料,另一种是取当地大气露点温度,但在算得厚度之后,选取比计算结果略大一点的国产隔热材料的标准厚度值,℃; d_2——隔热层外径,m; d_1——被隔热的管道或桶形设备的外直径,m

供冷方式与制冷设备相对统一,与各圈实现目标是一致的;水泵功能有限,管径不宜太大,宜多路多圈供冷。

（八）冻结站充氨及注意事项

冻结站试运转之前,要做好第一次充氨工作,其充氨量根据冻结深度、装机数量及制冷能力不同而有较大差异。

1. 充氨前准备条件

充氨工作是冻结站试运转的重要条件,应具备如下必要条件:

（1）氨系统已经经过压气试漏和真空试漏并已排除氨管路系统内污物。

（2）完成低温氨管路系统的隔热和涂色工作并做到冷却水系统运转正常,保证供水。

（3）盐水系统安装完毕,已灌好盐水,并已从盐水过滤器内清除杂物,流量计运转正常,各盐水箱及各冻结孔流量均匀。

（4）冻结站内安全设施全部具备,规章制度均已建立,责任明确。

（5）氨压缩机安装检查合格,试运转正常。

（6）变配电设备安装完毕,运转正常,保证供电。

（7）氨瓶或氨罐使用前应经有资质、有权力单位批准。

（8）准备好充氨用的瓶架及充氨管。

（9）准备好防毒面具、橡胶手套、水桶等劳动保护用品及记录手册等。

（10）完成技术交底。

2. 充氨步骤及充氨方法

充氨条件准备好后,即开始做充氨的准备工作,其程序为:

（1）开动冷却水泵，向冷凝器及压缩机供水。

（2）开动盐水泵及蒸发器的盐水搅拌机进行盐水循环。

（3）氨瓶倾斜 30°，瓶嘴向下（如瓶内有小管则瓶嘴垂直），将充氨管的一端接到氨瓶上，另一端接到储液桶或调节站的出液管上接管充氨（图 7-10），将包括充氨管在内的全部氨系统内部联通的阀门全部打开，压缩机进出阀门关闭，氨液面计阀门打开，安全阀打开。

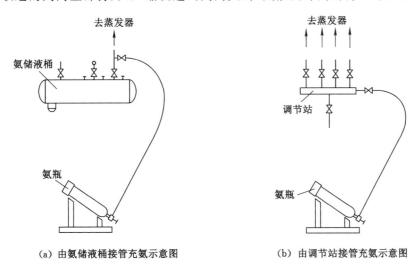

(a) 由氨储液桶接管充氨示意图　　　　(b) 由调节站接管充氨示意图

图 7-10　充氨示意图

（4）将氨系统抽真空，双级压缩制冷时可同时用高压机及低压机抽真空。抽真空时，压缩机的放气阀、吸入阀、氨管路的阀门全部打开，压缩机排气阀、氨管路通向大气的阀门全部关闭，待高、中、低压的压力均降到 933 Pa 附近，以及高、低压机的放气阀排出的风量达到最小风量时，停止压缩机，并立即打开氨瓶阀门向系统充氨，待系统压力超过 0.05 MPa 时，便关闭节流阀站（调节站）的关闭阀，继续充氨。

（5）充氨至高压储液桶的液位达 80％时，即可进行单级压缩系统的循环；在进行双级压缩系统的循环前，应向中间冷却器加液氨，当中间压力升到 0.3 MPa 以上时，开动高压机，抽出中间冷却器的氨气，并继续向中间冷却器供液，直至中间冷却器内的氨液面上升至 1/3 部位为止。

（6）检查系统的氨量：如储液桶，当液面下降时，可在氨系统内氨循环过程中继续充氨；当全部氨系统已正常运转，储液桶内液面达 70％时就可停止充氨。

3. 冻结站的充氨量

冻结站的充氨一般可根据下式估算第一次充氨量：

$$G = KQ_0A \tag{7-10}$$

式中　G——一次充氨量，kg；

　　　K——充氨损失系数，$K = 1.1$；

　　　Q_0——冻结站制冷能力，kW；

　　　A——1 kW 制冷能力的需氨量为 $1.7 \sim 2.6$ kg，正常运行时，每月补充总氨量的 $2.5\% \sim 10\%$。

四、冻结制冷系统施工设计实例

【案例 7-1】 赵固二矿主井、副井、风井 3 个冻结井施工设计。

赵固二矿主井、副井、风井 3 个冻结井冻结时设主、副井和风井两个冻结站,其系统施工和设计实例如下。

(一)冻结管散热能力计算

$$Q = \pi d H n K \tag{7-11}$$

式中　Q——冻结管散热能力,kcal/h;

　　　d——冻结管外径,m;

　　　H——冻结深度,m;

　　　n——冻结管个数,个;

　　　K——冻结管散热系数,$K = 250$ kcal/($m^2 \cdot h$)。

经计算,冻结管散热能力为:

$$Q_{\pm} = 374.1 \times 10^4 \text{ kcal/h}$$
$$Q_{\text{副}} = 574.8 \times 10^4 \text{ kcal/h}$$
$$Q_{\text{风}} = 414.0 \times 10^4 \text{ kcal/h}$$

(二)冻结站需要制冷能力计算

根据工业广场平面布置,主、副井共用一个冻结站,风井独设一个冻结站,冻结站需要制冷量为:

$$Q_{\pm 、副站} = 1.15 \times (Q_{\pm} + Q_{\text{副}}) = 1\,091.2 \times 10^4 (\text{kcal/h})$$
$$Q_{\text{风站}} = 1.15 \times Q_{\text{风}} = 476.1 \times 10^4 (\text{kcal/h})$$

(三)制冷设计参数选用

制冷系统采用双级压缩制冷工艺。

盐水去路温度为 -32 ℃,制冷剂蒸发温度为 -37 ℃,冷却水进水温度为 $+25$ ℃,制冷剂冷凝温度为 $+35$ ℃,经中冷器冷却后高压液氨温度比中冷器内液氨温度高。

(四)冻结站实际制冷能力

主、副井冻结站选用机型:低压机 JZ2LG31.5D 型螺杆冷冻机 12 台、JZ3KA25D 型螺杆冷冻机 4 台、8AS-17 型活塞机 2 台,高压机 JZ2LG25D 型螺杆冷冻机 7 台、8AS-12.5 型活塞机 2 台。冻结站实际装机标准制冷量为 42.21×10^6 W,可满足两井筒同时冻结的需要。8AS-12.5 型活塞机 2 台作为备用机。

风井冻结站选用机型:低压机 JZ2LG25D 型螺杆冷冻机 10 台、JZ3KA25D 型螺杆冷冻机 2 台、8AS-17 型活塞机 2 台,高压机 JZ2LG25D 型螺杆冷冻机 3 台、8AS-12.5 型活塞机 2 台。冻结站实际装机标准制冷量为 19×10^6 W。8AS-12.5 型活塞机 2 台作为备用机。

(五)冻结站辅助设备选型

1. 冷凝器选型

为节约冷却水用量,冻结站选用高效蒸发式冷凝器,氨冷凝温度为 35 ℃,湿球温度为 29 ℃。

主、副井冻结站选用蒸发式冷凝器 EXV-Ⅱ-340 型 9 台(每台排热量 1 524 kW)、CXV-481 型 10 台(每台排热量 2 074 kW),冷却面积 8 614 m^2。风井冻结站选用蒸发式冷凝器

ZFL-900 型 13 台(每台排热量 900 kW)、EXV-Ⅱ-340 型 2 台(每台排热量 1 524 kW),冷却面积 3 687 m²。为了保证冷却效果,每台冷凝器安装一台电磁水处理器。

2. 汽化器选型

汽化器蒸发面积为:

$$F_e = \frac{Q_{co}}{q_e} \cdot \mu_e \qquad (7\text{-}12)$$

式中　Q_{co}——冻结站制冷能力,W;

　　　q_e——蒸发器单位面积传热能力,$q_e = 2\,326$ W/m²;

　　　μ_e——蒸发器工作条件系数,$\mu_e = 1.25$。

经计算,主、副井 $F_e = 6\,820$ m²,风井 $F_e = 2\,976$ m²。

主、副井站选 LZA-200 型蒸发器 38 台,总汽化面积为 7 600 m²;风井站选 LZA-160 型蒸发器 14 台、LZA-200 型蒸发器 4 台,总汽化面积为 3 040 m²。每台汽化器内必须安装立式搅拌机,配用立式 5.5 kW 电机。

3. 中冷器选型

主、副井站预选 ZL-10 型中冷器 7 台,风井站预选 ZL-10 型中冷器 3 台。

4. 储氨桶选型

主、副井站选 ZA-5 型储氨桶 6 台,另选用 3 台 FZA-18 型辅助储氨器,为氨冷螺杆机油冷供液;风井站选用 ZA-5 型储氨桶 2 台,选用 1 台 FZA-18 型辅助储氨器,为氨冷螺杆机油冷供液。

5. 空气分离器选型

主、副井站空气分离器选用 KF-50 型 4 台,风井站空气分离器选用 KF-50 型 2 台。

6. 氨液分离器选型

为了防止液氨进入压缩机内而产生液力冲击造成事故,本工程主、副井站在氨系统低压侧增加氨液分离器,选用 14 台 AF-300 型氨液分离器;风井站选用 6 台 AF-300 型氨液分离器。

7. 冷却塔选型

主、副井站选用 DBNL3-300 型玻璃钢冷却塔 1 台。

(六)氨管路直径选择及液氨、冷冻机油用量计算

1. 氨管路直径选择

氨管路直径根据冷冻机配备及经验选取:低压吸气总管选 ϕ377 mm×10 mm 无缝钢管,低压排气总管选 ϕ325 mm×10 mm 无缝钢管,高压吸气总管选 ϕ273 mm×8 mm 无缝钢管,高压排气总管选 ϕ219 mm×8 mm 无缝钢管,冷凝器液氨平衡总管选 ϕ219 mm×8 mm无缝钢管,高、低压机氨冷却系统进液氨及出气总管均选 ϕ219 mm×8 mm 无缝钢管,低压侧调节站液氨总管选 ϕ108 mm×5 mm 无缝钢管,低压机吸、排气支管与高压机吸、排气支管均安装补偿器。

各型号压缩机吸气、排气支管直径按随机阀门口直径配取。

2. 液氨用量

液氨用量根据冻结站设计装机及辅助设备、管路选取:主、副井冻结站首次充氨量为100 t,风井冻结站首次充氨量为 45 t。冻结工期均按 9 个月考虑,主、副井冻结站运转中补

充氨量为 45 t;风井冻结站运转过程中补充氨量为 18 t。主、副井冻结站共计需用氨量 145 t,风井冻结站共计需用氨量 63 t。氨浓度≥99.8%。

3. 冷冻机油用量

冷冻机油选用 N46 号,主、副井冻结站首次加油量 25 t,预计总需用量 75 t;风井冻结站首次加油量 11 t,预计总需用量 33 t。

（七）盐水系统设计

1. 盐水主要技术参数选用

盐水选 $CaCl_2$ 水溶液,去路盐水温度 $t_r = -32$ ℃,盐水密度 $\gamma = 1270$ kg/m³,波美度为 30.7°Bé。

2. 盐水总循环量

（1）主、副、风井井筒外圈冻结孔盐水总循环量

$$W_{hr外} = \frac{Q_{co外}}{\gamma C_{hr} \Delta t_外}$$

式中 $Q_{co外}$ ——冻结站制冷能力,$Q_{co主外} = 311.73 \times 10^4$ kcal/h,$Q_{co副外} = 408.61 \times 10^4$ kcal/h,$Q_{co风外} = 345.54 \times 10^4$ kcal/h;

C_{hr} ——盐水比热容,$C_{hr} = 0.645$ kcal/(kg·℃);

$\Delta t_外$ ——外圈去回路盐水温差,$\Delta t_{主外} = 6.4$ ℃,$\Delta t_{副外} = 5.8$ ℃,$\Delta t_{风外} = 6.5$ ℃。

经计算:$W_{hr主外} = 594.7$ m³/h,$W_{hr副外} = 860$ m³/h,$W_{hr风外} = 649$ m³/h。

（2）主、副、风井井筒中内圈冻结孔盐水总循环量

$$W_{hr内} = \frac{Q_{co内}}{\gamma C_{hr} \Delta t_内}$$

式中 $Q_{co内}$ ——内圈冻结站制冷能力,$Q_{co主内} = 118.5 \times 10^4$ kcal/h,$Q_{co副内} = 252.4 \times 10^4$ kcal/h,$Q_{co风内} = 130.6 \times 10^4$ kcal/h;

$\Delta t_内$ ——内圈去回路盐水温差,$\Delta t_{主内} = 4.3$ ℃,$\Delta t_{副内} = 5.9$ ℃,$\Delta t_{风内} = 4.4$ ℃。

经计算:$W_{hr主内} = 366.4$ m³/h,$W_{hr副内} = 522.3$ m³/h,$W_{hr风内} = 362.4$ m³/h。

3. 盐水管路直径计算

（1）供液管直径

$$d_g = \sqrt{\frac{W_{hr}}{2830 \omega'_{hr} n'}}$$

式中 W_{hr} ——盐水总流量,m³/s;

n' ——供液管数量,个;

ω'_{hr} ——供液管内盐水流速,$\omega'_{hr} = 1.5$ m/s。

经计算:主、副、风井井筒外、中、内三圈冻结孔均选用 $\phi75$ mm×6 mm 聚乙烯塑料软管,正循环供液。

（2）集配液管干管内直径

$$d_m = \sqrt{\frac{W_{hr}}{2830 \omega''}}$$

式中 ω'' ——干管集配液圈内盐水流速,取 $\omega'' = 2$ m/s;

W_{hr} ——盐水总流量,m³/s。

经计算:主、风井外圈冻结孔均选用 1 趟 ϕ377 mm×10 mm 无缝钢管作为盐水干管集配液管,副井外圈冻结孔选用 1 趟 ϕ426 mm×10 mm 无缝钢管作为盐水干管和集配液管。

主、风井各选用 1 趟 ϕ273 mm×8 mm 无缝钢管作为中内圈冻结孔盐水干管和集配液管,副井选用 1 趟 ϕ325 mm×10 mm 无缝钢管作为中内圈冻结孔盐水干管和集配液管。

4. 盐水泵选型

经计算:主、副、风井三井外圈冻结孔盐水泵扬程分别需大于 63.8 m、68.0 m、65.3 m,水泵电动机功率分别大于 208 kW、321 kW、229 kW;主、副、风井三井中内圈冻结孔盐水泵扬程分别大于 45.4 m、51.0 m、46.9 m,水泵电动机功率分别大于 83 kW、144 kW、93 kW。

主井外圈选用 12Sh-6 型双吸泵 2 台,其中 1 台备用;中内圈盐水泵选用 10Sh-6 型双吸泵 1 台,8Sh-6 型双吸泵 1 台(备用)。

副井外圈选用 12Sh-6 型双吸泵 2 台,其中 1 台备用;中内圈盐水泵选用 12Sh-6 型双吸泵 2 台,其中 1 台备用。

风井外圈选用 12Sh-6 型双吸泵 2 台,其中 1 台备用,中内圈盐水泵选用 10Sh-6 型双吸泵 1 台,8Sh-6 型双吸泵 1 台(备用)。

12Sh-6 型双吸泵单泵扬程为 82 m 时,流量为 936 m³/h,配用 315 kW 电动机;10Sh-6 型双吸泵单泵扬程为 65.1 m 时,流量为 486 m³/h,配用 135 kW 电动机;8Sh-6 型双吸泵单泵扬程为 82.5 m 时,流量为 288 m³/h,配用 110 kW 电动机。

5. 氯化钙用量计算

(1)盐水溶液体积

$$V = V_1 + V_2 + V_3$$

式中　V_1——冻结管内盐水体积,$V_{1主、副}=1\,014.7$ m³,$V_{1风}=455.9$ m³;

　　　V_2——盐水干管及集配液管内体积,$V_{2主、副}=83.5$ m³,$V_{2风}=27.3$ m³;

　　　V_3——盐水箱内盐水体积,$V_{3主、副}=600.4$ m³,$V_{3风}=302.4$ m³。

经计算:$V_{主、副}=1\,698.6$ m³,$V_{风}=785.6$ m³。

(2)固体氯化钙用量

$$G = \frac{1.2aV}{p}$$

式中　a——盐水溶液中固体氯化钙含量,取 $a=360.7$ kg/m³;

　　　V——盐水溶液体积,m³;

　　　p——固体氧化钙纯度,取 $p=96\%$。

经计算:$G_{主、副}=765.86$ t,$G_{风}=354.20$ t。

(八)清水系统施工设计

主、副井冻结站总循环水量约为 345 m³/h,需新鲜冷却水量 60 m³/h,在冻结站附近建一座储水量不小于 115 m³ 的储水池。风井冻结站总循环水量约为 215 m³/h,需新鲜冷却水量 50 m³/h,在冻结站附近建一座储水量不小于 70 m³ 的储水池。主、副井冻结站及风井冻结站均选用 10Sh-19 型清水泵 2 台,1 台运转,1 台备用。该泵流量为 486 m³/h,电机功率为 30 kW。为达到一定的冷却效果,主、副井冻结站配备 DBNL3-300 型玻璃钢冷却塔 1 台。

【案例 7-2】 赵石畔主立井和中央回风井冻结施工设计。

（一）冻结制冷系统设计

1. 井筒冻结需冷量计算

$$Q = \pi dn Hq$$

式中　Q——井筒冻结需冷量，kcal/h；

　　　d——冻结管直径，m；

　　　n——冻结管数目，个；

　　　H——冻结深度，m；

　　　q——冻结管吸热效率，kcal/($m^2 \cdot h$)，本设计取 280 kcal/($m^2 \cdot h$)。

经计算得：$Q_主 = 207.1 \times 10^4$ kcal/h，$Q_回 = 219.5 \times 10^4$ kcal/h。

2. 冻结站需冷量计算

$$Q_1 = 1.15 \times (Q_主 + Q_回) = 490.6 \times 10^4 (\text{kcal/h})$$

3. 装机容量及设备选择

冻结站按照两井一站的方式布置。为保证冷冻站具有足够的制冷量，制冷设备选用 10 组国内先进的 LG25L20SY 型双级螺杆制冷压缩机组。

冷冻站装机标准制冷量 1 700×10⁴ kcal/h（工况制冷量 550×10⁴ kcal/h），满足冻结需要。附属设备选型见表 7-15。

表 7-15　附属机械设备表

序号	设备名称	型号规格	数量	产地	制造年份	额定功率/kW	生产能力	备注
1	热虹吸蒸发器	GZF-200	10 台	浙江	2013	18.5	良好	自有
2	高效蒸发式冷凝器	EXV-II-340	10 台	大连	2012	12	良好	自有
3	热虹吸储液器	HGZ-3.5	5 台	浙江	2011	—	良好	自有
4	盐水集配装置	LRJP-2	2 台	淮北	2014	—	良好	自有
5	盐水泵	305S-75A	2 台	安徽	2011	280	良好	自有
6	盐水泵	12Sh-9B	2 台	淄博	2011	132	良好	自有
7	清水泵	IS150-125-250	2 台	淄博	2014	18.5	良好	自有
8	箱式变电站	ZXB-10	5 台	徐州	2012	—	良好	自有

（二）清水系统

本工程选用高效蒸发式冷凝器，该设备具有冷却效率高、耗水量低、气候温度适应性强等优点，可大大减少新鲜水用水量和水源井施工数量，同时也可降低抽水对冻结壁交圈影响的风险。新鲜水使用量见表 7-16。

表 7-16　新鲜水使用量表

施工阶段	单位用水量/(m^3/h)	
	主立井	中央回风立井
冻结造孔	5	5
冻结积极运转期间	20	
冻结维护运转期间	12	

（三）盐水系统

1. 盐水配比及盐水循环量

（1）盐水配比：盐水密度 1 270 kg/m³，含盐量 28.4%，波美度 30.7°Bé。

（2）盐水总循环量：积极期或强化冻结期盐水总循环量平均每孔 ≥12 m³/h。

经计算得：$W_主 \geqslant 432$ m³/h，$W_回 \geqslant 468$ m³/h。

2. 盐水管路选型

根据流量分配及冻结工艺特点，防片帮孔采用 4～5 孔串联方式供液，两井集配液圈均采用一集、一配，供、回液方式，盐水干管为单去单回。盐水干管、集配液圈均选用 $\phi377$ mm ×7 mm 螺旋焊管加工制作。

3. 供液管选型

两井均选用 $\phi75$ mm×6 mm 聚乙烯塑料软管。

4. 冻结管选型

两井均选用 $\phi140$ mm×5(300 m 以上)～6(300 m 以下)mm 低碳钢无缝管，内管箍焊接连接。

5. 盐水泵选型

根据盐水总循环量，两井均选择 1 台 305S-75A(280 kW)型清水泵，扬程 65 m，流量 1 170 m³/h；1 台 12Sh-9B(132 kW)型清水泵，扬程 43 m，流量 684 m³/h。

6. 氯化钙(70%晶体)总用量

$G_主 = 144$ t，$G_回 = 150$ t。

（四）冻结管保温设计

为了更好地利用系统制冷量，减小冷损失，在低温系统处做好保温。设计选用 PEF 保温材料，50 mm 厚，单层或双层。该材料保温效果好、易于施工、不吸水，具有阻燃性。

（五）冻结站供配电系统设计

（1）根据冷冻站装机容量，预计冻结站最大用电负荷约为 5 462.1 kV·A。

（2）根据冷冻站装备情况，冻结站选用 ZXB-10 型箱式变电站 5 台。该箱式变电站既可在 6 kV 临时线路上使用，还可在 10 kV 矿用供电线路上使用，为高低压配电成套定型设备，每台箱式变电站低压侧均有 15 个回路向低压负荷供电、1 台静电电容柜作为无功补偿。其具有体积小、功能全、吊运安装方便快捷等优点。

（3）供配电系统线路根据现场条件进行布置。

第二节　冻结制冷系统安装

一、安装准备工作

（一）冷冻站安装工程项目

（1）按冷冻站基础图放样，浇灌混凝土基础。

（2）冷冻站设备组装。

（3）冷冻站厂房施工(先砌筑砖柱，后砌墙并安装门窗)。

（4）配电室、循环水池及水泵房施工。

（5）配电设备的安装调试。

（6）氨管路组装、打压试漏，低温管路设备的隔热层施工。

（7）冷却水泵及管路的安装与试运转。

（8）盐水干管沟槽和环形冷冻沟槽施工。

（9）盐水泵和管路的安装试漏、隔热层施工、灌盐水。

（10）充氨试运转。

（二）冷冻设备的布置原则和施工要求

1. 布置原则

冻结站的布置与安装常与冻结孔施工同时进行，其设备布置与压缩制冷方式密切相关，目前在冻结深度不断加大的情况下，除个别使用单级压缩制冷情况外，其余均采用双级压缩制冷方式，冻结站的设备布置与制冷量关系较大，通常有两种方式：主、副井共用一个冻结站，称为两井一站；一井（风井）一站。冻结站的位置选择应在矿井施工总平面图中统一考虑，且应当注意以下几个方面：

（1）便于设备的维护、操作，整齐美观。

（2）两台相邻压缩机突出部位的间距不应小于 1 m，在油泵方向，应有抽出曲轴的空间和大部件卸装的吊点。

（3）压缩机上的压力表、油压表、排气阀门等，应面向主要操作通道。

（4）阀门高度应为 1.2～1.5 m，超过高度应设操作台。

（5）中间冷却器应位于冷冻站中间，但靠近高压机。

（6）冷凝器设于室外，蒸发器应面向井口，并尽量接近井口。

（7）油氨分离器基础应使冷凝器出液口高于油氨分离器进液口 200～250 mm。

（8）储液器基础应保证冷凝液氨自重流下，冷凝器出液口高于储液桶 250～300 mm。

（9）盐水泵应安装在蒸发器附近，多台时应有修理间隙。

（10）不应妨碍井筒掘砌时提升绞车房及稳车的布置。

（11）避开掘进排矸线路及广场运输通道。

（12）避开井筒施工的材料堆放场地。

（13）盐水系统干管弯头最少，冷却水排泄方便。

（14）冻结站距井口的距离：服务一个井筒一般为 30～50 m，两个井筒共用时一般为 50～60 m。

（15）应考虑距广场供电电源较近，做到取用电源方便。

随着冻深加大、需要较低盐水温度，冻结站多采用高压机和低压机的双级压缩。冻结站布置主要采用两井一站和一井一站两种方式。冷冻机房多用装配式建筑，一是易施工，速度快；二是易拆除。地面用三合土打底，水泥砂浆抹面，应防雨、防火，通风良好。冻结站周围应安设避雷装置。

2. 基础施工要求

（1）基础规格应符合现场使用设备的要求，其混凝土标号应不低于 C15。

（2）基础位置应以冷冻站布置中心线为准，用经纬仪和水平尺标定基础的埋入深度及顶面标高。

（3）压缩机基础深度应达到硬底,经夯实后,方可浇筑混凝土基础。

（4）压缩机、冷凝器预留地脚螺栓孔的长×宽不应小于 100 mm×100 mm,必须要垂直。

（5）基础应连续施工,冬季加 2％～3％氯化钙或加三乙醇胺复合早强剂,保温养护。

（6）混凝土拆模时间不应少于 3 d,在安装时不应少于 7 d,或混凝土强度达到设计强度的 70％以上。

（7）混凝土基础的允许偏差:长、宽、高±30 mm,表面标高±(5～10) mm,基准点上标高±5 mm。

3. 地脚螺栓施工要求

（1）一次浇筑

① 适用范围:油脂分离器、集油器、高低压储液桶。

② 要求螺栓位置固定板允许偏差:中心距±(3～5) mm,垂直度≤1％,高差≤±(5～10) mm。

（2）二次浇筑

① 适用范围:氨压缩机、冷凝器、中间冷却器、油脂分离器、集油器、储液桶。

② 要求:预留螺栓盒要有一定锥度,以便于起拔。

（三）循环水池及冷却水泵基础的布置和施工要求

1. 基础布置

基础布置见图 7-11。

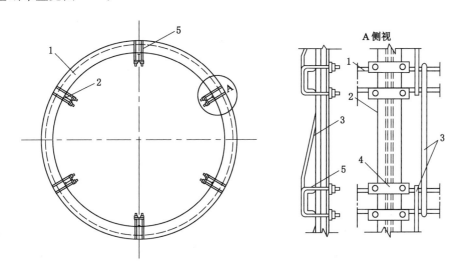

1—循环水沟;2—泄水沟;3—隔墙(半砖、水泥抹面);4—循环水池;5—集水井。

图 7-11　基础布置图

2. 施工要求

循环水池及冷却水泵基础的布置和施工要求见表 7-17。

表 7-17　循环水池及冷却水泵基础的布置和施工要求

图示	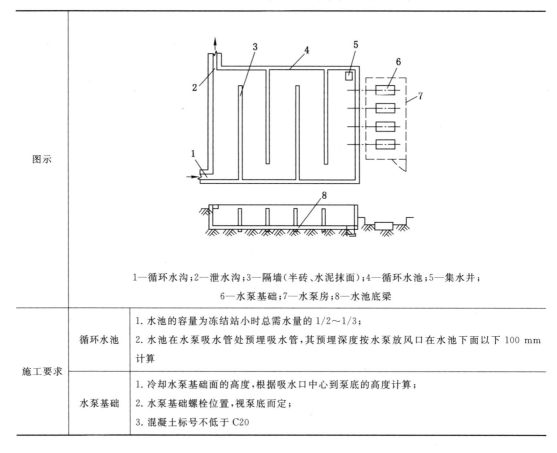 1—循环水沟；2—泄水沟；3—隔墙(半砖、水泥抹面)；4—循环水池；5—集水井； 6—水泵基础；7—水泵房；8—水池底梁	
施工要求	循环水池	1. 水池的容量为冻结站小时总需水量的 1/2～1/3； 2. 水池在水泵吸水管处预埋吸水管，其预埋深度按水泵放风口在水池下面以下 100 mm 计算
	水泵基础	1. 冷却水泵基础面的高度，根据吸水口中心到泵底的高度计算； 2. 水泵基础螺栓位置，视泵底而定； 3. 混凝土标号不低于 C20

（四）盐水干管沟槽及环形冷冻沟槽施工要求

盐水干管沟槽及环形冷冻沟槽是冻结井冷冻盐水向冻结孔输送和循环的井口重要构筑物。薛湖矿主井盐水干管断面及环形冷冻沟槽设计断面如图 7-12 所示。施工要求为：

（1）干管沟应位于地表水位以上，底板铺一层砖，表面抹 30 mm 水泥砂浆。当干管沟为地下式或半地下式时，应加沥青油毡作为防潮层。

（2）安装干管后砌墙，管沟两侧墙用砖砌筑，内表面用水泥砂浆抹面，防止渗水。

（3）管沟顶部钉木板，并有一层油毡，在其上铺三合土或胶质灰，然后抹 30 mm 水泥砂浆（该工作应等盐水干管试漏和隔温层包扎结束后进行）。

（4）环形冷冻沟槽底板应在地下静止水位以上。为防止从沟槽往井筒漏水，底板用混凝土，内外墙砌砖并用水泥砂浆抹面。当沟槽内径与井筒锁口的外径相近时，可利用井筒锁口作为沟槽内墙。

（5）沟槽的净尺寸以方便行人和检查工作为原则，一般净高为 1.7 m，净宽为 1.8 m（一侧偏宽的做人行道）。

（6）沟槽底板略有坡度，并有水沟和集水小井，便于排除积水。

（7）地沟槽洞口预留位置，应优选靠近测温孔位置。

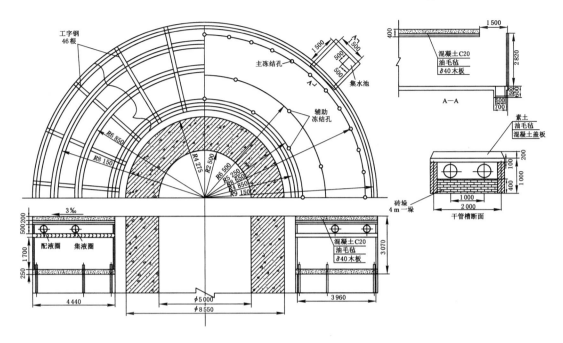

图 7-12　薛湖矿主井地沟槽及盐水干管槽设计断面图

（8）地沟槽顶板承受荷载时，应有加强措施，荷载不能直接作用在盐水集配环形管上。

（9）地沟槽顶面标高与井口封面盘标高一致，以便井口保持一个水平。

二、冻结制冷循环系统的安装

（一）氨系统的安装

1. 氨压缩机的安装

氨压缩机的安装见表 7-18。

表 7-18　氨压缩机及电动机安装

项目	安装程序	安装要求
压缩机	1. 基础浇筑 7 d 后，表面铲麻； 2. 安放地脚螺栓，压缩机就位，拧上螺帽； 3. 加放垫板，垫平找正； 4. 安装电机跑道及地脚螺栓，电动机就位，调整压缩机轴与电机轴的同心度，灌注混凝土，固定螺栓，充填设备与基础之间的空隙	1. 每 100 cm² 应有 5～6 个直径 10～15 mm 的小洞； 2. 基础麻面及地脚螺栓孔应用清水冲洗干净； 3. 垫板要露出底座外边 25～30 mm，垫板至地脚螺栓边缘的距离为螺孔直径的 1.5 倍，垫板高度为 30～60 mm，每组垫板块数 3～4 块，同一组垫板应点焊在一起； 4. 垫平找正，充分捣固，基础外露部分要抹光，7 d 后上紧螺帽，压缩机轴与电机轴同心度偏差不大于 0.1 mm
电动机	基础浇筑 7 d 后，电动机就位，操平找正	电动机应能在跑道上前后顺利移动

2. 氨压缩机辅助设备的安装

氨压缩机辅助设备的安装见表 7-19。

表 7-19　氨压缩机辅助设备的相互关系及安装要求

项　目	布置原则及相互关系	安 装 要 求
冷凝器	冷凝器进气口与油氨分离器出气口的法兰盘面应平行	1. 法兰盘垫片口应无损坏,安装前应清洗干净; 2. 立式冷凝器应垂直安装在基础上; 3. 多台并联时,进气口、出液口应在同一标高,溢水槽应平整,严密不漏,分水器分水均匀
油氨分离器	洗涤式油氨分离器的进液口必须低于冷凝器出液口 200～250 mm,进液管应从冷凝器出液管底部接入	1. 工作时有振动,应加弹簧垫圈和双螺帽固定; 2. 复用设备应用热火碱水清除油脂及氨
高压储液桶	顶面应低于冷凝器出液口 250～300 mm,用均压管与冷凝器连通	1. 向放油器稍微倾斜; 2. 应有液面指示器; 3. 多台并联使用时,桶径应相同,用平衡管连接
蒸发器	1. 氨液分离器装在蒸发器与低压机之间,靠近蒸发器一侧,可用撑架支起; 2. 分离器的底部法兰盘应略高于蒸发器的进液口,保证重力供氨	1. 蒸发器排管入箱前,应与氨液分离器、氨气收集器、集油器等试装合格后,方能编号顺序入箱; 2. 蒸发器排管应垂直安放,相互间隔应相等; 3. 箱体安放在 200～250 mm 厚、涂有沥青防腐剂的垫木基础上,垫木底部为 100～150 mm 混凝土垫层; 4. 多台箱体并联时,标高应一致,相邻箱体要有 200～250 mm 的隔热层间隙,用连通管串通,箱体外侧要留 300～350 mm 隔热间隙,采用松散物做隔热层时,要砌砖墙保护; 5. 氨液分离器要垂直安装; 6. 蒸发器顶部应加盖隔热; 7. 搅拌器方向和转速应符合要求; 8. 装配部位不应漏盐水; 9. 盐水搅拌机螺旋桨叶片与箱体导水筒之间应有 40～50 mm 间隙,防止灌水后箱体变形影响螺旋桨转动
中间冷却器	1. 供液阀组安装高度,应使浮球阀体所示水平标线与中冷器规定液面高度在同一水平面上; 2. 远距离液面指示器的安装高度,应使中冷器正常液面位于指示器上下标线之间	1. 垂直安装; 2. 安全阀安装前,要做灵敏性试验,限定压力 1.2 MPa; 3. 中间冷却器必须设置自动液面控制器; 4. 在安装前,复用设备、油分离器及中间冷却器应用热火碱水或四氯化碳清洗内部油脂及氨,至无油为止
氨液分离器	1. 氨液分离器液氨出口应高于蒸发器液氨进口 0.4 m; 2. 氨液分离器安装液氨自动调节装置	1. 安装要垂直; 2. 液面位置为 1/5～1/3

表 7-19(续)

项 目	布置原则及相互关系	安装要求
管路	1. 必须保证设备安全运转,操作检修方便,使管内介质流动阻力小。 2. 管道布置整齐美观,经济合理。 3. 新旧阀门均应清洗和做密封试验;水压试验高压为 3MPa,中低压为 2.4 MPa;气压试验的高压为 1.8 MPa,中低压为 1.2 MPa。 4. 安全阀应做开闭压力试验。 5. 所用管材、弯头应除锈和刷洗内壁。 6. 管材、弯头应按设计图在地面进行试装配,并丈量具体长度。 7. 试装配合格后进行管路的正式吊装	1. 管路组装前应加工好弯头、法兰、接头,按尺寸配好管,备好阀门。 2. 装管时应禁止强力拉紧和硬扭对中,如管道有偏差或长度不合适,应拆下纠正,无法纠正的应更换新管。 3. 每条管道的最后一节闭合管,应根据实际尺寸使用样板精确制备,禁止采用厚垫圈补救管子过短的缺陷。 4. 阀门手轮禁止朝下设置。 5. 压缩机排气管的水平管段应向冷凝器方向倾斜,吸气管应向压缩机方向适当提高,倾斜度一般为 $0.1\%\sim0.5\%$。 6. 氨管路架空部分,应予以固定,支承跨度必须小于允许跨度。 7. 冷凝器至调节站之间应安设流量计(蜗轮式或孔板式),以测量氨液的循环量,充氨管上亦应安装流量计

3. 氨系统的密封性能测试

氨系统的密封性能测试包括压气试漏和真空试漏两方面。当制冷设备和管路全部安装完毕后,首先应进行系统的压气试漏。压气试漏可用压缩空气或氮气,不允许用氧气。由于工业氮气无腐蚀性、无水分,价格又便宜,故有条件时应当采用氮气充压试漏;因空气中含有水分及杂质,在缺少氮气的情况下才用压缩空气试漏,但要装设一个空气干燥器。压气试漏相关要求见表 7-20。氨系统真空试漏的目的、要求、步骤及注意事项见表 7-21。

表 7-20　氨系统压气试漏的压力、步骤、注意事项及处理方法

项目	内容及要求
试漏压力	1. 高压系统自氨压缩机排出口,经油氨分离器、冷凝器、储液桶、集油器至调节站,试验表压达 $1.6\sim1.8$ MPa; 2. 低压系统自调节站、氨液分离器、蒸发器、中间冷却器、浮球阀至氨压缩机吸入口,试验表压达1.2 MPa
试漏要求	试压时间为 24 h;初始 6 h 允许压力降低不应超过 0.03 MPa,以后 18 h 压力不下降为合格
试漏步骤	1. 打开通向大气的阀门,与空气干燥器接通; 2. 开动氨压缩机升压至 $0.5\sim0.8$ MPa,停车和关闭排气阀 $15\sim20$ min,待缸壁冷却后,再继续升压至 1.2 MPa; 3. 关闭调节阀,记录低压部分的压力,进行低压系统的试漏检查,停车 $15\sim20$ min,再记录低压部分的表压力; 4. 关闭通往大气的阀门,打开排气阀门,开动氨压缩机,打开吸气阀,利用低压部分的压缩空气作为压缩机的吸气,升压至 $1.6\sim1.8$ MPa; 5. 停车和关闭排气阀门,记录高压表压力读数,进行高压系统的试漏检查。正式打压前,应用石蕊试纸检查有无氨气

表 7-20(续)

项目	内容及要求
注意事项	1. 向压缩机、冷凝器供水,空气干燥器内装好吸湿填料; 2. 试漏前应用压缩空气吹洗管路,排除污物,以防爆炸,用酚酞试纸检查油分离器、中间冷却器出风口处有无残存氨气,如有应继续吹风,到无氨气时方可升压; 3. 排气温度应小于 100 ℃,吸排气压力差应小于 1.4 MPa; 4. 试压完毕后,压缩机必须进行清洗,清除掉试压过程中积存在机器内部的水,检查部件和更换冷冻油
检查与处理方法	1. 检漏可采用看、查、听、分段检查等方法,用肥皂水、胶布、水等进行检漏,最常用的是将肥皂水喷滴至焊缝、法兰盘和氨阀卡兰上,发现漏气处,做上记号; 2. 处理前将系统内压缩空气放尽,然后对漏气处进行修补,处理后再重新打压试漏,直至不漏为止

表 7-21　氨系统真空试漏的目的、要求、步骤及注意事项

项目	内容及要求
目的	在压气试漏之后进一步检查系统在真空条件下的密封性,排除系统中残存的气体和水分(因水分在真空条件下容易蒸发成气体而被抽除),为系统充氨准备条件
要求	系统内真空度应为 0.097～0.101 MPa,24 h 后,压力在 0.090～0.093 MPa 范围内为合格
抽真空步骤	1. 关闭排气阀,打开排气阀上的多用通道,以便排出空气; 2. 关闭系统中通大气阀门(如充氨阀、放空气阀等),打开系统中其他各阀门; 3. 开动压缩机,打开吸气阀,抽空; 4. 停车关闭压缩机通往蒸发器的吸气阀,记录真空度,进行真空试漏检查
注意事项	1. 抽真空前应先放尽冷凝器中的冷却水,否则,会因水温低,系统中的水分不易蒸发而难以抽除; 2. 压缩机启动后,应缓慢打开吸气阀,因排气阀上的多用通道孔径小,避免排出压力过高; 3. 在抽真空过程中,油压应不低于吸压 0.05 MPa 或保持在 0.15～0.20 MPa; 4. 抽真空最好分几次间断进行,因为抽吸过快,积累在管道内的水分和空气不易抽尽; 5. 抽真空后,先关闭多用通道,然后停车,防止停机后的回气现象

(二) 盐水系统的安装

1. 盐水泵的安装

盐水泵的安装见表 7-22。

表 7-22　盐水泵的安装

内容	安装要求
机座的安装	1. 基础的质量必须经过检查和验收,铲出麻面和放好垫板; 2. 安装机座,操平找正; 3. 机座与基础之间必须牢固地固定在一起

表 7-22(续)

内容	安 装 要 求
泵的安装	1. 吊装泵体,调整标高,操平找正,安装后泵的轴线必须成水平,中心线位置和标高必须符合设计要求; 2. 各连接部分必须具备较好的严密性; 3. 泵体与机座之间用螺栓连接牢固; 4. 泵的进水口要装过滤器及闸阀,进水口中心线与盐水箱出水口中心线要在一个水平面上; 5. 多台泵并联使用时,应保持泵体在同一高度上; 6. 泵的出水口处必须安装阀门和压力表
电动机的安装	1. 电动机轴中心线与泵轴中心线须在一条直线上(即联轴节找正),高差不超过 0.1 mm,中心度误差不超过 0.1 mm; 2. 电动机与泵的两半联轴节之间,轴向间隙按设计要求调整,达到手可转动和不抗劲; 3. 泵和电机完全装好后,对地脚螺栓孔进行二次灌浆
试车	1. 泵的各配件部分必须运转正常; 2. 泵和电动机的振动必须很小; 3. 轴承温度、进口真空度和出口压力都必须符合设计要求

2. 盐水管路的安装

盐水管路的安装见表 7-23。

表 7-23　盐水管路的安装

内容	安 装 要 求
盐水干管安装	1. 盐水干管均采用无缝钢管; 2. 干管采用法兰盘连接,连接严密,不渗不漏,相邻管路的法兰盘要错开布置; 3. 流量计前后都要装闸板阀门,并装有旁路; 4. 管路应安设流量计(电磁式或孔板式、大口径水平螺翼式),以测量盐水循环量; 5. 根据管路跨度,用方木垫平管路; 6. 从冷冻站至环形冷冻沟槽的盐水干管应直线安装并稍向下倾斜,不得上下起伏,冷冻站盐水干管出口应高于集配液圈进口管 100 mm 以上
环形冷冻沟槽安装	1. 集配液圈之间的距离,应考虑处理冻结管故障时能顺利地提起和下放供液管; 2. 采用法兰连接,集配液圈的法兰接头要错开; 3. 接头必须不渗不漏; 4. 封闭端应装设放气阀门; 5. 集配液圈本身应在同一水平面内,不得倾斜
冻结器头部与集配液圈的连接	1. 冻结器头部是指集配液圈与冻结器相连接部分; 2. 配液圈与供液管相连,集液圈与回液管相连,连接采用 8 层线耐压 1.5 MPa 的橡胶管; 3. 供回液管上,均设温度计插座,其开口必须向上,以便在插座内充油,冻结管上的插座应有一定长度(≥200 mm),以便测得流动盐水的温度; 4. 应在供液管(或回液管)上安设流量计(电磁式或孔板式),以测量冻结器的盐水循环量

表 7-23(续)

内 容		安 装 要 求
流量计安装	LSL 型大口径水平螺翼式流量计	1. 流量计应安装在反正循环的内侧,即正反循环段与盐水泵之间,流量计两端应有伸缩管; 2. 安装前将水表两端的堵物取出,表壳上的箭头方向即为水流方向; 3. 安装时水表应水平放置,表盘朝上,表前管道应有 10 倍管径的直线段,表后应有 5 倍管径的直线段; 4. 长期使用时,应装有旁路
	BLD 型电磁流量发送器	1. 安装场所不应有振动或大于 5 奥斯特的交变或直流磁场存在; 2. 用 1～2 mm 粗的铜线作地线,接在埋深在 1 m 左右的接地装置上,接地装置和仪表的距离越短越好,绝不能借用电机或其他电力设备的公用地线,否则会使仪表工作不稳定; 3. 水平安装时,流量计安装点略低于其前后管道的水平位置,垂直安装时,液体流向应从下到上,以保证任何时候管内都充满液体; 4. 发送器要求有 5～10 倍管径的前置管段,以改善流速分布的均匀性。为了便于检修,流量计发送器一端应有伸缩管,在发送器的直线管段外设旁路,并设阀门; 5. 发送器与管道用法兰连接,不容易损坏导管内表面的绝缘衬里,法兰口的反边绝缘衬里要特别小心保护; 6. 信号传输线不得和电源线平行(二者相距不小于 1 m),输送距离超过 10 m 时,最好将信号传输线穿入接地钢管内,减少外界干扰和机械损伤,信号传输线应有固定长度; 7. 流量计应安装在盐水泵与盐水反正循环之间,使流向固定
温度计插座安装		1. 简易铜-康铜热电偶测温时,采用 ϕ10 mm×2 mm 的无缝钢管作安放测点用插座;棒式水银温度计测温时,采用 ϕ14 mm×2 mm 无缝钢管作插座,测温管应朝上,深入被测管内一定深度; 2. 安装前先将钢管锯成温度计插座的长度,一端用气焊堵死; 3. 安装时,将插座焊在管路的待测位置上,并敞开端包上,以防止杂物进入; 4. 管路投入运转前,应先检查管内有无堵塞物,合格后灌入冷冻机油,插入温度计或感温元件

注:20 世纪 90 年代产的流量计型号为电磁 LDG 型及涡旋 YF120 型。

3. 盐水干管及集配液圈的打压试漏

为了确保盐水系统在运转过程中不渗、不漏,在管路安装后须进行系统的水压试漏。试漏时应缓慢升压,当压力升至 0.6 MPa 后,经 5 min 压力不降为合格,否则应对渗漏部分进行处理,并做补充打压试漏,直至符合要求为止。

(三)冷却水系统的安装

冷却水系统的安装见表 7-24。

表 7-24　冷却水系统的安装

项 目	安 装 要 求
安装期限	冷却水系统的安装工作要在盐水管路打压试漏前 10 d 完成,以便为配制盐水和冷冻站试运转提供足够水源

表 7-24(续)

项　目	安　装　要　求
水泵的安装	1. 深井泵的传动轴心和电动机轴心要在同一直线上,并保持垂直,用手转动不抗劲后将电动机固定牢靠。 2. 清水泵的泵体轴心和电动机轴心在同一直线上,并保持水平。多台水泵并联使用时,应保证泵体在同一高度上,出口及进口设闸门,出口设压力表。水泵上端放风口标高应低于循环水池水面 100 mm。 3. 深井泵出口处应装设闸门及压力表
管路的安装	1. 冷却水管路包括水源井至循环水池、冷却水泵至冷凝器和冷冻机的全部管路。水源井至冷却水池的管道应埋设在冰冻线以下,其余设在地面; 2. 管路可用普通钢管、法兰盘连接; 3. 全部阀门采用闸板阀; 4. 管路通过主要道口时,应加强保护,以防断管; 5. 管线沿途不得漏水; 6. 水源井来水管路两端、冷却水泵出水口及冷凝器进、出水口处应设有温度计插座; 7. 来自深井泵的管路上和去冷凝器的管路上应安设流量计(孔板式或大口径水平螺翼式),安装质量要求与盐水管路上安装流量计相同

(四) 灌盐水及充氨

1. 盐水的配制和灌注

盐水的配制和灌注见表 7-25。

表 7-25　盐水的配制和灌注

项　目	内容及要求
盐水配制前应具备的条件	1. 盐水管路系统(包括冻结管、集配液圈等)全部安装好; 2. 盐水管路系统进行过严格试压并符合规定要求; 3. 盐水泵安装合格; 4. 氨低压系统打压结束后,盐水箱用清水冲洗干净,上盖密封好,搅拌机安装好
盐水配制方法	1. 盐水浓度根据设计要求配制,单级压缩制冷时,盐水密度一般按 1.23～1.25 kg/L 配制,双级压缩制冷时,盐水密度按 1.25～1.27 kg/L 配制; 2. 可用铁箱或砖砌的水池溶解氯化钙,但严禁用冷却循环水池溶解氯化钙,专为溶解氯化钙用的水池,表面应抹水泥砂浆,砂浆干后应刷 1～2 mm 沥青,否则水池要先灌水试漏,注意防漏; 3. 固体氯化钙先用大锤打碎装入铁丝笼,放在铁箱或水池上面,用循环水反复冲刷,直至氯化钙全部溶解; 4. 用比重计测定盐水的密度是否符合设计要求; 5. 可一次或分次配制系统所需盐水数量; 6. 向系统内灌注盐水时,应设过滤网清除污物,防止运转过程中堵塞管路
灌盐水注意事项	1. 灌注前应用水冲洗管路,排除污物; 2. 严禁将高浓度盐水灌入冻结管内,防止氯化钙沉淀结晶堵塞冻结管,应由化盐水池灌入盐水箱(蒸发器); 3. 向系统内灌注盐水过程中,应经常在集配液圈的封闭端放空气,做到系统内不积存空气; 4. 蒸发器水箱内的盐水液面应高出蒸发器排管 200 mm; 5. 利用盐水泵使系统内盐水溶液循环,检查溶液比重是否符合设计要求,如盐水箱内盐水已达半箱,就不要用清水溶解氯化钙,应将系统内的盐水放入池中溶解氯化钙

2. 向氨循环系统充氨

向氨循环系统充氨准备工作及注意事项见表 7-26。

表 7-26　充氨准备工作及注意事项

工序	内容及要求
充氨前应具备的条件	1. 氨系统已经过压气试漏和真空试漏并符合要求; 2. 已排除氨管路系统内的污物; 3. 完成低温氨管路的隔热和涂色工作; 4. 冷却水系统运转正常,保证供水; 5. 盐水系统安装完毕,灌好盐水,系统运转 24 h 以上,并已从盐水过滤器内清除杂物 2～3 次,无较大块状杂物,流量计运转正常,各盐水箱及各冻结孔流量均匀; 6. 冷冻站内安全设施齐全; 7. 氨压缩机安装检查合格,运转正常; 8. 变配电设备安装完毕,运转正常,保证供电; 9. 氨瓶或氨罐使用前应经有关部门批准,充入氨气后再送氨厂灌氨; 10. 集中控制自动调节使用正常
充氨时的准备工作	1. 准备好充氨用的瓶架及充氨管; 2. 准备好防毒面具、橡胶手套、水桶等劳动保护用品及记录表格
步骤	1. 开动冷却水泵,向冷凝器及压缩机供水; 2. 开动盐水泵及蒸发器的盐水搅拌机进行盐水循环; 3. 氨瓶倾斜 30°,瓶嘴向下(如瓶内有小管则瓶嘴垂直),将充氨管的一端接到氨瓶上,可从另一端接到储液桶或调节站的出液管上接管充氨,将包括充氨管在内的全部氨系统内部联通的阀门全打开,压缩机进出阀门关闭,氨液面计阀门打开,安全阀打开; 4. 将氨系统抽真空,双级压缩制冷时可同时用高压机及低压机抽真空,抽真空时,压缩机的放气阀、吸入阀、氨管路的阀门全部打开,压缩机排气阀、氨管路通向大气的阀门全部关闭,待高、中、低压的压力均降到 933 Pa 附近,和高、低压机的放气阀排出的风量达到最小风量时,停止压缩机,并立即打开氨瓶阀门向系统充氨,待系统压力超过 0.05 MPa 时,便关闭节流阀站(调节站)的关闭阀,继续充氨; 5. 充氨至高压储液桶的液位达 80% 时,即可进行单级压缩系统的循环,在进行双级压缩系统的循环前,应向中间冷却器加液氨,当中间压力升到 0.3 MPa 以上时,开动高压机,抽出中间冷却器的氨气,并继续向中间冷却器供液,直至中间冷却器内的氨液面上升至 1/3 高度为止; 6. 检查系统的氨量,如储液器液面下降时,可在氨系统内氨循环过程中继续充氨,当全部氨系统已正常运转,储氨桶内液面达 70% 时就可停止充氨
注意事项	1. 氨瓶搬运时要轻起、轻放,避免撞击; 2. 充氨附近严禁烟火; 3. 充氨过程中严禁加热氨瓶来加快充氨速度; 4. 氨瓶内应保留 0.05～0.10 MPa 的压力; 5. 可采用备用的氨储液桶代替氨罐充氨,但要按氨瓶要求进行耐压试验,合格后方可使用,氨罐上应有安全阀、进氨阀、出氨阀、放风阀、压力表及放油阀,罐身下边要用型钢底座加固以便稳定,罐身用防水隔热层包装 100 mm,外边用金属网及铁丝防护牢固

第三节　冻结制冷系统运转

安装的冻结设备、设施开始试运转就是井筒冻结的开始,对运转的管理、维护及监测要贯穿整个冻结及井筒冻结段掘砌的全过程。因此,在安装设备经过验收合格的情况下要制定管理措施,做好值班人员的培训工作并确保持证上岗。

一、冻结站运转前的准备工作

(1) 冷却水的水量、水温应满足设计要求,供水系统运转正常。

(2) 完成充氨灌注盐水、隔热工作,盐水循环正常。

(3) 输配电线可正常保障供电。

(4) 操作人员已进行技术培训并考核合格,熟知氨循环系统、盐水系统、冷却水系统的操作技术、规程及岗位责任与各项制度。

二、冻结站运转的安全注意事项

冻结站运转的安全注意事项见表 7-27。

表 7-27　冻结站运转的安全注意事项

注意项目	注意内容及要求
防火	1. 严防易燃物品存入车间内; 2. 严禁在冷冻站内吸烟点火,冷冻站应放置消防器材和灭火工具; 3. 气体放空不可过剧烈,防止产生静电作用,引起火花而着火; 4. 氨气泄漏着火时用灭火弹、二氧化碳灭火器灭火,电气设备着火,应切断电源,然后用四氯化碳灭火器或黄沙灭火
防爆	1. 氨在空气中含量达到 16%～25% 时,遇火焰或达到一定温度和压力时会引起爆炸,因此设备必须彻底清洗,压缩机中须使用符合要求的润滑油; 2. 防止压缩机的油封漏油; 3. 注意从冷凝器及储氨器经空气分离器放空气; 4. 设备管路使用前必须经过水压试验,设备管道涂上防腐漆; 5. 定期检查压力表和安全阀是否失灵,压缩机油闪点应符合要求; 6. 充氨时禁止用任何方式对氨瓶加油
防毒	1. 做好防泄工作,发现阀门、法兰处有泄漏时应及时修理; 2. 冻结站内保证良好通风; 3. 备有防毒面具及有关劳动保护用品; 4. 发生中毒时,要采取急救措施

三、氨压缩机操作注意事项

氨压缩机操作注意事项见表 7-28。

表 7-28　氨压缩机操作注意事项

制冷方式	状态	操作注意事项
单级压缩制冷	开车	1. 检查压缩机的油位是否正常； 2. 向压缩机水套、冷凝器供水，开动盐水泵和蒸发器内搅拌器； 3. 将压缩机容量调节器调到最小值即零位； 4. 检查系统中各阀门是否符合工作要求，储液桶上的供液阀在压缩机开动前应关闭； 5. 打开压缩机的排气阀，检查有无妨碍压缩机开动的障碍物； 6. 盘车 2~3 圈； 7. 接通电源后，再开动压缩机； 8. 压缩机吸气阀慢慢打开，如听到敲击声应立即关闭阀门，重复以上操作，直到没有敲击声，完全打开吸气阀为止； 9. 将储液桶上的供液阀打开，节流阀应根据需要予以调节，应尽可能自动调节，向蒸发器和中冷器供液； 10. 将容量调节器调到需要位置，每隔 1~2 min 调节一档，如果容量调大后机器出现敲击声，应立即调至容量低的位置，过 5~10 min 再把容量调大； 11. 压缩机进入正常工作阶段，要注意保持油压比曲轴箱压力高 0.15~0.30 MPa，蒸发温度适宜，排气温度和冷凝压力符合要求，系统工作正常； 12. 液氨进缸时气缸表面结霜，应尽快将能量调节手柄移至零位； 13. 检查压缩机运转状况应符合正常工作指标； 14. 做好开车记录
	停车	1. 停车前先停止调节阀供液； 2. 关闭吸入阀，使曲轴箱压力下降到 0.08 MPa； 3. 断电停车：如为滑环式电机，停车后，应检查碳素手柄是否在启动位置，如装置有容量调节阀，停车后应将手柄打至零位； 4. 停水并做停车记录（北方冬季不宜停水，以防冻坏气缸）
双级压缩制冷	开车	1. 了解停车原因，调查有无事故及处理情况，正常后方可开车； 2. 检查运转系统中高、中、低压系统的有关阀门是否处于正常状态，除蒸发器、中间冷却器的调节阀以及中间冷却器的紧急放氨阀、机组上的排气阀关闭外，管路中其余阀门均应打开； 3. 高压储液桶的储液量应为 30%~80%； 4. 中间冷却器液面不低于高度的 1/2，中间冷却器压力不超过 0.45 MPa； 5. 开清水泵及盐水泵； 6. 高压机启动（同单级压缩机操作），中间压力下降到 0.1 MPa 时，启动低压机（同单级压缩启动）； 7. 高压机吸入温度为 0~15 ℃和排出温度达 50~60 ℃时开始向中间冷却器供液，当低压机运转正常后向蒸发器供液； 8. 做开车记录
	停车	1. 停车前，停止向中间冷却器、蒸发器供液； 2. 蒸发压力降到 0 时，停低压机（同单级压缩停车）； 3. 中间冷却器降到 0.1 MPa 和液面指示器处于绿灯时停高压机（同单级压缩停车），双级压缩制冷机组的高压机为 2 台以上时，可先停部分低压机，容积比为 1：3 时，再停部分高压机，以此类推以达到全部停车； 4. 做停车记录

冻结法凿井过程中常用的几种制冷机组如图 7-13~图 7-15 所示。

（a）HJLG25Ⅲ TA250 型压缩机　　　　　（b）HLG20Ⅲ DA185 型压缩机

图 7-13　武冷双级配搭制冷机组

图 7-14　烟台冰轮双机双级撬块式一体制冷设备(LG25L20SY 双机双级撬块式压缩机组)

图 7-15　麦克维尔单机单级一体制冷设备(BES2035 压缩机组)

四、氨压缩机辅助设备的使用与维护

氨压缩机辅助设备的使用与维护见表 7-29。

表 7-29 氨压缩机辅助设备的使用与维护

设备名称	使用与维护
冷凝器	1. 要定期放空气(一般 7～10 d 放一次),可在冷凝器顶部放气阀处进行,每隔 30 d 放一次油; 2. 经常测量进、出水温度,一般二者相差为 4～6 ℃为宜
蒸发器	1. 盐水面的高度要高出蒸发总管 100～150 mm,检查盐水液面,发现盐水漏失及时处理; 2. 检查盐水温度,不同类盐水非经检验不能混用; 3. 检查出、进水温差; 4. 检查盐水搅拌机和盐水泵的润滑; 5. 每 30 d 放油一次
中间冷却器	1. 经常观察液面高低是否符合要求,应不低于总高度的 1/3; 2. 远距离液面指示器必须指示正确; 3. 每 5 d 放油一次,或采用自动放油
高压储液桶	1. 液面位于 1/3～1/2 高度,不得超过容积的 80%; 2. 检查有无漏氨,每天放油一次,或采用自动放油; 3. 确保安全阀按规定压力起作用
油氨分离器	1. 集油器应在低压状况下放油; 2. 通过集油器每天放油一次或采用自动放油; 3. 洗涤式油氨分离器,必须保持液氨供给达到规定液位

五、盐水泵、清水泵、深井泵的运转与维护

盐水泵、清水泵、深井泵的运转与维护见表 7-30。

表 7-30 盐水泵、清水泵、深井泵的运转与维护

项　目		内　容
清水泵、盐水泵	启动	1. 检查托架内的黄油或用油标尺来测量稀油油位是否在规定范围内。 2. 试验启动,检查电动机旋转方向是否正确。 3. 从泵体上部螺孔向水泵和吸水管内灌水。 4. 关闭出水管上的闸阀及压力表的旋塞。 5. 启动电动机,并打开压力表旋塞。 6. 当水泵达到规定转速时,压力表显示适当压力,然后打开真空表旋塞,并逐渐打开出水管路上的闸阀达到需要范围为止。 7. 停止水泵时,应先关闭出水管路上的闸阀,关闭真空表旋塞,并停止电动机,然后关闭压力表旋塞
清水泵、盐水泵	维护	1. 注意水泵轴承温度,不应超过外界温度 35 ℃,且最高温度不应大于 75 ℃。 2. 托架内油位必须保持在油标尺的两刻度之间。 3. 在水泵工作的第一个月内,运转 1 000 h,应更换一次托架的润滑油,运转一个月以后,稀油 500 h 换一次,黄油 200 h 换一次。 4. 填料函漏水程度以每分钟 10～20 滴为适宜,否则应压紧或放松填料压盖加以调节。 5. 定期检查弹性联轴器,注意电机轴承温升。 6. 运转过程中,如发现噪声或不正常声音时,应立即停车,检查原因。 7. 水泵每工作 200 h 就应检查一次,叶轮与密封环配合处的间隙不能磨损过大。吸水口直径小于或等于 100 mm 的水泵,其间隙最大值为 1.5 mm;吸水口直径大于或等于 150 mm 的水泵,其间隙最大值为 2 mm,超过时要更换密封圈。 8. 长期停用水泵时,应将其拆开,将零件擦洗干净,加工面涂防锈油,冬季应放尽存水,以防冻坏

表 7-30(续)

项　　目		内　　容
深井泵	启动前的准备工作	1. 检查水泵各处螺栓。 2. 检查水泵轴承润滑情况。 3. 检查水泵填料松紧是否适宜。 4. 检查出水管上的闸阀开闭是否灵活。 5. 清除妨碍工作的杂物。 6. 检查水泵转动方向是否正确。 7. 灌水,启动深井泵
	运行中的维护	1. 注意水泵有无振动,有无不正常声音,发现振动或响声过大时,应停机检查。 2. 经常检查水泵润滑情况是否良好,轴要及时加添机油,每月更换一次润滑油。 3. 注意轴承温度和电机壳温度是否正常,温升值一般可参考下列数值: 　滚动轴承:最大容许温度 90 ℃,最大允许温升 60 ℃; 　电机定子绕组:最大容许温升 100 ℃(A 级绝缘)或 120 ℃(B 级绝缘); 　轴承温度若有烫手感,应立即停车。 4. 注意水泵密封是否漏水、温度是否过高。应注意调节水泵填料压盖。 5. 注意水泵进、出水口的真空表和压力表指示值是否正常
	停泵后的注意事项	1. 检查各处螺栓有无松脱现象。 2. 擦净水泵外部的水和其他污物,保持清洁。 3. 检查水泵基础和水管的垫墩、支墩等有无倾斜、裂纹和下沉。 4. 水泵在冬季使用时,应在停机后放空进、出水管和泵内的积水,以免把泵冻坏

六、冻结过程中易发生的问题原因分析和预防处理

冻结过程中易发生的问题原因分析和预防处理见表 7-31。

表 7-31　冻结过程中易发生的问题原因分析及预防处理

问　题	现　象	原　因	预防、处理方法
冻结管及供液管堵塞	去、回路盐水温差小、流量小或无流量	1. 使用旧管材时除锈清洗不彻底; 2. 盐水浓度大,造成沉淀、结晶堵塞; 3. 下管后,污物、泥浆落入管内未排除	1. 加强防锈和除锈,在运转过程中发现问题可将供液管提起一定距离,然后用水泵强力循环冲洗; 2. 盐水浓度应按设计要求配制; 3. 保护好管口,防止污物进入盐水管路
盐水短路循环	去、回路盐水温差较其他冻结器小得多	供液管连接不牢、断开或有缺口	检查修补,重新连接
蒸发器盐水箱水位下降	水位浮标下降至一定位置时发出信号	1. 箱体有渗漏,盐水泵及搅拌机密封不严; 2. 冻结管断裂,造成大量盐水漏失	1. 关闭阀门,将胶管与短节重新绑牢,恢复正常运转; 2. 关闭断裂的冻结器,必要时可拔出供液管,在原冻结管内下入小直径冻结管恢复冻结

表 7-31(续)

问 题	现 象	原 因	预防、处理方法
冷冻沟槽跑盐水	盐水从短节与胶管连接处或集配液圈焊缝渗漏出来	1. 短节与胶管绑扎不牢; 2. 胶管有隐伤; 3. 胶管强度不够; 4. 集配液圈焊缝渗漏	1. 重新将胶管与短节绑牢; 2. 更换胶管; 3. 改用棉纱编织输水胶管; 4. 关闭阀门,去掉隔热层,将渗漏处补焊
冻结管出现裂口造成盐水漏失	盐水箱水位下降,井帮或已砌井壁缝隙渗出盐水,严重者井帮渗漏部位出现坍落或压坏井壁等	1. 焊条质量不符合要求,焊缝强度不够; 2. 钻孔偏斜过大,下管后受力大; 3. 冻结壁位移值过大,折断冻结管; 4. 掘进爆破震裂冻结管	1. 采用优质无缝钢管及与其相适应的焊条; 2. 钻孔偏斜超过设计要求的应补孔; 3. 合理选择掘进段高,发现漏盐水后立即关闭去、回路盐水阀门; 4. 要求炮眼距井帮 0.5 m 以上,每段的装药量不超过 10 kg
蒸发器排管渗漏	蒸发器盐水箱盐水产生大量泡沫	蒸发器排管局部焊缝或砂眼渗漏	停止使用,排出盐水,修补或更换蒸发器
打压试漏爆炸		打压时管路系统内未排净的氨与空气混合达到爆炸条件	彻底清洗系统中残存的氨气
氨瓶爆炸		1. 向氨瓶充氨前未用氨冲洗而使充氨时氨与空气混合气体容积比达到爆炸点(15.5%~27.0%); 2. 氨瓶振动或曝晒	1. 未用氨冲洗过的氨瓶,不得用来充氨; 2. 氨瓶应放在透风、避光处,天气炎热时应洒水降温

第四节　制冷设备的自动控制

一、氨压缩机和电动机的安全保护自动控制

氨压缩机和电动机的安全保护主要包括:压缩机的排气温度和压力过高、吸气温度和压力过低、轴箱油温过高或过低、水套断水、曲轴箱缺油以及电动机温度过高时的安全自动控制。有些冷冻设备出厂时就附带有安全保护自动控制盘或半自动控制盘,若无现成的自动控制装置时,可按表 7-32 进行装配。

表 7-32　氨压缩机和电动机的安全保护装置

安全保护内容	安全保护元件	作用原理
压缩机排气温度过高,压缩机吸气温度过低,曲轴箱油温过高或过低	排气温度控制器、冷凝温度控制器、常温温度控制器	温度超过或低于调定值时,声光显示,并自动停车

表 7-32(续)

安全保护内容	安全保护元件	作用原理
电动机温度过高	过电流继电器	电流过大,自动停车
压缩机排气压力过高或吸气	高、低压压力控制器	压力高于或低于调定值时,声光显示,停车并自锁
压力过低油泵断油	油压差控制器	油泵断油时,其油压差必定低于调定值,而在 45~60 s 又建立不起来油压差值,灯光信号显示并停车
压缩机水套断水	电磁水阀 714 型晶体管断水警报器	1. 开车:先打开电磁水阀,水套有水流出时,警报器发出信号,允许压力机启动; 2. 运转中断水:警报器发出事故警报,并自动停车; 3. 正常停车:电磁水阀关闭
压缩机曲轴箱自动加油	液位控制器	用电磁阀供油,液位控制器报警达到自动加油和断油的目的。当曲轴箱油面低于调定最低位置时,液位控制器的下接近开关发出信号,打开电磁阀向曲轴箱供油;当液面超过最高调定位置时,液位控制器的上接近开关发出信号,关闭电磁阀,停止供油
中间冷却器液位	电磁主阀、电磁阀、遥控液位器	用电磁阀供液,当液位低于调定的最低位置时,液位控制器的下接近开关发出信号,打开电磁阀供液;当液位超过调定的最高液位时,液位控制器的上接近开关发出信号,关闭电磁阀,停止供液
氨液分离器液位	电磁阀、遥控液位器	

二、氨压缩机辅助设备的自动控制

辅助设备的自动控制主要包括:中间冷却器和氨油分离器的液位自动控制、氨油分离器的自动放油以及冷凝器和高压储液桶的自动放空气。

三、氨压缩机的自动卸载

国产新系列压缩机一般都带有手动卸载装置,操作不便,可在手动卸载装置上增设电磁阀作为油缸回油的通道,便成为自动控制。当电磁阀开启时,油就通过电磁阀进入曲轴箱,油缸内无油压,处于卸载状态,活塞不工作,当电磁阀关闭时,油进入油缸,活塞就工作。通过控制四个电磁阀的关闭程序,就可使 8AS 型氨压缩机按 0、1/4、2/4、3/4、4/4 的容量启动并投入运转。

手动卸载装置改为自动控制,还可通过三通电磁阀来实现。

第五节　冷冻站供电及节电措施

冷冻站供电方式和节电措施见表 7-33。

表 7-33　冷冻站供电方式及节电措施

项目	主 要 措 施
供电方式	1. 冷冻站用电量大,并要求供电可靠性高,为此输电线路及变电所应为永久工程,为保证冻结工程连续施工,永久输电线路及 35 kV 永久变电所和设备安装,需同打冻结钻孔和安装冷冻站平行作业; 2. 冷冻站应设专用配电室及专用变压器; 3. 冷冻站负荷计算应采用分组方式,要计算冷冻站所用设备运行时的有功功率、无功功率、视在功率; 4. 变压器选择原则,当一台变压器因故障停用及定期检修时,其余变压器应能承担最大负荷的 75% 以上; 5. 当冷冻站装机标准制冷量达 $5\ 024 \times 10^4$ kJ/h 时,冷冻站应配备 8AS-25 大型氨压缩机,采用 6 kV 高压同步电机
节电措施	1. 变电所应增加无功就地补偿器,提高功率因数,使其达到 0.9,把无功功率减小到最小值; 2. 目前冷冻站多采用配组式双级压缩制冷,该方式制冷时,串联在低压侧的电机运行负载率 $\beta < 0.3$,造成电机功率因数低,浪费电力,为提高功率因数,当 8AS-17 型冷冻机做低压机使用时,将配套电机 JS136-8 由三角形接线改为星形接线,每台时可节电 8.154 kW·h

第六节　冷冻站常见故障的原因及排除方法

一、氨压缩机工作中常见故障产生原因及排除方法(表 7-34)

表 7-34　氨压缩机工作中常见故障产生原因及排除方法

常见故障	产生原因	排除方法
气缸中有敲击声	1. 气缸的余隙过小; 2. 活塞销与轴承间隙过大或缺油; 3. 进气活门松弛或破损; 4. 排气活门松弛; 5. 外界物件(如活门碎片)落入气缸的工作腔内; 6. 气缸与活塞间隙过大; 7. 活塞及活塞环卡住; 8. 活塞环磨损; 9. 润滑油中残渣过多; 10. 活塞连杆上的螺母未旋紧或松动; 11. 活塞杆不正或弯曲; 12. 气缸与曲柄连杆机构中心线不正	1. 停机,重新调整余隙的大小; 2. 加大润滑油的压力,若还有响声,应更换活塞销的轴承; 3. 停机,更换活门片或缓冲弹簧,旋紧螺母; 4. 停机,上紧活门螺钉、螺母、弹簧,进行活门片检查调整; 5. 清除碎片和更换活门片; 6. 检查更换磨损部件; 7. 加强润滑,使气缸冷却,或检查活塞加以磨削; 8. 更换新活塞环; 9. 清洗,换取清洁的润滑油; 10. 停机打开曲轴箱前盖,旋紧螺母,并安上开口销; 11. 矫正或更换新活塞杆; 12. 气缸中心垂直于曲轴中心,与曲柄连杆结构中心线对准

表 7-34（续）

常见故障	产生原因	排除方法
曲轴箱中有敲击声	1. 轴颈与轴瓦的间隙过大； 2. 主轴承间隙过大； 3. 轴承润滑不良； 4. 飞轮与键或曲轴的结合松弛； 5. 连杆螺母松弛或开口销折断	1. 调整垫片或重新浇上巴氏合金,使轴瓦厚度合适； 2. 停机重新调整间隙； 3. 清洗滤油器,检查油管； 4. 使键紧贴在键槽中或更换新键； 5. 旋紧螺母,更换开口销
曲轴箱中压力过高	1. 活塞环使用时间过长或损坏； 2. 曲轴箱中有大量空气存在	1. 抽空曲轴箱中液氨,更换活塞环； 2. 将曲轴箱中的空气放出
曲轴箱外壁结霜	曲轴箱中有液氨存在	1. 压缩机运转过程中,避免压缩机回汽过潮； 2. 排除曲轴箱中液氨或更换润滑油
轴承温度过高	1. 轴承刮研不良； 2. 主轴承的轴向间隙过小； 3. 轴承偏斜和轴翘曲； 4. 轴承装配间隙过小； 5. 轴承装配间隙过大； 6. 轴承径向间隙的润滑油分配不均匀； 7. 轴承质量差； 8. 润滑不充分或润滑油停止供给； 9. 润滑油不清洁； 10. 润滑油质量较差； 11. 压缩机在不正常的真空状态下运转时间过长	1. 重新刮研轴承,使曲轴的接触面平整； 2. 主轴承处应留有轴向间隙(一般为 0.4 ～ 1.5 mm),使轴发热可自由伸长； 3. 安装时注意机件接合正确,各个零件位置调整使相互配合牢固； 4. 停车重新装配； 5. 重新更换轴承； 6. 由轴承的无负荷部分向轴承供油,轴承接口不应布置在承受轴压的地方,轴承接口应准确地配合成圆角,油应沿轴承内的油槽分配,油槽不应通到轴承的边缘和开在轴承直接受压的地方； 7. 浇筑巴氏合金时加热要充分； 8. 在浅起润滑法中,若曲轴箱中油面过低应加油至一定高度,带油环的轴承要及时加油,定期检查油环； 9. 更换干净的润滑油； 10. 油的黏度根据轴承的单位压力进行选择； 11. 必须停车找出原因,消除故障
连杆下轴承硬铅 (巴氏合金)熔化	1. 润滑油中杂质过多； 2. 齿轮油泵失效； 3. 连杆大头轴承的间隙过小	1. 不得使用有杂质的润滑油,系统中放油必须过滤,定期检查油眼； 2. 停机修泵； 3. 重新调整连杆轴承的间隙
密封器温度过高	1. 密封器中的润滑油太少或油道阻塞； 2. 密封器的组合部件安装不完善； 3. 压盖螺母未旋松(填料式密封器)； 4. 密封器中冷却水量过少或中断	1. 检查曲轴箱中油位是否应加油,调整油压调节阀,检查滤油器油管,疏通油路； 2. 停机拆开密封器重新调整； 3. 旋松压盖螺母； 4. 检查密封器进水阀是否打开,水道是否阻塞

表 7-34(续)

常见故障	产生原因	排除方法
密封器漏油严重	1. 采用机械式密封器的氨压缩机一般漏油为密封环"咬毛"; 2. 采用填料式密封器,一般漏油为填料损坏	1. 停机拆下密封器检查或重新磨研密封环; 2. 停机更换新填料
密封器中有氨逸出	1. 密封器进油器堵塞; 2. 填料式密封器损坏	1. 检查润滑油道和进油口,排除污物; 2. 更换新填料
油泵排出压力低于 0.18 MPa	1. 油泵内零件(如齿轮、壳、盖等)磨损严重; 2. 油泵调节阀损坏	1. 停机拆下齿轮油泵检查和更换磨损件; 2. 检查修理
氨压缩机开动后油压表不指示油压	1. 齿轮油泵传动机件失效; 2. 齿轮油泵的进油口堵塞; 3. 油压表上的阀未打开,或油压表失灵	1. 拆下油泵,检查传动零件并进行修理; 2. 停机检查齿轮油泵进油口,消除污物; 3. 打开油压表上的阀,更换新油压表
氨压缩机启动时油压正常,运转一段时间后油压下降	1. 油泵吸入有泡沫的油; 2. 齿轮油泵吸入有杂质油,进油口被堵; 3. 曲轴箱中的油量减少; 4. 曲轴箱内有液氨; 5. 油调节阀调整不当; 6. 油管或油泵有漏油现象; 7. 润滑油黏度过大	1. 找出起泡原因并消除之; 2. 停机检查油泵进油口,检查油的质量; 3. 曲轴箱中加油到正常油位; 4. 停机抽掉氨,更换油; 5. 重新调整油泵压力; 6. 检查漏油部位后,停机修补; 7. 根据压缩机性能,换适当黏度的润滑油
油泵压力过高	1. 油压调节阀调整不当; 2. 油压表损坏或失灵; 3. 油过滤器堵塞	1. 正确地调整油泵至一定压力; 2. 更换显示正确的油压表; 3. 将曲轴箱中的液氨抽出,检查清洗过滤器
气缸壁过热	1. 油泵发生故障; 2. 进入气缸内的油路有堵塞现象; 3. 润滑油中杂质较多; 4. 润滑油的黏度和闪点过低; 5. 润滑系统中的进油阀未打开; 6. 油压调节阀调整不当或油压太低; 7. 气缸上部冷却水套的进、出水阀未打开; 8. 冷却水套中所使用冷却水温过高; 9. 冷却水套中冷却水量不足; 10. 蒸发器中的压力过低; 11. 排气活门泄漏	1. 停机检修油泵; 2. 停机清除油管中的污物,一般可利用压气吹洗; 3. 更换干净的润滑油; 4. 根据压缩机性能选择适宜的润滑油; 5. 打开润滑系统的进油阀; 6. 根据压缩机工作情况,调整油泵压力; 7. 打开冷却水套的进水阀或出水阀; 8. 冷却水套所使用的水温一般应在 18～30 ℃之间; 9. 将冷却水套中的进水阀全部打开; 10. 适当地开大节流阀; 11. 停车检查活门或更换损坏的零件
气缸内压力过高	1. 压缩机排气阀未打开; 2. 冷凝器排液阀未打开; 3. 节流阀或相连的关闭阀未打开; 4. 冷凝器中冷却水不足或中断; 5. 压缩机的排出管路堵塞; 6. 中间冷却器液体不足或没有液体	1. 打开压缩机的排气阀; 2. 打开冷凝器的排液阀; 3. 打开节流阀与其相连的关闭阀; 4. 增加或恢复冷却水供应; 5. 停车检查排出管路中的堵塞处; 6. 增高中间冷却器内液面至适当位置

表 7-34(续)

常见故障	产生原因	排除方法
气缸拉毛	1. 活塞与气缸装配间隙过小； 2. 活塞环装配间隙和锁口尺寸不对； 3. 气缸及活塞的温度变化过大； 4. 气缸中落入了污物； 5. 润滑油不清洁； 6. 润滑油规格不对； 7. 曲轴中缺少润滑油； 8. 活塞气缸表面不光滑； 9. 连杆中心线的运动面与曲柄轴颈中心线不垂直； 10. 高压储液桶到中间冷却器管道上的阀未打开； 11. 中间冷却器浮球网堵塞或损坏； 12. 压缩机排气阀未打开； 13. 油压过低； 14. 液氨大量进缸	1. 按设计(氨压缩机)要求检查装配； 2. 按活塞环装配技术要求检查修理； 3. 不应过热、过湿运转； 4. 检查气缸和管道，及时清除污物，过滤器要经常检查修理； 5. 润滑油应无杂质，用过的油应过滤后再用； 6. 根据压缩机性能和工作情况选择润滑油品种； 7. 曲轴箱内应及时加油； 8. 清除毛刺或污物； 9. 发现不正或有偏差及时校正； 10. 打开高压储液桶至中间冷却器管道上的供液阀； 11. 应利用手动调节阀，拆换浮球阀； 12. 开机前检查管路上所有阀是否已确定呈开启状态； 13. 调整油压； 14. 停机放出润滑油及氨，更换新油，修理机件，提高光洁度
压缩机产生湿冲程或气缸结霜	1. 节流阀的开度过大； 2. 压缩机进气阀开得过快； 3. 制冷循环系统中氨液数量加得过多； 4. 盐水蒸发器内排管阻塞或进入油太多； 5. 氨液分离器过小； 6. 氨液分离器上出液阀未打开； 7. 氨液分离器上吸气阀未打开； 8. 中冷器内氨液过多； 9. 液氨分离器液氨过多； 10. 放空气时，节流阀开得过大； 11. 蒸发器或冷却排管内表面积有油和水	1. 待缸壁上霜融化后再适当开启节流阀； 2. 氨压缩机进气阀应慢慢开启； 3. 放出多余氨液； 4. 盐水蒸发器应定时进行放油，分析故障，采取适当措施； 5. 更换较大的氨液分离器； 6. 停机打开出液阀； 7. 停止供液，慢慢打开吸气阀，停机采取措施后开机； 8. 关闭供液阀，打开回液阀，放液至合适高度； 9. 压缩机进气阀关小，关闭液氨分离器的供液阀，待液面降低至要求高度； 10. 节流阀不应开得过大； 11. 放出蒸发器或冷却排管中存积的油
气缸盖及气缸套上产生裂缝	1. 压缩机回汽过潮； 2. 压缩机水套中冷却条件急剧改变； 3. 水套中的水未放出； 4. 进水活门安置不牢固； 5. 气缸盖构造及铸造不正确	1. 调小调节阀开度； 2. 停机冷却，重新开车加大冷却水流量； 3. 停机把水套中的水放尽； 4. 停机重新安置进水活门； 5. 修补气缸盖上的裂缝

表 7-34(续)

常见故障	产生原因	排除方法
活塞在气缸中卡住	1. 润滑气缸时使用品质低劣的润滑油; 2. 气缸润滑中断; 3. 气缸冷却条件急剧变化; 4. 曲柄连杆机构偏斜; 5. 气缸落入其他物体; 6. 活塞销过热; 7. 工作套筒与活塞间的间隙不正确; 8. 活塞与气缸套配合不当; 9. 气缸套及活塞材料不合适; 10. 长时间液氨进缸,造成润滑中断; 11. 活塞环锁口间隙太小	1. 选择适宜的润滑油; 2. 停机检查油道,排除故障; 3. 压缩机应正常冷却,禁止急剧地改变冷却条件; 4. 连杆轴承两条中心线相互平行,连杆中心线位于气缸中心线的延长线上; 5. 停机清除落入物,检查来源,更换受损零件; 6. 检查油眼是否堵塞,检查装配间隙; 7. 活塞在气缸中与气缸壁的间隙应为气缸直径的千分之一; 8. 根据机器出厂要求进行配合; 9. 检查更换; 10. 拆机检修; 11. 按规定间隙检修
曲轴断裂	1. 制造曲轴所用材料质量差; 2. 金属过度疲劳; 3. 轴的结构或加工方法不正确; 4. 基础做法不正确; 5. 液压冲击和机械冲击; 6. 活塞卡住; 7. 安装检修时,轴放置不正确; 8. 操作不细	1. 选用优质钢制作; 2. 使金属在正常工作条件下运转; 3. 应严格保证曲柄臂间的倒角度; 4. 基础应严格按技术要求施工; 5. 检修时要清洗干净,零件安装牢固; 6. 检查后维修或维护; 7. 曲轴放置在轴承上一定要水平,每米长度误差不大于 0.1 mm; 8. 发现轴承发热立即检查

二、制冷过程中常见故障产生的原因及排除方法(表 7-35)

表 7-35　制冷过程中常见故障产生的原因及排除方法

常见故障	产生原因	排除方法
制冷剂蒸发温度过低	1. 蒸发器的排管内外表面积有污垢; 2. 节流阀的开度过小或节流阀、液体管路有堵塞; 3. 系统中制冷剂数量不够; 4. 蒸发器的管内有空气; 5. 盐水流量太小	1. 清除污垢,减少热阻,改善热交换; 2. 调整节流阀开度,拆下清洗,排除污垢; 3. 补充一定量的制冷剂; 4. 排除空气,增加传热效率; 5. 加大盐水流量

表 7-35(续)

常见故障	产生原因	排除方法
制冷剂蒸发温度过高	1. 氨压缩机与蒸发器配合不当; 2. 氨压缩机工作不良; 3. 节流阀的开启过大; 4. 排管内有油	1. 重新调整配合; 2. 停机检查修理; 3. 关小节流阀,使之达到蒸发温度要求; 4. 放油
制冷剂冷凝温度过高,压力过高	1. 供水量不足或冷却水温过高; 2. 冷凝器内部水的流量分布不均; 3. 冷凝器内外表面有污垢; 4. 冷凝器内有大量空气存在; 5. 节流阀开度太小或节流阀及液体管路局部堵塞; 6. 冷凝器周围空气温度过高	1. 增加冷却水数量或流量,采取措施,进行降温; 2. 检查修理; 3. 清洗污垢,增加热交换能力; 4. 及时放出空气; 5. 调整节流阀开度或找出堵塞部位,然后清洗修理; 6. 可搭凉棚,避免阳光直射
压缩机排气温度过高	1. 节流阀开度过小; 2. 制冷系统中加入的制冷剂不足; 3. 压缩机冷却水套内的水量供应不足; 4. 压缩机的进、排气活门,活塞环,安全活门泄漏; 5. 压缩机回气管道绝热层质量差; 6. 制冷系统中有大量空气; 7. 压缩机吸气管路过长; 8. 蒸发器泄漏; 9. 压缩机各摩擦部分润滑油中断或不足; 10. 压缩机的吸气管堵塞,节流阀未打开或堵塞	1. 开度适当放大,使吸气温度高于蒸发温度5~10 ℃; 2. 增添系统中制冷剂量; 3. 检查冷却水套的进水阀开度,增加冷却水量; 4. 停机检查修理; 5. 及时修补; 6. 通过放气阀将系统中空气放尽; 7. 适当缩短吸气管路; 8. 找出泄漏处并修补; 9. 检查润滑系统,加强油的供给; 10. 检查节流阀开启度,清除堵塞,消除回气管堵塞物
中间冷却器的压力过高	1. 制冷剂的冷凝压力高; 2. 制冷剂的蒸发压力高; 3. 中间冷却器内的供液中断; 4. 中冷器供液不正常; 5. 中间冷却器隔热层厚度不够; 6. 中冷器内的油量过多; 7. 高压机进气阀未打开; 8. 高压机开得少	1. 找出压力过高原因,消除方法与制冷剂冷凝温度过高相同; 2. 找出压力过高原因,消除方法与制冷剂蒸发温度过高相同; 3. 如安有浮球阀,应备手动阀,球阀失灵时改手动,保证正常运转; 4. 工作中注意液面,不正常时及时调整; 5. 进行隔热层处理; 6. 放油; 7. 检查进气阀并全部打开; 8. 增开一台高压机

表 7-35(续)

常见故障	产生原因	排除方法
双级压缩的高压机排气温度过高	1. 中间冷却器内的液体温度高; 2. 中间冷却器液体量不足; 3. 制冷剂的冷凝温度过高; 4. 高压机的冷却水套水流量不足; 5. 高压机的进、排气活门、活塞环、安全活门等有泄漏; 6. 低压机少,高压机多; 7. 冷凝压力过高; 8. 高压机进气管道隔热层厚薄不均匀,有损坏或漏洞; 9. 高压机各摩擦部位润滑油供应不足; 10. 节流阀未打开或堵塞; 11. 高压机进气管道堵塞	1. 检查温度过高原因,提出消除方法; 2. 增加液体量,保证一定的液位; 3. 查明原因并消除之; 4. 检查水套上进水阀是否打开,增加冷却水流量; 5. 停机检查修理; 6. 调整配比; 7. 找出原因,放出冷凝器内空气; 8. 检查修补; 9. 检查润滑系统,补充润滑油; 10. 检查开度是否合适,拆下清洗; 11. 根据中间温度与高压机进气温度比判断,然后确定排除措施
盐水温度不降低	1. 节流阀开启过小; 2. 盐水浓度不够; 3. 盐水箱隔热不好,冷量损失大	1. 按蒸发温度低于盐水温度 5～6 ℃的标准调整开启度; 2. 适当增加盐水浓度; 3. 检查隔热层破损处,加以修补

三、盐水泵、清水泵、深井泵常见故障产生的原因及排除方法(表 7-36)

表 7-36　盐水泵、清水泵、深井泵常见故障产生的原因及排除方法

常见故障	产生原因	排除方法
排不出水	1. 水面过低,不吸水; 2. 滤油器堵塞; 3. 水泵节过分伸入深井中	1. 增加一节泵管及传动轴; 2. 将深井泵从井中吊出,清除滤油器后再行装入; 3. 将水泵提高 1～2 节泵管
输水量不足	1. 水面过分降低; 2. 水泵节中间隙过大; 3. 叶轮损坏; 4. 转速不够	1. 换用级数较多的深井泵,并增加 1～2 节泵管及传动轴; 2. 调节叶轮轴向间隙; 3. 将水泵吊出,更换叶轮; 4. 找出原因并加以解决
扬程不定	1. 水泵节中间隙过大; 2. 叶轮损坏	1. 调节叶轮轴向间隙; 2. 将水泵吊出,更换叶轮
耗用功率过大	1. 水泵节中缺少必要的叶轮间隙,叶轮与导水节的表面互相摩擦; 2. 水泵装置有弯曲的部分,传动轴至传动处的摩擦力过大; 3. 水泵装置的吸水量过大	1. 调节叶轮间隙; 2. 重新安装; 3. 卸去一级叶轮,减少水泵的输水量,以适应电动机的额定功率

第八章　冻结壁的形成、控制与解冻技术

第一节　冻结站的设计与布置

一、冻结站设置模式

冻结站的设置模式根据一个冻结站服务井筒的个数可分为两种,即单井设置模式和多井设置模式。只服务于一个井筒时为单井设置模式,多个井筒共用一个冻结站时为多井设置模式。边界风井及矿井改扩建工程中,一般只有一个独立的井筒施工,此时只设一个冻结站即可。矿井工业广场内有多个井筒时,应尽量共用一个冻结站;只有当井筒较多且同期施工、各井筒相距较远时或者多个冻结单位承担不同井筒冻结时,方可考虑设多个冻结站。

确定冻结站设置模式需考虑以下因素:

(1) 技术经济因素。多个井筒同时施工时,是设一个还是两个冻结站,应从技术经济角度进行合理分析和可行性比较分析。

(2) 需冻结井筒的数目。在只有一个井筒的情况下,只能一个井筒设一个独立的冻结站。

(3) 井筒需要的制冷量。当一个井筒需要的制冷量很大,一个冻结站难以满足要求时,则需设多个冻结站。

(4) 冻结单位的设备能力。冻结单位的设备能力难以达到多个井筒同时冻结的要求时,可设多个冻结站。

(5) 井筒开工时间。多个井筒短时间内相继开工,一个冻结站难以保证足够的制冷能力时,需设多个冻结站。在多个井筒相继开工且积极冻结期能相互错开、甚至相继冻结的情况下,可设置一个冻结站。

(6) 管理因素。在很多情况下,井筒掘砌单位与冻结单位不是一家公司,施工中会产生一些工艺与技术上的协调问题,为便于施工协调管理,当某公司同时具有冻结和掘砌能力时,则在综合平衡优化的基础上可考虑一个井筒的冻结与施工由一家公司负责。如丁集矿有主井、副井和中央风井 3 个井筒,其中风井井筒的冻结和掘砌均由中煤第五建设有限公司承担,且仅负责风井的冻结工程,主井、副井冻结则由开滦建设(集团)有限责任公司制冷工程处承担。

二、冻结站位置的选择

冻结站位置的选择有以下要求:

(1) 不应妨碍井筒掘进时提升绞车房和稳车的布置。

（2）避开掘进排矸运输线路和广场运输线路。

（3）盐水干管的弯头少,冷却水排泄方便。

（4）服务于多个井筒时,在距离上应尽量兼顾两个井筒。

（5）不能离井口太近,但也不应太远,一般以 50 m 左右为宜。

（6）应布置在地下水流方向的上游。

（7）应服从于矿井的总体部署,尽量不影响永久建筑物的正常开工。

（8）尽可能利用车间、仓库等矿井大型永久建筑物,以减少大型临时工程。

（9）供冷、供电、供水、排水方便。

（10）符合防火、通风等安全规程的要求。

三、冻结主要设备选择

制冷设备包括压缩机、冷凝器、蒸发器、中间冷却器、油氨分离器、储氨器、集油器、节流阀、氨液分离器和除尘器等。

（1）压缩机

氨压缩机是制冷系统中最主要的设备。氨压缩机就其工作原理可分为活塞式、离心式和螺杆式三种,我国冻结法施工中主要采用活塞式和螺杆式氨压缩机。

① 活塞式氨压缩机。

活塞式氨压缩机按标准制冷能力分为小型机（<60 kW）、中型机（$60\sim600$ kW）和大型机（600 kW 以上）;按气缸中心线的位置分为卧式、立式和斜式,斜式又分为 V 型、W 型和 S 型。我国冻结法施工常用的压缩机有 100、125、170、250 等系列。

② 螺杆式氨压缩机。

螺杆式氨压缩机是一种回转式压缩机,在机体内平衡地配置着一对互相啮合的螺旋形转子,气体的压缩依靠容积的变化来实现,而容积的变化又是借助压缩机的一对转子（主动转子和从动转子）在机壳内做回转运动来达到。其标准制冷能力在 $580\sim2\,300$ kW。

螺杆式氨压缩机可靠性高、寿命长、操作维护方便、动力平衡性好（几乎无振动）、体积小、质量轻、占地面积少,适于做移动式制冷设备。

（2）冷凝器

冷凝器用于冷却氨,将氨由气态变为液态,是制冷系统中的主要热交换设备之一。

冷凝器有立式、淋水式、卧式及组合式几种。冷凝器内装有许多支冷却水管,冷却水从冷凝器上端经冷却水管下淌,使管壳内过热蒸气氨液化。

冷凝器按冷却介质不同,可分为水冷式（图 8-1）、空气冷却式和蒸发式（图 8-2）三大类。水冷式以水作为冷却介质,靠水的温升带走冷凝热量。受热后的水由水泵送入冷却塔冷却后循环使用。

（3）蒸发器

蒸发器是制冷系统中的热交换设备,被放置在盐水箱内,液氨在其内蒸发变为饱和蒸气,吸收周围盐水的热量,使盐水温度降低。

（4）中间冷却器

中间冷却器是两级压缩中不可缺少的热交换设备,其作用有三个:冷却低压机排出的过热蒸气氨,变成具有中间温度的饱和蒸气氨,再送到高压机吸收;过冷来自冷凝器的饱和液

图 8-1　水冷式冷凝器

图 8-2　蒸发式冷凝器

态氨,提高制冷效率;分离液氨和油脂。

（5）节流阀

节流阀主要对高压制冷剂进行节流降压,保证冷凝器与蒸发器之间的压力差,以便使蒸发器中液体制冷剂在要求的低压下蒸发吸热,从而达到制冷降压的目的;同时,使冷凝器中的气态制冷剂在给定的高压下放热、冷凝。另外,节流阀用以调整供入蒸发器的制冷剂的流量,以适应蒸发器热负荷的变化,使制冷装置更加有效地运转。

（6）其他辅助设备

辅助设备包括油氨分离器、储氨器、氨液分离器、盐水泵及盐水循环系统管网等,它们也是保证冻结工程正常运行不可缺少的设备。

四、冻结站布置

冻结站是安置冻结制冷系统和设备的场所。冻结站从总体上分为室内和室外两大部分,除储氨罐、冷凝器和冷却水循环系统布置在室外外,盐水箱（蒸发器）、盐水泵、低高压压缩机和中间冷却器等其他设备均布置在室内。

氨压缩机一般布置在冻结站的中心,一个冻结站由若干套制冷单元组成,一个单元形成一个制冷循环,各单元之间由管路连接,并入干管送往井口。

袁店二矿西风井冻结站内设备布置如图 8-3 所示。

五、冻结干管选择与布设

（1）冻结干管的布设

冻结干管指从冻结站至井口的盐水输送管路,包括去路干管和回路干管。干管的直径和数量需根据盐水流量确定。

干管的趟数主要依据需要的盐水流量确定。多圈管布置时,主冻结孔单独设一趟去、回路干管,辅助孔（包括防片帮孔）设一趟去、回路干管。

干管的布设方式有三种,即架空、地面和地沟,选择时主要考虑温度的损耗、冻结站与井筒之间的道路交通情况。架空式很少采用,过去一般采用地沟铺设的方式。随着保温材料技术性能的提高,现大多采用地面铺设的方式,这样可省去挖砌沟槽的费用;当有道路与管路相交时,则道路采用桥式跨越。

图 8-3　袁店二矿西风井冻结站内设备布置图

冻结干管的保温十分重要,若保温效果不好,刚冷量损耗可高达 20%。目前,常用的隔热材料有聚苯乙烯泡沫塑料、聚氯酯泡沫塑料和聚氯乙烯泡沫塑料等。

(2)集配液圈的布置

当采用单圈管冻结时,设单趟去路、回路干管,井口的集配液圈布置如图 8-4(a)所示。当采用多圈管冻结时,干管需设双去双回 4 趟干管,如图 8-4(b)所示。

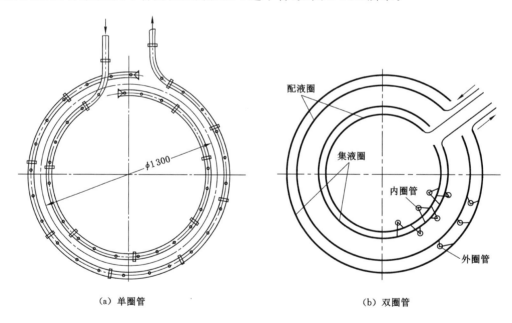

(a)单圈管　　　　　　　　　　　(b)双圈管

图 8-4　集配液圈管布置

第二节　冻结工程设计

一、冻结方案设计

（一）一次冻全深方案

一次冻全深方案是集中在一段时间内将冻结孔全深一次冻好，然后掘砌井筒。这种方案应用广泛，适应性强，能通过多层含水层。其不足之处是当浅部冻结壁达到设计值时，深部冻结壁已进入开挖区域，要求制冷能力大。

（二）分段（期）冻结方案

当一次冻结深度很大时，如矿山立井冻结，为避免使用过多的制冷设备，可将全深分为数段，从上而下依次冻结，叫分段冻结，又叫分期冻结。

分段冻结一般分为上、下两段，先冻上段，后冻下段，待上段转入维护冻结时，再冻下段，上段掘砌完毕后下段再转入维护冻结。分段冻结要求在分段处一定要有较厚的隔水层（黏土层）搭接，分段尽量要均匀，使每段供冷均衡。实施分段冻结时，冻结管内需布置长、短两根供液管，冻结上部时，关闭长管阀门，由短管输送低温盐水；冻结深部时则相反，关闭短管阀门，开启长管阀门，由长管输送低温盐水，这样即可实现分段冻结的目的。分段冻结期结构图如图 8-5 所示。

（三）长短管冻结方案

长短管冻结又叫差异冻结，即冻结管分长、短管间隔布置，长管进入不透水层 5～10 m，短管则进入风化带或裂隙岩层 5 m 以上。下部孔距比上部大一倍，因而上部供冷量比下部供冷量大一倍。上部冻结壁形成很快，有利于早日进行上部掘砌工作。待上部掘砌完后，下部恰好冻好，可避免深部冻实，减少冷量消耗，有利于提高掘砌速度，降低成本。

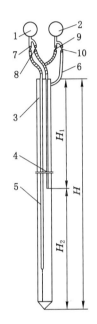

1—配液圈；2—集液圈；3—冻结管；

4—上段回液管；5—下段供液管；

6—上段供液管；7、8、9、10—阀门；

H_1、H_2—上、下冻结段；H—冻结深度。

图 8-5　分段冻结期结构图

长短管冻结方案适用于表土层很厚（200 m 以上）而需要较长时间冻结的情况；或浅部和深部需要冻结的含水层相隔较远，中间有较厚的隔水层的情况，如图 8-6（a）所示；或者表土层下部有较厚且含水丰富的风化基岩或裂隙岩层的情况，这样可避免在表土冻结后再用注浆法处理基岩段的涌水问题，如图 8-6（b）所示。

采用长短管冻结方案能缩短冲积层的冻结时间，可以提前开挖，节约钻孔和冻结费用。长、短管一般沿地下工程周围在同一圈径上一隔一交替布置。

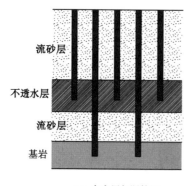
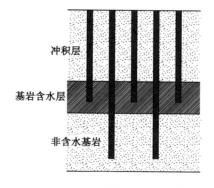

（a）含水层相隔较远　　　　　　　（b）冲积层下有含水岩层

图 8-6　长短管冻结示意图

二、冻结孔布置形式

冻结孔布置形式分单圈布置和多圈布置。如果要求冻结壁厚度较大、冻土平均温度低，单圈孔布置时无法满足冻结需要，应采用多圈管冻结，圈数根据冻结深度和冻结壁的厚度确定，一般为 2～5 圈。多圈布置时，根据地层情况，各圈起着不同的作用。早期的潘一矿、潘二矿和谢桥矿均采用单圈布置，由于冻结管断裂问题比较突出，从潘三矿开始改为 2 圈布置，之后又逐步扩大到 3 圈和 4 圈。

多圈孔布置时，各圈孔的作用不同，通常划分为三类：主圈孔，又叫主冻结孔，起主要冻结作用，深度最深；辅助冻结孔，加强冻结壁的强度，深度稍浅；防片帮冻结孔，加强浅部冻结，防止片帮，深度较浅。

（一）单圈孔布置

这是过去浅井施工时一直采用的布置方式。对于表土厚度在 200 m 以内的井筒，冻结孔宜采用单圈孔布置，布孔方式、管径大小及孔间距的大小应根据具体的地质状况和施工要求进行设计。潘一矿副井单圈冻结孔布置如图 8-7 所示。

（二）双圈孔布置

对于表土厚度在 200～300 m 范围内、冻结壁厚度小于 6.0 m 的冻结井筒，冻结管宜采用"主圈孔＋辅助冻结孔"或"主圈孔＋防片帮冻结孔"的双圈孔布置方式。两圈孔的深度不同。

主圈孔的布置应根据地层情况、冻结壁厚度、冻结时间、冻土发展速度和钻孔允许偏斜等情况而定，其开孔间距为 1.2 m 左右，至冻结壁外锋面的距离为 2.0 m 左右。

辅助冻结孔的布置应根据冻结壁厚度、井筒最大掘进荒径和钻孔偏斜等情况而定，其开孔间距为 2.0～2.5 m，距最大掘进荒径的距离为 1.5 m 左右，深度进入风化带 5.0 m 左右。主圈孔对冻结壁的形成与维护起主要作用，并且在基岩段起封水的作用。辅助冻结孔的作用是降低冻结的平均温度、降低井帮温度，防止片帮，故兼有防片帮冻结孔的作用。根据情况，也可设置为"主圈孔＋防片帮冻结孔"形式。

顾桥矿风井冻结孔布置如图 8-8 所示。其中，外圈为主冻结孔，差异冻结，孔深 370 m/355 m；内圈孔为辅助冻结孔，圈径 15 m，孔深 322 m；内外圈间距 1.75 m。

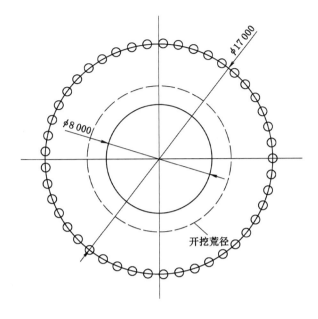

图 8-7　潘一矿副井单圈冻结孔布置

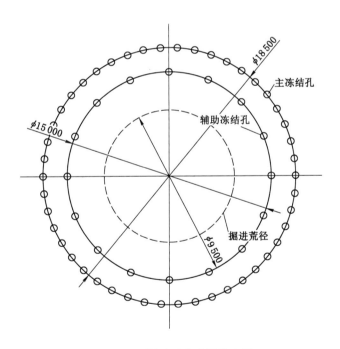

图 8-8　顾桥矿风井冻结孔布置

（三）三圈孔布置

这是大直径深厚表土层中应用最多的一种。对于表土厚度在 300～400 m 范围内、冻结壁厚度 6.0～7.5 m 的冻结井筒，冻结管的布置宜采用这种布置方式，其特点是主圈孔布置在最外圈，向内依次布置辅助冻结孔和防片帮冻结孔，三者孔深呈台阶状。这种布置方式与双圈孔布置方式相比增加了防片帮冻结孔，增设防片帮冻结孔的目的是有效防止井筒200 m以上地层片帮，达到提前开挖的目的。防片帮冻结孔的深度宜设在200 m左右井壁变径处，开孔间距为3.0～3.5 m，距掘进荒径的距离为1.5 m左右，严格控制内偏。青东矿东风井冻结孔布置如图8-9所示。其中，外圈为主冻结孔差异冻结，孔深305 m/255 m，圈径13.2 m；辅助冻结孔孔深240 m，圈径10.1 m；防片帮冻结孔孔深150 m，圈径9.5 m。

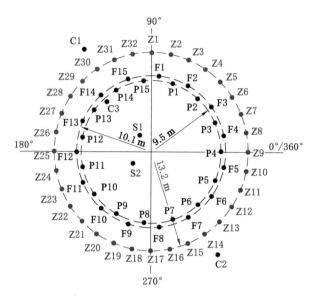

图8-9　青东矿东风井冻结孔布置

（四）四圈孔布置

对于表土厚度大于550 m、冻结壁厚度大于10.5 m的冻结井筒，冻结管的布置宜采用"外圈孔＋中圈孔＋内圈孔＋防片帮冻结孔"的四圈孔布置方式。

采用这种方式布孔时主圈孔的布置有两种选择，即布置在中圈或内圈，具体布置应依地质状况与施工经验而定。淮南矿区由于土层性质较差，黏土层膨胀性较大，易发生断管事故，因此主圈孔宜布置在中圈。如顾北主副井采用的就是这种方式（主井布置见图8-10），主圈孔布置在中圈。

外圈孔的主要作用是增大冻结壁厚度、降低冻结壁平均温度、增加冻结壁稳定性等。外圈孔的布置应根据地层、冻结壁厚度、冻结时间、冻土发展速度和钻孔允许偏斜等情况而定，其开孔间距为1.7 m左右，距冻结壁外锋面2.5～3.0 m。

防片帮冻结孔的作用是降低冻结壁平均温度、降低井帮温度、防止片帮和底鼓发生。防片帮冻结孔的布置应充分考虑井筒地层情况、掘进荒径大小和井筒掘砌施工工艺等情况，布孔方式宜采用长短管梅花形布置，即能保证浅部与中深部不片帮，达到提前开挖的目的。浅孔深度宜设在200 m左右井壁变径处，开孔间距为4.5 m左右，距掘进荒径的距离为1.5 m左右，控制内偏；深孔深度宜设在450 m左右井壁变径处，开孔间距为5.5 m左右，距掘进荒径的距离为1.5 m左右，控制内偏。

主圈孔对冻结壁的形成与维护起主要作用，并且在基岩段起封水的作用。主圈孔布置在中圈时，其布置应根据冻结壁厚度、内外圈孔布置和钻孔偏斜等情况而定，开孔间距为

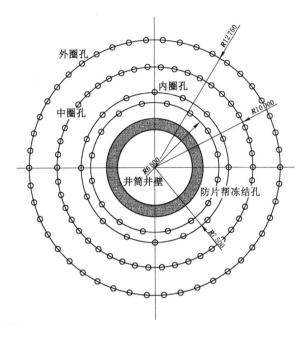

图 8-10 顾北矿主井冻结孔布置

1.4 m左右,深度进入不透水基岩 10.0 m 以上;与此对应的内圈孔布置则应考虑冻结壁厚度、主圈孔布置、井筒最大掘进荒径和钻孔偏斜等情况,其开孔间距为 2.0～2.5 m,离最大掘进荒径为 2.5～3.0 m,深度进入风化基岩 5.0 m 左右。主圈孔布置在内圈时,应根据冻结壁厚度、中圈孔的布置、井筒最大掘进荒径和钻孔偏斜等情况而定,其开孔间距为 1.4 m 左右,距最大掘进荒径为 2.5～3.0 m,深度进入不透水基岩 10.0 m 以上;与此对应的中圈孔的布置应根据冻结壁厚度、内外圈孔布置和钻孔偏斜等情况而定,其开孔间距为 1.6 m 左右,深度进入风化基岩 5.0 m 左右。

（五）五圈孔布置

随着冻结深度的增大,冻结孔的布置圈数也逐渐增多,尽管原淮南矿业集团（公司）所属煤矿尚未采用过五圈孔冻结,但在淮南新集国投能源公司所属的口孜东矿（位于淮南矿区以西的阜阳市境内）施工中,由于其表土层厚、冻结深度大,采用了五圈孔冻结。例如,口孜东矿副井净直径 8 m,冲积层厚 572 m,冻结深度 620 m,布置参数为:

外圈孔:圈径 33.5 m,63 个孔,深度 581 m,局部冻结（井深 362～578 m）。

中圈孔:圈径 26.3 m,59 个孔,深度 620 m,为主冻结孔。

内圈孔:圈径 19.0 m,28 个孔,深度 572 m,为辅助孔。

外圈防片帮冻结孔:圈径 15.6 m,9 个孔,深度 470 m,

内圈防片帮冻结孔:圈径 13.4 m,9 个孔,深度 220 m,与外圈防片帮冻结孔插花布置。

三、冻结参数设计

冻结参数包括冻结深度、冻结壁厚度、安全掘进段高、钻孔布置、冻结站制冷能力、冻结时间和冻结井筒地下用管等。

（一）冻结深度

冻结深度主要依据井筒的水文地质特性确定，井筒冻结深度（主冻结管深度）关系到井筒进入基岩段施工的连续性和井筒冻结段施工的安全性。冻结深度不够，进入基岩风化裂隙带后，容易发生安全事故。

《煤矿井巷工程施工标准》（GB/T 50511）规定，立井井筒的冻结深度应根据地层埋藏条件及井筒掘砌深度确定，并应深入稳定的不透水基岩 10 m 以上；单圈冻结孔、多圈孔的主冻结孔的深度不应小于井筒冻结深度，且冻结深度不超过 300 m 时深入不透水基岩 10 m，300～400 m 时深入不透水基岩 10～12 m，400～500 m 时深入不透水基岩 12～14 m，超过 500 m 时深入不透水基岩 14～18 m；辅助冻结孔深度应穿过冲积层深入基岩风化带 5 m 以上；防片帮冻结孔深度宜满足井筒连续施工的要求。

内圈冻结孔及防片帮冻结孔的设计深度，既要考虑满足井筒的早日开挖，防止掘进过程中的井筒片帮，同时应该考虑井筒的变径、掘进速度和连续施工要求等方面。采用"三同时"作业时，须满足基岩段地面预注浆岩帽交错最小长度的要求。

（1）冲积层下部基岩风化严重，并与冲积层有水力联系，涌水量大，这时应连同风化层一起冻结，且冻结孔还要深入不透水基岩 5 m 以上。

（2）冲积层底部有较厚的隔水层，而基岩风化不严重，冲积层地下水未连通时，冻结孔深入弱风化层 10 m 以上。

（3）地下工程深度不大，穿入的基岩层不厚，风化带与冲积层地下水连通，涌水量又比较大时，可选用全深冻结。

（二）冻结壁厚度

冻结壁在掘砌施工中起临时支护作用，其厚度取决于地压大小、冻土强度及冻结壁变形特征。冻结壁厚度设计可根据维亚洛夫-扎列茨基公式（有限长极限强度理论公式）进行计算。

$$E = \frac{k\sqrt{3}\,(1-\xi)\,ph}{\sigma_t^1} \qquad (8\text{-}1)$$

式中　ξ——固结系数，取 0.2；

　　　p——地压，MPa；

　　　h——掘砌段高，m；

　　　σ_t^1——冻土允许抗压强度，MPa；

　　　k——安全系数，取 1.1。

（三）安全掘进段高

安全掘进段高公式推荐使用维亚洛夫-扎列茨基公式：

$$h = \frac{E\sigma}{\eta p} \qquad (8\text{-}2)$$

式中　h——按变形条件计算的安全掘进段高，m；

　　　σ——黏土层的冻土持久抗压强度或计算强度，MPa；

　　　η——工作面冻结状态系数，取 0.865～1.732；

　　　p——地压，MPa。

（四）钻孔布置

冻结施工中的钻孔按用途分为三种：冻结孔、水文观测孔和测温孔。

（1）冻结孔

冻结孔方向为竖向且与井筒呈同心圆等距离布置，其圈径大小由井筒直径、冻结深度、钻孔允许偏斜率和冻结壁厚度来确定。冻结孔布置圈径可按式（8-3）计算：

$$D_d = D_j + 2(\eta E + eH) \tag{8-3}$$

式中　D_d——冻结孔单圈布置圈径，m；

　　　D_j——冻结段最大掘进直径，m；

　　　η——冻结壁内侧扩展系数，取 $0.55 \sim 0.60$；

　　　E——冻结壁厚度，m；

　　　H——冻结深度，m；

　　　e——冻结孔允许偏斜率，一般要求<0.3%。

冻结孔布置圈径确定后，就可根据冻结孔间距确定出冻结孔的数目，冻结孔间距通常取 $0.9 \sim 1.3$ m。冻结孔数目按式（8-4）计算：

$$N = \frac{\pi D_d}{L} \tag{8-4}$$

式中　N——冻结孔数目，个；

　　　L——冻结孔间距，一般取 $L = 1.0 \sim 1.3$ m。

在钻孔过程中，若钻孔偏斜过大，应根据冻结孔交圈图分析，超出终孔要求间距应打补充孔加强冻结。

（2）水文观测孔

为了掌握冻结壁交圈时间，合理确定开挖时间，需要在冻结区域内布置一定数量的水文观测孔。立井冻结时，一般在距井筒中心 1 m 远的位置，以不影响掘进时井筒测量为宜。孔数为 $1 \sim 2$ 个，其深度应穿过所有含水层，但不应大于冻结深度或超出井筒。利用水文观测孔判断冻结壁交圈的原理是：当冻结圆柱交圈后，井筒周围便形成一个封闭的冻结圆筒，由于水结冰后体积膨胀，使水位上升并致溢出地面，故将水文观测孔溢水视为冻结圆柱交圈的重要标志。

对于水文观测孔的设计，其深度和数量应根据冲积层埋藏条件和冻结段掘砌工艺确定；其位置不应占据提升位置，深部水文观测孔的深度宜进入冲积层底部主要含水层中，但不得进入基岩中，也不得偏入井帮；冲积层中水位相差较大的含水层不宜采用混合报导水位方式，也不宜穿透，以免造成"暗流"影响冻结壁正常交圈，必须穿透时应做好隔离封水工作；一般报导水位的控制层位优选顺序是粉砂、细砂、中砂、粗砂、砾石。

（3）测温孔

为确定冻结壁的厚度和开挖时间，在冻结壁内必须打一定数量的测温孔，根据测温结果（冻结壁温度与时间的关系）分析判断冻结壁锋面即零度等温线的位置。测温孔的数量应根据冻结壁厚度和冻结孔圈数确定，目前一般为 $3 \sim 5$ 个。对于测温孔的设计，其应布置在冲积层中终孔（成孔）间距偏大（或较大）的冻结孔界面上；单圈孔、双圈孔、三圈孔冻结时的测温孔数分别不应少于 3 个、4 个、5 个;冻结壁外侧宜布置 1～2 个,内侧 1～3 个应分别布置于各冻结圈孔间距最大部位;防片帮冻结孔与井帮之间的测温孔深度应大于防片帮冻结孔冻结深度 5 m 以上,其余部位的测温孔深度应大于冲积层厚度 10 m 以上。

（五）冻结站制冷能力与装机容量

冻结站应用于一个井筒时,冻结站实际制冷能力按下式计算:

$$Q_0 = \lambda \pi d N_d H_d q \tag{8-5}$$

式中　Q_0——冻结一个井筒时的实际制冷能力,kW;

　　　λ——管路冷量损失系数,一般取 1.10～1.25;

　　　d——冻结管内直径,m;

　　　N_d——冻结管数目;

　　　q——冻结管的吸热率,一般取 $q=0.26～0.29$ kW/m²;

　　　H_d——冻结管长度,m。

一个冻结站服务于两个相近的、需同时冻结的井筒时,一般将两个井筒安排为先后开工,以错开积极冻结期,即第二个井筒在先开工井筒进入维护冻结期后才开始冻结。一般副井直径比主井大,需要冷量多,这样可先冻副井。此时,总制冷能力按先开工井筒所需制冷能力的 25%～50% 与后开工工程所需制冷能力之和计算,即:

$$Q_0 = Q_{0f} + (0.25 \sim 0.50)Q_{0z} \tag{8-6}$$

式中　Q_0——冷冻站实际制冷量,kW;

　　　Q_{0f}——副井积极冻结所需制冷量,kW;

　　　Q_{0z}——主井积极冻结所需制冷量,kW。

随着投资方对建井工期的要求,井筒冻结段施工工艺日趋完善,施工速度不断加快。传统的井筒需冷量计算,在选定相关参数时,受经验数据的离散性和各参数选定误差的叠加及人为因素(单纯考虑设备投入)的影响,冻结需冷量计算结果偏小,冷冻站实际装机能力不足。从投资效益的角度分析,将来同一矿井井筒开挖时间基本同时,实际需冷量应按单个井筒需冷量之和计算。

（六）冻结时间计算

立井井筒冻结时间经验计算公式为:

$$t_d = \frac{\eta_d E}{v_d} \tag{8-7}$$

式中　t_d——冻结时间,d;

　　　E——冻结壁设计厚度,mm;

　　　η_d——冻结壁向井筒或隧洞中心扩展系数,取 $\eta_d=0.55～0.60$;

　　　v_d——冻结壁向井筒或隧洞中心扩展速度,根据现场经验,砾石层中 $v_d=35～45$ mm/d,砂层中 $v_d=20～25$ mm/d,黏土层中 $v_d=10～16$ mm/d。

该方法简单可靠,在施工现场广为采用。

开始冻结后,必须经常观察水文观测孔的水位变化。只有在水文观测孔冒水 7 d、水量正常,确认冻结壁已交圈后,方可进行试挖。冻结和开凿过程中,要经常检查盐水温度和流量、井帮温度和位移,以及井帮和工作面渗漏盐水等情况。检查应有详细记录,发现异常,必须及时处理。掘进施工过程中,必须有防止冻结壁变形、片帮、掉石、断管等安全措施。只有在永久支护施工全部完成后,方可停止冻结。

（七）冻结井筒地下用管

冻结井筒地下用管主要包括冻结孔、测温孔和水文观测孔用管。冻结孔外管、测温孔和水文观测孔用管均为无缝钢管,供液管（冻结孔内管）为聚乙烯塑料管。冻结管直径大小与盐水吸热能力有关,过去多为 $\phi108\sim139$ mm 钢管,现在多用 $\phi139\sim189$ mm 钢管;型号多为 $\phi108$ mm$\times3$ mm、$\phi127$ mm$\times6$ mm、$\phi139$ mm$\times(6\sim7)$ mm、$\phi159$ mm$\times(6\sim8)$ mm 等,最大为 $\phi168$ mm$\times6$ mm。深井冻结时,浅部用较粗的管子,深部用稍细的管子。

水文观测孔用管型号多为 $\phi108$ mm$\times(4\sim5)$ mm,测温孔用管型号多为 $\phi127$ mm$\times7$ mm。

供液管应用最多的是 $\phi75$ mm$\times6$ mm 聚乙烯(PE)塑料管。

第三节　冻结壁的形成

一、冻结壁形成的有关参数

（一）冻结壁交圈时间

冻结前,同一深度的地层具有相同的原始温度。冻结开始后,通过冻结管把冷量传给地层,在冻结管周围产生降温区,形成以冻结管为中心的冻结圆柱,并逐渐扩大直至相邻的冻结圆柱连接成封闭的冻结圆筒。

冻结壁的交圈时间主要与冻结孔间距、盐水温度、土层性质、冻结管直径、地层原始温度,以及冻结器环形空间内盐水运动状态等因素有关。根据国内冻结壁形成的试验资料,交圈时间随着冻结孔间距的增大而延长,随着土层颗粒的变粗以及冻结管直径的增大而缩短。当冻结管直径为 159 mm 时,冻结壁的交圈时间参见下式。

$$t = \frac{C_1 \gamma_1 l^2}{2\mu\lambda_1}(At_n + B) \tag{8-8}$$

$$t = \frac{\sqrt{\left(\dfrac{E}{2}\right)^2 + \left(\dfrac{l}{2}\right)^2}}{v} \tag{8-9}$$

式中　t——交圈时间;

$\quad C_1$——冻土比热容;

$\quad \gamma_1$——冻土重力密度;

$\quad \lambda_1$——冻土导热系数;

$\quad l$——冻结孔间距,取最大孔间距;

$\quad t_n$——地温;

$\quad A$、B——试验系数,当盐水温度为-30 ℃时,取 $A=0.093$,$B=0.07$;

$\quad E$——冻结壁厚度;

$\quad v$——冻结壁扩展速度。

（二）冻结壁厚度增长值

(1) 冻结壁交圈初期,主面冻结壁比界面冻结壁的厚度大得多。交圈后,界面冻结壁受相邻冻结管传递冷量的影响而以较快的速度增长,并逐渐赶上主面冻结壁厚度。

(2) 冻结壁厚度增长值随着冻结管间距的增大而减小。

(3) 冻结壁厚度增长值随着土层颗粒的变细而减小,砂性土层比黏性土层的冻结壁厚度大。

(4) 当冻结盐水温度维持不变时,外侧冻结壁厚度在较长时间内(一年以上)随着冻结时间的延长而增大。

(5) 冻结壁刚交圈时,内外侧厚度基本相同。随着冻结时间的延长,外侧厚度占冻结壁总厚度的百分数逐渐减小。当内侧冻结壁扩至井帮后,外侧厚度占冻结壁有效厚度或设计厚度的百分数却随着时间的延长而增大。

(三) 冻结壁扩展速度

冻结壁扩展速度主要取决于土层性质、冻结管直径、冻结孔间距、冻结时间、盐水温度及其在冻结管环形空间内的运动状态。由实测资料分析得出:

(1) 冻结壁的平均扩展速度随着冻结孔间距的增大而减慢。

(2) 冻结壁交圈初期,界面冻结壁内外侧厚度的扩展速度基本相同。随着冻结的延续,外侧冻结壁的扩展速度逐渐减慢,而内侧冻结壁的扩展速度基本保持不变或略有增长。

(3) 粗颗粒土壤较细颗粒土壤的冻结速度快,砂砾、粗中砂、中细砂、细砂、粉砂、砂质黏土、黏土的冻结速度依次减慢,钙质黏土、铝质黏土以及钻井泥浆的扩展速度最慢。盐水为紊流状态时,冻结壁的扩展速度约为层流状态时的 1.3(冻结初期)~1.2 倍(冻结后期)。

(四) 冻结壁平均温度

根据试验实测资料,冻结壁平均温度主要取决于盐水温度、冻结孔间距、冻结壁厚度、井帮冻土温度和冻结管直径等因素,其特点是:

(1) 主面冻结壁比界面冻结壁的平均温度低,二者的差值随着冻结壁厚度的增大而减小。当界面冻结壁厚度超过 6 m 后,主、界面冻结壁平均温度的差值小于 1 ℃。深井冻结可近似地采用界面冻结壁平均温度计算冻结壁强度。

(2) 冻结壁平均温度随着冻结盐水温度的降低而降低。

(3) 冻结壁平均温度随着冻结孔间距的增大而上升。

(4) 冻结壁平均温度随着冻结管的增大而降低。

一般冻结管直径每增大(或缩小)8 mm,冻结壁的平均温度约降低(或升高)0.1 ℃。

(5) 冻结壁是按下部地压较大和不利于冻结的地层冻结强度进行设计的。当井筒开凿至设计控制地层时,冻土已扩入掘进直径以内,井帮土壤为负温的冻结壁有效厚度的平均温度比按冻结壁厚度边界线计算的平均温度低。井帮冻土温度每降低 1 ℃,冻结壁有效厚度的平均温度将降低 0.25~0.3 ℃。

$$t_z = \frac{0.55R}{v_i} = \frac{\sqrt{(L_{max}/2)^2 + (0.55E)^2}}{v_i} \tag{8-10}$$

$$T_i = \frac{T_c' \ln \frac{r_2}{r}}{\ln \frac{r_2}{r_1}} \tag{8-11}$$

式中　t_z——积极冻结期计算时间,d;

　　　　R——设计冻结壁最大扩展半径,m;

　　　　v_i——积极冻结期内冻结壁内外侧扩展速度,m/d;

　　　　L_{max}——设计冻结孔允许最大间距,m;

　　　　E——冻结壁计算厚度,m;

　　　　T_i——不同冻结期的测温孔实测温度,℃;

　　　　r——测温孔至冻结管中心的距离,m;

　　　　r_1——冻结管内半径,m;

　　　　r_2——冻结圆柱半径,m;

　　　　T'_c——冻结管表面温度,℃。

（五）积极冻结期

积极冻结期是指冻结器开始循环低温盐水,至冲积层最大地压水平的冻结管最大间距处的冻结壁达到设计厚度（界面）和强度的时间。

由于冻结壁厚度的增长速度除与盐水温度、冻结孔间距、土层性质、冻结管直径,以及地层原始温度、地下水流速等因素有关外,还随着本身厚度的增大而减慢。随着计算机应用技术的发展,可根据有关参数建立数学模型,开发冻结计算软件,计算出冻结壁主面、界面情况。

二、不同土质冻结壁交圈时间参考值

冻结壁交圈时间参考值见表 8-1。

表 8-1　冻结壁交圈时间参考值　　　　　　　　　　　　　　　　　　单位:d

冻结孔间距/m	1.0	1.3	1.5	1.8	2.0	2.3	2.5	2.8	3.0	3.3	3.5	3.8	4.0
粉细砂	10	15	22	35	44	58	67	82	94	114	128	150	166
细中砂	9.5	14	21	33	42	55	64	78	89	108	121	142.5	158
粗砂	8.5	13	19	30	37	49	57	70	80	97	109	128	141
砾石	8	12	18	28	35	46	54	66	75	91	102	120	133
砂质黏土	10.5	16	23	37	46	61	70	86	99	120	134	158	174
黏土	11.5	17	25	40	51	67	77	94	108	131	147	173	191
钙质黏土	12	18	26	42	53	70	80	98	113	137	154	180	199

注:① 盐水温度为 $-25\ ℃$;② 冻结管直径为 $159\ mm$;③ 当冻结管直径为 d_i(mm)时,则冻结壁交圈时间 $t_i = 159/d_i$ 乘以表中的数值。

三、冻结壁形成规律的数值模拟研究

（一）温度场模拟的热力学理论

研究冻结温度场主要有 4 个目的:

（1）求冻结壁的平均温度，为确定冻土强度提供依据；

（2）确定冻结锋面的位置，用以计算冻结壁的厚度；

（3）计算热量，为确定冷冻站的制冷能力提供依据；

（4）确定冻结壁的扩展速度，为估算所需积极冻结时间提供参考。

近百年来，利用解析分析、数值计算、模拟试验和现场实测手段，对冻结温度场进行了深入的研究，取得了很大的进展。但是，由于冻结温度场问题的复杂性，至今仍有许多问题尚未得到充分的研究。在各种研究方法中，解析分析方法仅能对非常简化的模型求解，所得结果一般只能是定性的；现场实测受工程条件与费用所限，难以得到温度场的全貌，它可作为实验和数值模拟成果的验证；数值模拟和相似模拟方法是研究冻结温度场的有效手段。

立井冻结温度场的求解问题是一个有相变、移动边界、内热源且边界条件复杂的不稳定导热问题。一般将立井冻结温度场简化为平面轴对称问题。

（二）温度场有限元模拟原理

考虑热传导现象，根据能量守恒原理，空间任一微分单元体内，因热传导而聚集的热量与单元体本身产生的热量之和，必然等于该单元体温度升高所容纳的热量。其数学表达式，即热传导微分方程为：

（空间热传导）
$$\alpha\left(\frac{\partial^2 T}{\partial x^2}+\frac{\partial^2 T}{\partial y^2}+\frac{\partial^2 T}{\partial z^2}\right)+\frac{Q}{c\rho}-\frac{\partial T}{\partial \tau}=0 \tag{8-12}$$

（平面热传导）
$$\alpha\left(\frac{\partial^2 T}{\partial x^2}+\frac{\partial^2 T}{\partial y^2}\right)+\frac{Q}{c\rho}-\frac{\partial T}{\partial \tau}=0 \tag{8-13}$$

利用变分法中的欧拉公式，可在相同的初始条件和边界条件下，使热传导微分方程等价于下述泛函取最小值：

$$\Phi(T)=\iiint_G\left\{\frac{\alpha}{2}\left[\left(\frac{\partial T}{\partial x}\right)^2+\left(\frac{\partial T}{\partial y}\right)^2+\left(\frac{\partial T}{\partial z}\right)^2\right]+\left(\frac{\partial T}{\partial \tau}-\frac{Q}{c\rho}\right)T\right\}\mathrm{d}x\mathrm{d}y\mathrm{d}z \tag{8-14}$$

$$\Phi(T)=\iint_G\left\{\frac{\alpha}{2}\left[\left(\frac{\partial T}{\partial x}\right)^2+\left(\frac{\partial T}{\partial y}\right)^2\right]+\left(\frac{\partial T}{\partial \tau}-\frac{Q}{c\rho}\right)T\right\}\mathrm{d}x\mathrm{d}y \tag{8-15}$$

取最小值的条件为：

$$\frac{\partial \Phi(T)}{\partial T}=0 \tag{8-16}$$

有限单元法求解温度的实质是，把区域 G 划分为有限个单元体，以单元体的节点温度为参数，选取简单的代数式表示单元体内的温度场。各单元的温度场拼集起来，便是整个区域的温度场。为了使这种温度场近似于实际温度场，需做到以下 3 点：

（1）每个节点的温度必须近似于该处的实际温度；

（2）单元体的大小必须与温度梯度相适应，温度变化急剧的部位，单元体应划分得小；

（3）在单元的界面上温度变化保持连续。

第（2）、（3）点可通过划分单元及选取温度函数来做到，而为做到第（1）点，应使温度 T 的泛函 $\Phi(T)$ 满足条件式(8-16)，其物理意义是，使区域 G 在热传导的任何瞬时，均处于稳定导热的热平衡状态。

模拟平面热传导,采用三角形单元网格划分较为方便,对单元网格做以下规定:

(1)冻结管所在节点,其温度按已知规律下降,预先给定;

(2)其他各节点在初始时刻,其温度均取地层原始温度;

(3)边界节点不受冻结管的影响,其温度保持不变;

(4)结冰区和未结冰区界面的温度,取土体结冰温度,在此界面上放出结冰潜热;

(5)结冰区和未结冰区各有确定的比热容、导热系数和导温系数。

ANSYS 热分析基于能量守恒原理的热平衡方程,即热力学第一定律:

$$Q - W = \Delta U + \Delta KE + \Delta PE \tag{8-17}$$

式中　Q——热量;

W——对外做功;

ΔU——系统内能;

ΔKE——系统动能;

ΔPE——系统势能。

对于多数工程传热问题,$\Delta KE = \Delta PE = 0$,通常考虑没有做功,即 $W = 0$,则有 $Q = \Delta U$;对于稳态热分析,$Q = \Delta U = 0$,即流入系统的热量等于流出的热量;对于瞬态热分析,$q = \mathrm{d}U/\mathrm{d}t$,即流入或流出的热传递速率 q 等于系统内能的变化。

数值计算软件热分析用有限元法计算各节点的温度,并导出其他热物理参数。本课题研究的冻结温度场是一个瞬态的过程,并在冻结过程中伴随着相变过程的发生,是一个较复杂的过程。在这个过程中系统的温度、热流率、热边界条件及系统内能随时间都有明显的变化。根据能量守恒原理,瞬态热平衡可以表达为:

$$[C]\{\dot{T}\} + [K]\{T\} = \{Q\} \tag{8-18}$$

式中　$[K]$——传导矩阵,包含导热系数、对流系数及辐射率和形状系数;

$[C]$——比热容矩阵,考虑系统内能的增加;

$\{T\}$——节点温度向量;

$\{\dot{T}\}$——温度对时间的导数;

$\{Q\}$——节点热流率向量,包含热生成。

(三)温度场数值模拟实例

以祁南煤矿东风井冻结法凿井为工程背景,以多圈管冻结的不同土性表土层为研究对象,基于冻结孔实际成孔位置,应用有限元软件 COMSOL Multiphysics 计算冻结温度场,得出温度场的时空演化规律。

(1)工程概况

祁南煤矿位于安徽省宿州市埇桥区祁县镇境内,北距宿州市约 23 km,南距蚌埠市约 70 km。其东风井平面位置位于矿井南侧,距离工业广场约 4.5 km,井筒地面标高 +22.4 m,井口标高 +24.0 m。井筒采用冻结法施工,井筒净直径 6 m,冻结深度 405 m,临时锁口 7 m,冻结段井筒掘砌长度 395 m,基岩段掘砌深度 48.7 m(含井底水窝 0.7 m),马头门两侧各 5.0 m。

冻结管相关设计参数见表 8-2。

表 8-2 冻结管主要技术参数

冻结孔类型	深度/m	布置直径/m	孔数/个	开孔间距/m
主冻结孔	385/405	18.0	22/22	1.285
辅助冻结孔	378	12.6	19	2.083
防片帮冻结孔	275	10.8	19	1.786

冻结孔、测温孔及水文观测孔的布置如图 8-11 所示,本次计算主面路径为两种:一种为计算路径同时通过主冻结孔和辅助冻结孔,称为主面 1;另一种为计算路径同时通过主冻结孔和防片帮冻结孔,称为主面 2。冻结孔剖面设计布置示意图如图 8-12 所示,其中包括 4 个测温孔,C1、C2 孔深 405 m,C3 孔深 390 m,C4 孔深 280 m;3 个水文观测孔,S1 孔深 36 m,S2 孔深 130 m,S3 孔深 230 m;单号主冻结孔共 22 个,孔深 385 m,双号主冻结孔共 22 个,孔深 405 m。

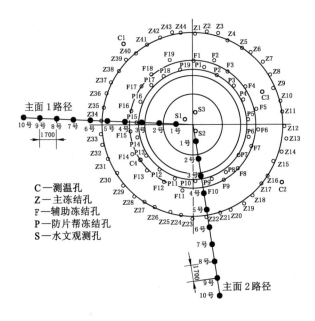

图 8-11 冻结孔布置与主面路径

(2)冻结温度场数学模型

立井冻结温度场是一个具有相变、移动边界、内热源且边界条件复杂的不稳定三维导热问题。冻结壁横向尺寸远小于纵向尺寸,且冻结壁纵向的热传导较微弱。因此,在分析冻结壁温度场时,可以将三维冻结温度场简化为二维平面冻结温度场问题。由热物理学和冻土学理论,得出立井冻结温度场的控制微分方程为:

$$\frac{\partial T_n}{\partial t} = a_n \left(\frac{\partial^2 T_n}{\partial r^2} + \frac{1}{r} \frac{\partial T_n}{\partial r} \right) \quad (t > 0, 0 < r < \infty) \tag{8-19}$$

式中 T_n——冻结温度场中任意一点的温度,℃;

t——冻结时间,d;

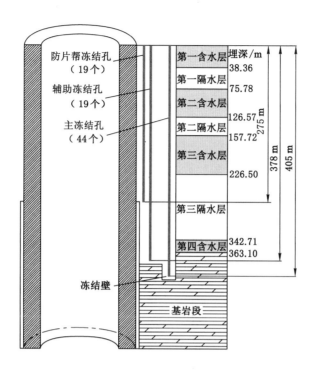

图 8-12　冻结孔剖面示意图

r——冻结区域内任意一点到井筒中心的距离,m;

a_n——导温系数 ,$a_n = \lambda_n / (\rho_n C_n)$,$m^2/s$;

λ_n——导热系数,$W/(m \cdot ℃)$;

ρ_n——密度,kg/m^3;

C_n——比热容,$J/(kg \cdot ℃)$;

n——土体的状态,$n=1$ 表示未冻土,$n=2$ 表示冻土。

在冻结开始前,地层温度的初始条件为:

$$T \mid_{t=0} = T_0 \qquad\qquad (8\text{-}20)$$

式中　T_0——土层的初始温度,℃。

在冻结过程中,冻结管壁与周围土层满足狄利克雷边界条件,其表达式为:

$$T_{(x_p, y_p)} = T_c(t) \qquad\qquad (8\text{-}21)$$

式中　(x_p, y_p)——冻结管管壁的坐标;

$T_c(t)$——冻结管内的盐水温度,℃。

距离冻结区域无穷远处满足狄利克雷边界条件,其表达式为:

$$T \mid_{r=\infty} = T_0 \qquad\qquad (8\text{-}22)$$

(3) 冻结温度场初值与边界条件

由冻结前现场实测的地层初始温度可知,埋深 218 m 钙质黏土、埋深 225 m 细砂层位以及埋深 259 m 砂质黏土层位的初始温度分别为 21.50 ℃、21.63 ℃和 22.56 ℃。冻结管的温度边界条件取现场实测的盐水温度,如图 8-13 所示。

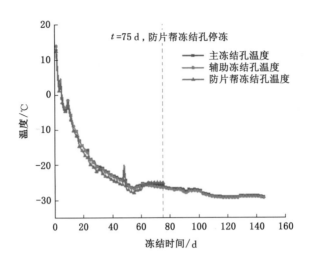

图 8-13　实测盐水温度

（4）数值计算模型的建立

祁南煤矿东风井的几何模型取直径为 80 m，并假设为均质且各向同性的土体，忽略地下水渗流对温度场的影响，且忽略井筒地层及冻结管的竖向传热，将冻结温度场简化为二维平面问题。

基于冻结孔的实际成孔位置建立冻结温度场有限元计算模型。有限元模型采用三节点三角形的二维实体热单元来进行网格划分。对井筒周围土体，将网格划分为更密集的单元，从而使计算结果更准确。在远离冻结管的区域，由于温度梯度变化较小，因此单元梯度变化稀疏。数值模型一共划分为 11 374 个单元，其中包括 340 个顶点单元、518 个边界单元。温度场数值模型网格划分如图 8-14 所示。

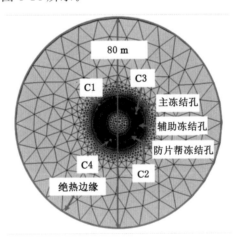

图 8-14　温度场数值模型网格划分

（5）计算结果及分析

① 模拟实测对比。

图 8-15 为埋深 259 m 砂质黏土层位的 4 个测温孔实测结果与对应位置的数值计算结果对比图,4 个测温孔模拟实测误差均在±2.0 ℃以内,模拟结果与实测结果具有较高的一致性,因此通过数值计算对各个层位冻结温度场的发展情况进行预测是完全可行的。

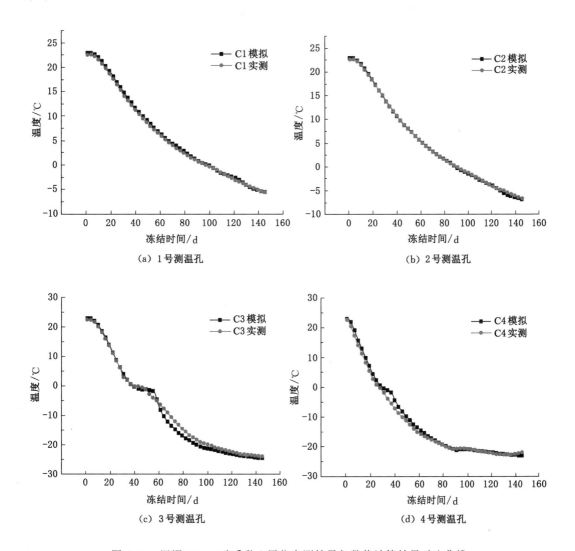

（a）1号测温孔　　　　　　　　（b）2号测温孔

（c）3号测温孔　　　　　　　　（d）4号测温孔

图 8-15　埋深 259 m 砂质黏土层位实测结果与数值计算结果对比曲线

② 冻结壁交圈情况

3 个层位冻结壁交圈时间分别为 37 d、48 d 和 44 d,交圈时冻结壁的分布范围及冻结温度场的云图如图 8-16～图 8-18 所示。

③ 有效冻结壁平均温度与厚度

有效冻结壁指扣除入荒径冻土后所剩下的那部分冻结壁,考虑冻结壁厚度的不均匀性,取不同方位的有效厚度,计算其平均值作为有效冻结壁厚度。冻结壁平均温度取冻结面上冻结壁温度在其面积上的加权平均值。

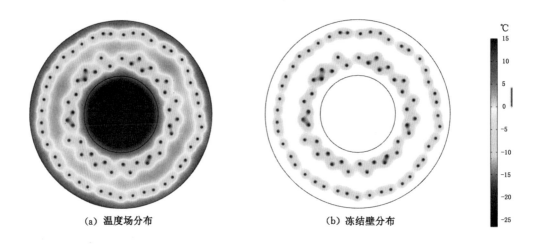

（a）温度场分布　　　　　　　（b）冻结壁分布

图 8-16　埋深 218 m 冻结 37 d 温度场云图

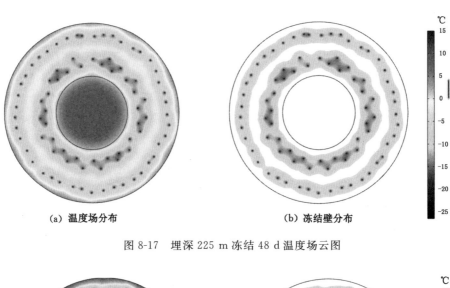

（a）温度场分布　　　　　　　（b）冻结壁分布

图 8-17　埋深 225 m 冻结 48 d 温度场云图

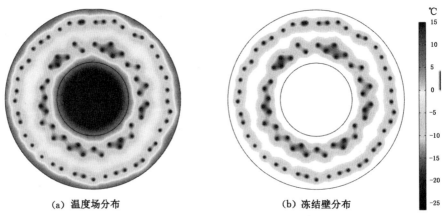

（a）温度场分布　　　　　　　（b）冻结壁分布

图 8-18　埋深 259 m 冻结 44 d 温度场云图

如图 8-19 所示,冻结壁有效平均厚度与冻结时间呈正相关关系,即冻结时间越长,冻结壁厚度越大。在冻结期内,埋深 218 m 钙质黏土层位冻结壁厚度以 0.010 5 m/d 的速度增长,埋深 225 m 细砂层位冻结壁厚度以 0.012 8 m/d 的速度增长,埋深 259 m 砂质黏土层位冻结壁厚度以 0.011 5 m/d 的速度增长,细砂层位的冻结壁发展速度要快于钙质黏土和砂质黏土,钙质黏土和砂质黏土的冻结壁发展速率大致相同。在冻结壁交圈初期其厚度的增加速度明显,原因是交圈初期冻结壁厚度由冻结管圈径以外和冻结管圈径以内同时向两侧扩展,当冻结壁扩展至开挖荒径以后,外侧冻土与周围土层接触,使其冻结壁发展速度变缓。在相同冻结时间和相同冷量情况下,细砂层位所形成的冻结壁厚度最大,砂质黏土形成的冻结壁厚度低于细砂,钙质黏土所形成的冻结壁厚度最小。各个层位所形成的冻结壁最终厚度均大于 6.2 m,满足设计需求。

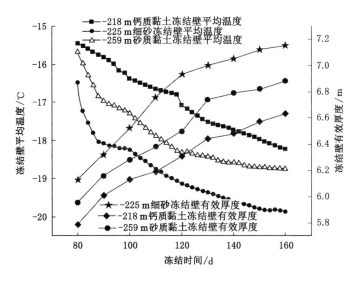

图 8-19 冻结壁有效厚度及平均温度与时间关系图

冻结壁的平均温度随着冻结时间的变化规律划分为两个阶段,在冻结 80～130 d 内冻结壁平均温度随冻结时间快速下降。埋深 218 m 钙质黏土层位冻结壁平均温度以 −0.032 50 ℃/d 的速度下降,埋深 225 m 细砂层位冻结壁平均温度以 −0.042 38 ℃/d 的速度下降,埋深 259 m 砂质黏土层位冻结壁平均温度以 −0.039 25 ℃/d 的速度下降。从冻结速度来看,埋深 225 m 细砂层位的冻结速度要快于埋深 259 m 砂质黏土层位,钙质黏土层位冻结效果最差,从最终冻结效果来看,埋深 225 m 细砂层位冻结壁最终平均温度最低,砂质黏土层位次之,钙质黏土层位最差。各个层位所形成的冻结壁在开挖时平均温度均低于 −15 ℃,满足设计需求。

④ 主界面温度场时空演化规律

图 8-20～图 8-22 为不同层位的冻结壁两个主面温度分布图。将冻结壁温度场沿径向划分为 A、B、C 三个部分,在相同冻结时间前提下,B 区的冻结速度大于 A 区,C 区冻结速度最慢。A 区是最靠近井筒中心的位置,冻结管距离该区域较远,但 A 区并未接触周围土体,且没有其他热源对其产生影响,因此 A 区冻结速度在 3 个区域里面适中;B 区位置介于主冻结孔与辅助冻结孔之间,在主冻结孔和辅助冻结孔冷量叠加的影响下,周围土体温度下降

得十分迅速,同时位于冻结孔之间的土体未接触外部热源,故 B 区内土体温度下降速度是最快的;C 区内土体直接与外部土体相接触,外部土层源源不断向该区域内土体提供热源,因此冻结速度最慢。对于不同层位的土体,处于同一冻结时间下的不同层位,主面都具有相同的规律,即细砂的降温效果最优,砂质黏土低于细砂,钙质黏土最差。

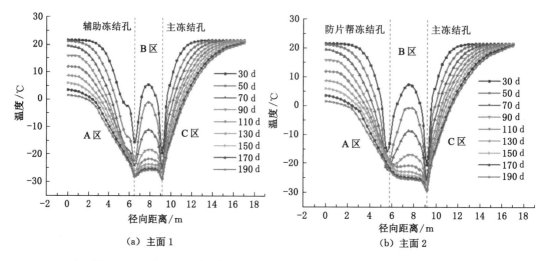

图 8-20　埋深 218 m 钙质黏土层位两个主面的温度随时空变化关系曲线

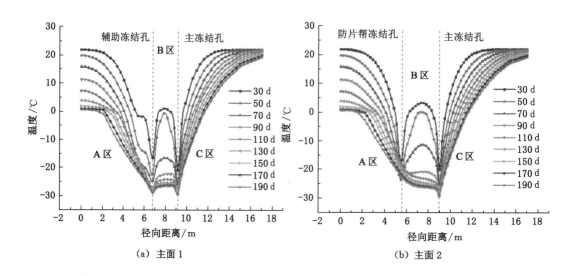

图 8-21　埋深 225 m 细砂层位两个主面的温度随时空变化关系曲线

⑤ 井帮温度

开挖到埋深 218 m、埋深 225 m 和埋深 259 m 三个层位的时间分别是冻结 116 d、120 d 和 130 d,因此本书分别提取模型中对应冻结天数的井帮温度与现场实测数据进行对比,模拟井帮温度和实测数据如表 8-3 所示。利用 COMSOL Multiphysics 软件分别提取埋深 218 m、埋深 225 m 和埋深 259 m 三个层位的井帮平均温度为 -6.51 ℃、-8.81 ℃ 和 -8.10 ℃,模拟井帮平均温度与实测井帮平均温度误差均在 1 ℃ 以内,根据《煤矿冻结法开

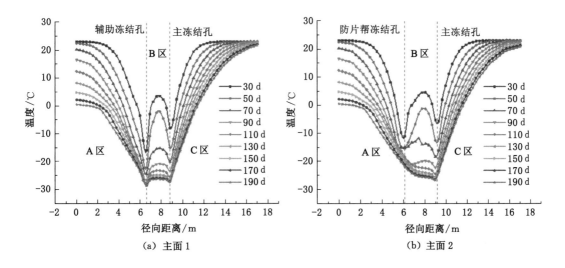

图 8-22　埋深 259 m 砂质黏土层位两个主面的温度随时空变化关系曲线

凿立井工程技术规范》(MT/T 1124),井筒垂深在 150～250 m 的掘进段高内的黏土层井帮温度应在 -8～-4 ℃ 内,因此模拟实测结果均符合规范要求。

表 8-3　三个层位的井帮温度计算结果与实测结果对比

冻结时间 /d	掘砌深度 /m	岩性		温度/℃								
				东	东南	南	东北	西	西南	北	西北	平均温度
116	218	钙质黏土	实测	-5.8	-6.5	-6.2	-6.3	-6.3	-7.8	-6.5	-6.6	-6.50
			模拟	-6.2	-6.4	-7.0	-6.8	-6.3	-6.6	-6.3	-6.5	-6.51
120	225	细砂	实测	-9.0	-8.6	-9.6	-9.1	-9.5	-10.5	-9.8	-10.0	-9.51
			模拟	-8.6	-9.1	-8.8	-8.9	-8.7	-8.9	-8.8	-8.7	-8.81
130	259	砂质黏土	实测	-8.2	-7.8	-8.3	-8.4	-8.8	-9.2	-8.5	-8.6	-8.48
			模拟	-8.3	-8.5	-8.0	-8.1	-8.0	-8.0	-7.9	-8.0	-8.10

(6) 结论

① 数值模拟结果与实测结果的变化规律基本一致,表明了采用数值模拟来演化煤矿立井冻结壁温度场的可靠性和可行性。

② 从测温孔实测数据可以看出,距离冻结孔越近的测温孔降温速度越快。在开挖至相应层位时,受混凝土水化热的影响,距离井壁越近的测温孔产生的温度变化幅度越大。

③ 在相同冻结时间条件下,冻结壁有效平均温度和平均厚度数值模拟结果均表明:细砂层位冻结效果最优,砂质黏土次之,钙质黏土最差。数值计算与现场实测均表明,冻结壁平均温度均低于 -15 ℃,冻结壁有效厚度均达到 6.2 m 以上,深部表土层(200 m 以下)开挖时井帮温度均在 -4 ℃ 以下,满足设计要求的相应指标值。

④ 冻结孔沿径向由内到外将冻结温度场划分为 3 个区域。同一冻结时间时,辅助冻结孔与主冻结孔之间的 B 区降温速度最快,井筒内 A 区降温速度次之,主冻结孔外的 C 区降

温速度最慢。

四、冻结壁形成规律的模型试验研究

针对钙质黏土层难冻结而造成冻结管断裂问题,以杨村矿深厚钙质黏土(埋深 425 m)为工程背景,开展相似模型试验,对该黏土层冻结温度场发展规律进行深入研究。

(一)试验设计

1. 基本假设

① 模型试验仅考虑冻结过程中土体内温度场的分布规律,不作力学特性分析,同时土体导热系数与应力无相关性;

② 认为土体是连续介质;

③ 土体初始温度为一等值常数(第一类边界条件),冻结管所截长度上保持恒等温。

2. 模型试验相似准则

依据现场实际工况和实验室现有试验条件,模型试验中冻结管选用 $\phi6$ mm 铜管,确定试验的几何相似常数 $C_l=35$,按此进行模型试验系统设计。试验所用模型箱尺寸为 $H=1.2$ m,直径 $D=1.6$ m,模型材料选用杨村现场的原状土样。根据量纲列出 π 项式和相似准则方程,由相似准则得出,时间相似比 $C_\tau=C_l^2$(即时间相似比为几何相似比的平方),温度相似比 $C_\theta=1$(即模型各点温度与原型各对应点温度相等),导热系数相似比 $C_{a_n}=1$,热传导相似比 $C_{\lambda_n}=1$;由于试验模型与原型采用同样数量的冻结管,因此冻结管散热系数相似比、冻结区段内冻结管数量相似比均为 1,即 $C_q=C_N=1$,冻结管外径相似比和冻结深度相似比为 $C_D=C_H=1$,从而热流量相似比 $C_Q=C_l^2$,冷媒剂流速 $v'=C_lv$(即冷媒剂在试验中的流动速度比工程实际流速高 C_l 倍)。冻结管布置参数和填土参数如表 8-4 和图 8-23 所示。

表 8-4 杨村煤矿模型及原型各几何参数

参数		原型	模型
外排孔	圈径/m	29.7	0.848
	孔数/个	55	32
	开孔间距/m	1.696	0.086
中排孔	圈径/m	23.3	0.666
	孔数/个	26/26	30
	开孔间距/m	1.407	0.072
内排孔	圈径/m	18.3	0.523
	孔数/个	26	15
	开孔间距/m	2.206	0.110
冻结壁厚度/m		10.7	0.306
酒精温度/℃		−32	−32
冻结管外径/mm		159	6
冻结壁平均温度/℃		−18	−18

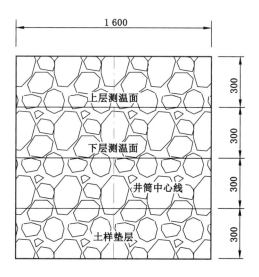

图 8-23　模型填土分布图

3. 测点布置

温度测点布置 2 个层位，一主一辅，每个层位布置 3 个面，分别为共主面、共界面和界主面，从内而外共主面、共界面布置 7 个测点，界主面布置 6 个测点。具体测点布置和各测点间距如图 8-24 所示。

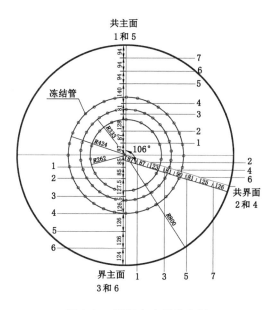

图 8-24　测温点水平分布图

4. 试验过程

本次试验环境温度 13 ℃，试验填土取自杨村矿原状钙质黏土，依据原状土的土性进行重塑填装，填土密度 $\rho = 2\,070$ kg/m³，含水率 25%，填土高 $h = 0.9$ m，在铁桶最底层设置 0.3 m 的钙质黏土垫层，然后间隔 0.3 m 布置测温点，共上、下两层。为防止填土过程中测温线发生扭转偏斜,使用木棍并准确标定测温点位置进行定位。试验冻结系统应用酒精箱、冷冻控制柜,测温系统采用温度传感器和数据采集器,试验过程分冻结和回温两个阶段进行。试验冻结管布置和模型如图8-25、图8-26所示。

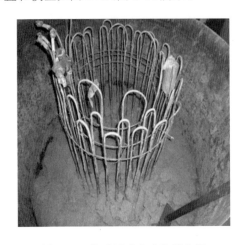

图 8-25 模型试验中冻结管布置

图 8-26 冻结试验模型

(二) 试验结果与分析

1. 冻结温度场时间效应

图 8-27(a)、(b)、(c)所示分别为上层测温面上共主面、共界面、界主面各测温点温降全过程。由于上、下两层测温面对应测温点上的温降变化趋势一致,故而选取上层测温面进行分析。

由图 8-27(a)可知:

(1) 冻结段

共主面上 A3、A4 号测点分别位于内排管与中排管、中排管与外排管之间,距离冻结管较近,随着冻结的进行,冷量叠加供应,温度下降最快,在正温区基本呈线性快速下降,负温区随着土体内自由水逐渐冻结,释放潜热,温降速率有所降低,前 16 h 平均温降速率分别为 2.66 ℃/h、2.61 ℃/h,岩土体冻结过程伴随多种热物理化学反应并有水分和盐分的迁移,在稳定冻结期,未冻水所含盐浓度的增大,使得本就难以冻结的强、弱结合水极难冻结,加之土体与冻结冷媒之间的温度差减小,热交换势能减小,温降速率显著减缓,历时 60 h,最低温度分别达到 −26.1 ℃、−23.2 ℃;A1、A2 测点由于冷量传递路径相较于 A3、A4 点更远,温降速率慢,分别为 0.79 ℃/h、0.86 ℃/h,同时,随着冷量的持续供应,A1、A2 测点最低温度分别能达到 −21.5 ℃、−23.7 ℃;A5 测点与 A2 测点为 3 排管外、内的对称测点,分别靠近外排管与内排管,在正温区冻结期内两者温降曲线基本一致,但进入负温区 A2 测点温降速率远大于 A5 测点,A5、A6、A7 测点因有持续的热量补给,冻结时间更长,历时 72 h,最低温度分别为 −8.7 ℃、−1.7 ℃、3.3 ℃,A5、A6、A7 测点温降速率分别为 0.61 ℃/h、0.28 ℃/h、0.20 ℃/h,相较于 A1~A4 测点温度高且温降缓慢,如表 8-5 所示。同理分析图 8-27(b)共界面各测点(B1~B7)最低温度分别为 −25.8 ℃、−28.1 ℃、−30.9 ℃、−27.0 ℃、−16.5 ℃、−6.4 ℃、2.8 ℃,温降速率分别为 0.79 ℃/h、0.90 ℃/h、1.86 ℃/h、2.41 ℃/h、0.67 ℃/h、0.30 ℃/h、0.21 ℃/h。图 8-27(c)界主面各测点(C1~C6)最低温度分别为 −25.8 ℃、−27.7 ℃、−29.9 ℃、−21.2 ℃、−6.5 ℃、1.0 ℃,温降速率分别为 0.80 ℃/h、

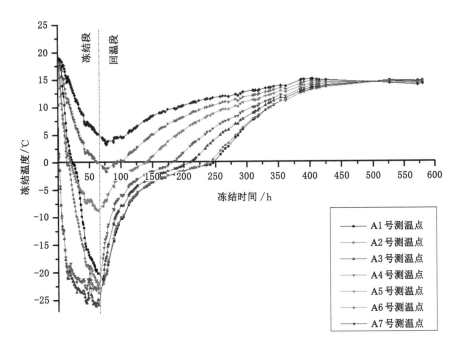

（a）共主面（A面）

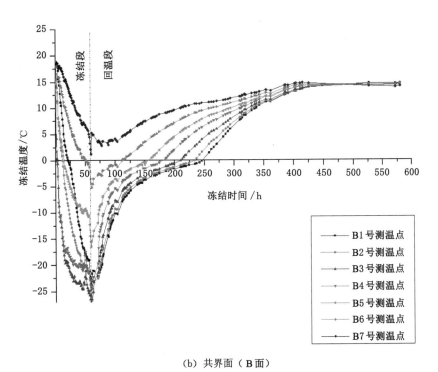

（b）共界面（B面）

图 8-27 三界面上各测温点温度随时间变化关系图

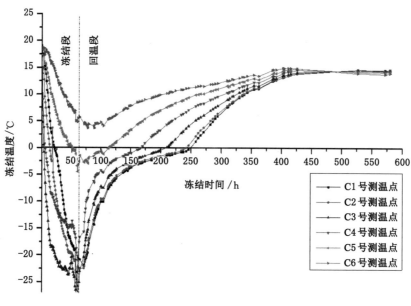

(c) 界主面（C面）

图 8-27(续)

0.88 ℃/h、1.37 ℃/h、1.75 ℃/h、0.30 ℃/h、0.19 ℃/h。从上述分析可以看出，3 个截面冻结温度场发展趋势大体相同，略有差异，冻结壁区域（各截面 3、4 测点）内共主面温降最快，共界面次之，界主面最慢；3 个截面上的 1、2 号测点温降速率基本相同，说明冻结壁在 3 排管区域交圈，冻结圆锋面向井筒中心线方向稳定对流传热。

表 8-5　三截面各测点最低温度与积极冻结期温降速率

截面	1号测点		2号测点		3号测点		4号测点		5号测点	
	T_{min}/℃	V/(℃/h)	T_{min}/℃	V/(℃/h)	T_{min}/℃	V/(℃/h)	T_{min}/℃	V/(℃/h)	T_{min}/℃	V/(℃/h)
共主面	−21.5	0.79	−23.7	0.86	−26.1	2.66	−23.2	2.61	−8.7	0.61
共界面	−25.8	0.79	−28.1	0.90	−30.9	1.86	−27.0	2.41	−16.5	0.67
界主面	−25.8	0.80	−27.7	0.88	−29.9	1.37	−21.2	1.75	−6.5	0.30

（2）回温段

冻土融化过程的"滞后"特性，在图中回温段可见近 135 h 的相变慢回温期，而冻结段曲线由于测试时间间隔较长、降温速率快无法在图中显示出明显的相变和过冷现象，3 个截面 1、2、3、4 号测点处土体内的水分由固相（冰）融化为液相（水），从周围土体中吸收大量热量，而 6、7 号测点处土体因无冻结或无明显冻结现象，3 个截面上的这 2 个测点均无相变慢回温期。

2.冻结温度场空间效应

将试验过程中共主面、共界面、界主面上各测温点在所示特定时刻的冻结段和回温段温度空间分布规律绘制成曲线图,如图 8-28 所示。

图 8-28(a)、(b)、(c)分别为冻结段 3 个截面间隔一定时间各测温点冻结温度空间分布。从图中可以看出,3 个截面上各测温点温度值在空间上大致呈不规则的马鞍形。以共主面为例分析,A3、A4 测点在冻结期前 16 h 内温降基本同步,同一时刻该两点间温差在 0.9 ℃以内;而在 16～64 h 内各时刻 A3 与 A4 间温差有所扩大,最大温差 3 ℃,这是由于原始地层源源不断地进行热量补给,使得外排管需要提供更多的冷量以保证冻结壁外缘向外扩展。在冻结初期(0～2 h 内)A1、A2 测点和位于外排管外侧的 A5～A7 测点温度变化不明显,这是由于冻结锋面的形成理论上首先发生在各排管所在"圆"轨迹上,当所在区域的温度降至一定值时才能与邻近土体间形成足够的温度势,驱动冷量向内、向外迁移,同时内排管数量少,孔间距大,在正温区某些时刻外侧的 5 号测点比位于开挖荒径内的 1、2 号测点温度低〔见图 8-28(a)、(b)〕。在整个冻结期内 A2 与 A3、A4 与 A5 测点间温差最为明显,2 h 时A2 与 A3、A4 与 A5 测点间温度梯度分别为 0.14 ℃/mm、0.11 ℃/mm;8 h 与 16 h 时分别为 0.17 ℃/mm、0.15 ℃/mm,说明 2～16 h 内在 A2 与 A3、A4 与 A5 间存在稳定的冷量传递,而在之后的冻结时段内 A2 与 A3、A4 与 A5 测点间温差逐渐减小,如 32 h 时 A2 与 A3 间温度梯度为 0.097 ℃/mm,48 h 时为 0.047 ℃/mm,64 h 时为 0.018 ℃/mm,说明温差减小,势能小,冷量传递慢。外侧的 A5、A6、A7 测点镜像于 A1、A2 测点,区别在于原始地温的存在及内部更好地保"冷"效应,使得负温区 A5 测点温降迟滞于 A2 测点,温度较 A2 高。共界面、界主面空间分布规律同理分析,不同在于共界面所在剖面上无冻结管且内排冻结管少、间距大,从而前 16 h 内 B4 测点温度较 B3 测点更低,后期仍然由于"保冷"因素,B3 测点温度低;界主面为内排管与中排管连线所在剖面,由于冷量提供不同,温差更大,C3 与 C4 测点间在 2 h 与 5 h时温度梯度为 0.034 ℃/mm,8 h 时为 0.063 ℃/mm,后期基本稳定为 0.073 ℃/mm。

图 8-28(d)、(e)、(f)分别为三个截面上各测温点回温期温度分布。如前所述,在冻结和回温阶段钙质黏土均在 -3.8 ℃附近发生相变,降温或回温速度发生显著变化。128 h、156 h、240 h 这 3 个时刻均处于相变慢回温期,3 个截面上各测温点在该三个时刻上对应的温差不大。各截面 7 号测点(界主面 6 号),由于冻土自然融化,相变期土体需通过模型外壁从环境中吸取大量热量,各截面 7 号测点(界主面 6 号)处土体未冻结,但在 156 h 与 240 h间亦可见温度"相对"大幅度变化。鉴于钙质黏土冰点为 -1.3 ℃,但过冷温度低至-3.8 ℃,以 2、3、4、5 号测点温度高于此温度为冻结壁全部融化的节点,则冻结壁形成过程和冻结壁全部融化过程所需总时长为 210 h,冻结融化时间比为 1:1.91。

3.冻结壁整体发展规律

结合 3 个主测试截面和辅助测试平面的测试数据,基于 Surfer 软件中的克里金差值法,将钙质黏土形成的冻结温度场绘制成等温线图,如图 8-29 所示。需要说明的是,本次模型试验测点布置分上、下两个平面,每个平面取 3 个主要截面布置测点,仅依据 3 个主要截面的温度测点数据绘制温度场不能完全描述温度场分布特点,故而忽略各个方向上填土的夯实程度和含水率的微弱差异,依据如图 8-24 所示的测温点布置在半圆平面间隔一定角度选取若干截面,用相应已测截面数据赋值绘图,其中共主面 2 个、界主面 1 个,共主面每隔11.25°选取 1 个,共 16 个。图 8-29(a)～(f)为试验冻结段相应时刻的温度场等值线云图。

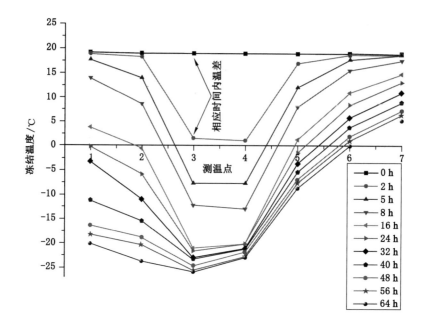

（a）共主面冻结（A面）

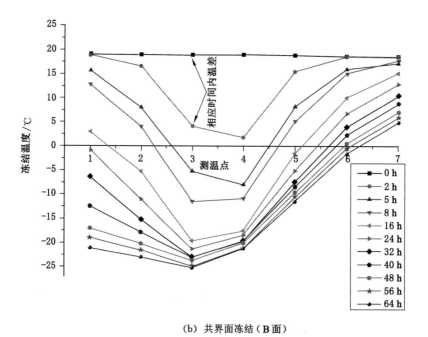

（b）共界面冻结（B面）

图 8-28　三界面各测温点冻结与回温过程温度空间分布图

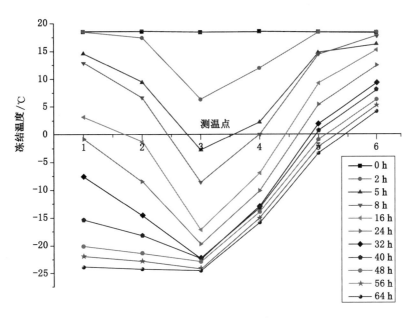

（c）界主面冻结（C面）

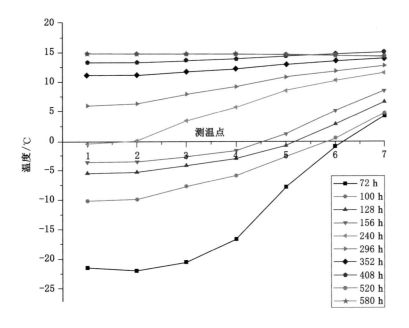

（d）共主面回温（A面）

图 8-28(续)

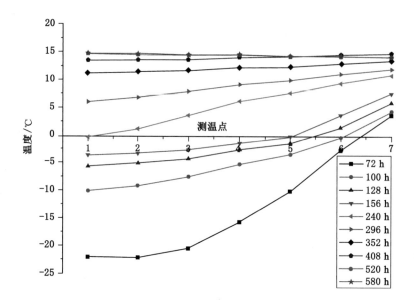

（e）共界面回温（B面）

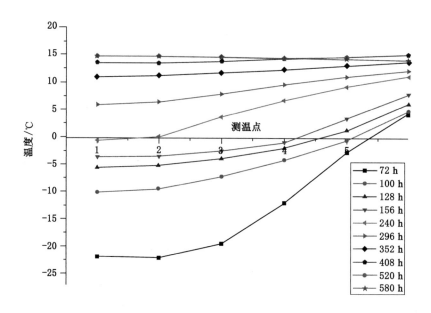

（f）界主面回温（C面）

图 8-28(续)

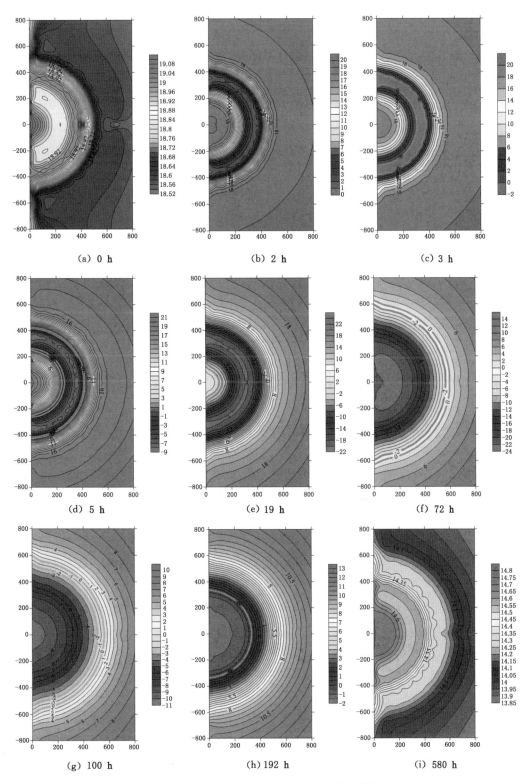

图 8-29　三排管冻结温度场分布云图（小标尺单位：℃）

从图中可以看出:整个填土区在冻结开始即 0 h 时温度基本一致,温差为 0.5 ℃;随着冻结的进行温度快速降低,在 2 h 左右 3 排管中心区域降至 0 ℃,由图 8-29(b)、(c)可知在 2.5 h 左右在中排管位置 0 ℃线开始交圈。需要指出的是,依据相似理论,冷媒剂在试验中的流动速度比工程实际流速高 C_l 倍,但现行试验设备无法实现这么高的流速,所以在本次试验过程中,尽可能提高冷媒剂流速以保证冻结管维持−32 ℃恒温供冷,减小试验误差。虽然试验无法达到相似流速,但依据热流量相似比和冷媒剂流速相似比与几何相似比的关系,可以反演试验中 2.5 h 的 0 ℃线交圈时间相当于实际工程冻结时间 127.6 d。由此可见,钙质黏土所含复杂矿物成分和亲水性使得该土层具有“难”冻结特性。历时 5 h 的冻结周期,3 排冻结管区域内形成“真正”意义上的冻结壁,而经过 72 h 冻结壁内温度降至最低,且满足冻结壁平均温度−18 ℃,冻结壁达到设计厚度。正因为对钙质黏土“难”冻结特性的认识不足,在实际井筒开挖时,井筒内卸载,钙质黏土所在层位冻结壁未达到设计强度,周围土体施加在冻结壁上的压力近 5 MPa(钙质黏土埋深 420 m)的径向地应力作用下,冻结钙质黏土层易发生流变变形,使冻结管发生剪切变形而破坏。

图 8-29(g)、(h)、(i)为冻结钙质黏土回温段相应时刻温度场等值线云图。从图中可以看出,冻结钙质黏土的融化周期更长,历时 508 h 回温至室温,近冻结期的 7 倍。图 8-29 (g)、(h)为相变慢回温期对应 100 h 和 192 h 的等值线云图,历时 92 h 冻土区内温度升高不超过 9 ℃,可见钙质黏土导热性能差,从外界吸热缓慢,融化时间长。

由温测数据可计算出冻结壁平均温度和冻结壁厚度,如图 8-30 所示。由图可知:由于 3 个截面温度发展差异,5 h 时界主面上冻结壁形成有效厚度,届时冻结壁形成交圈,3 个界面冻结壁发展趋势一致,初期温度变化较快,冻结壁厚度变化较快,说明冻结初期温度降得比较快,后期趋于平缓,冻结壁厚度变化较慢。冻结壁厚度发展速度共主面最快,界主面次之,共界面最慢。冻结壁厚度发展可以分为两个阶段:第一阶段为 5～16 h,是冻结壁厚度发展速度最快阶段,发展速度为 17.9 mm/h;第二阶段为 16～70 h,冻结壁厚度发展速度为 1.96 mm/h。冻结壁厚度平均发展速度为 5.4 mm/h。冻结壁厚度初期实际发展速度为 0.012 3 m/d,后期为 0.001 4 m/d,明显小于张集北区矿风井等矿井冻结壁厚度前期 0.051 5 m/d、后期 0.02 m/d 的发展速度。钙质黏土复杂的化学成分(初步探索钙质黏土内蒙脱石含量高,可占黏土矿物总量的 40% 以上,加上伊利石,总和达到 90% 左右)和亲水性使得土颗粒表面附着较厚结合水,加之冻结时复杂热物理化学作用过程中频繁的离子交换作用和盐分的迁移造成钙质黏土“难”冻结的特性,冻结壁发展慢,蠕变变形大,从而造成冻结管断裂等安全事故。

(三)结论

钙质黏土“难”冻结特性,造成众多断管安全事故,本书从宏观模型试验研究出发,对钙质黏土冻结条件下温度场扩展及冻结壁发展规律进行了深入定量研究,得出:

(1)钙质黏土复杂的矿物成分,在水土体系中发生离子交换、溶解和沉淀等化学反应,造成钙质黏土冰点为−1.3 ℃,过冷温度低至−3.8 ℃,导热系数小,从而在相同的供冷条件下,该黏土层导热性能差,冻结滞后于其他土层,冻土发展速度慢,强度低,冻结壁强度在竖直方向上不均匀,在邻近土层交界面上易剪切致裂。

(2)冻结温度场试验交圈(−1.3 ℃)时间为 2.5 h,相当于实际工程 127.6 d。对钙质黏

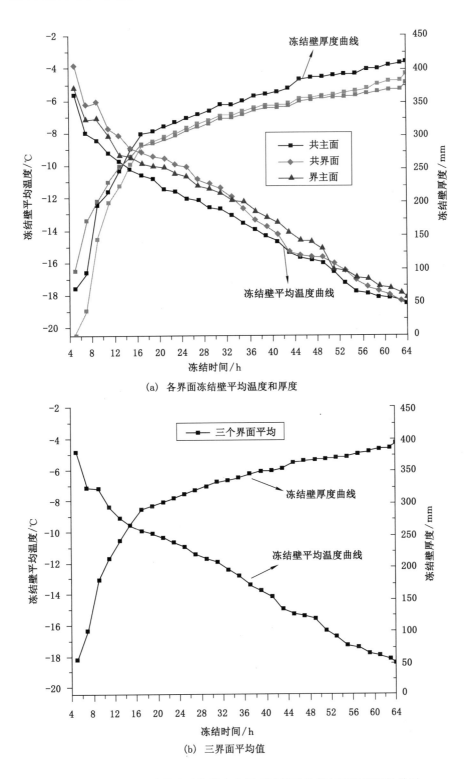

(a) 各界面冻结壁平均温度和厚度

(b) 三界面平均值

图 8-30　三界面冻结壁平均温度和厚度及其平均值与冻结时间的关系

土"难"冻结特性的认识不足,将其与一般黏土层等同视之,开挖卸载是该土层未完全形成可御高地压的"有效"冻结壁,流变变形大,冻结管发生剪切破坏。

(3) 在试验设定的 3 个界面上,钙质黏土层形成的温度场中各个测温点在同一时刻的温度随位置的变化大致呈不规则的马鞍形,冻结壁形成和全部融化的时间比为 1：1.91。钙质黏土层冻结壁厚度在 5～16 h 的发展速度为 17.9 mm/h,在 16～70 h 的发展速度为 1.96 mm/h,分别对应冻结壁厚度实际发展速度 0.012 3 m/d 及 0.001 4 m/d,明显小于一般砂质黏土层冻结壁厚度前期 0.051 5 m/d 以及后期 0.02 m/d 的发展速度,这将造成冻结壁厚度和强度在竖直方向上分布不均匀,是冻结管断裂的主要原因,应当在实际工程施工中引起重视。

第四节　冻结施工监测、监控

立井井筒冻结是集钻孔、冻结、开挖和掘砌于一体的系统工程,工期较长,质量要求高,冻结过程中不少属于隐蔽项目,如果监测、监控不到位,极易发生井筒透水和井壁崩裂等事故。为此,在施工过程中,必须进行监测和监控。

一、冻结工程监测、监控的目的

(一)为冻结井施工及时提供反馈信息

对冻结井进行现场监测可以及时提供施工过程中的数据和资料,检验设计和施工正确性,及时调整施工参数,以此达到信息化施工的目的,使得监测数据和成果成为现场施工管理人员判别工程是否安全的依据。

(二)作为设计和施工的重要补充手段

井筒设计和施工方案是设计人员通过对实体进行物理抽象,采取数学分析手段开展定量化预测计算所定,由于地质条件的复杂性和施工过程的多变性,对于在设计计算中未曾计入的各种复杂因素,都可以通过现场监测结果分析加以局部修改和完善。

(三)作为施工开挖方案修改的重要依据

根据工程实际施工的结果判断和鉴别原设计方案是否安全和适当,必要时还需对原开挖方案和支护结构进行局部的加固和修改。

(四)是判断冻结壁是否达到设计标准的重要依据

采用冻结法施工,首先要求冻结壁必须交圈,然后要求它的厚度和冻土强度必须满足设计要求。而这一切,都必须通过现场监测数据来进行分析判断,以确保工程的安全可靠,在实践中尽管施工单位经历不同,监测手段亦有差异,但监测程度和内容应该是一致的。

二、监测、监控程序和项目

(一)监测、监控程序

监测、监控工作可分 4 个阶段进行:

(1) 开冻前监测。

（2）冻结过程的监测、监控。

（3）井筒掘砌过程的监测、监控。

（4）停冻后的监测。

（二）监测项目

监测的项目应从冻结钻孔开始直到冻结段掘砌施工结束及内外冻结壁融冻结束,监测项目见表8-6。

表 8-6　监测项目表

序号	监测内容	序号	监测内容
1	冻结孔深度、偏斜监测	6	冻结壁温度场监测
2	原始地温、原始水位监测	7	井筒掘砌过程监测
3	冻结站制冷系统运转指标监测	8	工作面井帮温度监测
4	盐水温度、盐水流量、盐水水位监测	9	融冻规律监测
5	水文观测孔水位、水温,参考井水位、水温监测	10	井口沉降监测

三、开冻前监测

（1）冻结孔包括水文观测孔、测温孔和钻孔,竣工时一般均由建设单位、监理单位组织有关部门对冻结孔深度和偏斜进行检查验收,但距冻结站开机运转尚有一段时间,为了检查初验的准确性和是否适合使用,开冻前应对冻结孔进行复测。

监测目的是:监测冻结孔深度、偏斜和冻结器试压情况,对于不符合设计及规范要求者应及时纠正。这是保证冻结施工安全的基础。

监测内容有:对每个冻结孔的钻孔深度、偏斜进行检测,对每个冻结器进行耐压试漏试验。

监测方法是:冻结钻孔的深度用测绳进行实测。冻结孔的偏斜监测主要为成孔偏斜复测,每50 m复测1次。冻结管的耐压试验用水压机进行加压。

监测仪器采用JDT-5A型陀螺仪测斜。其主要技术参数是:精度$\pm3'\sim\pm5'$;环境温度范围0~30 ℃。

提交的成果资料有:冻结孔偏斜总平面图;冻结管试压试漏数据记录表;冻结孔深度复测表。

（2）原始地温量测:开机冻结前,利用测温孔检测原始地温,其结果与地质报告中的简易地温相比较,掌握地层冻结温度变化规律。

（3）原始水位量测:通过水位观测孔及附近水源井水位的量测,掌握井筒附近的地下水静止水位标高和水文孔原始水位。

（4）冻结站内制冷系统、盐水系统、冷却水系统安装打压试漏,确保3个系统安装质量符合要求。

（5）利用两用井架的井筒,井架基础标高的监测目的是了解基础受冻结影响升降情况,一般在井架4个基础上分别设置测点。

量测方法是:用水准仪进行量测,冻结前测出初值,开冻后每 2 d 测 1 次,遇有明显升起情况时,每天测 1 次,比较稳定时,5 d 测 1 次,停冻后,每天测 1 次,1 个月后减少次数,直至稳定为止,量测的结果及时分析上报。

四、冻结过程监测、监控

（一）监测目的

了解每个冻结器的工况、热交换情况,保证能为每根冻结管提供足够的冷量,确保冻结壁的形成。

通过对盐水箱水位变化的监测,及时掌握和控制盐水系统运转情况和防止盐水漏失现象,保证冻结壁的均衡发展和安全稳定性。

（二）监测方法

（1）盐水温度监测需在去回路盐水干管上配集液圈头、尾部设置测温点并安设温度计,在冻结器上设置检测去、回路温度装置,量测盐水去、回路总温差和各冻结器去、回路温差,反映冻结器的工作状况。监测频次:盐水干管温度每日监测,各冻结器温度每 10 d 监测1 次。

（2）冻结管纵向盐水温度监测:采用单点热电偶和数字温度计分别在冻结运转 1 个月和井筒开挖前对冻结管内盐水进行纵向温度监测,反映冻结器是否畅通,掌握冻结壁在各水平上的整体扩展状况。

（3）盐水箱水位监测:在每个盐水箱上安装电子液位自动显示报警器,监测盐水漏失情况。

（4）盐水流量监测:安装一套流量监测系统,随时对每个冻结器盐水流量进行监测,且每个冻结器均设置流量调节器,确保各冻结管盐水流量基本保持均匀,并能满足设计要求。

（5）冻结壁厚度既能满足强度条件又能满足变形条件的要求。

（6）运用冻结壁有效厚度、有效平均温度和有效强度等概念,严格控制冻结孔的终孔间距和内侧径向偏值,确保深部冻结壁的有效厚度、有效强度和稳定性。

（7）选取埋深最大的砂性土层和厚黏性土层作为冻结壁强度设计和稳定性验算的控制地层。

盐水流量检测是保证冻结圆柱均匀形成,并发展成为冻结壁的有效手段。常用的流量计有两种:一种是电磁流量计,它由电磁、流量发送器和传感器组成;另一种是孔板流量计,它是差压式流量计的一种,由节流装置(孔板)和差压计两部分组成。液氨、盐水、冷却水检测常用流量计见表 8-7。梁北矿东风井在冷冻期间对冻结器盐水流量及单个冻结器盐水流量进行了 4 次检测,其装置如图 8-31 所示。

表 8-7　液氨、盐水、冷却水检测常用流量计

检测内容	检测目的	检测部位	流量计型号
液氨流量	了解冻结站实际制冷量和设备制冷效率	冷凝器至蒸发器调节站之间	LW-50 型涡轮流量计、孔板流量计

表 8-7(续)

检测内容	检测目的	检测部位	流量计型号
盐水流量	了解每个冻结器的工作状况和散热系数,以及全部冻结管的散热能力	盐水干管	BLD-150/200 型电磁流量计、孔板流量计
		冻结器	BLD-50 型电磁流量计、水表
冷却水流量	冷却水的供应情况和冷凝器的冷却效果	冷却水泵至冷凝器之间	LSL-200 型水平螺翼式流量计、孔板流量计

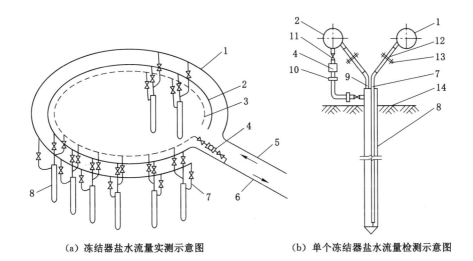

(a) 冻结器盐水流量实测示意图　　　　　　(b) 单个冻结器盐水流量检测示意图

1—配液圈;2—集液圈;3—流量监测钢管(圈)或软管;4—流量计;5—去路干管;6—回路干管;7—供液管;8—冻结器;
9—回液管;10—活接头;11—阀门;12—胶管;13—道夹板;14—冷冻沟槽底板。

图 8-31　梁北矿东风井冻结器盐水流量检测系统

冻结器盐水流量检测与控制见表 8-8。由表 8-8 可知,1 月 26 日刚开机时盐水流量不是很均匀,及时对流量小的查明原因,进行了处理,对流量大的进行了控制。同时,发现盐水总循环量不足,适时加大了盐水流量,又于 1 月 30 日进行了第二次检测,发现流量差别较小,证明冻结器运转正常。

表 8-8　冻结器盐水流量检测与控制

检测日期	盐水总循环量/(m³/h)	平均流量/(m³/h) 浅孔	平均流量/(m³/h) 深孔	冻结器流量/(m³/h)													
1 月 26 日	154.14	6.11	5.75	孔号	1	2	3	4	5	6	7	8	9	10	11	12	13
				流量	5.94	6.00	5.76	5.40	6.00	5.40	6.54	5.58	6.24	5.70	6.24	5.82	6.00
				孔号	14	15	16	17	18	19	20	21	22	23	24	25	26
				流量	6.00	6.12	5.76	5.82	5.88	5.94	6.00	6.30	6.00	6.30	5.82	6.00	5.40

表 8-8(续)

检测日期	盐水总循环量/(m³/h)	平均流量/(m³/h) 浅孔	平均流量/(m³/h) 深孔	冻结器流量/(m³/h)													
1月30日	224.92	8.99	8.31	孔号	1	2	3	4	5	6	7	8	9	10	11	12	13
				流量	8.82	8.46	9.18	8.04	8.94	8.40	9.24	8.46	9.24	8.40	8.98	8.46	8.90
				孔号	14	15	16	17	18	19	20	21	22	23	24	25	26
				流量	8.10	9.12	8.20	8.88	8.40	8.88	8.22	8.88	8.12	8.84	8.42	8.94	8.40
2月25日	227.93	9.13	8.40	孔号	1	2	3	4	5	6	7	8	9	10	11	12	13
				流量	9.10	8.36	9.14	8.24	9.08	8.18	9.02	8.18	9.08	8.60	9.20	8.54	9.05
				孔号	14	15	16	17	18	19	20	21	22	23	24	25	26
				流量	8.36	9.20	8.24	9.20	8.24	9.20	8.36	9.20	8.36	9.10	8.66	9.14	8.60
3月24日	229.33	9.20	8.44	孔号	1	2	3	4	5	6	7	8	9	10	11	12	13
				流量	9.16	8.40	9.22	8.28	9.15	8.22	9.08	8.22	9.16	8.64	9.30	8.58	9.09
				孔号	14	15	16	17	18	19	20	21	22	23	24	25	26
				流量	8.40	9.29	8.28	9.29	8.28	9.23	8.40	9.27	8.40	9.17	8.69	9.21	8.65

五、冻结器盐水温度检测与控制

冻结器盐水温度的检测主要是为了了解每个冻结器回路盐水温度,用以判断冻结器有无堵塞或盐水循环有无短路,根据冻结器的去回路盐水温差,计算不同冻结期的冻结器传热能力。

其监测方法、冻结温度的检测可使用自动测温仪,如图 8-32 所示。铜-康铜热电偶自动测温仪的检测内容有冻结壁温度场、制冷及冻结管路内介质温度、井壁及壁后土壤温度,见表 8-9。

表 8-9　铜-康铜热电偶自动测温仪的应用

检测内容	冻结壁温度场	制冷及冻结管路内介质温度	井壁及壁后土壤温度
热电偶元件埋设图示	(a)单点热电偶元件　(b)多点热电偶元件		①~⑥—热电偶元件的焊接点

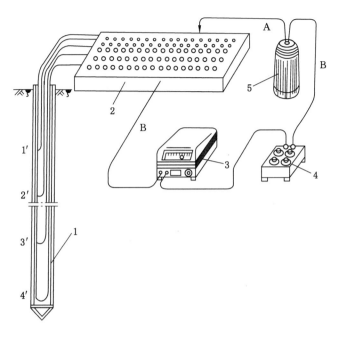

1—冻结器;2—节点盘;3—检测计;4—电阻箱;5—零保温瓶;
A—康铜线;B—铜线;1′、2′、3′、4′—测点号。

图 8-32　铜-康铜热电偶自动测温仪

如图 8-33 所示为袁店二矿西风井盐水总去回路温度与不同冻结管内的温度检测成果图。

六、测温孔温度监测

测温孔一般设置 3～4 个,其主要作用是获得不同深度、不同冻结期土层的温度,掌握冻结壁形成规律,正确判断冻结壁冻结扩展速度、交圈时间、圈与圈交汇时间、厚度、平均温度,形成冻结壁预报。

冻结壁温度的检测,主要检测不同测温孔内不同深度、不同土层、不同时间的温度变化规律,随时掌握冻结壁厚度、平均温度和强度。如袁店二矿西风井冻结壁温度观测点,采用铜-康铜热电偶测温元件进行集中检测,在开冻后每天测温 1 次,测温的计数精度为 0.1 ℃,以获得不同冻结期、不同深度、不同土层的冻结壁温度状况,并通过作图法推算出冻结壁有效厚度、有效平均温度,为制冷冻结和井筒掘砌提供第一手资料。如图 8-34 所示为根据袁店二矿西风井不同冻结时期不同埋深的测温孔的监测温度绘制出的冻结孔温度变化趋势图。

七、水文观测孔的水位监测

水文观测孔的重要作用是根据钻孔各主要含水层水位变化特性,直观地制定不同深度的冻结壁交圈时间,以制定冻结井的试挖时间。冻结设计的水文观测孔一般有单孔单层观测和单管套管隔板分层报导各含水层水位变化情况两种,它是判断冻结壁是否交圈闭合的重要依据。单孔多层报导水位要注意避免各含砂层混合报导水位,造成因水压差导致暗流而影响冻结壁交圈的错误报导。

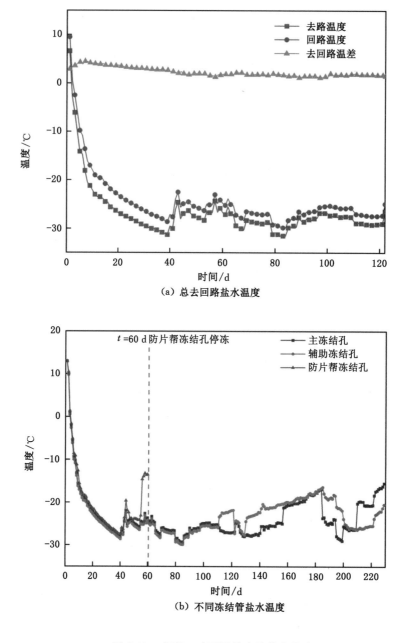

（a）总去回路盐水温度

（b）不同冻结管盐水温度

图 8-33　袁店二矿西风井冻结盐水温度

（1）对水文观测孔水位报导的主要要求：从水文观测孔竣工验收合格起，直到管内水位上升至管口期间，每天检测水位和水温，直到套管内的水溢出管口并确认冻结壁已经交圈。同时，除检测井筒水位、观测孔的水位外，还需检测井筒附近水井水位的变化，防止冻结期间附近水井抽水对冻结产生不良影响。

（2）监测方法：采用电测水位辅以测绳测量水文观测孔和参考井水位变化情况，管口高程用精密水准仪与基准点校准，采用数字温度计测量纵向水温。

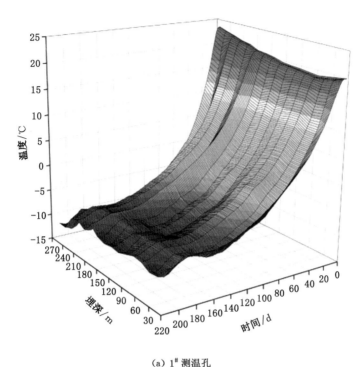

（a）1#测温孔

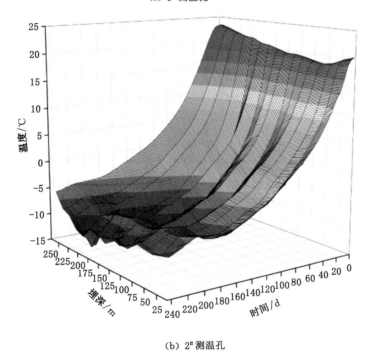

（b）2#测温孔

图 8-34　袁店二矿西风井测温孔温度

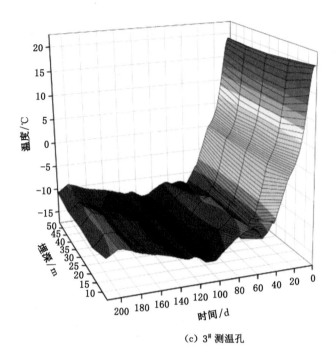

(c) 3# 测温孔

图 8-34(续)

(3) 水文观测孔布置：主、副井均布置不少于 2 个水文观测孔。

(4) 袁店二矿西风井与青东矿东风井水文管规格及下管深度见表 8-10。

表 8-10　水文管规格及下管深度

管别	袁店二矿西风井	青东矿东风井	规格/mm
浅孔/m	69	40	$\phi140\times5$
深孔/m	232	125	$\phi108\times5$

(5) 水文观测孔滤水管层位及封止水位置见表 8-11。

表 8-11　水文观测孔滤水管层位及封止水位置

管别	袁店二矿西风井	青东矿东风井
浅孔/m	62～69	6.5～11.5,25.5～30.5,31.5～33.0,35.5～39.0
深孔/m	226～231	118～123
封止水位置/m	223～226	105～110

(6) 监测频次：从井筒积极冻结开始，每天检测 1 次水文观测孔和参考井水位变化，每隔 10 d 检测 1 次水文观测孔纵向水温变化，每隔 1 个月检测参考井水温变化情况，必要时随时检测。

(7) 监测资料：每次测试的水位、水温数据应绘制累计变化量成果表及水位、水温变化量历时曲线图。

水文观测孔的水位变化能直接反映冻结壁交圈时间,如袁店二矿西风井井内 2 个冻结水文观测孔的水位实测结果(图 8-35),浅孔水位于冻结 25 d 急剧上升,并于冻结 27 d 水溢出管口,这说明浅孔冻结壁交圈时间为 25 d;深孔水位于冻结 37 d 开始急剧上升,冻结 40 d 水溢出管口,这说明深孔冻结壁交圈时间为 37 d。两孔水很快溢出管口,这说明这两个含水层段的含水量丰富。

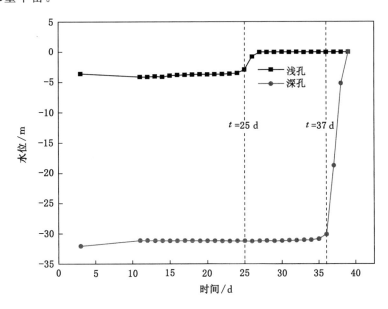

图 8-35 袁店二矿西风井水文观测孔的水位变化曲线

八、井筒掘砌过程监测、监控

(一)工作面井帮温度监测

1. 监测目的

判断冻结壁的可靠性,预测工作面以下冻土扩展情况,及时调整冷量,为掘进创造良好、安全的施工条件。

2. 监测方法

在每个掘进段高,沿井帮四周水平方向均布 4~8 个测点,在工作面垂直方向布置2~3 个测点,以检测冻土在荒径内外的扩展情况;使用半导体单点数字温度计,探头遇冻土时,利用钻眼放入冻土检测,在未冻土中直接插入测量,并用钢尺直接量出冻土扩展距离。

3. 监测频次

根据开挖情况实时监测,每个掘进段高测量 1 次;掘进换层时,及时测量。

4. 监测资料

包括数据记录分析表、沿井筒周边纵向温度分布曲线图、冻土进荒径纵向扩展图。临涣矿中央风井井筒开挖时井帮温度见表8-12。

表 8-12　临涣矿中央风井井筒开挖时井帮温度

累计深度/m	岩性	井帮温度/℃							
		东	东南	南	西南	西	西北	北	东北
7.30	细砂	−10.5	−7.8	−6.7	−8.4	−4.0	−3.9	−3.0	−7.5
11.30	黏土	−1.0	−0.9	−1.2	−0.2	−0.8	−0.9	−0.9	−1.0
14.85	细砂	−8.5	−8.6	−9.1	−8.8	−8.2	−7.8	−6.2	−7.5
18.90	砂质黏土	−4.2	−4.5	−4.8	−3.9	−1.6	−2.0	−3.0	−4.1
22.90	砂质黏土	−6.4	−6.0	−7.0	−6.8	−3.4	−2.5	−5.3	−6.2
26.90	砂质黏土	−5.4	−7.6	−6.2	−6.8	−3.7	−3.5	−4.4	−5.8
30.90	黏土	−6.3	−7.0	−6.7	−6.9	−5.1	−4.9	−5.4	−6.9
34.90	黏土	−8.0	−9.5	−11.3	−8.5	−6.0	−6.1	−5.2	−7.9
38.90	黏土	−4.0	−4.8	−5.1	−4.3	−4.0	−2.5	−3.8	−4.8
42.90	黏土	−5.6	−7.1	−8.6	−8.4	−6.1	−4.6	−6.2	−3.9
46.90	黏土	−6.0	−7.0	−8.3	−6.7	−5.7	−4.7	−6.1	−6.7
50.90	黏土	−6.8	−7.2	−6.3	−4.5	−4.4	−3.6	−4.6	−5.7
54.90	黏土	−5.8	−5.6	−5.3	−5.4	−3.3	−2.1	−3.9	−4.1
58.90	黏土	−7.8	−13.6	−13.9	−9.6	−5.7	−6.4	−6.5	−7.1
62.90	黏土	−5.5	−9.3	−10.1	−8.2	−6.8	−6.8	−5.4	−5.8
66.90	细砂黏土	−9.9	−12.1	−14.6	−10.7	−12.3	−10.5	−10.4	−10.1
70.90	细砂	−10.3	−8.0	−14.0	−8.4	−9.0	−10.2	−10.0	−9.6
74.90	细砂	−12.0	−10.7	−11.4	−8.6	−9.7	−9.4	−10.9	−10.2
78.90	砂质黏土	−8.6	−9.2	−11.6	−9.4	−10.6	−7.5	−8.9	−7.8
82.90	砂质黏土	−7.6	−8.9	−11.0	−9.1	−10.7	−7.2	−8.1	−7.0
86.90	黏土	−6.5	−8.2	−11.6	−9.7	−5.9	−6.2	−6.4	−6.1
90.80	黏土	−9.7	−12.3	−13.1	−11.5	−7.6	−7.5	−7.9	−8.3
94.70	黏土	−8.4	−9.3	−11.8	−7.7	−6.3	−6.8	−7.7	−7.9
98.60	黏土	−8.5	−9.9	−11.2	−8.4	−6.8	−7.3	−7.2	−7.0
102.60	钙质黏土	−9.4	−11.6	−11.2	−10.0	−8.3	−8.7	−8.9	−9.5
106.60	钙质黏土	−12.4	−11.2	−12.1	−10.6	−12.3	−12.5	−11.0	−11.3
110.60	钙质黏土	−11.4	−11.9	−12.4	−12.1	−9.8	−9.4	−9.1	−11.0
114.60	细砂	−10.9	−11.6	−11.5	−11.1	−10.9	−11.7	−12.7	−10.8
118.60	细砂	−7.3	−11.3	−10.3	−11.7	−9.5	−11.2	−6.4	−6.1
122.60	砂质黏土	−10.6	−6.4	−8.8	−7.4	−5.4	−6.9	−10.2	−11.1
126.60	黏土	−7.8	−8.9	−9.4	−8.4	−8.8	−8.3	−8.6	−7.2
130.60	黏土	−8.1	−9.1	−9.3	−8.3	−7.9	−8.6	−9.1	−8.4
134.60	黏土	−2.7		−2.6		−2.5		−3.7	
138.60	黏土	−2.8		−2.7		−2.8		−2.6	
142.60	黏土	−2.5		−2.6		−4.2		−5.1	

表 8-12(续)

累计深度/m	岩性	井帮温度/℃							
		东	东南	南	西南	西	西北	北	东北
146.60	钙质黏土	−3.0		−4.1		−2.1		−4.8	
150.60	钙质黏土	−3.4		−4.7		−2.9		−5.2	
154.60	钙质黏土	−3.4		−2.5		−2.9		−2.8	
158.60	细砂	−7.4		−6.5		−6.9		−8.2	
162.20	细砂	−6.3		−5.2		−5.7		−7.3	
166.90	细砂	−6.5		−6.6		−4.5		−8.4	
170.90	黏土层	−3.5		−2.4		−2.8		−2.9	
174.90	膨胀黏土层	−3.4		−2.9		−3.2		−3.9	
178.90	膨胀黏土层	−4.4		−4.7		−3.9		−4.1	
182.90	膨胀黏土层	−7.4		−7.1		−8.1		−10.9	
186.90	膨胀黏土层	−10.2		−7.5		−6.8		−10.3	
190.90	钙质黏土	−8.0		−7.5		−6.9		−8.4	
194.90	钙质黏土	−12.6		−13.1		−12.8		−12	
198.90	砂质黏土	−9.4		−10.5		−8.5		−7.3	
200.90	膨胀黏土层	−11.1		−10.8		−10.4		−10.7	
202.90	细砂	−7.2		−8.1		−7.1		−11.3	
204.90	砂质黏土	−8.9		−8.5		−6.8		−11.2	
206.90	砂质黏土	−13.9		−6.3		−6.6		−8.1	
208.90	黏土层	−8.5		−10.3		−7.2		−6.9	
210.90	钙质黏土	−6.9		−6.8		−7.4		−12.3	
212.90	黏土层	−7.1		−6.8		−7.5		−10.1	
214.90	黏土层	−9.5		−8.6		−8.5		−11.3	
216.90	黏土层	−10.2		−4.2		−5.1		−9.8	
218.90	黏土层	−9.7		−7.8		−7.2		−10.2	
220.90	黏土层	−11.5		−9.5		−6.3		−9.7	
222.90	黏土层	−13.1		−8.2		−7.7		−12.0	
224.90	黏土层	−8.5		−7.7		−6.8		−10.5	
226.90	黏土层	−12.3		−8.4		−9.1		−10.6	
228.90	细砂	−12.1		−8.2		−7.1		−14.0	
230.90	粗砂	−10.2		−11.4		−9.1		−9.5	
232.90	砂质黏土	−9.3		−11.2		−10.3		−11.8	
234.90	粗砂夹砾石	−9.9		−11.6		−9.1		−10.8	
236.90	粗砂夹砾石	−9.1		−12.1		−9.4		−9.9	
238.90	砂质黏土	−12.1		−12.7		−11.8		−10.9	
240.90	泥岩	−11.3		−11.6		−10.6		−10.9	

表 8-12(续)

累计深度/m	岩性	井帮温度/℃							
		东	东南	南	西南	西	西北	北	东北
242.90	泥岩	−10.3		−11.1		−9.9		−9.8	
246.90	泥岩	−11.0		−11.4		−13.6		−9.4	
250.90	泥岩	−11.3		−12.0		−12.5		−10.2	
254.90	风化岩	−8.1		−6.8		−7.4		−7.9	
258.90	风化岩	−8.8		−10.4		−9.7		−11.1	
262.90	岩石	−8.2		−10.1		−9.3		−11.6	
266.90	岩石	−9.1		−11.2		−10.3		−10.9	
270.90	岩石	−9.3		−10.1		−8.3		−8.7	
274.90	岩石	−9.5		−9.0		−8.9		−10.1	
278.90	岩石	−8.3		−9.7		−8.7		−10.2	
282.90	岩石	−9.7		−8.9		−9.3		−9.9	
286.90	岩石	−9.5		−9.2		−9.0		−9.7	
290.90	岩石	−9.9		−9.3		−9.2		−9.5	
294.90	岩石	−10.2		−9.5		−9.1		−10.7	
298.90	岩石	−9.3		−9.0		−8.8		−8.5	
302.90	岩石	−9.7		−8.6		−8.3		−9.3	
306.90	岩石	−9.4		−8.9		−9.0		−9.7	
310.90	岩石	−8.7		−8.4		−9.3		−9.1	
314.90	岩石	−8.0		−7.7		−9.5		−8.8	
318.90	岩石	0.2		0.4		0		0.3	

(二) 冻结壁的变形和位移监测

1. 监测目的

在深厚黏土层掘进中,冻结壁产生塑性变形且向井内位移,其变形量和变形速率往往是判断冻结壁稳定性和冻结管是否安全的重要指标,是确定掘砌段高的重要依据。为此,要重视对冻结壁变形和位移量检测,掌握其规律性。

2. 监测方法

掘进时沿井筒 4 个方向在井壁的钢筋挂钩上各悬挂 1 根垂线,掘进段每隔 0.5～1.10 m 就在冻结壁上依次打入钉子作测点,定期用钢尺测量各钉头与垂线间的变化,以求得冻结壁不同部位上在一定时间内的位移量,或者可用收敛仪检测。

3. 监测频次

在井筒 200 m 以下厚黏土层中,每天观测 1 次。

4. 监测资料

(1) 位移值沿深度的变化曲线图。

(2) 位移速率最大值及最大位移发生的深度、方向、部位。

九、融冻规律量测

在外层井壁混凝土浇筑后,通过靠近井帮位置处测温孔的温度变化规律,了解井壁混凝土水化热对冻结温度场的影响规律。如图 8-36 所示为青东矿东风井在外层井壁混凝土浇筑以后 C3 测点温度变化规律。停冻后化冻利用测温孔和冻结孔,继续量测冻结壁内温度的变化,温度回升则通过周围测温孔的量测,了解周围地层温度恢复状况,并观测井壁变化情况。发现井壁破裂及淋水、涌水时应及时研究处理。

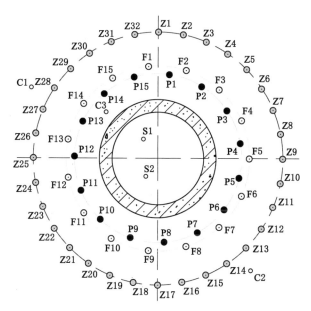

Z—主冻结孔；F—辅助冻结孔；P—防片帮冻结孔；

C—测温孔；S—水文观测孔。

(a) 冻结孔及观测孔布置

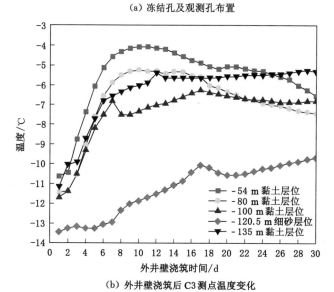

(b) 外井壁浇筑后 C3 测点温度变化

图 8-36　青东矿东风井冻结温度场 C3 测点温度

十、井口周围沉降监测

除融冻规律监测外,一般深冻结井冻结壁完全融化有的需达两年时间,特别对砂土冲积层还可能因矿井开采水位下降引起地表下沉,需要在井口范围设置若干观测点,长期观测对井筒及附近建筑物有无沉降影响。

十一、主要监测仪器

目前应用的主要监测仪器见表 8-13。

表 8-13　冻结法施工主要监测仪器一览表

序号	仪器设备名称	规格型号	单位	数量	备注
1	数字温度检测仪	MS-100A	台	3	冻结站
2	多路数字温度检测系统	TZW-100A	台(套)	3	冻结壁
3	插入式流量计	LUCB-400	台	1	盐水系统
4	插入式流量计	LUCB-350	台	2	盐水系统
5	插入式流量计	LUCB-300	台	1	盐水系统
6	插入式流量计	LUCB-250	台	2	盐水系统
7	电磁流量计	BLD-50	台	15	盐水系统
8	电测水位仪		台	4	水文观测孔
9	温度数字电位仪		台	6	混凝土、冻土
10	测温元件		台	460	测温孔、冻结器
11	水位报警器		台	6	盐水系统
12	测试电缆			9 961	测温孔、冻结器
13	半导体单点温度计		台	4	冻土

第五节　冻结壁的自然解冻

一、自然解冻的特点

冻结壁的自然解冻是冰融化成水的过程,解冻期为停止冻结至冻结壁融解透水的时间,其特点是:

(1)停止冻结 3 个月左右,冻结壁温度急剧上升,但基本上不解冻。

(2)冻结壁平均温度上升至 -3 ℃左右时,开始解冻,冻结壁平均温度上升至 -1 ℃后解冻速度加快。

(3)井内灌水时外侧冻结壁的解冻速度比内侧解冻速度快 1.5～2.5 mm/d,井内通风时内侧冻结壁的解冻速度比外侧快 2.5～3.5 mm/d。

(4)冻结壁解冻是两头快、中间慢:下部冻结壁除受水平方向的地热影响外,还受来自垂直方向的地热影响,且地温较高时冻结壁易于解冻,最早解冻的部位是冻结带与非冻结带交界面,并自下而上逐渐扩大解冻范围,每天向上解冻 1.0～1.5 m;上部冻结壁除受水平方向的地热影响外,还受大气和雨水等的影响,但由于空气传热慢和气温的周期性变化,对解冻的影响较小。

二、自然解冻的速度

(1)冻结壁受水平方向地热影响(中部)引起的净解冻速度见表 8-14。

表 8-14　净解冻速度

冻结地层	净解冻速度/(mm/d)
钙质黏土	11.00
砂质黏土	11.57
细砂	13.76
粗中砂	14.22
中粗砂	16.88
砂砾层	17.41

(2)冻结壁同时受水平和垂直方向地热影响,底部引起的解冻速度比只受水平方向地热影响的解冻速度快 50%。

(3)冻结壁同时受水平方向地热和地面气温、雨水影响,引起(靠近地表部分)的解冻速度比只受水平方向地热影响的解冻速度快 30%。

三、自然解冻的时间

自然解冻的时间按下式估算:

$$T = T_0 + T_i = T_0 + \frac{E}{v_2} \tag{8-23}$$

式中　T——冻结壁自然解冻时间,d;

　　　T_i——冻结壁厚度开始减薄至全部融解的时间,d;

　　　T_0——停冻至冻结壁开始解冻的时间,d,砂性土层一般取 90~100 d,黏性土层一般取 100~120 d;

　　　E——冻结壁厚度,mm;

　　　v_2——冻结壁的净解冻速度,mm/d。

第六节　冻结管断裂及防治

一、冻结管断裂实例

冻结管断裂是冻结法凿井中常见的技术问题。据统计,我国采用冻结法凿井的实例中,有 30 多个井筒出现过冻结管断裂,断管总数约 300 根。个别深井的冻结管几乎全部断裂,严重危及施工安全。几个典型井筒断管情况见表 8-15。

表 8-15　我国部分冻结井筒冻结管断裂情况及特点

矿井名称	井筒数/个	冲积层最大厚度/m	冻结最大深度/m	断管数量/根	特　点
淮南矿区潘集二号井	4	284.0	325	34	1. 冻结管断裂大多数发生在深度大于 150 m 的厚黏土层中； 2. 冲积层中断管绝大多数发生在冻结壁或已砌井壁出现较大位移之后，基岩中断管大多由爆破所致； 3. 断裂的冻结管大多数向井内偏斜，靠近井帮的冻结管首先断裂； 4. 深厚黏土层中采取分段冻结或长短管冻结时断裂的冻结管较多； 5. 焊接箍和丝扣接箍的冻结管均发生过断裂，但焊接箍冻结管断裂的比例较大
淮南矿区潘集三号井	4	358.5	415	40	
淮北矿区谢桥矿	3	224.5	330/360	80	
淮北矿区芦岭矿	4	235.5	240	31	
兖州矿区北宿矿	3	69.6	155	19	
滕南矿区柴里矿	2	83.2	89	51	

二、冻结管断裂原因及分析

冻结管断裂原因及分析见表 8-16。

表 8-16　冻结管断裂的原因及分析

断裂原因		原因分析
冻结壁变形大	冻结壁设计厚度偏薄或冻结孔布置圈偏小	1. 冻结壁参数选取不当。如潘三主井、副井、中央风井冻结壁设计平均温度取 -10 ℃ 时算出冻结壁厚度分别为 2.67 m、2.83 m、2.35 m，而冻结壁实际平均温度只有 $-7 \sim -6$ ℃。 2. 冻结孔布置圈直径确定之后，再增大井筒净直径、井壁厚度或超挖等，均会导致冻结壁实际厚度减薄，减小冻结管距井帮的距离。由于冻结壁或临时井壁位移，容易造成冻结管断裂
	冻结壁实际温度偏高	冻结壁平均温度是确定冻结壁强度的基本指标之一，它与盐水温度、冻结孔间距、冻结壁厚度、井帮温度等因素有关。当冻结壁厚度一定时，冻结壁的平均温度随着盐水温度的上升和孔距的增大而升高。芦岭副井设计盐水温度为 -20 ℃，实际上冻结 60 d 时盐水温度才降至 -13 ℃，当掘至深 $90 \sim 100$ m 黏土层时盐水温度为 -19 ℃，尽管冻结壁达到了设计厚度，但冻结壁的平均温度偏高，抗压强度低，加上井筒掘砌段高偏大，最终导致冻结管断裂
	冻结黏土强度低	黏性土层比砂性土层的冻结速度慢，冻结壁厚度小。特别是膨胀性钙质黏土或铝质黏土中含有较多不易冻结的薄膜水，结冰温度低，冻结强度小，流变性显著，持久强度随着荷载作用的延长而降低。实践表明，在井筒掘进过程中，黏性土层比砂性土层的冻结壁厚度薄 $1/5 \sim 1/4$，平均温度高 $3 \sim 5$ ℃，冻结壁的承载能力约低 50% 以上。此外，深部黏土层往往比浅部黏土层的含水率小，即土壤中自由水的含量少，起冻温度低，冻土的瞬时抗压强度或持久强度小，冻结壁易于变形，增大断管的可能性。经调查，绝大多数冻结管断裂发生在深厚的黏土层、黏土岩和泥灰岩中
	分段（期）冻结和局部冻结	分段冻结和分段局部冻结是将一个井筒所需冻结的深度分为两段或两段以上，按顺序进行冻结。一般是当上段冻结一定时间并转入井筒掘砌后，再开始下段冻结，相应地缩短了下段的冻结时间，使下段冻结壁厚度减薄和强度降低，以及在分段冻结的分界面附近盐水温差较大，容易引起冻结管断裂

表 8-16(续)

断裂原因		原因分析
冻结壁变形大	差异(长短管)冻结	差异冻结的下部冻结管间距比上部冻结管大一倍,冻结壁厚度相应减薄、强度降低。一般适用于稳定性较好的古近纪、新近纪冲积层、风化带及含水基岩,但在第四纪冲积层和稳定性较差的古近纪、新近纪冲积层中采用差异冻结时,往往下部冻结孔间距大、冻结壁的厚度较薄和强度较低、塑性变形较大,引起冻结管断裂。例如,平八东风井的冲积层厚度为 324 m,垂深 177.5 m 往下主要是黏土层,采用差异冻结,短管 210 m,长管 330 m,冻结管最大间距 5 m,断管 16 根
	冲积层埋藏深度大	冲积层的地压大小与埋藏深度成正比,愈深地压愈大,掘砌过程中作用于井壁上的冻结压力也愈大,对冻结壁和冻结管的稳定性威胁也愈大。据统计,1963 年以来在 24 个立井井筒掘砌过程中深度超过 150 m 的断管数计 151 根,占断管总数的 86.4%。潘三东风井冲积层厚 358.5 m,冻结深度 415 m,在井深 250~322 m 黏土层中掘进时,由于地压大、冻结壁的强度低和变形大,断管 22 根。谢桥矸石井在垂深 223.9~242 m 黏土层中掘进时,断管 34 根
	掘进段高大	加大掘进段高势必延长井帮暴露时间和增大冻结壁的变形,降低冻结壁和冻结管的稳定性。在深厚黏土层中加大掘进段高特别容易引起冻结管断裂
	临时井壁承压能力小	近年,两淮矿区冻结井筒外层井壁推广使用料石、小型混凝土预制块以及预制块可缩性井壁,取得了一定效果。但此类井壁整体承压能力小,在外荷载作用下容易引起结构变形以及料石或预制块破坏,导致冻结管断裂。由井壁整体模型抗压强度试验得出:当荷载为 1.0~1.5 MPa 时,料石井壁就遭受破坏;当荷载为 1.5~2.0 MPa 时,混凝土预制块(C40)就遭受破坏
钻孔及冻结管质量差	冻结管材质及接头强度低	冻结管质量主要取决于材质、厚度及接头。接头部位往往是冻结管最薄弱或断裂的危险断面,一般丝扣接头部位的强度约为管子正常部位强度的 60%~75%。临焕副井和潘二西风井采用焊接箍的冻结管,由于焊条与管箍的材质不同,焊接质量差,共断管 7 根;芦岭主、副井的冻结管采用 $\phi150$ mm×7 mm 公母丝扣接头,接头部位的实际厚度只有 4 mm,断管 12 根
	套管式冻结管易于挤扁	当在渗漏管内安装一根直径较小的冻结管进行冻结时,由于两管环形空间的积水结冰膨胀产生挤压力,而将内冻结管挤扁或产生纵向裂缝。潘集东风井、潘二西风井以及张集主、副井均发现这种现象
	钻孔偏斜和弯曲大	钻孔偏斜特别是弯曲拐点位于黏性土层或不同土层的交界面时,冻结管将承受预加弯曲应力,在这种情况下发生冻结壁位移,极易导致冻结管断裂,如柴里主、副井的冻结断裂部位均位于黏土层与砾石层的交界面。此外,朝井心方向偏斜特别是距井帮较近的冻结管将首先断裂。潘三中央风井断裂的 7 根冻结管均朝向内侧偏斜,平八东风井最早断裂的 18 号冻结管距井帮只有 0.45 m,芦岭西风井距井帮最近的 5 号冻结管断裂后被挤出
爆破震动过大		无论在冲积层还是在基岩冻结段采用爆破作业,均应有经审批的安全技术措施,对炮眼至冻结管的距离和每孔的装药量要严格控制

三、防止冻结管断裂的措施

冻结管断裂的原因是多方面的,甚至是多种因素共同影响的结果。因此,防止冻结管断裂应采取综合措施(表 8-17),重点应防止冻结壁变形过大。

表 8-17 防止冻结管断裂的措施

措施项目		措施要点
把好冻结设计关	冻结方案	1. 深部主要为厚黏土层特别是钙质黏土或铝质黏土时,不宜用分段(期)或分段局部冻结; 2. 在第四纪冲积层或稳定性较差的第四纪冲积层中不宜用长短管冻结
	冻结壁	1. 冻结壁厚度和冻结钻孔圈直径应符合《煤矿井巷工程质量验收规范(2022 版)》(GB 50213)要求; 2. 采用双圈冻结管时,辅助(内圈)冻结管不宜距井帮太近; 3. 冻结管圈径距荒径不得小于 2.5 m
把好冻结孔质量关	钻孔质量	1. 实行钻进、测斜、纠偏交叉作业,发现偏斜及时纠正,尽量减少偏斜、避免钻孔突然弯曲; 2. 根据成孔偏斜状况确定补孔位置和数量,确保终孔间距不大于设计值; 3. 深井冻结管向井中方向偏值应控制在 0.6～0.8 m
	冻结管质量	1. 按冲积层厚度选用冻结管的直径和厚度; 2. 尽量选用低碳钢,最好是 10 号钢,接头形式为内套管对焊连接,并保证焊接质量; 3. 冻结管要做好管接头的抗滑力和耐压力试验,确保连接质量; 4. 做好冻结孔的验收和漏孔工作。当采用下套管取代漏管时,两管之间的环形空间应充填砂石,以防冻结期间被挤扁
把好冻结掘砌关	制冷冻结	1. 冻结初期盐水应逐渐降温,防止温差过大而引起冻结管断裂; 2. 加强冻结管去、回路盐水温度检测,防止盐水在冻结管某部位形成短路而削弱下部冻结壁; 3. 加强水位检测工作,发现水位下降,应立即关闭所有冻结管去、回路阀门,查明断管并切断其盐水循环,然后恢复其他冻结管正常运行
	井筒掘砌	1. 在黏土层特别是深厚黏土层中,应严格控制段高在 1.5～2.5 m,空帮时间不超过20～24 h; 2. 加强井筒掘砌的检测工作,防止冻结壁和临时井壁的变形,冻结壁径向位移控制在 50 mm之内; 3. 采用爆破作业时,要严格执行安全措施,坚持浅打眼、少装药

第九章　冻结井筒掘砌施工技术

第一节　准 备 工 作

一、开挖前的准备工作

冻结井开挖前准备工作较多,除普通凿井法井口布置及提吊系统外,还应做好以下几点:

(1)水文观测孔的水位呈有规律上升并溢出管口,冻结壁确已交圈。

(2)根据测温孔测温资料分析,井筒掘砌至各水平时,冻结壁能够达到设计需要的厚度和强度。

(3)井筒掘砌准备工作已全部就绪,特别是有的矿主、副井筒利用永久井架凿井时,其安装和改制工作应全部完成。

(4)利用永久井架凿井,其井架基础较深,自重较大。陈四楼矿副井井架质量在 226 t,基础深约 8 m。应用时应妥善处理其与地沟槽及地下水位的关系,并有计划地设置观测点,以便观测基础和井架的沉降与变形。

(5)通过井筒浅部试挖证实,冻结壁已有一定厚度,能抵抗浅部的地压作用。

(6)试挖深度一般不宜超过 30 m,以满足吊盘、固定盘及凿井悬吊安装为宜。由于浅挖时井帮冻土稳定性较差,易片帮、抽帮,掘砌段高宜小于 1.5 m。

二、井筒试挖时间的确定

冻结井筒的掘砌是在冻结壁保护下进行的,合理确定冻结段井筒试挖时间至关重要。冻结段的掘砌过程在一定程度上也是处理冻结与掘砌矛盾的过程。深井冻结施工的实践表明,提前开挖是减少冻土挖掘量和加快掘进速度的主要措施之一。据估算,每提前 10 d,可减少井筒冻土挖掘宽度 20～30 cm,并随着冲积层厚度增大和开挖时间提前而产生叠加效应。但同时应看到,若提前开挖时间过早,可能在掘砌初期出现冻结壁局部透水,甚至被迫灌水停掘而再次冻结,打乱正常施工程序,或在掘进至中深部厚黏土层中出现冻土未扩至井帮而发生较大片帮,以致外层井壁下沉拉裂危及施工安全而被迫停掘,只得提前套砌内壁,出现欲速而不达的被动局面。

因此,冻结井的开挖除应完成前期准备工作外,还应视冻结地层的特点、冻结设计的控制层位、冻结壁厚度、安全掘进段高、冻结孔布置方式、冻结工艺、冻结盐水温度、盐水流量及掘砌进度安排等因素综合考虑,确定井筒合理开挖时间。

泉店矿主、副、风 3 个冻结井根据冻结壁交圈时间和地层特性,比较合理地确定了井筒开挖时间,效果较好。该矿主、副、风井筒净径分别为 5.0 m、6.5 m、5.0 m,冻深分别为513 m、500 m、523 m。井筒穿过冲积层地层特性是:冲积层深 200 m 以内多层黏土夹砾石、中砂、细砂和粉砂层自上而下分布广泛,当冲积层深度超过 200 m 时,黏性土多数呈固结状态,有半成岩状,软硬夹层变化频繁。该类土施工时用 B87C 型强力挖掘机破碎出岩。

3 个井筒正式开挖时间分别为井筒开冻后 84 d、84 d、80 d,见表 9-1。

表 9-1　泉店矿主、副、风 3 个冻结井冻结壁交圈时间和冻结时间

施工单位	序号	井筒名称	冻结壁交圈时间/d			井筒正式开挖前设计冻结时间/d	井筒试挖前实际冻结时间/d	井筒正式开挖前实际冻结时间/d
			浅部	中部	深部			
中煤 71 处	1	主井	52	58	53	95	64	84
中煤五公司三处	2	副井	55	62	60	95	66	84
河南煤炭建设集团公司	3	风井	67	62	57	95	69	80

由于抓住了主、副、风 3 个井筒合理开挖的有利时机,特别是后开工的风井加快了冻结段掘砌速度,主、副、风 3 个井筒前 3 个月掘砌速度及冻结段成井进度分别超过河南冻结井最好成绩,见表 9-2。

表 9-2　3 个井筒前 3 个月的掘砌速度和成井速度

序号	名称	主井井筒掘砌		副井井筒掘砌		风井井筒掘砌	
		m/月	H/m	m/月	H/m	m/月	H/m
1	第一个月	112.5	27.5~140.0	144.4	22.5~166.9	223.2	39.6~262.8
2	第二个月	81.4	140.0~221.4	118.9	166.9~285.8	96.6	262.8~359.4
3	第三个月	52.7	221.4~274.1	75.6	285.8~361.4	105.0	359.4~464.4
4	外壁成井速度/(m/月)	63.9		91.2		132.8	
5	成井速度/(m/月)	55.3		804.0		100.7	

由表 9-2 可知,泉店矿风井创出冻结段单月进尺 223.2 m、外壁成井速度132.8 m/月和成井速度 100.7 m/月的优异成绩。

三、掘砌与冻结施工队伍的选择

冻结和掘砌是冻结凿井的关键施工阶段,它是在两壁一钻设计之后进行的,施工单位多数是经过招投标评议后由建设单位确定的。目前,冻结和掘砌施工组织形式有两种,一种是冻结和掘砌由两个单位承包施工,另一种是一个单位或一个牵头承包单位施工。前者的优点是比较机动灵活,但对整体施工考虑较少,冻结和掘砌配合较难,加重了建设单位的协调和监督职责,并发生一些重复费用;后者的优点是对工程总体安排较周全,重复费用发生较少,从效果看,后者工序及经济之间纠纷较少。但不管采用何种组织形式,必须做到"井筒开挖应服从于冻结,而冻结又必须服务于开挖"的原则。管理层的建设者和监理单位对整个工程必须采取监督和调控措施。从总体来看,钻、冻、掘、砌由一个单位或牵头承包单位施工,能便于各分部工程之间相互协调,并按项目法管理和按承包合同严格要求,充分调动施工单位和人员的积极性,为安全快速施工创造有利条件。河南省已有不少冻结井项目采用这种做法,取得了安全、快速的施工效果。例如,梁北矿东风井冲积层冻深 205 m,井筒净直径为4.0 m,钻、冻、掘、砌由一个单位施工,于 2000 年 3 月 24 日开挖至 2000 年 5 月 28 日内外壁掘砌全部完成,平均月成井 94.3 m,钻、冻、掘、砌每米综合造价为 2.6 万元,井壁渗水量小于0.1 m³/h,各项指标均居当时国内领先水平。

四、做好开挖过程监测、监控准备

做好冻结开挖过程的综合监测、监控工作,掘砌施工前应有充分准备,尽可能准备一些先进监测手段和检测方法,除传统常规的测温、测水位外,应开展对每个冻结器去、回路盐水温度和盐水流量进行监测、监控,对不同深度和水平温度进行检测,在井筒内外壁夹层空间埋设测温元件,测定夹层空间的温度变化,应用数显收敛计对冻结壁径向位移进行监控、实测,在冻结段掘砌过程中每月对下段冻结壁形成特征、有效厚度、内侧冻土扩展范围、井帮温度等基本参数进行预报,形成冻掘过程监视网络,这些均是冻结井掘砌的前期有利条件。

第二节　施工机械化配套

要提高建井速度,必须要实现机械化配套。立井施工机械化配套,就是根据立井工程条件、施工队伍素质和技术装备情况将各主要工序使用的施工设备进行优化,使之匹配、前后衔接成一条工艺系统完整的机械化作业线,并与各辅助工序相互协调,充分发挥各种施工机械的效能,快速、高效、优质、低耗、安全地共同完成作业循环。各设备之间能力要匹配,主要应保证钻眼深度与掘进段高、一次爆破矸石量与装岩能力、提升能力与装岩能力、吊桶容积与抓斗容积、地面排矸与提升能力、井筒砌壁与掘进速度的匹配。

一、主要施工设备配套要求

(一)凿眼设备的选择

目前,用于立井施工的钻眼机械主要有手持凿岩机、环形钻架和伞形钻架。手持凿岩机一般只适用于浅孔爆破,当立井采用深孔爆破时,需要多次换钎杆,钻眼效率低,工人劳动强度大。环形钻架在金属矿山应用较多,但在煤矿立井中一般很少采用。淮南矿区使用的伞形钻架一般配置 6~9 台 YGZ-70 型凿岩机,适用于长 4.0 m 以上的炮孔。伞形钻架具有机械化程度高,操作灵活,打眼眼位和角度好控制、质量高,有利于推行光面爆破,安全可靠,劳动强度低的优点,较人工抱钻大大缩短了凿岩时间,因此立井深孔爆破目前都首选伞形钻架打眼。

(二)抓岩机的选择

抓岩机的选择应根据施工进度要求计算出必需的抓岩能力,并结合配套要求选出抓岩机的类型与数量,然后结合施工组织情况计算出抓岩机的实际生产率。

1. 抓岩能力

抓岩能力是由一次预计爆破岩石量及装岩时间确定的。根据一次爆破矸石量与抓岩能

力的匹配关系,抓岩能力为:

$$P_0 \leqslant \left(\frac{1}{4} \sim \frac{1}{5}\right) Q \qquad (9\text{-}1)$$

式中 Q——一次爆破矸石量,m^3,有

$$Q = l_\text{b} \eta S K_0 \qquad (9\text{-}2)$$

l_b——炮眼深度,m;

η——炮眼利用率,取 $0.85 \sim 0.95$;

S——井筒掘进断面积,m^2;

K_0——岩石松散系数,取 $1.8 \sim 2.0$。

在整个装岩过程中,不论是工作量还是装岩时间,都以第一阶段装岩为主。因此,P_0 应按第一阶段的装岩量及所需装岩时间确定,即 P_0 应满足

$$P_0 \geqslant \frac{Q - Q_\text{d}}{k_1 T_1} \qquad (9\text{-}3)$$

式中 Q_d——清底矸石量,一般取 $Q_\text{d} = 10 \sim 20 \text{ m}^3$;

T_1——掘进循环中装岩时间,一般占循环时间的 $40\% \sim 60\%$;

k_1——第一阶段装岩时间系数,取 $0.65 \sim 0.80$。

2. 抓岩机类型及抓斗容积确定

立井施工的抓岩机类型主要有环形轨道式(HH 型)、中心回转式(HZ 型)、长绳悬吊式(HS 型)和靠壁式(HK 型)等。HH 型抓岩机机械化程度高,生产能力大,但是该抓岩机升降频繁,吊盘晃动大,操作高度大,视线欠佳;HZ 型抓岩机适用于各种作业方式,占用井筒面积小,装岩无死角,生产能力大,操作高度低,工作时吊盘较平稳;HS 型抓岩机结构简单、易于布置,吊盘悬吊荷载较小;HK 型抓岩机生产能力大,视野清晰,但固定工作频繁。

抓斗容积按装岩生产率计算:

$$q_0 = \frac{P_0 t_1}{3\,600 K_\text{g} K_\text{m}} \qquad (9\text{-}4)$$

式中 t_1——第一阶段装岩时抓岩机抓取一次循环时间,取 $25 \sim 35 \text{ s}$;

K_g——抓岩机时间利用率,一般取 $0.6 \sim 0.9$;

K_m——抓斗抓满系数,第一阶段抓岩时取 $1.0 \sim 1.1$。

根据计算值 q_0 选取标准的抓斗容积 q_B,并使 $q_\text{B} \geqslant q_0$。

3. 抓岩机实际生产率的计算

由于影响抓岩机实际生产能力的因素很多,目前还很难精确计算。根据部分井筒实测的数据分析,实际抓岩能力一般为理论抓岩能力的 $50\% \sim 70\%$,设备配套合理、抓岩机操作技术高的井筒可达 80% 及以上。

(三)矸石吊桶的选择

选择矸石吊桶时,要考虑井筒施工设备布置、井筒直径、提升方式、抓岩机型号及其生产率。当井筒施工设备布置较多或井筒直径较小时,选择大直径吊桶无法满足安全要求。因此,合理的吊桶是在满足安全要求条件下,尽量选择大容积吊桶,并与抓岩机的抓斗直径配套。吊桶容积可用下式计算:

$$V_\text{T} \geqslant \frac{K P_\text{z} T_1}{3\,600 K_\text{d}} \qquad (9\text{-}5)$$

式中 K——提升不均匀系数,取 $1.15\sim1.25$;

$\quad\quad K_d$——吊桶装满系数,一般为 0.9;

$\quad\quad T_1$——提升一次循环时间,提升机未选出前先按下式计算:

$\quad\quad\quad$ 单钩提升 $\quad T_1=54+8\sqrt{H-h_{ws}}+\theta_d$

$\quad\quad\quad$ 双钩提升 $\quad T_1=5\sqrt{H-2h_{ws}}+\theta_s$

$\quad\quad H$——提升高度,即井筒设计深度、井架卸矸台高度和吊桶超过卸矸台高度($1\sim$ 1.5 m)之和;

$\quad\quad \theta_d$——单钩提升时吊桶摘挂钩及卸矸时间,取 $60\sim90$ s;

$\quad\quad \theta_s$——双钩提升时吊桶摘挂钩及卸矸时间,取 $90\sim140$ s;

$\quad\quad P_z$——井筒工作面抓岩机的总生产率,一般取 $P_z=P_0$。

根据求出的 V_T 值选择标准的吊桶容积 V_{TB},并使 $V_{TB}\geqslant V_T$。

吊桶的选择要与抓岩机配套合理,吊桶容积应为抓岩机抓斗容积的 $4\sim5$ 倍较为合理。吊桶直径和抓斗张开直径的比值一般为 $0.7\sim0.8$。通常的配套关系为:2 m³ 吊桶配 0.4 m³ 或 0.6 m³ 抓斗,3 m³ 吊桶配 0.6 m³ 抓斗,$4\sim5$ m³ 吊桶配 0.6 m³ 或 1.0 m³ 抓斗。

(四)提升机的选择

根据井筒技术特征和施工方案选择提升设备,在条件许可的情况下,尽量采用提升速度较快和提升能力较大的提升机。选择原则是:

① 要有足够的提升能力,保证井筒出矸需要。如提升机需继续服务于巷道开拓施工时,还要满足二期工程掘进施工的需要。

② 与抓岩机的生产率相匹配,满足快速施工要求。一般要求提升能力大于抓岩能力。

③ 要有较好的经济效益,不造成大的浪费;设备安装时间要短,保证安全生产。

④ 主提升要满足伞钻、材料等大型重物上下时的安全系数要求。施工中主要采用了 JK 系列的提升机和井筒专用提升机。

二、淮南矿区立井施工设备配套状况

近十几年,随着科学技术水平的发展,新型、大型建井设备不断涌现并在淮南矿区得到了广泛应用,大大提高了凿井技术水平和施工进度。近 20 年来共施工了 40 多个井筒,部分典型井筒的配套情况见表 9-3。

表 9-3 淮南矿区典型井筒的机械化配套方案

配套设备	井筒名称、净直径及深度/m					
	顾桥矿主井	张北风井	张集副井	丁集风井	朱集副井	顾南回风井
	7.5/810.6	6/523.5	8/663.5	7.5/861.9	8.2/958	7.2/975.6
井 架	新Ⅳ型	新Ⅳ型		Ⅴ型	永久井架	
主提升机	2JK-3.5/15.5 单钩	2JK-3.5/15.5		2JK-3.6/13.2	2JK-3.6/13.2	4.0 m
副提升机	2JK-3.5/15.5 单钩	2JK-2.5/20		JKZ-2.8/15.5	JKZ-2.8/15.5	3.5 m

表 9-3(续)

配套设备	井筒名称、净直径及深度/m					
	顾桥矿主井	张北风井	张集副井	丁集风井	朱集副井	顾南回风井
	7.5/810.6	6/523.5	8/663.5	7.5/861.9	8.2/958	7.2/975.6
吊桶/m³	3.0(主提)	3.0		5.0	5.0	5.0
	3.0(副提)	3.0		5.0	4.0	4.0
钻眼设备	FJD-6A	FJD-6A	FJD-6	FJD-6A	FJD-9G	FJD-6.7
抓岩机	2 台 HZ-4	HZ-6	HZ-6	2 台 HZ-6	2 台 HZ-6/自制挖掘机清底	HZ-6
排矸设备	汽车	汽车	汽车	汽车	汽车	
模板 外壁	MJY2.8/8.6	MJY1.8/7.1 (7.5)		MJY2.6/8.6	φ9.4/10.1 m 整体金属模板	
模板 内壁	1.6 m 滑模	1.4 m 滑模	滑模		φ9.4 m 液压滑模	液压滑模
模板 基岩	MJY3.6/7.5 下滑金属模板	下滑金属模板	下滑金属模板		MJY3.6/8.2,段高 3.6 m	下滑金属模板,段高 3.7 m
混凝土搅拌机	甲方集中搅拌站	JS-1500		甲方集中搅拌站	甲方集中搅拌站	甲方集中搅拌站
混凝土输送	DX-2 型吊桶	DX-2 型吊桶		DX-3 型吊桶	DX-3 型吊桶,6 路胶管入模	
通风 通风机	4-58-No11.25D2	4-58-No11		FD-1No 6	对旋式 FBD-N9.6,FBD-N80,	
通风 风筒	KSF-900	KSF-800			2 趟,井壁吊挂	
排水设备				250 kW 吊泵	DC50-80/13 卧泵,井壁吊挂	
压风	利用永久压风机	利用永久压风机			甲方提供,井壁吊挂	
吊盘	双层,间距 4.5 m	双层,间距 4.5 m		三层,间距 4.5 m	φ7.9 m 双层,间距 4.5 m	
稳车/台					17	
可视化						

配套设备	井筒名称、净直径及深度/m				
	顾北风井	望峰岗二副井	顾北进风井	朱集矸石井	潘一东副井
	7.0/620.6	8.1/1 015.7	8.6/1 038.6	8.3/1 094.0	8.6/904.2
井架	V 型	V 型	永久井架	V 型	永久井架
主提升机	JKZ-2.8/15.5	2JKZ-4/15	2JKZ-3.6/12.96	2JKZ-3.6/12.96	2JKZ-3.6/12.96

配套设备	井筒名称、净直径及深度/m				
	顾北风井	望峰岗二副井	顾南进风井	朱集矸石井	潘一东副井
	7.0/680.6	8.1/1 015.7	8.6/1 038.6	8.3/1 094.0	8.6/904.2
副提升机	2JK-3.5/11.5	JKZ-2.8/15.5	JKZ-4.0/20.1	JKZ-3.2/18	JKZ-4.0/20.1
吊桶/m³	4.0(主提)	5(≤700 m)	4	4	3~5(井深 500 m 以下用 4 m³,800 m 以下用 3 m³)
	3.0(副提)	4(>700 m)	4	4/3	
钻眼设备	FJD-6A 伞钻	SJZ-6 伞钻	SJZ-6.1 伞钻		SJZ-6.1 伞钻
抓岩机	2 台 HZ-6	HZ-0.6/HZ-0.4	2 台 HZ-6	2 台 HZ-6	2 台 HZ-6
排矸设备	铲车、汽车	铲车、汽车	铲车、汽车	铲车、汽车	铲车、汽车
模板 外壁	MJY-2.4/8		MJY-2.4/8		MJY8.6/4
模板 内壁			液压滑模		液压滑模
模板 基岩	下滑金属模板	MJY-3.7/8.1		MJY-3.6	MJY
混凝土	商品混凝土	JS-750/JS-500,4 台	商品混凝土		2 台 JS-1000
混凝土	DX-2.4 型	2 趟 φ159 mm×8 mm	DX-2.4 型		DX-3 型
通风 风机	DKJNo96 30×2	JBDS45×2		2 台 FBD-2×55 (对旋式)	FBD-2×45(对旋式)
通风 风筒		胶质 φ1.0 m		玻璃钢 φ1.0 m	2 趟玻璃钢 φ1.0 m
排水设备		风泵配吊桶		DG100-100×2	DG100×10 卧泵
压风		2 趟 φ219 mm		φ159 mm×4.5 mm	
吊盘	φ7 m,双层	φ7.7 m,双层	φ10.3 m,双层		φ8.3 m,双层
稳车/台		15		18	16
可视化		视频监控	视频监控		

根据淮南矿区的施工设备配套情况,可看出以下特点:

(1) 多个井筒采用了永久井架施工。利用永久井架可节省凿井井架的费用,并能缩短工期。由于永久井架太高,底部跨距较大,难以利用,有的矿井只好在永久井架内再安装凿井井架,如顾北矿主井。

(2) 采用了大绞车、大吊桶提升。多数采用 φ3.5~4.0 m 的大直径提升绞车、4~5 m³ 的大容积矸石吊桶。大绞车、大吊桶配合大抓岩机的有效组合大大缩短了装岩排矸时间。

(3) 普遍采用了混合作业方式,整体下移带刃脚的金属模板。混合作业可省去临时支护,加快施工速度,故被广泛采用。掘进段高根据循环组织不同,取 3~5 m 不等。模板采用单缝式液压操作,翻转挤压式受灰合茬窗口,能保证合茬部位混凝土井壁重叠、平整、密实,有利于提高井壁的隔水性和整体质量。

作业方式是关系立井施工质量、速度、成本和安全的重要方面,是发挥施工技术优势的关键所在。目前,淮南矿区主要采用掘砌混合作业方式,它具有以下特点:① 省去单行作业方式中占循环作业 15%~20% 的临时支护时间;② 辅助作业时间相对减少,部分工序可以平行交叉作业,省去长段单行作业中的掘、砌转换时间;③ 永久支护紧跟工作面,围岩暴露时间短,作业安全,适应各种地质条件;④ 随着中深孔爆破技术的完善、大段高整体移动金属模板的采用,机械化施工优势更显得突出;⑤ 工序简单,组织专业化的班组,工人操作水平熟练,有利于实现正规循环作业。

由此可见,掘砌混合作业方式中部分作业可以平行交叉进行,省去了临时支护,节约了辅助作业时间,增加了有效作业时间,凿井设备、伞形钻架、抓岩机、提升机和混凝土搅拌系统设备能力得到充分发挥,能充分显示机械化配套的优势,从而使得淮南矿区新井建设速度得到大大提高。

(4)基岩装岩均采用中心回转抓岩机,根据井筒直径的大小不同,布置 1 或 2 台,抓斗容积 0.4 或 0.6 m³。为了加快清底速度,有的井筒配用挖掘机清底,挖掘机可将震碎松动的岩石清净,有效提高炮眼利用率,多数可达 100%,实现两炮三模,大大提高了施工速度。

(5)普遍采用了深孔爆破,炮眼深度可达 5.5 m。深孔爆破与大型伞钻配合相得益彰,大大提高了循环进尺。

(6)凡新建矿井,较多井筒采用了由建设方统一设置搅拌站和提供的商品混凝土。混凝土集中供应不仅缓解了工业广场的利用紧张状况,改变了各施工单位作坊式的布置,也有利于文明施工管理,更重要的是大大减少了施工准备的工程量,保证了混凝土的质量。集中搅拌站供应量大,大流量的供应加快了砌壁速度,有利于快速施工。

(7)冻结段内壁砌筑混凝土,多采用内爬杆式液压滑动模板。在冻结段底部大壁座掘砌完成后,自下而上一次套壁到井口,保证了内壁的整体性,增加了其防水性。

第三节　冻结井筒掘砌技术

一、简述

立井井筒工程是新建矿井的关键工程。立井井筒施工技术复杂,作业场所狭窄,工作环境恶劣,且受地质条件变化(地层涌水、煤层瓦斯突出等)的影响大,有时甚至威胁到安全生产。虽然井筒施工工程量只占全矿井井巷工程量的 3.5%～5.0%,但其施工工期往往占到矿井建设总工期的 35%～40%甚至更多,这除了井筒施工受上述特殊地质因素影响外,还有以下一些主要影响因素:

(1)井筒施工机械化程度不高或机械配套不合理,无法充分发挥机械化的综合效能,影响了井筒施工速度。

(2)作业方式不合理。过去淮南矿区立井井筒施工主要采用长段单行作业方式,它不仅有临时支护工序,增加了辅助作业时间,而且浇筑混凝土井壁采用活动金属模板,机械化程度低,严重制约了井筒施工速度。

(3)爆破技术较落后。过去由于钻眼设备落后,主要采用手抱钻打眼,浅孔爆破,不仅打眼速度慢,工人劳动强度大,而且工序转换频繁,辅助作业时间长,尤其是清底时间所占作业循环时间比例较大,使井筒施工速度难以提高。引进伞形钻架后,虽然可以实现中深孔爆破,但爆破参数选择主要凭经验,导致炮眼利用率低,爆破效果差,超欠挖现象严重。

（4）施工组织管理落后。

传统上按"四六"工作制,实行综合工作队按时上下班,工人的技术不全面,奖惩不明确、积极性不高。因此,在以张集矿井为首的新一轮建井高潮中,淮南矿区通过产、学、研联合攻关,首创和引进新技术,选用科学合理的立井井筒施工机械化配套方案,完善和优化立井井筒中、深孔爆破参数,建立科学合理的施工组织和管理体系,实行专业工作队和滚班制,大大加快了井筒施工速度,缩短了建井工期,为矿井早日投产创造了条件。

20世纪50年代淮南矿区煤炭工业处于恢复、发展初期,新建矿井井筒较浅,建井技术水平不高,机械化程度很低,作业方式主要采用单行作业方式,掘进采用浅孔爆破,钢井圈,木背板为临时支护,料石砌筑为永久支护。70年代中后期,随着我国立井施工技术的发展、立井大型凿井设备的研制和应用,如混合作业方式的应用,大型提升机、抓岩机、伞形钻架等新型机械问世,月成井速度大大提高。

随着锚喷支护技术的应用,井筒掘进施工的临时支护改井圈背板为锚喷网,段高一般可加大到30~60 m,最大段高可达100 m,从而简化了施工工艺、减少了掘砌转换次数,提高了立井掘进速度。

在20世纪60年代到80年代,立井施工又研究推广了平行作业方式,由于掘进与砌壁在两个相邻段内反向同时作业,使砌壁占用掘砌循环工时由35%~40%降低到15%~20%,其月成井速度较其他作业方式有所提高。

单行作业方式的段高增大,虽然可以缩短工序的转换时间,但是并没有消除临时支护工序,而且施工安全性差。采用平行作业方式时,掘进与砌壁需要分别设置作业盘和独立的悬吊系统,相互之间影响大,安全管理工作要求高。另外,这两种作业方式砌壁的机械化程度不高,严重制约了掘进机械化能力的发挥,影响了立井施工速度。

立井施工混合作业方式于20世纪60年代在我国开始应用,至80年代施工井筒工程量达1/3左右。其短段掘砌以模板砌壁高度为掘砌段高,掘一段砌一段,取消了临时支护,作为永久支护的混凝土井壁紧跟掘进工作面,掘砌作业依次进行。掘砌段高开始为1.0~1.5 m,后期增加到2.0~2.5 m。由于当时的工艺和设备不完善,施工速度一直比长段单行作业和平行作业低。为此,通过多单位联合攻关,取得了系列研究成果,工程应用结果表明,混合作业方式工艺组织合理,技术配套科学,机械化程度高,工艺简单,安全性好,达到了快速施工的目的,尤其是整体下滑金属模板的研制成功,丰富了机械化配套内容。

随后,国内通过对凿井设备性能提高、完善机械化配套进行了科研攻关,取得了丰硕成果,开发了MJY型系列多用金属模板、混凝土集中搅拌系统、井下分灰器和振捣器等配套设施,改进了伞形钻架,为其配备了YGZ-50型或YGZ-70型重型凿岩机,开发了与整体下滑金属模板配套的小型钻架,研制了大型通用抓斗,使立井施工机械化配套更加完善。

同时,在淮南矿区对立井深孔光面爆破新技术进行了科研攻关,重点对掏槽爆破机理、掏槽方式、掏槽爆破参数、光面爆破机理及其爆破参数、光爆孔装药结构以及起爆器材等进行了研究,取得了多项科研成果,为立井施工爆破效果提高提供了技术保证,使机械化配套技术更趋合理。

随着立井凿井机械化的推广应用,相适应的施工组织与管理就显得更加重要。过去由于管理落后,虽然机械化配套水平从"六五"时期的59%上升到"八五"时期的75%,但平均月成井只从25 m提高到30 m,建井速度提高缓慢。为此,各相关单位通过对施工组织管理进行了多方面的探索和研究,提出了许多科学、有效的管理和组织方法,使立井施工速度得到了很大提高。原淮南矿业集团在淮河以北新矿区开发的矿井有12座,施工的井筒有56个,其中除6个井筒采用钻井法外,其余50个井筒全部采用了冻结法施工,施工速度见表9-4。从表中可见,30年前井筒施工月进尺大多在25 m之内,近几年大多在50 m以上,表土段外壁掘砌月进超百米屡见不鲜,最高月进尺达到185.2 m;2007年施工的朱集矿和2008年施工的潘一东矿,平均达60~80 m,尤其是潘一东矿,速度达到淮南矿区历史最高水平,其副井基岩段施工,2009年2—5月连续4个月月成井超过120 m。

表9-4 淮河以北地区井筒冻结法施工速度

序号	井筒名称	净直径/m	井筒深度/m	开工年月	工期/月	月进尺/m		
						表土段	基岩段	全井
1	潘一矿主井	7.5	645.1	1973年				
2	潘一矿副井	8.0	588.1	1973年				
3	潘一矿中央风井	6.5	420.7	1974年				
4	潘一矿东风井	5.4	383.0					
5	潘一矿南风井	7.0	361.4					
6	潘一矿二副井	7.0	851.5	2005年6月				
7	潘二矿主井	6.6	642.2	1977年4月		25.0	30.0	
8	潘二矿副井	8.0	586.4			25.0	30.0	
9	潘二矿西进风井	6.0	416.0			25.0	30.0	
10	潘三矿主井	7.0	758.8	1979年6月	41.5	17.9		18.3
11	潘三矿副井	8.0	712.2	1979年12月	36.0	20.3		19.8
12	潘三矿矸石井	6.6	683.2	1980年8月	29.5	24.6		23.2
13	潘三矿东风井	6.5	428.1	1981年9月	24.0	34.0	18.8	17.8
14	潘三矿新西风井	7.0	647.5	2011年5月	9	119.3	34.0	71.9
15	潘三矿深部进风井	8.6	847.0	2011年9月	15	137.0	80.6	56.5
16	谢桥矿主井	7.2	724.6	1985年3月	54	22.5	21.0	13.4
17	谢桥矿副井	8.0	770.0	1984年8月	103	28.5		7.5
18	谢桥矿矸石井	6.6	675.0	1983年12月	26	23.0	23.6	26.0
19	谢桥矿箕斗井	7.6	986.2	2008年		最高185.2		
20	谢桥矿中央风井	7.5	986.2	2008年				
21	谢桥矿二副井	8.2	1 011.2	2008年9月	14			72.2
22	张集矿主井	6.0	629.2	1996年8月	14.6	41.1	56.7	52.4
23	张集矿副井	8.0	663.5	1996年12月	12.3	43.5	73.0	55.3
24	张集矿中央风井	7.0	631.6	1996年7月	15.5	41.8	40.3	50.4
25	张集矿二副井	8.8	876.5	2012年				

表 9-4(续)

序号	井筒名称	净直径 /m	井筒 深度/m	开工 年月	工期 /月	月进尺/m		
						表土段	基岩段	全井
26	张集北矿主井	5.5	518.5	2003 年 8 月	11.7	最高 116.6/64.6	31.1	44.3
27	张集北矿副井	7.0	552.5	2003 年 10 月	14.8	65.8	32.9	37.3
28	张集北矿风井	6.0	525.0	2003 年 6 月	19.0	最高 116.6/64.6	15.4	27.6
29	顾桥矿主井	7.5	807.0	2003 年 12 月	11.0	最高 150.8/90.0	65.0	73.4
30	顾桥矿副井	8.4	835.5	2003 年 12 月	10.6	103.6	92.3	90.2
31	顾桥矿中央风井	7.5	812.6	2003 年 11 月	13.0	80.0	55.0	62.5
32	顾桥矿南区进风井	8.6	924.2	2007 年 10 月	12.0	89.0	80.0	77.0
33	顾桥矿南区回风井	7.2	837.1	2007 年 7 月	8.0	最高 119.0/88.0	110.0	104.6
34	丁集矿主井	7.5	852.3	2004 年 8 月	20.8	92.8/120.0	113.0	50.0
35	丁集矿副井	8.0	881.0	2004 年 6 月	15.3	最高 106.9/80.0/75.0	130.0	57.6
36	丁集矿风井	7.5	861.0	2004 年 6 月	16.3	最高 111.0/100.0	110.0	52.8
37	潘北矿主井	6.0	703.2	2005 年 1 月		68.6		
38	潘北矿副井	8.1	700.2	2004 年 12 月	18.0			38.9
39	潘北矿中央风井	7.0	684.2	2004 年 12 月	14.0	64.1		48.9
40	顾北矿主井	7.6	680.6	2005 年 1 月	27.3			24.9
41	顾北矿副井	8.1	705.6	2005 年 3 月	11.0	最高 151.2		64.1
42	顾北矿中央风井	7.0	681.3	2005 年 2 月	10.7			63.7
43	朱集矿主井	7.6	1 009.0	2007 年 6 月	16.0	57.2	97.8	63.0
44	朱集矿副井	8.2	958.0	2007 年 7 月	12.0	80.6	79.9 最高 175.0	79.8
45	朱集矿矸石井	8.3	1 045.0	2007 年 7 月	12.1	80.6	102.3	86.4
46	朱集矿风井	7.5	948.0	2007 年 6 月	12.9	68.7	77.2	73.4
47	潘一东矿主井	7.6	871.4	2008 年 10 月	13.0	110.0	130.0	67.0
48	潘一东矿一副井	8.6	899.3	2008 年 10 月	11.0	125.0	130.0	81.8
49	潘一东矿二副井	8.6	1 097.9	2009 年 4 月		190.0	160.0	
50	潘一东矿风井	8.0	872.2	2008 年 7 月	11.0	110.0	110.0	79.3

其他月进尺超过百米的井筒还有:

朱集矿副井于 2008 年 2—4 月基岩段连续 3 个月成井均超过 105 m,其中 3 月份掘砌成井 175 m,创淮南矿区立井大直径井筒施工新纪录。

丁集矿副井表土段 2004 年 7—9 月,月进尺分别为 106.9 m、97.5 m、100.6 m。

望峰岗矿第二副井井筒自 2006 年 8 月进入基岩段施工以后,连续 8 个月成井超百米、平均月成井 104.5 m,最高月成井 113.2 m,创造了同类工程快速施工的全国纪录,且工程质量全优,安全无事故。

顾桥矿副井表土段共 300.5 m(含壁座 16 m),2.9 个月完成,平均月进尺 103.6 m。

冻结段井筒施工与普通法凿井施工的区别主要表现为：

（1）目前，冻结法凿井冲积层段井壁为内、外两层的双层井壁，外层井壁应能抵抗冻结压力而不破坏，内层井壁应能承受全部水压且整体性好，无裂缝，不漏水。

（2）冻结段冲积层的掘进段根据冲积层的砂土特性及冻结压力的高低，目前多采用下行式刃角组装模板筑壁，为小段高，一般为 2～4 m。

（3）冻结段的井上下布置，可不考虑安设排水设施，但须预留排水设施空间。

（4）冻结段冲积层挖掘只宜用手工、风铲或挖掘机挖掘，不宜爆破；在遇到砾石或卵石地层时，只宜震动性爆破。

（5）冻结段井筒由于深部浅部井壁厚度不一，井筒的毛径呈锥形或台阶形。

（6）配制混凝土的强度随冲积层厚度的加深，井壁混凝土标号分段有较大提高，目前实际应用已由 C40 增加到 C90。

（7）内层井壁的浇筑，正常情况下，多采用液压滑模或倒模自下而上一次套壁，特殊情况下也可分次套壁。

施工方案总的特点是，不论是冲积层还是风化基岩段，均选用短段掘砌混合作业的施工方案，这种方案具有不需临时支护、设备需用量小、工序单一、工艺简单、操作方便等优点，大大提高了掘砌工效。掘砌月进尺超百米的施工纪录大都是由短段掘砌作业创出的。

淮南矿区经过几十年的发展，建井速度显著提高，建井技术特色明显，主要表现在以下几个方面：

（1）广泛采用冻结法施工技术。由于表土层厚、含水量大、极不稳定，潘谢新矿区所有井筒表土段均采用了特殊施工方法。自潘一矿建设以来，建成了 50 多个井筒，其中有 6 个井筒采用了钻井法，其余均为冻结法。冻结法在淮南矿区的广泛应用，大大促进了冻结施工水平的提高，有力推动了冻结技术的发展。

（2）冻结表土段快速施工。冻结段外壁井段施工实现了大型机械化作业。根据井筒断面大小，选用 1～2 台中心回转抓岩机、3～4 m³ 吊桶、整体下移式金属大模板、底卸式吊桶，加上合理的按工序循环的"滚班制"作业方式。在冻结控制较好的情况下，充分发挥了机械化配套的能力，大大加快了井筒掘砌施工速度。如顾桥、张北矿等取得了较好效果，张北风井冻结段外壁掘砌月进尺达到了 116 m，张北主井月进尺达 136 m，顾桥主井月进尺达到 150 m，连续 3 次刷新了淮南矿区深厚冻结表土段施工的纪录。

（3）采用地面预注浆技术，实现打"干井"。立井注浆堵水有工作面预注浆和地面预注浆两种方案。工作面预注浆虽然注浆钻孔工程量小，但需占用井筒施工工期，故淮南矿区广泛采用了地面预注浆方法对井筒基岩段含水层进行注浆封水，形成注浆帷幕。只在地面预注浆效果不佳时才采用工作面预注浆。经地面预注浆的井筒，绝大多数达到了堵水的目的，基本实现了打干井，为实现快速建井奠定了基础。

（4）多工序立体交叉平行作业，实现"三同时""四同时"。采用定向钻进技术，多个井筒实现冻结、地面预注浆和掘砌工程"三同时"作业，以及冻结、地面预注浆、井架竖立和掘砌工程"四同时"作业。"三同时""四同时"多工序、多时空交叉平行作业，大大缩短了立井的准备工作时间和井筒的掘砌时间。

（5）冻结段信息化管理。冻结井筒安全快速施工离不开信息化的科学管理手段。淮南矿区采用信息化施工技术,在井筒开挖前和开挖后对冻结壁的发展情况进行不间断的预测预报和监测监视,很好地处理和协调了冻结与掘砌的关系,做到少挖冻土。可通过计算机模拟,对冻结壁的厚度、平均温度和强度等进行预测,并通过实测数据进行修正,经过反复修正和不间断的预测,冻结壁的发展状况基本处于受控状态,保证了井筒施工的安全。

(6) 大型机械化配套。基岩段实现了大型机械化配套作业,大绞车、大吊桶、大抓岩机、大钻机和大模板相互配套成龙,重复发挥了各工序设备的生产能力,而伞形钻架打眼配合深孔光面爆破技术,提高了爆破效果,减少了辅助作业时间,使得井筒的施工工期大大缩短。

(7) 实行科学化管理,充分发挥机械化作业优势。由于机械化设备配套趋于合理,中深孔爆破技术得到发展和提高,施工组织管理得到加强。经过多年来的发展,淮南矿区建井技术有了很大提高,技术水平达到了国内领先、国际先进水平,并形成了以信息化施工技术为基础,以混合作业方式、大型提升机、大型抓岩机、伞形钻架和整体下滑金属模板为配套的先进凿井技术。

二、施工方案

淮南潘谢矿区位于淮河北岸,冲积层厚度大,含水丰富,地层极不稳定,绝大多数井筒采用了冻结法施工技术。因此,冻结段的施工质量和速度对整个井筒的施工速度影响很大。

根据井筒的技术特征和工程水文地质条件,优选最佳施工方案,实现安全、快速、质优的目的。井筒表土段施工采用短段掘砌,四班制滚班作业。采用"四大四新"工艺进行施工,即"大绞车"、"大吊桶"、"大抓岩机"、"大模板"和新技术、新工艺、新材料、新设备。严格按照ISO 9001:2000 质量体系程序运行,确保工程施工的每一个阶段、每一个环节、每一道工序都处于受控状态,确保工程质量全优。

冻结段采用在井筒中布置一台 CX55B 凯斯无尾挖掘机、HZ-6 中心回转抓岩机挖土装罐,配以人工用铁锹、高效风铲、B87 型气动破碎机掘进刷帮,两套单钩提升,2.5～3.7 m 高 MJY 液压金属整体模板配以 0.3 m 高环形斜面接茬模板砌筑外壁,如图 9-1 所示。地面采用自动挂钩翻矸,装载机、自卸汽车排土。砌壁混凝土由地面设置的矿方集中混凝土搅拌站制作,混凝土输送车送到井口,底卸式吊桶经自制的分灰器进行浇筑。

(一) 施工准备

(1) 技术准备

首先,组织技术与管理人员认真审阅图纸,学习技术规范,组织图纸会审,并在此基础上编制实施性施工组织设计、施工技术措施和项目质量计划,填报项目开工报告,准备好各种技术资料和表格,开工前对技术人员、管理人员及施工人员做好技术交底;然后,组织测量人员做好十字轴线复测工作,按矿方提供的十字中线点、水准点进行全面复核校验;同时,试验人员尽早进行各种强度等级的混凝土配合比试验和相关送检工作。

(2) 施工队伍准备

为确保井筒工程的施工速度和工程质量,根据施工进度情况,按总体施工计划,陆续组织各作业队、各岗位、各工种人员在上岗前 10 d 到岗,以便了解现场情况,按 ISO 9001 标准及相关作业要求进行学习培训。

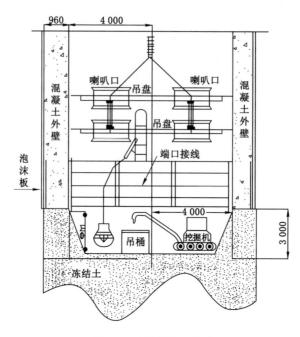

图 9-1　冻结段施工方案

（3）施工现场准备

试挖前，场内四通一平，各种凿井设施必须安装调试完毕。待冻结壁已交圈，施工所用材料按质按量采购，确保施工需要。

（二）井筒试挖

（1）试挖准备工作

井筒施工所必需的临时工程和凿井设备设施安装等工作全部完成后，再根据冻结实际情况，适当选择井筒开挖时机。

根据相关规范要求，应在水文观测孔的水位已有规律的上升并冒水，测温孔温度达到设计要求值，证实冻结壁已全部交圈，且浅部的冻结壁厚度和强度足以抵抗预挖深度的荷载以及能保证施工的连续性，即可进行试挖。考虑到试挖时冻结壁尚未扩展到荒径位置，井帮稳定性较差、易片帮，为防止片帮引起井壁不均匀下沉，施工时应根据冻结壁形成情况、冻结管偏斜情况、冻土性质等综合因素，合理确定掘砌段高。井筒试挖阶段，掘砌段高不宜大于2.5 m，如果井帮稳定性较差，可选择临时支护防片帮，缩小段高和缩短循环时间以保证顺利施工。为满足挂装凿井吊盘、整体大模板和刃脚的需要，确定试挖深度，一般为 30 m 左右。通过试挖核实冻结壁已具有一定的厚度和强度，能适应井筒施工要求，且凿井设施及地面辅助系统均已准备完毕，方可进行正式开挖。

（2）试挖段掘砌施工

井筒试挖段通常采用小型挖掘机和 HZ-6 中心回转抓岩机进行挖土装罐，配以人工用铁锹、高效风铲、B87 型气动破碎机，由井中向周边逐步开挖，并利用在井中挖超前小井，集控静积水，采用台阶式挖掘以防片帮。初期掘进时采取先挖刃脚以内的土层，段高掘够 2.0 m 左右后，刷帮至荒径，然后全断面开掘至一个段高，再按设计要求绑扎钢筋。

经甲方及监理验收合格后通过地面 3 台稳车将整体式模板松下,通过模板的液压系统油缸将其张开,根据中线调正后即可准备浇筑混凝土。初期混凝土由搅拌站制作,用混凝土输送车送至井口,用铲车或溜槽通过溜灰管下放至吊盘,人工二次搅拌入模,后期通过底卸式吊桶下放至工作面自制分灰器经溜槽进入模板。

混凝土应对称、均匀、分层入模,每层厚度应控制在 400～500 mm,采用 4 台插入式振动器对称振捣,振捣时间以 20～30 s 为宜,如果时间过短则混凝土振捣不密实,振捣时间过长则易出现混凝土离析现象。混凝土振捣时要快插慢拔,不碰钢筋,间隔均匀,时间适度。试挖结束前应将吊盘、模板、刃脚、中心回转抓岩机和压风管等悬吊设备吊挂整齐,30 m 试挖结束后即可准备正式开挖。

(三)表土段掘进施工

根据井筒穿过的地层地质条件和井筒技术特征,施工时与冻结单位互相协作,紧密配合,在保证施工安全和质量的前提下,把握有利时机,组织快速施工。

冻结段外壁掘砌要以加快施工速度和提高工程质量为主,因此要与冻结部门密切配合,合理控制冷量分配,适时改变循环方法,做到冻土发展速度与井筒掘砌相适应,以便不挖冻土。掘进常采用 1 台 CX55B 凯斯无尾挖掘机挖土和 1 台 HZ-6 中心回转抓岩机挖土装罐,人工用铁锹、风镐和高效风铲相配合。2JKZ-4.0/15 和 JKZ-2.8/15.5 绞车配 5.0 m³ 吊桶提升,迎头留座底罐,井下摘挂钩。掘进过程中,采用挖超前小井控水,短段台阶式挖掘,先挖井心部分 2.0 m 后刷帮至设计荒径,然后全断面下掘。注意井帮管理,提高井帮稳定性,根据地层性质及冻结壁发展情况,合理选择施工段高,严格控制井帮暴露时间,力争加快施工进度,冻土未进入荒径前施工段高可采用 2.5 m 左右,冻土进入荒径后施工段高可适当加大。

在吊盘副圈内布设一圈 ϕ54 mm 钢管,均匀布设 20 对闸阀,形成环状供气系统,可同时连接 18～20 台风镐或风铲在相应的区位进行作业,避免吊盘下鱼刺分风器使风管在工作面相互交叉影响,以扩大施工空间,改善施工环境。

整体壁座段掘进时,根据井壁围岩情况,随井筒下掘进行锚网喷等临时支护。冻结段设备及施工机械可采取以下防冻措施:① 井口安装风水分离器,以干燥压风;② 使用防冻机油;③ 采用酒精防冻。

当出现下列情况之一者,必须停止掘进:① 工作面浸水,且水量渐大;② 冻结壁急骤变形;③ 冻结壁出现退霜或跑漏盐水及其他征兆;④ 冻结站出现故障。

当井筒施工进入冻结基岩、风化带人工挖掘有困难时,可以采取钻爆法施工。

对于冻结井筒深厚黏土层,必须采取综合技术措施,首先加强黏土层的低温冻结;然后,在掘进时缩短段高,快速掘砌,并在混凝土中掺入早强型高效复合减水剂。

在厚黏土层中施工时,先挖超前小井,释放压力,然后向周围均匀对称开帮。加大泡沫板的铺设厚度以释放冻胀压力,加快施工速度,缩短井帮暴露时间,减少黏土膨胀量,确保井壁和冻结管的安全。

为防止冻结管断裂,在深厚黏土层中,空帮时间不得超过 18 h;加强井筒掘砌后的检测工作,防止井帮变形过大,冻结壁径向位移控制在 50 mm 之内。

(四)外壁砌筑

(1)泡沫塑料板铺设

找平工作面后,由当班跟班技术员进行荒断面自检验收,合格后通知甲方及监理进行复验,验收合格后方可进行下一道工序,即泡沫塑料板铺设。当井帮温度降至 0 ℃时开始铺设泡沫塑料板,具体工序为采用梯子从一个方向向两边钉泡沫塑料板。泡沫塑料板铺设时要紧贴井帮,四周接缝严密,并用 100 mm 铁钉将其固定到井帮上,严防浇筑混凝土时泡沫塑料板掉落至模板内打入混凝土中而影响混凝土施工质量。

(2) 钢筋工程

为加快施工进度,泡沫塑料板铺设可与绑扎钢筋同步进行,竖筋采用直螺纹接头连接牢固,环筋采用 18# 铁丝绑扎连接。环筋绑扎前应在竖筋上自下而上按 200 mm 间距做出标记,做到横平竖直。绑扎时按圈进行,上下环筋相邻两根接头应错开搭接,每平方米内搭接接头应小于钢筋总数的 25%。环筋搭接长度应不小于 33D(D 为钢筋直径),每个接头不少于 3 道扎丝,并确保搭接长度不小于设计值,外排钢筋保护层厚度为 100 mm。

(3) 模板工程

冻结段外壁采用 2.5~3.7 m 高 MJY 液压金属整体模板配以 0.3 m 高环形斜面接茬模板砌筑外壁。模板进场后必须在地面组装,经监理和甲方验收合格后方可下井使用,模板下井前应擦油并在井下使用前校验尺寸,合格后方可正式投入使用。模板分为直模和刃脚两部分,直模和刃脚采用螺栓连接成整体,模板有效高度常为 2.5 m 和 3.7 m,由地面 3 台稳车悬吊。起松模板时 3 台稳车应尽量同步,严禁生拉硬拽,以防模板变形。当模板下落到工作面时,当班技术人员按设计尺寸、利用井筒中心线进行对中、找正。

(4) 混凝土浇筑

混凝土浇筑工作以下层吊盘为操作平台进行。工作面掘够段高后,按设计要求和质量标准做好落模找线工作,混凝土采用底卸式吊桶送至工作面经分灰器和溜槽进入模板,进行混凝土浇筑、振捣。为保证混凝土施工质量,每个段高井壁混凝土浇筑之后,严格按规定时间要求脱模,然后进行井壁养护工作。

具体施工工序为:钢筋绑扎、连接完毕后,用黄沙回填竖筋底部的直螺纹接头部分,通知甲方、监理现场验收合格后,用地面 3 台稳车同步下放整体模板至工作面即可准备浇筑混凝土。混凝土用底卸式吊桶送至工作面自制分灰器,必要时经人工二次搅拌后入模,以防混凝土离析,采用插入式电动震动器振捣。

为保证井壁混凝土质量可采取以下技术措施:

(1) 严把材料进料关和混凝土制作关,每次进料均需专人负责。

(2) 混凝土送至井口后尽快下井,以防止混凝土离析。

(3) 混凝土下至工作面经分灰器后均匀对称入模。

(4) 入模和振捣实行定人、定岗、定位挂牌留名制度,责任到人。浇筑高度超过 300 mm 时,浇一层振捣一层,振捣以形成一个水平面为准。

(5) 必须及时清理模板内杂物及片帮土块。

(6) 严格控制脱模时间,一般情况下脱模时间应根据混凝土初凝时间确定,通常不少于 8 h,不宜过多提前或推迟,拆模后不得出现蜂窝、麻面和露筋等现象。

(7) 做好井壁混凝土的养护工作,为提高井壁混凝土施工质量务必做到以下几点:

① 为确保快速施工,混凝土的入模温度不得低于 20 ℃,冬季采用 6~70 ℃热水进行拌制;

② 可向井下通入热风,提高井内温度;

③ 混凝土中加入一定量的早强型高效减水剂。

(五)冻结基岩段施工

1. 基岩掘进

上部强风化岩层掘进同表土段施工,当岩层较硬、掘进困难时,应采用钻爆法施工。钻眼使用 FJD-6 伞钻、中空六角钢钎杆和 $\phi55$ mm 十字形钻头,直眼分段挤压式掏槽,炮眼深度为 2.5 m 左右。炸药选用煤矿许用抗冻乳化炸药,其规格为 $\phi45$ mm×400 mm,使用毫秒延期电磁雷管、并联连线和地面发爆器起爆。

弱风化岩层采用普通钻爆法掘进,为防止冻结管断裂,采用打浅眼、放小炮、减小周边眼间距等方法施工。

爆破前 30 min 通知冻结单位,关闭盐水循环系统,爆破后冻结单位应及时检测冻结管路盐水流量变化,如有异常及时汇报。

应根据冻结钻孔的实测偏斜图调整炮眼位置,在进入向内偏斜的冻结孔周围时,缩小打眼圈径,并相应减少装药量,以免爆破震裂冻结管而影响盐水循环。

装药前,井筒内所有的电源必须切断,吊桶距工作面 500 mm 以上;装药时,除负责装药爆破人员、信号工、看盘工外,其他人员都必须撤离工作面。

装药时严格执行"一炮三检"、"一炮三泥"和"三人连锁爆破"制度。

爆破前,脚线的连接工作可由专门训练的班组长协助爆破工进行,爆破母线连接脚线、检查线路和通电工作,只准爆破工一人操作。

装药前用专用压风扫岩器将炮眼中的岩粉吹净,并用木质炮棍将药卷轻轻推入,不得冲撞或捣实。炮眼内的各药卷必须彼此密接。装药的炮眼必须当班爆破完毕。

钻眼与装药不得平行作业,封泥长度不得小于 0.5 m。

井筒采用起爆器起爆时,在爆破母线同起爆器接通之前,井筒内所有电气设备必须断电,只有爆破人员完成装药和连线工作,井盖门打开,井筒、井口房内的人员全部撤到井口 20 m 以外的安全地点,吊盘提升到距迎头 30 m 以上时,方可接线爆破。爆破工作必须在地面进行。

2. 临时支护

当围岩破碎易产生片帮时,为保证施工安全可采用锚网临时支护。锚杆采用 $\phi18$ mm×1 800 mm 树脂锚杆,间排距 800 mm×800 mm,菱形布置。金属网规格为 2 000 mm×1 000 mm,网格间距 100 mm×100 mm,采用 $\phi6$ mm 盘条焊制而成。井下铺设时,网片与网片之间压茬 100 mm,且锚网必须密贴岩面。

3. 外壁支护

以外排竖筋固定,一次性绑扎完整个段高的竖筋与环筋,竖筋连接方式也为等强直螺纹连接。环筋连接方式为绑扎,搭接长度不小于 33D,每段高环筋绑扎搭接率不小于 25%,接茬不在同一方位。钢筋间排距为 200 mm×250 mm,钢筋保护层厚为 100 mm。

每段高钢筋绑扎完毕后,用底卸式吊桶下一罐黄沙,埋住竖筋丝头,找平工作面,以便下一段高钢筋连接。然后脱模、稳模,进行混凝土浇筑施工。

混凝土由地面搅拌站搅拌,底卸式吊桶下至分灰器,经溜灰管对称送至大模内,采用风动震动器分层振捣。

混凝土入模均匀对称,加强振捣,工作面的振捣器不少于 6 台,振捣过程中坚持"快插、慢拔,不顶钢筋、模板,间隔均匀,分层振捣"原则,每层厚度不大于 300 mm,入模振捣时必须定岗定人。

拆模后混凝土表面不得出现蜂窝、麻面、漏筋、错台现象,模板接茬处形成灰流应及时铲平,保证井壁的表面平整度。

4. 瓦斯管理

冻结基岩段施工期间每班必须由专职测气员对井筒内的瓦斯进行检查,每班检查次数不少于 3 次,检查的重点部位是大模板刃脚下面及模板里面、吊盘周围、封口盘下面。

距离井底 20 m 以内风流中瓦斯浓度达到 0.8% 时,严禁爆破。

掘进工作面回风流中瓦斯浓度超过 1.0% 或二氧化碳浓度超过 1.5% 时,必须停止工作,撤出人员,采取措施,进行处理。

5. 安全监控

冻结基岩段施工,必须安设监测系统,瓦斯传感器探头 T1 设在吊盘下层盘,且在风筒的另一侧,距井壁不小于 200 mm;T2 探头设在封口盘以下 10 m 处,距井壁不小于 200 mm;不得悬挂于有淋水的地方,并保护好。特别是在爆破前,必须妥善保护好监控设施。

6. 内层井壁施工

当冻结基岩段施工到底、壁座掘进结束后,准备开始套内壁工作。套内壁采用液压滑动模板施工。滑模模板高度常为 1.4 m,滑模爬杆采用 ϕ25 mm 圆钢加工而成,滑模爬升油缸设计为 18 组,每组油缸 2 个,共 36 个油缸。

(六)主要施工系统设备

(1)根据井筒断面特征,为适应快速施工需要,井筒施工期间,主、副井均布置 2 套单钩提升,选用相应凿井专用绞车,配以大容积吊桶进行提升。主提布置 1 台 JKZ-2.8/15.5 型绞车,副提布置 1 台 ASEA-2.75/30.88 型绞车,主提挂 3 m³ 底卸式吊桶,副提挂 3 m³ 吊桶用于提升人员和物料。

(2)井筒施工采用双层凿井吊盘,上下盘间为刚性连接,其间距常为 4.6 m,上层盘兼作稳绳盘,同时又是保护盘;下层盘为施工操作盘;冻结段施工挂设副圈。

(3)通风。采用压入式通风方式。初期采用 2 台(1 台备用)FBD-№9.6/30×2 型对旋风机,布置 2 路 ϕ1 000 mm 的 KSF-800 型带钢衬箍可伸缩胶质风筒加强通风、降温,双反边对接。风筒沿井壁固定。风机安设在井筒一侧,风筒经封口盘盘面预留风筒口,用 2 根钢丝绳悬吊在封口盘钢梁上。

(4)压风。井筒施工期间,压风由矿方永久压风机房接入副井井口再经 ϕ160 mm 压风管接到吊盘上,压风管由地面稳车悬吊。

(5)供电系统。根据施工需要,在井筒周围设立临时变电站,站内安装移动式开闭所变电站各 1 台,变压器多台。自矿方变电所布设 1 路 MY-3×95+1×35 作为稳车主电源、1 路 MYJV22-3×150 作为 2.8 m 绞车及 4.0 m 绞车双回路电源,另有 KS9-315/6/0.4 型、KBSG-400/6 型矿用干式变压器各 1 台,分别供井下排水及工作动力、信号、爆破、照明等用电。

（6）混凝土搅拌及输送。为确保井壁混凝土施工质量,采用商品混凝土质量管理模式,由矿方引进商品混凝土制作单位在工业广场内建立地面混凝土集中搅拌站,提供井壁用高性能混凝土,经混凝土输送车运至井口,由底卸式吊桶运送到井下工作面。

（7）井筒测量工作。以矿方提供的井筒十字中线基点及水准基点作为测量依据,认真做好井筒中心线的标定工作,并经甲方测量部门验收合格后方可使用。将"V"字形铁板固定在井筒中心线上,便于下放铅垂线。保证误差≤5 mm,在施工期间要定期检测。

井筒的掘砌测量,在封口盘上设置 1 台手摇小绞车,采用 φ1.5 mm 钢丝经过井筒中心"V"字形铁板下放至井底,配悬吊进行测量找线,并注意检查大线自由铅垂,坠砣应按测量规程要求随井筒不断延伸而加重。井筒的高程控制,以设计永久锁口标高为基础,每个段高砌壁用长钢尺丈量,并做好原始记录。高程至少用长钢尺独立丈量 2 次,符合要求后取平均值作为最终值。井筒中心线应采用由边垂线加大垂球和摆动观测的方法,将线移设在上方,然后用瞄直法给向。

（8）运输系统。翻矸台采用座钩式自动翻矸,经地面自卸汽车排至指定地点。

（9）通信、信号系统。井下吊盘设置抗噪声电话,工作面通过井口可以方便地同压风机房、绞车房、调度室进行联系。井口设信号室 2 个,采用成套信号系统,由井下发出信号指令后,井口及绞车房均有声光及电视监测系统,并具有信号显示记忆功能。

分别在井口、吊盘、二平台和绞车房安装电视监控系统,使其可对吊桶提升、人员状态进行监控。

（10）供电系统。变电所内安装 S9-800/6/0.4 型电力变压器 1 台、KSJ-320/6/0.66 型矿用变压器 2 台、GG-1A 型高压开关柜 13 台、BSL 型低压开关板 4 台。采用双回路供电,保证供电安全。

（11）照明系统。井筒内设 1 路 U-3×16+1×6 照明电缆附于吊盘绳上,电压为 127 V。每层吊盘的上方设 2 盏 KBT-125 型矿用防爆投光灯。下层吊盘盘面以下设 2 盏 DS-2J250-1 型竖井矿用照明灯,线路全部沿吊盘钢梁布置,垂直向下的线路穿入钢管内,盘面上活动的导线加胶质套管以防漏电。

（七）劳动组织与工期安排

（1）施工组织管理机构

目前,井筒工程都采用项目法管理,配备强有力的管理班子,组建井筒施工项目经理部,选派具有丰富施工经验和管理能力的人任项目经理,选用技术精湛的工程技术人员和经验丰富的施工人员组成项目部。其中直接工实行"滚班制"作业,定量限时,按循环图表要求控制时间,保证正规循环作业,每个班组的作业时间都要进行考核,使劳动成果与经济收入直接挂钩,提高职工的积极性,缩短正规循环时间。机电运输实行"三八制"作业。

（2）劳动力安排

为保证创优目标和进度计划的实现,施工过程中选用类似工程施工经验丰富、能打硬仗的各专业队伍进行施工,井筒冻结表土段施工期间项目部全员配置见表 9-5,总人数为 229人,其中掘进队 147 人,机电运输 58 人,机关管理 24 人。

表 9-5   井筒表土段施工劳动组织配备表

单位	工种	人数	单位	工种	人数	单位	工种	人数
掘进队	队管	5	机电运输	队管	4	机关管理	经理	1
	班长	8		信号工	8		副经理	3
	信号工	8		把钩工	8		工程部	2
	把钩工	8		铲车司机	4		经营部	3
	看盘工	6		排矸司机	4		安检调度	2
	大抓司机	4		绞车工	14		食堂	6
	掘砌工	100		机电维修工	12		保卫	2
	质检员	4		其他	4		材料	3
	技术人员	4					其他	2
小计		147			58			24
合计				147＋58＋24＝229 人				

(3) 综合队的管理

掘进直接工分成挖掘、扎筋、砌壁和拆模 4 个专业班组,各班组负责各工序的施工,定量限时,"滚班制"作业,改变通常按工时交接班为按工序交接班,按循环图表要求控制作业时间,保证正规循环作业。每个班组的作业时间都要进行考核,提前或超时都实行不同的奖罚措施,使劳动成果与经济收入直接挂钩,积极开展小指标劳动竞赛活动,提高职工的生产积极性,缩短正规循环作业时间。辅助工为三班作业制:机电工采用大班、小班和包机班组 3种形式,大班负责日常机电工作,小班采用"三八制"负责处理 24 h 的井上下机电故障;包机班组分为大抓、吊泵、模板及稳绞车等 4 个班组,与掘进班组配合施工。各班组对自用设备要及时进行维修和保养,并负责对使用过程中出现的故障及时处理,保证井下掘进工作顺利进行。设备维修应尽量不占用或少占用掘进时间,如扎筋找线穿插提升吊挂系统的维修保养。

三、丁集矿井表土冻结段施工

(一)工程概况

丁集煤矿设计有主、副、风 3 个井筒,均位于同一工业广场内,矿区内地势平坦,其表土段及基岩风化带均采用冻结法施工。根据丁集煤矿检查孔综合地质报告,穿过地层由上、中、下 3 个含水层以及中部隔水层和底部砾石层组成,3 个井筒主要技术特征见表 9-6,其中,井筒穿过的表土层深厚,黏土层埋藏深且厚度大,是影响井筒安全施工的困难地层。

表 9-6　主、副、风井井筒主要技术特征表

序号	项目	单位	主井	副井	风井
1	井筒净直径	m	7.5	8.0	7.5
2	井筒净断面积	m²	44.16	50.26	44.16
3	表土层厚度	m	530.45	525.25	528.65
4	基岩风化带厚度	m	12.05	16.75	6.35
5	冻结段井壁厚度	mm	1 000～2 100	1 000～2 200	1 000～2 100
6	注浆岩帽段起止深度	m	542.1～557.1	534.0～549.0	538.0～553.0
7	井筒全深	m	885	855	833

（二）冻结段掘砌施工情况

丁集煤矿主井井筒在 2004 年 7 月份试挖完成 26.6 m,8 月份成井 112.4 m,9 月份成井 128.1 m,10 月份成井 101.2 m,11 月份成井 80.6 m(全部是深厚钙质黏土,段高 2.4 m),到 2004 年 12 月 31 日冻结段外壁全部施工完毕,共计 165 d。2005 年 1 月 30 日施工至 557 m (大壁座下 1 m)开始一次套壁,至 2005 年 3 月 25 日内壁套壁施工结束。

丁集煤矿副井井筒于 2004 年 6 月 28 日正式开工,2005 年 1 月 24 日冻结段外壁施工结束,外壁施工共计用时 210 d,平均月成井 76.86 m。12 m 壁座掘砌施工用时 11 d(包括工序转换 2 d),冻结段内壁施工从 2005 年 2 月 4 日至 3 月 27 日,共计用时 52 d,套壁施工平均月成井 299 m。冻结段外壁施工情况见表 9-7,冻结段内壁施工情况见表 9-8。

表 9-7　冻结段外壁施工情况表

壁厚/mm	钢筋	设计位置/m	段高/m	开始时间	终止时间	用时	成井速度/(m/d)	备注
500	单	−6～−160	154	6 月 28 日 8:18	8 月 8 日 1:20	40 d17 h	3.78	
800	单	−160～−320	160	8 月 8 日 1:20	9 月 26 日 17:30	49 d16 h	3.22	砂质土
1 000	双	−320～−420	100	9 月 26 日 17:30	11 月 11 日 21:30	46 d4 h	2.16	高膨胀性黏土
1 050	双	−420～−544	124	11 月 11 日 21:30	1 月 24 日 12:20	73 d15 h	1.64	砾岩为主

表 9-8　冻结段内壁施工情况表

壁厚/mm	钢筋	设计位置/m	段高/m	开始时间	终止时间	用时	成井速度/(m/d)
500	单	−6～−160	154	3 月 18 日 0:00	3 月 27 日 3:00	9 d3 h	16.9
800	单	−160～−320	160	3 月 5 日 21:30	3 月 17 日 24:00	12 d2.5 h	13.2
1 000	双	−320～−420	100	2 月 22 日 11:30	3 月 5 日 21:30	11 d10 h	8.77
1 200	双	−420～−544	124	2 月 4 日 20:00	2 月 22 日 11:30	21 d15.5 h	5.73
2 250	四	−544～−556	12	1 月 24 日 12:20	2 月 4 日 20:00	11 d7.7 h	1.06
			壁座掘砌包括工序转换 2 d				

丁集风井井筒于 2004 年 6 月 9 日试挖,试挖段采用 2.4 m 段高,正式开挖后至 320 m 水平采用 3.6 m 段高,垂深 320 m 以下采用 2.6 m 段高。由于采用合理的掘砌段高,自井筒开挖至垂深 504 m 水平,平均掘进施工速度 91 m/月,最高月进尺 111 m。2005 年 1 月 18 日冻结段外壁掘砌落底,1 月 20 日正式开始套壁,4 月 1 日套壁结束。两层深厚黏土层埋深 349.55～367.75 m 与 387.75～443.60 m,第一层施工起始日期为 2004 年 10 月 13 日,结束日期为 10 月 19 日;第二层施工起始日期为 2004 年 10 月 25 日,结束日期为 11 月 16 日。从施工过的井壁情况来看,深厚黏土层外层井壁未发生挤垮压坏现象,施工工作面也未发现冻结管破裂。整个风井安全顺利地通过了深厚黏土层。

(三)冻结段深厚黏土层施工方法

(1)掘进

采用人工风铲掘进,大抓装罐。三班掘进,一班砌壁,段高 2.4 m。在多层厚度 10 m 左右含钙质黏土层施工中,针对其具有强膨胀性、冻结壁强度低、蠕变值较大、冻胀性较强的工程地质特征,为确保安全快速施工,在外壁掘砌中采取如下措施:

① 在深厚黏土层中掘砌时,由建设、监理、冻结和施工四方对各个层段冻结壁强度及井帮温度、位移速度等基础数据进行测算,严格将径向位移量控制在 50 mm 以内;并组织精干力量快速施工,减少井帮裸露时间,掘砌段高由 3.6 m 减小到 2.6 m,循环掘进时间一般控制在 22 h 内,最短为 17 h20 min。结合信息化施工,保证施工安全。按已编制的预防措施要求做好应急预案。

② 加强冻结。深井冻结施工时要结合建井施工速度和工艺,选择合理的冻结参数以加强冻结,降低井帮温度,满足建井要求。

(2)支护

加大井壁与围岩之间的释压空间。加厚铺设泡沫塑料板,以此释放井帮初期冻结压力,同时使圆形井壁均匀受压,以加强井壁的抗压能力。

提高外层井壁的早期强度和整体强度,阻止冻结壁位移进一步发展。在主要强膨胀性黏土层中,混凝土试配时添加防冻早强减水剂等外加剂,以提高井壁早期强度和整体支护强度,防止外层井壁被压坏。

继续坚持甲方、监理和施工三方混凝土浇筑旁站制度,保证混凝土质量和混凝土浇筑快速顺利进行。

(四)冻结段快速掘砌施工技术

(1)外、内壁掘砌施工工艺

主井冻结段外壁掘砌混合作业方式,使用整体下行式金属活动模板配铁刃角架砌壁,固定段高 3.5 m(砂层)或 2.4 m(黏土层)。该施工工艺井帮暴露时间短,施工快速安全,操作简单,井壁质量易保证,可以实现部分工序平行交叉作业。

主井施工设备,根据工程设计技术特征和建设单位对工期、质量的要求,满足不同阶段和不同井深施工方案和施工进度对设备能力、型号的要求,选择成熟、配套的机械设备,组成立井施工机械化作业线,应使配套能力有一定的富余系数(一般不小于 40%)。

在主井冻结表土段施工过程中,冻结段外壁采用短段掘砌混合作业方式,使用自制冻土挖掘机配合风镐或高效风铲挖土,中心回转抓岩机装罐,使用带刃角架整体下行式金属活动模板砌壁,固定段高 3.5 m(2.0 m),混凝土输送使用 2.0 m³ 底卸式吊桶。

井筒表土段的开挖,应具备下列条件:水文观测孔内的水位应有规律上升并溢出孔口,测温孔的温度已符合设计规定,并确认在井筒掘砌过程中不同深度的冻结壁的强度达到设计要求;经冻结施工单位主管部门分析,确认冻结壁已全部交圈并发出试挖通知书;地面提升、搅拌系统,材料运输、供热等辅助设施已具备。

掘砌段高根据井筒所处深度的岩层性质、冻结壁的强度及掘进速度等因素综合确定。试挖阶段,掘砌段高不应超过 1.5 m;对于易膨胀性黏土层,不应超过 2.5 m。丁集煤矿主井表土段深 530.05 m,其中砂质黏土、黏土累计厚度 222.20 m,占表土层的 41.9%;砂层累计厚度 293.41 m,占表土层的 55.4%;砾石层累计厚度 14.44 m,占表土层的 2.7%。厚度在 10 m 以上的黏土层共有 7 层,最厚为 30.85 m。风化带深度在 535.0～545.0 m。表土中的黏土、钙质黏土膨胀性较强,施工中应予以充分重视,采取综合安全技术措施,以通过深厚黏土层。强化冻结,黏土层井帮温度必须达到 −8 ℃ 以下;严格控制掘砌段高,不得大于 2.5 m;组织足够的人力、机械强行挖掘,使冻结壁暴露时间控制在 18 h 之内;与设计、监理单位紧密配合,加强冻结段井帮温度、井帮位移和冻胀压力的观测,用可靠的数据指导施工;在厚黏土层和钙质黏土层施工时,当井壁位移过快或膨胀过大时,在井帮四周每 2 m 挖 1 道宽 200 mm、深 100 mm 的竖向卸压槽卸压,外壁与井帮之间架设[18 井圈混凝土背板作为永久支护的一部分;提高混凝土质量,购置的混凝土必须质量合格,符合设计要求,保证混凝土入模温度不得低于 20 ℃,使混凝土的强度在 24 h 达到设计值的 30%、72 h 达到 70%。

当冻结段井壁外壁施工至垂深 545 m 位置时,拆除整体活动金属模板升井,按设计要求掘 12 m 内外壁整体浇筑段,增设锚网临时支护;当掘至垂深 557 m 时,转入内外壁整体现浇段砌筑施工。

副井冻结段外壁采用综合机械化配套方案、短段掘砌混合作业方式。采用人工多台风镐、铁锹掘进为主,中心回转抓岩机直接破土装罐为辅,两套单钩 4 m³ 吊桶提升。井筒内进入风化基岩段后,采用钻爆法施工。外壁砌筑采用 2.4～3.4 m 高液压伸缩整体移动式金属模板,掘至模板高度后再进行砌筑。内壁采用 1.0 m 高组合式金属模板,自下而上连续砌筑,3.0 m³ 底卸式吊桶下混凝土。

(2)施工组织

副井井筒掘砌工程采用项目法施工管理,项目经理部设经理 1 人、副经理 3 人,另设工程技术部、经营后勤部、物资供应部和安检调度室负责日常管理工作。

劳动组织采用综合施工队形式,3 个掘进班、1 个支护班,6 h 工作制与"滚班制"相结合,即 3 个掘进班实行 6 h 工作制,支护班不规定时间,以砌筑完一模混凝土为止。劳动力配备见表 9-9。

(五)工程质量与控制措施

(1)确定质量控制目标,实行全过程的项目工程质量控制,推行全面质量管理。

表 9-9　劳动力配备
单位：人

工种岗位	冻结段 0～330 m 施工	冻结段 330～556 m 施工	套壁施工
直接工	掘进班 3×40	掘进班 3×55	砌壁班 3×50
	砌壁班 1×30	砌壁班 1×40	
机电工	16		
排矸司机	4		
绞车司机	13		
钢筋加工	5		
管服人员	21		

备注：掘进队直接工包括井上下信号把钩工。

（2）搞好施工图纸会审、技术交底及图纸资料的档案管理工作，把好设计图纸管理关。

（3）建立质量责任制，制定明确的质量奖罚制度。

（4）定期开展质量大检查，查措施、查记录、查隐患，总结经验教训、堵塞漏洞。

（5）严格按《煤矿井巷工程质量检验评定标准》（MT/T 5009）进行施工，设专职质量检查人员，关键工序跟班检查。

（6）严格做好工程材料的检查、试验工作，确保采购质量符合要求。

（7）采取适当措施保证建设单位供应的混凝土到井口时的温度、搅拌质量等。

（8）严格控制开挖断面，做到不欠挖、超挖不大于技术规范规定。

（9）砌壁施工：断面尺寸必须符合设计要求；施工用机具、模板等必须经过检查，确认完好方可使用；分层对称灌筑。每层灌筑高度不大于 300 mm，混凝土应连续灌筑。铺设泡沫塑料板时，用圆钉将泡沫塑料板钉在冻土壁上，相邻两块对头放置，做到接缝密合并在接缝处内衬塑料薄板或薄膜，施工中泡沫塑料板严禁掉入混凝土中。

（六）施工设备的选择与配备

副井施工设备的选择与配备见表 9-10。

表 9-10　副井主要施工机械设备

序号	设备名称	型号规格	数量	单台额定功率/kW	备注
1	矿用提升机	2JK-3.5/20	1	1 000	
2	矿用提升机	2JK-3.5/20	1	800	
3	凿井绞车	2JZ-16/1000	1	55	
4	凿井绞车	2JZ-10/800	1	40	
5	凿井绞车	JZ-16/1000	6	36	
6	凿井绞车	JZ-10/800	1	18.5	
7	凿井绞车	G25T	4	32	
8	凿井绞车	JZA-5/1000	1	22	
9	吊桶	4.0 m³	4		
10	吊桶	3.0 m³	2		

表 9-10(续)

序号	设备名称	型号规格	数量	单台额定功率/kW	备注
11	底卸式吊桶	3 m³	4		
12	钩头	11T	2		
13	天轮	φ3.0 m	2		
14	天轮	MZS2.1-0-1×0.8	12		
15	天轮	MZS2.2-0-2×0.8	4		
16	天轮	MZS2.2-0-2×1.05	8		
17	天轮	MZS2.1-0-1×0.65	4		
18	抓岩机	HZ-6	2		
19	抓头	0.6 m³	3		备用 1 个
20	自卸汽车	JN16210 t	2		
21	装载机	ZL-50A	1		
22	风钻	YT27	20		
23	伞钻	FJD-6.10 型	1		
24	通风机	对旋式	2	2×30	
25	卧泵	D46-50×12	2	132	
26	混凝土喷射机	转子Ⅵ型	1	7.5	
27	混凝土振捣器	ZN-70 型行星式高频	20		
28	潜孔钻机	SGZ-28150	1		注浆
29	注浆泵	2TGZ-60/120	1	37	注浆
30	水泥浆搅拌机	TL-200	1	2.2	注浆
31	锚杆机	MQC-50L	1		

第四节　可缩性井壁接头施工技术

一、可缩性井壁接头的加工制作

（1）垫板制作

① 画线根据板宽分块下料,分别按图示要求画法兰内外径线及法兰拼接线。

② 下料用半自动切割机按线切割法兰内外圆。法兰内径预留 10 mm 余量待整盘组圆后用自动切割机二次切割到图纸尺寸。

（2）组盘

① 在平台上画法兰外径线。将板料放在平台上,按所画外圆线找圆,弧板对接外弧面错边不得超过 2 mm。将板料按图示要求点焊(留出组焊缝收缩余量),经验证合格后,用卡板固定于平台上,防止焊接变形。

② 先对上面焊缝用 φ3.2 mm 焊条打底,再用 φ4 mm 焊条施焊,按图示要求均分成 9

段,留出对接焊缝不焊。

③ 为防止焊接变形,采用小电流多道施焊。正面焊好后翻身,清理熔渣后施焊。

(3)立板卷制

① 根据钢板内径制作卷板样板,卷板样板弦长要大于 1 500 mm,样板弧度必须经样板检查修正。

② 钢板卷制。

③ 立板画线:按图示要求将立板按圆周方向分成 9 段画线。

④ 下料:校验画线尺寸,合格后下各立板。

⑤ 坡口:按图示要求打各边坡口。

(4)弧板制作

① 弧板下料。按模具尺寸与图纸要求下弧板料(放出切割余量)。

② 模具安装。

③ 弧板压制。将弧板料加热到 800~850 ℃保温 1 h,在压力机上压制成形。

④ 画线。按圆周 27 个等分弧画弧板两端线,按图示要求高度画上下端线。

⑤ 下料。按画线下料。

(5)整体试组装

① 按图示要求整体试组装可压缩性接头,点焊。

② 按图示要求施焊,为防止焊接变形,将两段下表面合在一起固定对称施焊立板焊缝。

③ 每段焊好后在厂内重新组装。

④ 合格后吊离平台。

注:试组装后做好标记。

二、施工流程

(1)进料:对所使用的材料,按图纸及规范的要求进料,材料要有质量保证书,不符合要求无出厂标记的材料不得进入施工现场。

(2)检查:画线前钢板要进行几何尺寸检查,钢板直线度及局部波状平面度大于 1 mm 的及钢板表面有严重划痕的不得使用。

(3)号料:按照图纸的设计要求号料,画线时要考虑结构在焊接时所产生的收缩量,同时要考虑组合间隙,间隙允差 1.5~2 mm,画线时应先画中心线,再画两边及端线,所有件画线必须经过两人以上检查校对无误后方可转入下料工序。

(4)下料:下料前清除钢板表面切割区内的铁锈、油污,检查下料尺寸是否符合图纸要求,下料尺寸无误后方可下料。切割后要保留号料线。切割线与号料线的偏差,手工切割时不得超过±1.5 mm。切割端面应当光滑干净,波纹一致,并应清除边缘上的熔瘤和飞溅物。切割截面与钢板表面不垂直度应不大于钢板厚度的 10%,且不得大于 2.0 mm。每个序号板的下料要有首件下料,按图纸校对无误后,才能进行正式下料。

(5)坡口加工:按图纸要求切割坡口,气割后仔细清除边缘的毛刺、飞溅、溶渣及不平处。

(6)组装:组装前检查各部件是否符合图纸要求,连接表面及沿焊缝每边 30~50 mm 范围内的铁锈、毛刺、油污等必须清除干净,组装的允许偏差应符合有关规定。定位点焊所用的焊条型号应与正式焊接焊条相同,点焊高度不宜超过设计焊缝高度的2/3,组装后按图纸要求检查各部分尺寸是否符合要求,验收后方可施焊。

（7）焊接:采用J422焊条,施焊前焊工应复查组装质量和焊缝的处理情况,如不符合要求应修整合格后方能施焊。焊接完毕后应清除熔渣及金属飞溅物。多层焊接应连续施焊,其中每一层焊道焊完后应及时清理,如发现有影响焊接质量的缺陷,必须清除后再焊。焊缝出现裂纹时,焊工不得擅自处理,应申报技术负责人查清原因,制定修补措施后,方可处理。

严禁在焊缝区以外的母材上打火引弧。在坡口内起弧的局部面积应熔焊一次,不得留下弧坑。严禁在焊缝内填充金属熔焊等不符合规范要求的焊接。

（8）检查与验收:施工过程中严把质量关,做到后道工序检查前道工序,确保无误后,后道工序方可施工。完工构件焊缝质量应完全符合图纸要求,对不符合的部位必须进行返修。

三、可缩性井壁接头的应用

冻结井可缩性井壁接头于2005年首次在淮南矿业(集团)丁集煤矿主、副、风共3个冻结井筒中得到了成功应用,其后又在淮北、淮南其他矿业集团矿井中的20余个冻结井筒中得到了大范围推广应用。

（一）设置数量

结合丁集煤矿的地质条件,采用数值模拟方法对可缩性井壁接头设置数量和位置对竖向附加力分布的影响规律进行了研究。结果表明,单一接头分别布置在第3隔水层、底部含水层、风化基岩段时,竖向附加力衰减率分别为17％、42％、51％,可见接头可有效地衰减附加力,且将单一接头放置在风化基岩段效果最好,底部含水层处次之,第3隔水层最差;两个接头分别布置在风化基岩段带和第3隔水层两处时,竖向附加力衰减率为55％,两个接头分别布置在风化基岩段带和底部含水层两处时,竖向附加力衰减率为62.5％,可见设置两个接头对竖向附加力的衰减效果更好。

（二）施工前准备

（1）电源(电缆50 mm^2、25 mm^{2}并联),井底工作面照明。

（2）铲车1辆,信号工2名,井下通风工1名,下料人员若干名。

（3）将各段可缩性接头及附件运到井口附近。

（4）将施工设备、氧气、乙炔气及其他施工必备工具运到井口。

（三）下部钢垫板

（1）将第一段法兰放在井壁筒内的钢筋上,分别在距法兰盘外80 mm、内60 mm的圆周上,均匀找出8根钢筋(内、外各4根),在这8根钢筋的位置处的法兰盘下表面焊J型ϕ28 mm钢筋。

（2）用透明塑料管操平法兰上表面,将J型钢筋与井壁钢筋组焊在一起固定法兰平面。

（3）以第一块法兰上表面为基准依次向两边组装其他法兰。

（4）焊法兰对接焊缝,焊封水板对接焊缝。

（5）钢垫板焊好后由甲方检查验收。

将预留井壁段浇筑完成后清理表面混凝土,使混凝土高度不超过钢垫板上表面;然后在钢垫板上表面找施工定位线,做好标记。经甲方批准后进行可缩性接头的施工。

（四）可缩性接头焊接

丁集煤矿所用接头如图9-2所示。

图9-2 丁集煤矿冻结井可缩性接头

（1）将第一段可缩性接头就位找正。以第一段接头上表面为基准分别向两边对接。

（2）施焊下法兰盘对接缝,下法兰盘与下部钢垫板焊缝。

（3）焊弧板对接缝。

（4）组序6对接缝处300 mm立板并施焊。

（5）序7、序8对接缝处上法兰就位点焊。

（6）焊上法兰盘所有焊缝。

（7）在可缩性接头上法兰盘内均布焊28块50 mm×50 mm×20 mm钢板。

（8）可缩性接头组焊完成后由甲方检查验收。

第五节 高性能混凝土技术

高性能混凝土是新型的混凝土施工技术,具有高强度、高抗渗性和高抗冻性、高流动性等性能。淮南潘谢矿区表土深达200～500 m,流沙层多、含水量大、黏土层厚,极不稳定。尤其是绝大多数井筒采用了冻结法施工,井壁除承受常规的地压以外,还要承受极大的冻结压力。因此,对井壁结构与材料提出了很高的要求,仍采用过去的低强度等级的混凝土已不能满足深厚表土层井壁的施工需要。

过去,冻结井壁一般采用C40左右的混凝土,而淮南潘谢新矿区井筒深部井壁普遍采用了C50～C70高性能混凝土。通过精选骨料、高性能水泥、添加硅粉及减水剂等材料,设计出了不同强度等级的混凝土配比,满足了高强混凝土井壁的设计需求。

一、深厚表土层冻结井对混凝土性能的要求

冻结井要求混凝土具有早强、高强、抗渗、大流动性、水化热低等性能。

（1）抗冻性

冻结井外壁是在低温条件下浇筑和养护的。由于混凝土的水化热量大,浇筑初期混凝

土内部的温度较高,可以抵御井帮的低温。

由某一井筒外壁混凝土取芯实测强度显示,龄期 3 d 的井壁混凝土强度就达到了 16 MPa,超过抗冻临界强度 3 倍多;且一般冻结井外壁混凝土根据壁厚和入模温度等因素不同,要在 7～14 d 以后才会进入负温养护条件,实测某矿井副井一测试水平数据显示,井筒外壁外侧混凝土要在其浇筑后 18 d 才进入负温养护条件,有时甚至需要更长的时间。因此,可以肯定地说,在冻结井低温养护条件下,即使井帮温度达到 -15 ℃以下,井壁混凝土的抗冻临界强度也是可以得到保证的,是不会由于冷冻将井壁冻裂的。冻土壁与外壁间加入的泡沫塑料板的作用之一是延长外壁混凝土的正温养护时间。

所以,虽然冻结井筒井壁的养护温度较低,养护条件恶劣,但是井壁在进入负温养护时,井壁混凝土强度已经远远超过抗冻临界强度,并不会影响到混凝土后期强度的增长,因此没有必要考虑井壁混凝土的抗冻性。

（2）早强性

井壁混凝土 3 d 强度应达到设计强度的 80％左右,7 d 强度应达到设计强度的 100％。

（3）高强

在井壁设计中外壁采用了 C50、C60 高性能混凝土,内壁采用了 C50、C60、C70 高性能混凝土。

二、高性能混凝土的材料

（1）骨料

细骨料:一般选用河砂,细度模数 $M_x = 2.9$,级配合格。

粗骨料:C60 混凝土选用粒径为 5～25 mm 连续级配的碎石,C70 混凝土选用粒径为 5～25 mm 的玄武岩。

（2）水泥

选用 P·O52.5R 早强型普通硅酸盐水泥。

（3）掺加料

高性能混凝土是一种新型混凝土,在大幅度提高常规混凝土性能的基础上,采用现代混凝土技术,选用优质材料,在严格的质量控制下制成。除采用优质水泥、集料和水外,必须采用低水胶比,掺加适量的超塑化剂和超细活性掺合料。

硅粉:掺入微硅粉能改善混凝土的和易性,减少泌水和离析,提高混凝土的早期强度,同时还能提高混凝土的耐久性。

三、冻结井壁混凝土配制原则

针对冻结深井井壁的特殊养护环境和施工条件,混凝土配制原则如下:

（1）外层井壁混凝土应具有早强、高强性能以防止早期强度偏低而遭受破坏;3 d 强度应达到设计强度的 80％左右,7 d 强度应达到设计强度的 100％;外壁混凝土浇筑后, 8～10 h 即可拆模;混凝土的工作性要好,坍落度损失在 30 min 内较小;低水化热,高耐久性。

（2）内层井壁应具有高强、较早强、高密实、防渗性能,以防止因混凝土脱模时间短而引起流淌、坍塌和冻结壁解冻后出现井壁较大漏水;同样,混凝土浇筑后 8～10 h 即可拆模;混凝土的工作性要好,坍落度损失在 30 min 内较小;低水化热,高耐久性。

四、施工实例

顾北煤矿表土层深度 460 m,主、副、风 3 个井筒直径分别为 7.6 m、8.1 m、7.0 m,3 个井筒表土段均采用冻结法施工。由于该矿 3 个井筒穿过的表土层深厚,井筒直径又大,井壁受力复杂。为此,在井壁设计中外壁采用了 C50、C60 高性能混凝土,内壁采用了 C50、C60、C70 高性能混凝土。

(1) 原材料

水泥:混凝土强度设计等级 C60、C70,选用宁国海螺水泥厂生产的海螺牌 P·O52.5R 早强型普通硅酸盐水泥。

细骨料:淮滨河砂,细度模数 $M_x = 2.9$,级配合格。

粗骨料:C60 混凝土选用上窑石料厂的粒径为 5~25 mm 连续级配的碎石,C70 混凝土选用明光产粒径为 5~25 mm 的玄武岩。

掺合料:掺入磨细矿渣能够有效地抑制混凝土的碱-骨料反应,提高混凝土的耐酸性、耐热性和防止 Cl^- 离子的渗透。试验选用天津豹鸣股份有限公司生产的比表面积为 4 500 cm^2/g 的矿渣、密度为 2.8 g/cm^3 的灰岩。

硅粉:选用山西东义铁合金厂生产的硅粉,它的颗粒极其微细,是一种超微固体物质,具有超微特性。平均粒径:0.10~0.15 μm,最小粒径:0.01 μm,小于 1 μm 的占 80% 以上。比表面积 250 000~350 000 cm^2/g,是水泥的 70~90 倍。密度为 2.1~3.0 g/cm^3,堆积密度为 200~250 kg/m^3。主要物质含量:$SiO_2 \geqslant 91\%$,$Al_2O_3 \leqslant 0.8\%$,$Fe_2O_3 \leqslant 0.7\%$,$CaO \leqslant 1\%$,烧失量 $\leqslant 4\%$。

高效减水剂:采用淮南矿业集团合成材料有限责任公司生产的 NF 高效能减水剂。

(2) C60~C70 混凝土的配合比与抗压强度

混凝土的配合比见表 9-11,工作性能和强度结果见表 9-12。

表 9-11　顾北煤矿主、副、风井冻结段井壁混凝土配合比

混凝土强度等级	混凝土原材料用量/(kg/m³)							减水剂种类及其掺量
	水泥	硅粉	磨细矿渣	碎石	砂子	水	减水剂	
C60	450	22.5	54.0	1 193.5	587.8	142.2	8.4	NF(1.6%)
C70	410	20.5	114.8	1 104.3	621.1	152.7	16.4	NF-Ⅲ(3.0%)

表 9-12　混凝土的工作性能和强度试验结果

序号	坍落度/mm			抗压强度/MPa		
	初始	10 min	20 min	3 d	7 d	28 d
C60	210	190	170	53.5	63.4	72.3
C70	200	180	160	61.4	70.6	80.3

C60~C70 高强高性能混凝土在顾北煤矿内、外壁中得到了成功应用,混凝土浇筑后井壁表面光滑,强度完全符合验收标准。

第六节　深厚膨胀黏土层施工

淮南矿区第四纪冲积层厚,井筒需要穿过的膨胀黏土层比较多,厚度比较大,几乎所有井筒均需穿过不同厚度的黏土层,给冻结和掘砌施工带来了很大的威胁和困难,通过采取有效的技术措施,均安全通过。所采取的措施主要有:

(1)加强冻结。通过降低盐水温度、加大盐水流量等措施,确保冻结壁的强度和厚度;加强冻结运行系统管理,预防或减少冻结管断裂事故发生。

(2)控制或降低掘砌段高。施工段高不大于 2.5 m。

(3)缩短暴露时间。段高循环施工时间不大于 14 h,减少冻结壁的变形量。

(4)提高混凝土强度。将混凝土强度等级提高一个等级,添加外加剂,使混凝土的 14 h 强度达到设计强度的 10% 以上,3 d 强度不低于 60%。

(5)铺设泡沫板。利用泡沫板的可压缩性形成一定的减压作用,减小因黏土膨胀产生的对井壁的压力。淮南矿区泡沫板的敷设厚度通常为 25~50 mm,膨胀黏土层取 50 mm。为减小冻土的回冻力,隔断混凝土水化过程中水分的迁移,在泡沫板外再敷设一层塑料薄膜。

一、张集北区风井黏土层施工

张集北区风井固结黏土层位于表土层底部(垂深 323 m),厚度 38.8 m,具有强膨胀性。冻结段外壁掘砌根据实际进度分析,冻结壁和井壁温度预测和实测结果如表 9-13 所示。

表 9-13　张集北区风井深厚膨胀黏土层冻结壁形成情况

状态	冻结时间/d	掘进荒径/m	冻结壁距井帮距离/mm	冻结壁有效厚度/mm	冻结壁平均温度/℃	井帮温度/℃
预测	152	8.8	350~680	6 090	−10.4	−5.0~−2.5
实测	154	8.8	420~780	5 940	−11.3	−6.0~−3.2

根据井筒揭露的黏土层性质,结合井筒施工工艺、速度、冻结壁形成厚度与强度等综合因素,召开了施工方案专题研究会,研究并实施了以下专项措施:

(1)缩小施工段高,快速通过,将原施工有效段高由 1.8 m 减小到 1.3 m,全段高由 2.5 m 减小到 2.0 m。共施工 29 个小段高,段高最长用时 19 h,最短 9 h,平均 11.7 h。

(2)井壁混凝土强度等级由 C45 提高到 C50,并按规定加入符合要求的外加剂,提高混凝土的早期强度。另外添加了 6% 的硅粉。混凝土 3 d 强度可达到设计强度的 64%。

(3)在每一个段高内增加一道 18# 槽钢井圈,以提高混凝土井壁早期抵抗地压的能力。井圈铺设在外壁钢筋内侧,井圈与钢筋间用 8# 铁丝绑扎牢固。

(4)强化冻结,加大盐水流量,确保在通过深厚固结黏土地段的井帮温度不高于 −5~−3 ℃,冻土进入荒径 600 mm 以上。揭开黏土层前 70 d 盐水总流量从平时的 830 m³/d 增加到 980 m³/d,平均流量从 11.8 m³/h 增加到 16.0 m³/h,去路盐水温度始终保持在

−32 ℃以下,底部黏土温度最低达到−11℃,保证了冻结壁强度,为安全通过黏土层创造了条件。

(5)冻结应急预案。冻结站安装 2 套声光报警系统,可及时发现盐水泄漏事故,设专人24 h 观察盐水箱水位,每 2 h 记录 1 次水位。另外提前将冻结沟槽内辅助冻结管的去、回路胶管加以控制,一旦跑漏盐水,首先立即停止盐水循环,同时将辅助孔胶管全部卡上,检查并确定冻结断裂的孔号并进行处理。

(6)先探后掘。在到达黏土层前 3.4 m 时,开始采取前探措施,钻了 3 个探孔,深度分别为 5.8 m、5.4 m 和 6.2 m,其中 1 个立孔、2 个斜孔。斜孔孔底落在荒径内,孔内下套管,进行孔底温度测试。

通过采取上述措施,精心快速组织施工,14 d 便顺利通过了强膨胀性黏土层,折合平均月进尺 77.4 m。整个风井没发生 1 根冻结管断裂事故,为后续其他冻结井筒施工积累了宝贵的经验。

二、顾桥主井黏土层施工

顾桥主井固结黏土层埋深为 250.0～276.8 m,单层厚度达 21.2 m,具有强膨胀性。该段井筒掘进荒径 10.7 m,冻结壁平均温度预测为−13 ℃,井帮温度预测为−4.5～−2 ℃。施工时采取了与张集北区风井类似的措施:

(1)根据上段实际揭露的黏土层冻结情况分析,如下部黏土层井帮温度在−3 ℃以下,变形量较小,则加快井筒掘砌施工速度,减少围岩暴露时间,快速通过膨胀性黏土层。

(2)井帮混凝土强度等级由 C50 提高到 C55,并按规定加入符合要求的外加剂,提高混凝土的早期强度。

(3)外层井壁加厚 100 mm。

(4)强化冻结,加大盐水流量,确保在通过深厚固结黏土地段的井帮温度不高于−5～−3 ℃,冻土进入荒径 600 mm 以上。

(5)维持 2.8 m 的掘砌有效段高不变,若出现特殊情况,立即更换模板高度。

通过上述措施,仅用 8 d 便顺利通过了该段黏土层,整个过程没发生冻结管断裂事故。

第七节　冻结井筒信息化施工与科学化管理

一、信息化技术

信息化技术是将通信与自动控制技术应用于矿井建设中,实现施工关键参数的动态自动化量测,根据监控到的大量信息及时比较设计所期望的性状与监测结果的差别,并对原有的设计进行科学评价并判断方案的合理性;通过反分析方法计算和修正冻结施工参数,预测下一阶段工程实践可能出现的恶性情况、新问题,为施工期间进行优化和合理组织提供可靠的信息,对后续的开挖方案与开挖步骤提出建议;对施工过程中可能出现的险情进行及时的预报,当有异常情况时提醒施工人员及时采取有效措施,将危险控制在萌芽阶段,确保工程安全;通过灵活应用各种信息提高施工效率与施工质量,确保施工安全,力图实现施工合理化。

立井信息化管理目前主要应用于表土冻结段施工。冻结法施工是一个随时间变化的动态过程,是集温度场、应力场、位移场和湿度场为一体的特殊工程施工方法,冻结壁的性状受到制冷系统运行情况、地质条件、边界散热和施工工况等诸多因素的影响。同时深厚冲积层冻结法施工技术还不够成熟,理论指导相对较少,存在许多未知的困难和问题。淮南矿区是一个具有深厚冲积层的大型矿区,而目前在深厚冲积层冻结施工方面没有全面、准确、实时的监测措施,导致冻结工程的安全无法得到保障。为保证冻结壁的安全和有效,必须实时掌握相关的技术参数,掌握冻土的温度特征、强度特征和变形特征以及外壁压力特性,因此,有必要也必须采用信息化施工技术。

冻结井筒信息化施工主要包括两大方面:一是冻结壁温度场的监测和预测,二是井帮和井壁的应力和变形监测。在内容上主要有:温度监测,包括冻结壁内温度、井帮温度、井口盐水温度、井壁混凝土温度等;应力应变监测,包括冻结壁(井帮)位移、井壁内的钢筋受力、冻结压力、井壁混凝土的应变等;冻结站内监测,包括冷冻机运行参数、盐水箱内水位、盐水箱外进回路盐水管路中盐水温度、盐水流量等。

工程监测与数据分析的要求如下:

(1)建立冻结系统的计算机监测系统,掌握不同地层冻结特性、进回路盐水状况和井帮温度等情况,以便于进行冻结壁温度场的分析。张集矿副井所用的监测系统结构如图 9-3所示。

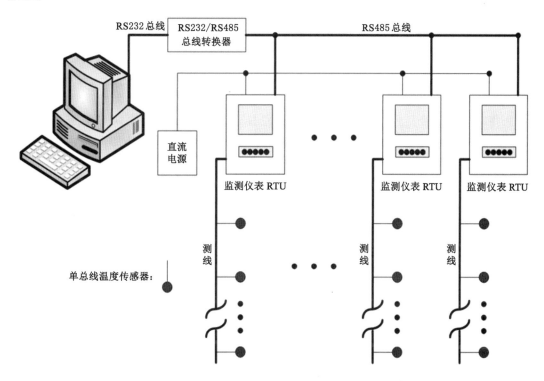

图 9-3　张集矿副井冻结实时监控系统数据采集界面

（2）外壁冻结压力监测，掌握外壁的冻胀力特性、井壁内环向和竖向钢筋应力状况，保证外层井壁的安全，及时进行套壁施工。

（3）建立冻结站设备运行状况分析、记录系统，盐水报警和盐水流量监测与控制系统。根据冻结壁温度场的发展特性，灵活地分配和调节盐水流量。

要做到有效监测，必须建立可靠的、多方位的、多层次的、方便实用的监测信息系统，开发相应的计算机软件。为此，淮南矿业集团在冻结井筒中广泛采用冻结自动监测系统，通过一套测温孔温度自动采集系统对冻结壁温度进行实时监控和分析。安徽理工大学合作开发了冻结法凿井信息化软件，在顾桥主井等多个井筒得到成功应用。该软件可准确地预测冻结壁厚度、温度、冻土距荒径距离及井帮位移等，主要功能包括：

（1）可考虑冻结管的实际造孔偏斜，较为真实地模拟出冻结壁温度场的性状；

（2）利用测温孔实际测温数据，分析计算冻结壁温度场的特性，以及冻结壁的特征参数等；

（3）反映冻结壁温度场及盐水温度曲线、测温点温度曲线等的可视化，便于分析掌握冻结壁的发展性状；

（4）校核冻结壁的安全性，确定井筒施工段高；

（5）预测冻结壁温度场的发展，指导工程施工；

（6）显示任意水平高度冻结壁温度场的特性和竖向冻结壁温度场的性状；

（7）根据经验模拟不同土层性质冻结壁温度场的发展特性；

（8）模拟冻结壁温度场发展性状，进行冻结方案设计，并优化冻结管布置；

（9）模拟分析冻结孔实际偏斜，进行冻结孔造孔质量的评价；

（10）可考虑不同地层土的结冰温度特征；

（11）可考虑深部和浅部地温的变化。

二、张集矿副井冻结信息化施工

张集矿副井穿越表土层厚度大，在 350 m 左右有近 70 m 厚的连续黏土层，450 m 附近有 90 m 厚的砂质黏土层，地层条件极为复杂，冻结管断裂和外壁破坏的可能性很大。为此，进行了信息化施工，对井帮的温度、冻结壁位移进行了现场监测。

（1）井帮温度监测

井帮温度采用单点温度计量测。沿井帮周边均布 8 个测点，测点深度 20～30 mm。一段高一测量，掘进过程中温度测点一暴露便立即测量。根据测量结果，−253 m 以上地层温度场发展较慢，井帮平均温度基本在 −6～−2 ℃ 之间。但由于地层浅，上部地压较小，井帮温度基本满足要求，采用小段高快速掘进通过。−326～−253 m 段，井帮平均温度达到了 −10～−6 ℃，到 −450 m 达到了 −18～−10 ℃，达到了各阶段的设计要求，安全通过了黏土层。

（2）冻结壁位移监测

选择典型层位，沿井筒呈"十"字形布置 2 条测线（南北 SN 和东西 EW）、4 个基准测点。刷帮后立即设置基准测点并测初读数，在进行下一工序之前再次测量测线的长度，计算收敛位移。位移采用收敛计测量。

（3）测温孔测温

副井冻结布置 4 个测温孔,设测点 99 个,冻结器回水测温点 123 个,盐水进、回水测温点各 2 个,清水箱测温点 1 个,冷凝器测温点 15 个,电缆沟测温点 1 个,共计 243 个测温点。

盐水干管的温度曲线如图 9-4 所示,不同层位处测点的测温结果如图 9-5 所示。

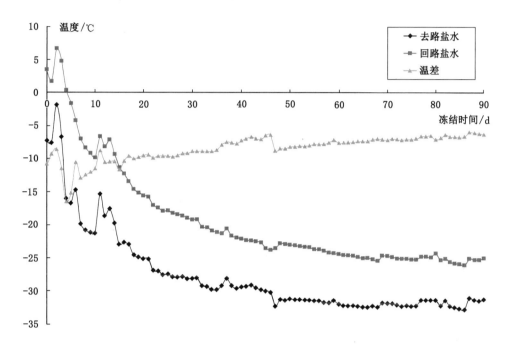

图 9-4 测试系统自动绘制的盐水干管温度曲线

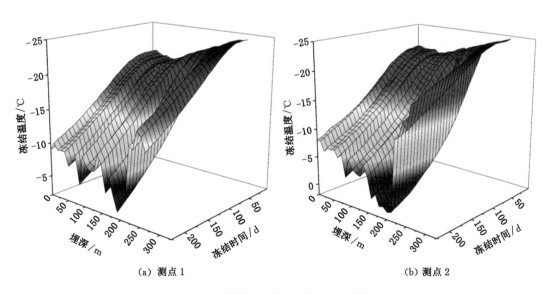

（a）测点 1   （b）测点 2

图 9-5 不同层位处冻结温度实测结果

三、科学化管理

立井井筒是矿井建设中的关键工程,立井凿井施工工艺复杂,普遍推行机械化综合配套,而施工组织管理如何与机械化配套相适应就显得特别重要,其中主要管理与措施如下。

（一）项目法管理

项目法管理就是以合同为依据,以成本管理为中心,对各生产要素进行优化配置实现质量、进度、成本、安全四大控制目标。项目部一是要组建强有力的领导班子,选配会管理、懂技术、能经营、善外交的人员担任项目经理;二是抓好施工过程的目标控制,搞好施工合同管理;三是对施工过程中各生产要素进行合理优化配置和动态管理,重点抓好人的技术素质提高。

项目法管理要控制质量、进度、成本、安全,项目部就必须建立相应的控制体系和机构,各控制体系要贯穿于施工的各阶段、各环节、各工序。为控制目标实现应建立质量、进度、成本和安全目标控制。

（1）质量目标控制

根据质量目标,应建立和完善质量保证体系,设置统一协调的组织机构,成立以项目经理为首的质量管理工作领导小组,把项目部内各部门的质量管理职能和活动合理组织起来,形成一个有明确任务、职责而又相互协调的有机整体,按规定标准进行质量控制。

项目部要成立质量控制小组,通过解决班组工序、工种的质量问题,把过去的事后检验转变为预防为主,从而提高了工程质量。

要在抓好质量控制的基础上,严格按规范、标准施工。项目部要设专职质量检查员,实行"三检制",对关键工序和部位设质量点,制定具体的控制措施。

积极采用新技术、新工艺、新成果。要根据合同条款、设计图纸等,对拟建施工项目进行组织和规划,确定合理的施工方案,编制施工组织设计。

（2）进度目标控制

在编制施工进度计划时,要达到施工合同规定的要求,要早发挥投资效益,要满足施工均衡性和连续性,节约费用,降低成本。

要按照工程项目总的进度计划,编制年度、月度施工计划,以月度计划保年度计划,以年度计划保项目计划的完成。

根据进度计划,项目部每月要制订当月的施工作业计划,明确规定当月应完成的任务、需要的资金平衡、劳动生产率和资金节约目标。施工作业计划下达到项目部所属各部门后,进行层层分解承包,落实到班组甚至个人,确保施工任务的完成。

（3）成本目标控制

成本控制是项目施工过程的一个重要内容。一个工程项目最终要落实到成本,即经济效益。为了搞好成本控制,重点抓以下几个方面:

① 项目部内部应实行经济承包,人工工资、直接材料和机械费等按定额拨给综合队,节约归己,超支不补,施工队再分解到班组和每道工序,按进尺单价计算,多劳多得,有利于成本控制。

② 辅助部门也要按月度计划限额领料,核定费用,节约有奖,超支受罚。对维修等直接占用井巷施工时间等也作了限制,使每个员工的责任心都得到了加强。

③ 每月由经营主管部门根据实际成本做出经济分析报告,通过成本分析,找出计划成本与实际成本的偏差、产生的原因及变化趋势,进而采取有效的改进措施,减少或消除不利偏差,保证成本控制目标的实现。

（4）安全目标控制

① 建立安全保障体系和机构,配备专职安全检查员,形成从上到下的安全网络系统。

② 建立健全安全管理制度,用制度保证安全措施的落实,坚持"安全第一,预防为主"的安全生产方针,明确规定了项目部内部各级领导、职能部门、工程技术人员和施工人员在施工中的责任。

③ 开展技术革新,改进操作方法,改善劳动条件,消除安全隐患,保证安全生产。

④ 强化安全教育,工人须经培训上岗,安全管理与经济效益挂钩,促进了每个员工安全意识的提高。

（二）组建综合队

立井施工需要多工种密切配合作业,除矿建工人外,还需要机电工、绞车工、压风工、变电工、信号工、把钩工、调度员等。过去习惯做法是一线、二线分别成立队伍管理。实践证明,采用综合队的组织形式,可以做到集中统一指挥生产,生产指令能迅速下达实施,可避免相互推诿扯皮,协调各工种关系,同心协力围绕井筒进尺、质量、安全来工作,是立井机械化配套施工较好的劳动组织形式。

采用混合作业时,掘砌工按工种、工序分为以下几类:

打眼班:负责凿岩爆破;

出渣班:负责出矸;

砌壁班:地面负责混凝土的搅拌、运输,井下负责立模、找正、混凝土浇筑;

出渣清底班:负责出渣清底。

对伞钻、凿岩机、绞车、稳车、搅拌机、水泵等主要机械实行"包机制",闲时检修维修,对伞钻、抓岩机做到班班维修,用时不出故障,提升维修人员责任心,提高机械利用率和使用率。

"包机制"有利于建立预知性设备检修制度,预知性设备检修制度的基础是设备状态检测和故障诊断。

（三）生产组织与正规循环作业

正规循环作业是立井快速施工的基础和保证。由于"包机制"使设备故障影响时间降低到最低限度,4个专业班组能运用自如地操作凿井设备,各工序交接班,以工种定人、定位、定任务、定时间、定质量,保证正规循环规定的任务按时按质完成,甚至提前完成。

改革辅助工按百分比的分配办法,实行岗位定员,切块承包。即以项目标价为依据,按照预算定额进行分解,各工种岗位切块承包,控制工资总额。岗位切块就是将整个项目部人员分为直接工、机电运输工、排矸工和管理服务人员几大块承包。切块承包可以提高全员经济意识,形成人人关心进尺、关心生产的良好氛围。

对项目部班组成员要制定考核奖励办法,体现责、权、利相结合的原则,将其工资收入与经济效益指标紧密挂钩,达不到考核要求的不获得效益收入。

（四）平行交叉作业,合理安排辅助工序

为了在有限的时间内尽可能多地完成工作量,这样必须最大限度地利用时间和空间。

特别是立井凿井,工作场所狭窄,技术复杂,多工种配合作业时相互干扰,要在保证安全的条件下,搞好平行交叉作业。

如砌壁浇筑混凝土时,可延长管路风筒和电缆,进行抓岩机的维修、换绳、注油、检修吊盘、照明等辅助作业。浇筑混凝土时,利用吊盘处理上部井壁接茬等工作,如溜灰管下灰,浇筑井壁时提升暂时停止,可抓紧进行提升系统、绞车、稳车、钩头、钢丝绳、天轮平台的维修、检修等辅助作业,把辅助作业时间降低到最低限度,为主要工序创造条件,缩短循环时间。

第十章　立井冻结施工拔管充填与冷冻站拆除

冻结井施工后期,当冻结段掘砌完成停冻后,在正常条件下,就应进行冻结站的拆除及冻结孔的拔管充填工作,其顺序是:液氨和盐水的回收;冻结设备及管路的拆除;冻结孔的充填;冻结孔冻结管拔管回收。

单层井壁施工时,应在冻结段掘砌结束后拆除冻结站;双层井壁和塑料夹层井壁施工时,应在内层井壁施工结束后拆除冻结站。拆除工作开始前应先回收盐水和氨;冻结管是否回收应由冻结单位和建设单位协商确定,对回收冻结管应制定专项措施;冻结管回收后,应用水泥浆充填冻结孔;不回收冻结管时,应回收供液管,冻结管应用水泥浆充填。

第一节　液氨和盐水的回收

一、液氨回收

（一）液氨回收准备工作

(1) 备好回收液氨的氨瓶或氨储液桶,保证数量充足。

(2) 备齐回收液氨的工具,如连接管、瓶架、磅秤、压力表、胶管等。

(3) 准备好防毒面具等防范设施,如胶质手套、胶靴、毛巾等。

(4) 设有专用医药急救箱或设施。

(5) 使用的氨瓶应经承压试验,合格后方可使用。

(6) 采用氨储液桶做氨罐时,还应增设储液桶底座。

（二）回收方法

回收方法有两种:一是从调节站回收;二是从冷凝器回收。回收氨系统如图 10-1 所示。

从调节站回收氨的方法为:

(1) 回收前,先将储液桶内的油放出。

(2) 启动压缩机,关闭阀门①、⑤、⑥、⑦、⑧、⑩、⑪,开启其他阀门,进行运转。

(3) 在调节站的充氨管处接上氨瓶,打开阀门⑦、⑧、⑨,将氨瓶抽空(压力为 0.05 MPa)。

(4) 关闭阀门⑦,开启阀门①、⑥,即可回收氨液。

(5) 氨瓶压力达冷凝压力时,关闭阀门⑨,卸下氨瓶并过秤。

(6) 当储液桶的氨液低于出液管口,即停止回收。

从冷凝器回收氨的方法为:

(1) 回收前,先将冷凝油放出,将氨瓶预先抽空。

(2) 启动压缩机,关闭阀门①、②、⑤、⑧、⑩,开启其他阀门,进行运转。

(3) 在冷凝器的放油口接上氨瓶,开启阀门⑨、⑩,即可回收氨液。

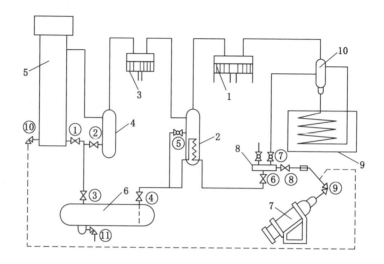

1—低压机;2—中间冷却器;3—高压机;4—油氨分离器;5—冷凝器;6—储氨器;7—氨瓶;8—调节站;
9—蒸发器;10—氨液分离器;①~⑪—氨阀门;虚线表示从冷凝器回收氨。

图 10-1 回收氨系统

(4) 当氨瓶压力达到冷凝压力时,关闭阀门⑨,卸下氨瓶并过秤。

(5) 当冷凝压力达到 0.5~0.6 MPa 时,即可停止回收。

(三) 回收注意事项

(1) 氨是无色、有毒、易燃、易爆气体,回收时应严格按操作规程作业,并应由熟练工人操作。

(2) 在回收过程中,视冷凝压力情况应多次反复将中冷器、储液桶、蒸发器中氨气抽出,排入冷凝器。

(3) 夏季气温高于 30 ℃回收氨时,氨瓶应放置在凉棚内或用冷水淋氨瓶,防止回收过程中氨瓶压力过高发生爆炸。

(4) 氨瓶在充氨时,应防止空气进入,否则易发生爆炸。

(5) 氨液回收工作结束后,应打开放空气阀放出余留氨气和附属设备的油脂。

(6) 氨液回收后,复用前应做纯度试验。

二、盐水回收

(一) 回收方法

(1) 盐水箱内的盐水可用盐水泵直接排至储存池或装入容器内运转。

(2) 盐水干管、集配液圈内的盐水,可在地沟槽内安置一台小水泵(3~5 kW),将吸水管与任一冻结器的回水软管连接,打开盐水系统的阀门,开泵,即可将盐水抽出排至指定的容器或储存池内。

(3) 冻结管内盐水可用压风吹出或高压顶出(拔管时进行)。

(二) 盐水储存运输

(1) 溶液储存:即将回收的盐水储存在储存池,储存池可设在井口或供应点,用盐水箱或胶囊包运到各使用地点,一般运输费用较高,储存较复杂,适用于工地较集中转运方便的地区。

（2）固体储存：即将回收的盐水进行煎熬,蒸馏溶液中的水分而成固体后包装储存,但处理费用较高,适用于工地分散转运不方便的地区。

（三）注意事项

（1）盐水回收前应准备好储存池、水泵、容器和运输工具等。

（2）盐水回收后,应及时拆除蒸发器、盐水泵和管道,并用清水洗刷涂漆。

三、供液管回收

（一）回收方法

（1）拔供液管准备工作：① 利用人工、绞车或者自制拔管设备拔出供液管；② 在拆除供液管前必须先除去地沟槽中的冰,用风、风钻或其他方法,对地沟槽地面和每根冻结管周围进行除冰,化冰时要及时进行抽水,切勿让水流入井筒；③ 用氧气乙炔割去冻结管头部羊角,使供液管暴露于空气中。

（2）起拔：① 用人工试拔,将供液管拔出管口；② 将供液管插入拔管设备中。

（3）拔管：① 用拔管设备拔管,注意拔管设备开关倒正；② 将拔出的供液管盘在供液管盘上；③ 用排水泵将沟槽内残余的盐水排出。

（二）供液管起拔困难的原因及处理方法

（1）供液管中间有接头,导致卡在管箍处。用牙钳来回转动供液管,松动后继续尝试拔管。

（2）掘砌时,冻结管及供液管埋入井壁内。放弃回收冻结管、供液管,将下部割断后,继续拔管。

（3）供液管多次使用后老化,易断裂。拔管时注意观察并缓慢操作,若断裂后下打捞器打捞。

（4）低温状态下起拔供液管,易出现冷裂纹导致断裂。拔管时注意观察并缓慢操作,若断裂后下打捞器打捞。

第二节　冻结管的拔出

钻冻结孔是冻结法施工的主要工序之一,而每个冻结孔的全深均需下入不同规格的冻结管,耗管数量大是冻结法施工的主要特点,且冻结深度越深用管量越大。这些冻结管如能拔出或部分拔出并进行有效地充填,会产生较好的经济效益,但实际冻结管均未拔出,这既有技术上的困难,亦有管理上的原因。

一、拔冻结管

（一）拔管工艺

拔冻结管施工可以分为五大基本工艺：① 循环解冻；② 割断冻结管；③ 起拔冻结管；④ 提拔冻结管；⑤ 注浆充填。实际施工中应根据现场情况决定具体的施工工艺。

1. 循环解冻

（1）在冲积层冻结情况下,由于冻结壁整体解冻后会导致围抱力增大,将冻结管抱紧,因此应在冻结壁整体解冻之前选择人工解冻成本较低的时间进行拔管工作。冲积层单圈孔冻结时,最佳拔管时机是停冻时间为 50%～100% 的冻结时间;冲积层多圈孔冻结时最佳拔管时机是停冻时间为 2～3 倍冻结时间。

冲积层冻结壁最好在拔管前进行人工解冻,可将水箱或锅炉中循环盐水(可逐步稀释)的最初温度烧至 50 ℃ 以上,循环温度 15～20 ℃ 为宜,如果使用水池中的清水直供解冻,最初水温应大于 20 ℃,维持水温 12 ℃ 以上为宜;循环盐水时间 6～10 h,结束循环时回水温度为 5～20 ℃,去、回路温差 0.8～1.2 ℃/100 m。

(2)在岩层冻结情况下,由于基岩解冻后的围抱力较小,冻结壁整体解冻与否对拔管工作影响较小,可以适当延后拔管时机,应在冻结壁基本解冻时选择人工解冻成本较低的时间进行拔管。岩层单圈孔冻结时,最佳拔管时机是停冻时间为 1～1.5 倍冻结时间;岩层多圈孔冻结时,最佳拔管时机是停冻时间为 3～5 倍冻结时间;在夏季或春秋季气温较高时较为适宜。

当循环水温度较高(>14 ℃)时,可循环 5 h 左右;当循环水温度较低(≤14 ℃)时,应适当延长循环时间;当循环水温度低于 10 ℃ 时,不加热循环水解冻效果较差,应改用加热循环水的方法,循环时间为 3～5 h;结束循环时回水温度为 5～20 ℃,去、回路温差 0.8～1.2 ℃/100 m。

(3)采用多圈孔冻结,一般情况下外圈(斜井外排)孔比内圈(斜井内排)孔更容易解冻,实际施工中可先拔外圈孔,后拔内圈孔。

当岩性或冻结孔布置方式改变时,应对冻结管及冻结壁的温度进行监测,以准确判断冻结壁的解冻状况,适当调整开始拔冻结管的时间和拔管工作周期。

2. 割断冻结管

(1)割断冻结管的步骤如下:

① 将钻机移至冻结管上方,采用水力式内切割刀连上钻杆,下至指定深度,接通泥浆泵。

② 开启泥浆泵并控制泵压,同时开动钻机,按计划时间切割冻结管。

③ 提出钻杆和冻结管内切割刀。

(2)割管时间与判断。控制泵压稳定达到 3～8 MPa 时间大于 10 min,提出内切割刀分析刀头磨损状况,判断冻结管是否被割断;当刀头硬质合金块仍在刀尖上,只是被磨损一部分,说明冻结管被割断;如果硬质合金块不在刀尖上,刀头出现新的卡痕或刀头出现凹凸刮痕,说明冻结管被割断后,刀头已经伸出冻结管外被岩石或砾石卡住;如果硬质合金块不在刀尖上,刀头未出现新的卡痕,并且刀头出现均匀光滑磨痕,说明硬质合金块先被撞掉,刀头的钢体直接磨到管壁,冻结管可能未被割断。

为避免硬质合金块被撞掉,应选压力稳定可调的泥浆泵或注浆泵作为水力内切割刀工作压力的供给设备。

3. 起拔冻结管

经过循环解冻(及割断冻结管)后,冻结管与周围岩土层已经基本分离,可以开始起拔冻结管。所谓起拔冻结管就是给冻结管逐渐施加初拔力,克服岩土层的围抱力,拔动冻结管。实践表明,初始的起拔力最大,当拔动冻结管或拔出一小根冻结管后,起拔力逐渐减小。所以能否拔动冻结管的关键在于起拔设备是否可以满足最大起拔力的需求。在基岩冻结段,有时不割断冻结管也可直接拔出。

根据对地层、冻结方式、解冻状况的初步分析及现场试验,确定起拔冻结管方式,在需要最大起拔力较大的冲积层中拔冻结管,一般采用液压千斤顶作为起拔设备,在岩层为主的地

层中拔冻结管(例如斜井冻结管),可利用钻塔配套钻机作为起拔设备。采用液压千斤顶作为起拔设备,起拔时应注意以下事项:

(1) 首先需要配置一套支撑架,用来分散起拔力,减少冻结集配液圈干管沟槽顶部的应力集中现象,确保拔冻结管工作的安全。

(2) 应保证液压千斤顶中心孔与冻结管中心保持重合,防止偏心导致应力不均匀。

(3) 在起拔过程中逐渐施加初拔力,加力过程应为往返式加、卸载,台阶式增长。

(4) 液压千斤顶应配备配套卡瓦,保证冻结管受力均匀。

(5) 工序转换时间不宜过长,防止冻结管周围土层回冻。

4. 提拔冻结管

当起拔力逐渐减小后,液压千斤顶的拔管速度缓慢成了制约拔管施工速度的主要矛盾,为了加快拔管施工速度,需要利用更快速的提拔设备将冻结管提出。

提拔设备可以是液压绞车和提拔架组成的专用提拔机,也可以是钻塔及配套钻机。一般起拔冻结管时出现最大起拔力,随后起拔力下降,当起拔力降到提拔设备可以承担的范围内时,应进行工艺转换,由提拔设备进行冻结管提拔。

5. 注浆充填

拔出冻结管后,应在冻结孔内进行注浆充填,防止解冻后的不同含水层通过冻结孔串联,确保井筒周围土层稳定。应根据不同地层、井型及施工特点,采用不同注浆充填工艺。

在冲积层拔冻结管时,拔管后易造成冻结孔的塌孔现象,特别是黏土层塌孔后很难再下钻注浆充填。因此最好的充填方法是在割断的冻结管提拔过程中进行注浆充填,当冻结管底部位于岩层、砾石层和粗砂层中进行分段注浆充填效果显著。

在基岩中拔冻结管时,拔出冻结管后不易产生塌孔现象,因此可拔出一定数量冻结管后,在地面集中对冻结孔进行直接充填。

(二) 最大起拔力

能否拔动冻结管的关键就在于起拔设备是否可以满足最大起拔力的需求。当选择恰当的拔管时机,并经过适当解冻处理后,冻结管最大起拔力的推荐公式为:

$$P_q = n_1 W_L L_c + n_2 W_L L_j \tag{10-1}$$

式中　P_q——最大起拔力,kN;

W_L——钢管单位长度重量,kN/m;

L_c——冲积层中钢管长度,m;

L_j——基岩中钢管长度,m;

n_1——冲积层起拔系数,割断冻结管或破底锥时取 6~8,未割断冻结管、未破底锥或解冻不充分时取 8~14;

n_2——基岩起拔系数,割断冻结管或破底锥时取 3~4,未割断冻结管、未破底锥或解冻不充分时取 4~8。

(三) 拔管设备

1. 千斤顶拔管机及配套设施

(1) 千斤顶拔管机

选用进、出双油路的双液压千斤顶拔管机,常用规格 150 t、120 t。

要求:① 根据最大起拔力范围选型。② 配卡瓦,千斤顶拔管机应根据冻结管规格配不同规格卡瓦,一般卡瓦为 3 块 1 组,每种规格需配 2 组以上;常用规格卡瓦可分别对应 ϕ127 mm、ϕ133 mm、ϕ140 mm 和 ϕ159 mm 冻结管。

(2) 液压泵

选用进、出双油路控制的电动液压泵,最高泵压需达 50 MPa。

要求:泵压与供液速度成反比,可通过供液调节阀顶针调整。

(3) 拔管机支撑盘

由 4 根长 3～4 m、高 300 mm 的工字钢和两块 2 m×1.5 m、厚度大于 30 mm 钢板焊接成大于 2 m×4 m 的拔管机支撑盘;上面盖 1 块厚 30 mm 中心开洞 400 mm²、面积大于 1 m×1.5 m 的钢板。

要求:将千斤顶拔管机横向放置在盖板上,拔管机和盖板中心孔对准冻结管中心。

(4) 自动供液和泄油装置

拔管机的千斤顶和液压泵之间应采用进、出双油路高压管连接,可实现自动供油和泄油。

要求:如果采用单供油方式,就需将泄油阀改造为泄油通道并连接到储油箱,同时增加回油施压措施,避免千斤顶回程受阻。

起拔冻结管的操作需采用渐进式、台阶式、周期性加载方式,逐渐给冻结管施加起拔力。

2. 水力内切割刀

(1) 内切割刀工作原理

ND-S 型冻结管内切割刀是一种采用水力学原理,从冻结管内部切割管的专用工具。通过水泵用水压将冻结管中的内割刀体中的 3 个割刀撑开,再启动钻机转盘,使内切割刀工作。ND-S159 水力内切割刀是在 114 mm 的内割刀体中安装特定规格刀片,可切割 ϕ133～159 mm 冻结管的一种水力内切割刀。

(2) 内切割刀的应用方法

水力内切割刀可在任意井深位置切割冻结管,当水力内切割刀下到预定切制管位置后启动水泵,将冻结管中的内切割刀体中的 3 个割刀撑开,要求水压 3～6 MPa,开启钻机转盘后的切割时间为 8～15 min。

冻结管割断前后,钻杆传递的割管声明显不同;提钻后可以分析割刀的磨痕,判断冻结管切割状态;切割刀具采用镶焊硬质合金新工艺,切削性能大大改善,切削速度和使用寿命提高,解决了冻结管切割的难题。内切割刀上镶焊的硬质合金,需要在使用前、后检查并镶焊完整。

3. 冻结管提拔系统

(1) 提拔架。根据井架留有的空间,定制一个专用提拔架,上下为工字钢拼装的矩形盘,一般上盘尺寸为 2 m×1.5 m,下盘尺寸为 3 m×2.5 m,也可根据井口实际情况将下盘加大至 3 m×4 m;一般提拔架架高 7 m,也可根据架平台高度将提拔架加高为 10～14 m,由 4 根 ϕ250～400 mm 钢管拼装组成并带有斜撑杆加固。架上安装两轮式天轮,并配有两轮式动滑轮,与液压绞车钢丝绳组成提升滑轮组,提拔力为 40～60 t。

(2) 液压绞车。定制 BKYJ100-24-80ZP 型液压绞车,拉力为 10～15 t,绞车速度为 0～12 m/min,组成滑轮组后的提拔力为 40～60 t,最快提升速度为 3 m/min;一般配 ϕ25～30 mm 钢丝绳,也可将绞车速度提高,但要相应调整绞车参数,提高专用液压泵箱的供液能力。

二、立井拔管困难的技术与管理原因

（1）冻结井井口场地小，起拔冻结管与凿井施工时间较难安排，一般冻结停冻后，均以凿井为主，只能采用凿井间隙时间拔管，影响拔管效率。

（2）停冻后拔管时间与冻结管围岩融冻范围较难确定，特别是较深冻结井。

（3）冻结管底部往往有沉淀物，热水循环不到底，底部融冻难。

（4）停冻时间长，冻土已自然解冻，土层围抱力增大，起拔较困难。

（5）有的井壁夹层已注浆，有的浆液通过外壁已窜入冻结管周围，致使冻结管与围岩凝结。

（6）冻结管已在招投标的中标报价中全额消耗，冻结管的起拔费用及起拔上来的冻结管归属仍需洽商。

（7）间隙拔管时间较长，拔管的回收率低。

基于上述原因，冻结井停冻后，大多数井筒都不拔管，直接在冻结管内充填，而结束冻结工作。

三、拔管案例

深冻结孔能否拔管，近年来亦进行了一些试验，现举下列例子以供实施拔冻结管的井筒借鉴。

（一）兴隆庄矿副井拔管

兴隆庄矿副井拔管各项指标见表 10-1。

表 10-1　兴隆庄矿副井拔管各项指标

项目	基本内容和指标
井筒基本情况	井筒净径 7.5 m，冲积层厚 188.6 m，冻深 220 m，圈径 16.3 m，冻结孔数 44 个，测温孔 4 个
冻结管规格和数量	$\phi168$ mm×（8～12）mm 冻结管 5 500 m，$\phi127$ mm×7.5 mm 冻结管 5 060 m，冻结管共计 10 560 m
冻结与拔管时间	冻结时间：1975 年 2 月 27 日至 1975 年 10 月 31 日停止，计 248 d； 拔管时间：1976 年 1 月 23 日至 1976 年 2 月 20 日，计 28 d，停冻后 83 d 开始拔管
局部盐水解冻方法	利用井口锅炉蒸汽加热盐水，当水温达 60 ℃左右（不超过 80 ℃）时，用 6BA-12 型水泵循环盐水，回路盐水温度增高到 30～40 ℃，保持 0.5 h 开始试拔
拔管主要方法	用人字扒杆 50 t 滑车组，10 t 绞车直接起拔，拔出 1.5～2.0 m 后，割去管盖，拔出供液管，提出管内剩余盐水
冻结管回收率	回收 $\phi168$ mm 冻结管 2 551 m，$\phi127$ mm 冻结管 3 744 m，回收率为 59.6%
充填材料与充填方法	冻结管拔出后，用长 30～40 m 泄压管一次充填，充填料下部为 1∶3 水泥砂浆，上部为粒度小于 10 mm 的粗砂和细碎石
充填率	冻结管回收后总体积为 97.25 m³，充填量为 76.35 m³，充填率达 78.5%

（二）新河矿主、风井拔管

2008 年河南焦作新河矿主、风井，冻结停冻后进行拔管充填，这次拔管是新河矿、中煤五公司三处、北京煤科联工程技术有限公司三家单位按协议对主、风井进行拔管。

1. 冲积层组成和特点

根据井筒检查孔和实际穿过的新近系、第四系冲积层资料,主井冲积层厚度为214.1 m,风井冲积层厚度为199.6 m,冲积层组成特点见表10-2。

表10-2 新河矿井筒检查孔冲积层组成特点

项目	黏性土层				砂性土层			
	黏土	黏土夹砾石及砾石夹黏土	砂质黏土	小计	细砂	中砂	砾石	小计
层数	21	4	7	32	2	2	9	13
厚度/m	105.00	11.05	64.60	180.65	4.95	5.95	23.50	34.40
比例/%	38.82	5.14	30.04	74.00	2.30	2.77	10.93	16.00

2. 管材选用

主井和风井冻结管选用 ϕ159 mm×5 mm、ϕ159 mm×6 mm 及 ϕ127 mm×6 mm 低碳钢无缝钢管,测温孔、水文观测孔均选用 ϕ108 mm 低碳无缝钢管,总长度约 15 000 m,总质量约 300 t。

3. 冻结、掘砌技术指标

主井、风井冻结、掘砌主要技术指标见表10-3。

表10-3 主井、风井冻结、掘砌主要技术指标

序号	主要技术指标	井筒	
		主井	风井
1	井筒净直径	4.0 m	4.5 m
2	冲积层厚度	214.1 m	199.6 m
3	冻结深度	292 m	288 m
4	开冻日期	2008-01-08	2008-01-08
5	冻结壁交圈冻结天数	37 d	41 d
6	试挖冻结天数/深度	52 d/25 m	54 d/15 m
7	正式开挖冻结天数	64 d	67 d
8	掘砌至冲积层底部的冻结天数	127 d	127 d
9	掘进至筒形壁座底部的冻结天数	149 d	152 d
10	开始套内壁冻结天数	152 d	155 d
11	套壁至井口下 8 m 处天数	172 d	173 d
12	停冻时冻结天数	168 d	168 d
13	主井、风井拔管开始日期(试验)	2008-10-04	2008-08-01
14	拔管数量	411 根/2 826.19 m	—
15	冻结管回收率	20%	—
16	冻结孔充填率(水泥砂浆)	80%	—
17	间隙拔管停拔日期	2009-01-12	2009-01-12

4. 拔冻结管工艺

拔冻结管首先需利用热盐水在冻结器内循环,使冻结管周围的冻土融化达 100～200 mm,以利拔管时减少围岩的摩擦阻力,并在夹层未注浆前进行拔管,其工艺流程如图 10-2 所示。

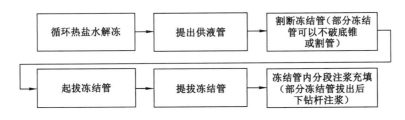

图 10-2　拔冻结管的工艺流程

（1）循环热盐水解冻

拔冻结管的第一个步骤是向冻结管内充循环热盐水,使得靠近冻结管周围的冻土解冻。

① 施工加热灶,安装盐水箱,改装原有盐水循环系统。

根据拔管季节修建不同的盐水箱:夏季可以修建一个深 1 m,占地 50～100 m² 的水池,利用日照和太阳能热水器结合的方式加热盐水;冬季可以焊制一个 2 m×1.5 m×1.8 m 的钢板水箱,并垒灶烧煤加热盐水,水箱周边加隔热板。

同时将冻结管的盐水循环管路接入新的水箱、水泵循环系统;水泵需要有分流调节阀和分流回路,以适应不同循环量和水压的要求。

② 选择温度和时间参数,制订循环计划。

根据冻结壁自然解冻时间、冻结壁温度场变化状况、冻结管内盐水温度状况和拔管速度要求、气候条件等制订不同的盐水加热速度、盐水初始循环温度、循环时间、去回路盐水温差等循环实施计划。

（2）提出供液管

拔冻结管的第二个步骤是将冻结管中供液管提出。供液管对拔管工作影响不大,有时可以采取边循环盐水边起拔的方式,但是提拔冻结管时供液管需要先拔掉。其方法是先将环形地沟槽顶板破洞,拆除盐水循环系统,利用导向轮将供液管提出,并盘到回收管架上。

（3）割断冻结管

拔冻结管的第三个步骤是当深部冻结管被固牢(注浆固牢、变形卡住、无法解冻、真空负压抱牢、冻结管围抱力过大)或冻结管内注浆充填时,应利用内切割刀割断冻结管。尽管一般情况下不割断冻结管、不破底锥也可以拔出冻结管,但割断冻结管对管内注浆充填十分有利。

开始制定拔管方案时曾探讨定位爆破和定位射孔方法,最终因为其效果差、施工周期长和成本过高而放弃,最后选用水力内切割刀方法。

将钻机移至冻结管上方,将冻结管内切割刀连上钻杆,下至指定深度,接通泥浆泵。开启泥浆泵并控制泵压,同时开动钻机,按计划时间切割冻结管。

为避免硬质合金被撞掉,应选压力稳定可调的泥浆或注浆泵作为水力内切割刀工作压力的供给设备。

（4）起拔冻结管

拔冻结管的第四个步骤是利用千斤顶拔管机起拔冻结管。

用千斤顶起拔机起拔冻结管需要配置一套支撑架,才能分散支撑住起拔力,减少冻结干管沟槽顶部的应力集中现象,确保拔冻结管工作的安全。

（5）提拔冻结管

拔冻结管的第五个步骤是利用液压绞车提拔架提拔冻结管。

千斤顶拔管机虽然安全且拔管有力,但是拔管的速度很慢,需要配置专用的液压绞车提拔架,以满足拔管长度、提拔力量和提拔速度的要求。

（6）冻结管内分段注浆充填

拔冻结管的第六个步骤是利用冻结管对冻结孔进行分段注浆充填。

当冻结壁自然解冻不充分时,拔冻结管需要较多的解冻热量,同时冻结管周边融土的回冻时间快,给拔冻结管工作带来困难。当冻结壁自然解冻较充分后,解冻和拔管虽然顺利,但是拔管后易造成冻结孔的塌孔现象,特别是黏土层塌孔后很难再下钻注浆充填。因此最好的充填方法是在冻结管提拔过程中进行注浆充填,在冻结管底部位于岩层、砾石层的粗砂层中进行分段注浆充填效果显著。

5. 冻结管内盐水温度与拔管时机

（1）冻结管内盐水温度

人工解冻水温、冻结盐水温度、冻结壁自然解冻时间、冻结壁温度场变化状况、冻结管内盐水温度分布、拔管速度、气候条件等都会对盐水加热速度、盐水初始循环温度、循环时间、去回路盐水温差等产生影响。

新河矿风井冻结 5 个半月,积极冻结期盐水温度为 -28 ℃,维持冻结期盐水温度为 -24 ℃;停止冻结 1 个月时,冻结壁解冻范围不大、平均温度尚低,冻结管内盐水温度较低,人工解冻所需的热量较多,解冻时间（循环热盐水时间）应大于 24 h,盐水的回水温度应大于 25 ℃,去、回路盐水温差应小于 3 ℃;解冻 24 h 的融土回冻时间为 24～36 h。

例如:风井 18 号冻结管,时间为 2008 年 7 月 29 日,停冻时间为 25 d,冻结管内盐水温度为 -4～6 ℃;加热水温度为 25～28 ℃,回路水温度为 4～6 ℃;待加热循环 7 h 后,去路水温度为 18 ℃,回路水温度为 14 ℃;再加热循环 10 h 后,去路水温度为 27 ℃,回路水温度为 24 ℃,去回路温差为 3 ℃,基本具备拔冻结管条件。此时冻结管周边融土的回冻时间约为 30 h。

又如:风井 22 号冻结管,时间为 2008 年 10 月 19 日,停冻时间为 97 d,冻结管内盐水温度为 0.5～3.5 ℃,冻结管深部盐水温度为 4.5～9 ℃,加热 4 h 水箱盐水温度为 60 ℃,开始循环后水箱内盐水温度迅速下降,回路水温度为 3 ℃;待循环 5 h 后,去路水温度为16.5 ℃,回路水温度为 13 ℃;再循环 9 h 后,去路水温度为 23 ℃,回路水温度为 20 ℃,去回路温差为 3 ℃,基本具备拔冻结管条件。此时冻结管周边融土基本不回冻。

新河矿主井冻结 6 个月,盐水温度为 -28 ℃。停止冻结 5 个月左右,冻结壁解冻范围很大、平均温度接近 0 ℃,冻结管内盐水温度趋于正温,人工解冻所需热量不大,解冻时间（循环热盐水时间）应小于 10 h,回路水温度应小于 10 ℃,去、回路温差应小于 2 ℃。此时冻结管周边融土基本不回冻。

例如:主井 27 号冻结管,时间为 2008 年 12 月 12 日,停冻时间为 143 d,冻结管内盐水温度为−0.9～1.5 ℃,冻结管深部盐水温度为 5～12 ℃;加热 4 h 水箱盐水温度为 20 ℃,开始循环后水箱内盐水温度迅速下降,去路水温度为 8 ℃,回路水温度为 2 ℃;待循环 3 h 后,去路水温度为 6.5 ℃,回路水温度为 4.5 ℃;再循环 6 h 后,去路水温度为 5.5 ℃,回路水温度为 4.5 ℃,去回路温差为 1 ℃,基本具备拔冻结管条件。此时冻结管周边融土的回冻时间大于 20 d。

(2)冻结管内盐水测温分析与拔管时机的选择

① 冻结管内盐水测温分析。冻结管内盐水温度随停冻时间逐渐提高,当停冻时间为冻结时间的 1/2 时,冲积层段冻结管内盐水温度为−0.8～1.2 ℃;当停冻时间为冻结时间的 2/3 时,冲积层段冻结管内盐水温度为−0.4～2.5 ℃;当停冻时间等于冻结时间时,冻结管内盐水温度为−0.2～5.0 ℃。

② 拔管时机选择。冲积层段冻结管内盐水温度处于−1.5～1 ℃时,冻结管周边仍处于冻结状态,冻结管被冻土围抱。此时冻结管外冻土较易解冻,且不易回冻,有利于拔管。冲积层段冻结管内盐水温度处于−1.5～1 ℃时,一般人工解冻时间为 4～8 h,控制回水温度为 5～10 ℃,进、回路水温差在 2 ℃较适宜;当冻结管内盐水温度处于−3～−1 ℃时,一般人工解冻时间为 20～30 h,控制回水温度为 15～20 ℃,进、回路水温差在 2～4 ℃较适宜,此时的回冻时间约为 30 h,可以采取边拔管边循环盐水的方式。

因此,最佳的拔管时间是:停冻时间为 50%～100% 的冻结时间。在此之前拔冻结管所需解冻的热量较大,消耗能源较多,成本较高;在此之后拔冻结管黏土层的围抱力逐渐变大,地层的支撑能力下降,地面的拔管支撑盘需要加大,起拔和提拔力均需加大,给拔管工作带来困难。

6.起拔力

(1)影响起拔力的主要因素

影响冻结管起拔力大小的主要因素有:冻结管长度和直径、冲积层深部水温度分布与变化、冻结孔偏斜、冻结管底锥、冻结管断裂、冻结管割断、井壁壁后注浆等。

(2)起拔力范围

冲积层在 200 m 左右,冻结管长 300 m,解冻并割断冻结管后最大起拔力(ϕ159 mm×6 mm冻结管)为 30～50 t;当解冻不充分、底锥未打通或管子未割断时最大起拔力(ϕ159 mm×6 mm冻结管)为 45～70 t。用千斤顶起拔较合适;一般起拔 10～20 m 后,起拔力下降为 20 t 左右,改用液压绞车起拔较好(如果钻机的起拔力够大,直接用钻机起拔更好);有时起拔 10～20 m 后,起拔力下降为 10 t 左右,也可改用钻机起拔。

总之,新河矿主井、风井采用间隙拔管,前后经历约 4 个月时间,拔出冻结管 411 根,总长度为 2 826.19 m,拔管率达 20%。拔出的钢管可重新用于冻结法凿井或其他工程,具有一定的经济效益,并探索了一些新的拔管和充填技术与管理措施,为类似的冻结井进一步推广试验提供了一定的经验。同时,斜井冻结一般深度较浅,拔管充填可不占用井口时间,掘砌完成停冻后有条件应及时进行拔管充填。

第三节　冻结孔的充填

冻结井停冻之后，对冻结孔必须进行适时充填，充填方法有拔管充填和不拔管充填两种。目前，从冻结井实例来看不拔管充填数量最多，其优点是占用井口时间少，工序简单，充填密实可靠，不受停冻后时间约束；其缺点是冻结管不再复用，钢材消耗量较大。两种充填方法的共同特点是：冻结孔废弃之前要进行注浆，将孔内外空间充填密实，防止上下含水层在井壁后串通，如冻结管拔不出来，可用砂浆或混凝土将冻结管填满，必要时还应采用穿孔充填法将管内及管外环形空间填实。若不充填密实，冻结壁解冻后，会给井筒带来隐患，如冲积层与基岩水串通，增大下部岩层水压和水量，增大掘进困难和井壁漏水的可能性；甚至对井壁产生不均匀地压，而影响井壁的稳定性。目前，常用的充填深冻结孔方法为充填与拔管交替作业，浅冻结孔亦可采用充填与拔管顺序作业，不拔管充填方法较简单，其作业方法见表10-4。

表 10-4　冻结孔的充填方法

项目		主要内容及要求
充填物配比		冻结孔下部充填 1∶3 水泥砂浆，上部充填细渣混凝土、砂浆或在混凝土中掺入 5%～10%（占水泥重）的氯化钙
充填方法	充填与拔管交替作业	1. 冻结管拔出 1.5～2 m 后，先将底锥扫掉(炸药或割刀)，减少孔底负压吸力。 2. 用钻杆作填料管，下到孔底，每当冻结管拔出 20～30 m 便往钻杆内注入一次充填物，边下充填物边提钻杆或用钻杆上下窜动捣实。 3. 该法充填及时，可防止出现孔洞和孔壁塌落堵塞，充填质量较好，适用于深冻结孔充填
	充填与拔管顺序作业	1. 冻结管基本拔出(留一根管作充填下料管)后，进行一次充填。 2. 管口与溜灰漏斗连接由溜灰漏斗内下一根泄压管(φ38 mm，长 30～40 m，丝扣连接)，泄压管下部割有几个进气长孔，上部用调度小绞车提吊。 3. 该法工序简单，但充填质量比交替作业方法差，故只适用于浅冻结孔充填
	穿孔充填作业	1. 冻结管拔不出来时，可用此法充填，质量可靠。 2. 用炸药包等距布置在冻结管内，爆破后使各方向穿孔，然后注浆充填冻结管与土层之间的环形空间及冻结管内部。 3. 充填方法： (1) 在导线上固定炸药包架，炸药包等距布置，并设在不同的方向。 (2) 炸药包用电起爆，爆破后回收导线及架子。 (3) 从地面冻结管口往下注浆，有两种可能：连续注浆，说明浆液进入冻结管外的岩层中甚至进入井筒，注浆至冻结管向外冒浆为止；如浆液通过不自由，则注浆至注不进浆为止，但注浆压力要适当控制。 (4) 在相邻冻结管的不同水平穿孔注浆。 (5) 导线带有深度指示器，指示炸药包距地表的深度
注意事项		1. 充填时应连续下料，以免中间停顿引起塌孔和堵孔。 2. 送料管路应保持畅通，发现堵塞，可用压风吹或提出处理

第四节 制冷设备和管路拆除

一、拆除前的准备工作

（1）先将系统内的氨、油及盐水全部回收，方可开始拆除工作。

（2）准备足够数量的工具、堵板以及设备、仪器箱等。

（3）揭掉冷冻沟槽及干管沟的顶盖。

二、拆除步骤

（1）拆除保温材料。

（2）拆除系统中和设备上的仪器仪表，如压力表、温度表及流量计等。

（3）依次拆除氨管、油管、冷却水管和盐水管路，拆除方式是由高到低，先小后大。

（4）拆除冷冻设备及冻结站内外其他物品。

（5）配集液圈可以在拔管时或处理冻结管时拆除，并应做好与建井施工队伍的配合。

三、注意事项

（1）管路内外要除锈，清洗干净，并涂油1~2遍，各类管路分组编号整理入库。

（2）连接法兰前要涂油，并用木板保护贴口。

（3）设备拆除后，应放置在枕木底座上，以便装运。

（4）拆下螺栓应除锈清洗，涂油配帽，按规格装箱。

（5）拆除后的设备、阀门、仪表等要进行检修，上油涂漆，按好坏与品种分别装箱。

（6）检修后的设备和阀门敞口部分应加堵板封闭，或用木塞、塑料布包堵，以防脏物落入设备内部。

（7）设备搬运要稳移轻放，避免碰撞以防损坏。

（8）蒸发器在拆除前应保持正常盐水箱水面，以免暴露在空气中锈蚀；拆除后应及时用清水冲洗，除锈刷漆。

（9）冷凝器停止工作后应经常供水，拆除后应及时用刷管机或人工刷去水垢杂物。

（10）拆下的设备管路等完好情况，应有专门详细记录以备查考。

第十一章 冻结法井筒恢复技术

近年来深厚冲积层井筒多发井筒破损现象,且地下水的涌入问题一直是富水地区破损井筒修复工作中的主要问题。目前,为确保井壁修复期间不受地下水涌入的影响,针对普通法施工矿井发生井筒淹水事故后多采用人工冻结法完成事故井修缮。人工冻结法为破损井筒的恢复工作提供了稳定的施工环境。

与常规的立井冻结建井项目不同的是冻结修复项目在冻结前既有井壁已经存在,由于土体冻胀带来的井帮处的冻胀力会给既有井壁带来不利影响,其变化规律的研究迫在眉睫。此外,为确保事故井破损段井壁的安全修复,同时不使非事故段井壁由于土体冻胀产生二次破坏,既要保证冻结壁有一定的强度和厚度,又要严格控制冻结壁的发展,从而在实际工程中面临着许多技术难题。为了减小冻胀对现有完整井壁的影响,需要根据不同深度层位处井壁的不同破坏程度,采用局部差异冷冻技术。因此局部差异冻结条件下冻结壁的形成规律和研究方法至关重要。本章以板集煤矿副井井筒为例介绍井筒恢复技术。

第一节 工 程 概 况

一、工程背景

板集煤矿位于安徽省阜阳市颍东区、颍上县和亳州市利辛县的交界处,行政区划隶属利辛县胡集镇。井田面积约 30 km²,地质储量 541 Mt,可采储量 199 Mt,设计生产能力为 3.0 Mt/a,服务年限为 49.2 a。板集煤矿为新建大型煤矿,地层由老到新依次有寒武系、奥陶系、石炭系、二叠系和新生界。本书主要以板集煤矿副井井筒为主要研究对象。

二、井筒水文地质特征

根据板集煤矿井筒检查孔地质资料,副井井筒穿过的地层自上而下有新生界松散层和二叠系。

(1) 新生界松散层

副井穿过的新生界松散层自上而下可分为四含三隔。四含直接覆盖在基岩各含水层之上。

三隔顶界埋深 383.25～387.60 m,底界埋深 533.10～541.90 m,层厚 147.10～158.30 m,三隔为复合型隔水层组,由 11～17 层砂层和 12～17 层土层组成,砂层与土层相互交替。土层中以砂质黏土为主,底部土层一般固结～半固结,性较硬。三隔在天然状态下,可隔离二含与四含的水力联系。

四含顶界埋深 533.10～541.90 m,底界埋深 580.93～584.10 m,层厚 41.33～50.70 m,四含有砂层 3～5 层,累厚 24.80～36.40 m,占四含总厚度的 59%～72%。根据抽水资料

$q=0.153\ 1\sim0.655\ 0$ L/(s·m),富水性中等。

（2）基岩地层

副井穿过的基岩地层,从二叠系 11 煤至 4 煤下铝质花斑泥岩,地层总厚度为 186.77～194.20 m。主要由砂质泥岩、泥质岩类和煤层组成。

三、井筒原设计概况

板集煤矿矿井采用立井、主要石门及分组大巷开拓方式,通风系统为中央并列式。工业场地内设主井、副井和风井三个立井井筒。主井井筒穿过的新生界松散层厚 584.10 m,基岩风化带厚 19.00 m,井筒深度为 772.5 m,井筒净直径 6.2 m。副井井筒穿过的新生界松散层厚 580.93 m,基岩风化带厚 32.62 m,井筒深度为 792.5 m,井筒净直径 7.0。风井井筒穿过的新生界松散层厚 583.80 m,基岩风化带厚 18.00 m,井筒深度为 772.5 m,井筒净直径 6.5 m。

副井井筒新生界松散层采用钻井法施工,基岩风化带采用普通法施工。井口标高为 +27.5 m,井底水平标高为 -735.0 m。钻井预制井壁支护深度 640 m,井筒采用变断面形式,即井筒外径不变,内径变化。钻井法凿井段预制钢筋混凝土井壁支护深度 375.0 m,混凝土强度等级为 C30～C60;预制双层钢板混凝土井壁支护深度为 375.0～640.0 m,钢板厚度10～30 mm,混凝土强度等级为 C60～C70。井壁底为第 1 节井壁,自下而上依次类推,共 140 节预制井壁。基岩段井壁采用素混凝土结构,厚度为 500 mm,混凝土强度等级为 C30。

副井井筒主要特征参数如表 11-1 所示。

表 11-1　板集煤矿副井井筒主要技术特征表

序号	项 目 名 称		单位	特征参数
1	井口坐标	经距 Y	m	427 698.934 7
		纬距 X	m	3 641 795.131 7
2	井筒净直径		m	7.0
3	井壁厚度		m	0.60～1.15
4	新生界松散层厚度		m	580.93
5	风化带厚度		m	32.62
6	钻井井壁锅底深度		m	608.8
7	壁座支撑圈深度		m	644.8
8	井筒全深		m	792.5

四、井筒破损概况

突水事故发生后,竖井里最先观察到破损孔洞,水和砂子以约 7 m³/h 的流量从孔中流出。随后,水和砂子的涌出造成孔洞的孔径增加,流量迅速增加到 18 700 m³/h。副井井筒共 15 节井壁出现了不同程度的破损状况。其主要破坏形式如下:

（1）钢筋混凝土井壁接头法兰盘上、下 200 mm 左右位置出现裂纹、裂缝或井壁内表面剥皮。如图 11-1 (a)、(b)所示。

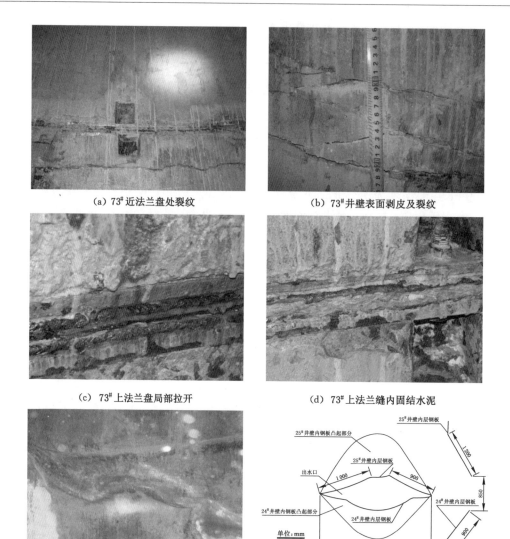

(a) 73# 近法兰盘处裂纹　　　　　　　　(b) 73# 井壁表面剥皮及裂纹

(c) 73# 上法兰盘局部拉开　　　　　　　(d) 73# 上法兰缝内固结水泥

(e) 46# 井壁"鱼嘴状"出水口实际破损情况

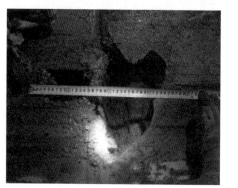

(f) 46# 下法兰螺栓盒混凝土丢失　　　　(g) 46# 下法兰北侧螺栓盒淤样

图 11-1　事故井筒破损照片及示意图

（2）井壁接头法兰盘局部拉开或全部拉开，缝内充填固结水泥。如图 11-1（c）、（d）所示。

（3）钢板井壁接头法兰盘出现整体拉开一定距离，拉开最大缝隙为 110 mm，缝内充填固结水泥，同时产生水平错动，水平错动最大位移 70 mm。

（4）钢板混凝土井壁接头上法兰向下 100 mm 处（个别井壁在中部），有一环向隆起，高 100～150 mm。

（5）井筒在纵向向南偏斜，最大水平偏斜 1 154 mm。

（6）钢板井壁的钢板与接头法兰盘焊缝拉开后涌砂，形成约 1.03 m² "鱼嘴状"开口。破坏形状如图 11-1（e）所示。

（7）钢板井壁出现纵向被压缩变形，节高由 4.0 m 压缩到约 3.7 m，压缩量为 300 mm，在内层钢板出现一条凸起的褶皱带，凸起最大高度约为 210 mm，长度约为内径周长的一半，未褶皱处井壁上法兰被拉开。

（8）46# 井壁 3 个螺栓盒受到破坏，破口处钢板厚度变薄，内侧 C60 混凝土部分缺失，其中北侧螺栓盒孔内有淤泥。破损情况如图 11-1(f)所示，淤样如图 11-1(g)所示。

第二节　井筒恢复方案设计

一、原井筒破损机理分析

2009 年 4 月 18 日，板集煤矿副井井筒发生突水事故后，原安徽煤矿安全监察局聘请了省内外矿建和水文(地质)专家组成专家组进行事故调查，认为造成该矿副井突水事故的原因是：板集煤矿副井马头门及硐室群布置于泥岩中，受地压影响，多次变形和维修，使上覆岩层受重复扰动影响，改变了原始受力状态，井筒产生拉伸破裂，诱发井筒壁后四含水涌入井筒。从副井涌水后，大量的泥砂进入矿井，地层的岩性被大大破坏并引起地表沉陷。地层的沉降进一步使副井承受额外的竖向附加力，最终导致副井严重损坏并产生倾斜。井壁破损机理示意图如图 11-2 所示。

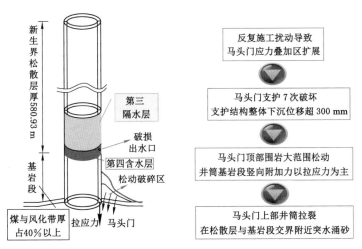

图 11-2　井壁破损机理示意图

二、井筒恢复整体方案

板集煤矿副井井筒突水事故发生后,建设单位迅速成立抢险指挥部,邀请国内相关专业的专家会商综合防治技术方案,并成立板集煤矿副井突水治理与井筒综合防治专家组,指导板集煤矿副井突水治理与井筒综合防治工程各项技术工作。

2009 年 4 月 18 日至 4 月 23 日,抢险指挥部、有关专家和专家组在现场召开多次讨论会,认真分析井筒水文与工程地质资料,评估副井井壁受损情况,本着修复、预防并重的原则,制定了"抛、注、冻、修、防"副井突水治理与井筒综合防治技术方案。

"抛"——立即向副井井筒内抛粒径为 20~40 mm 的石子,抛渣高度至三隔的顶界,旨在保护井筒,防止发生次生破坏。

"注"——针对地层突水涌砂后造成的松散层空隙,通过大范围的注浆进行充填和加固地层,有效防止疏水后的地层沉降。

"冻"——待注浆后,对井筒穿过的厚松散层和基岩风化带实施冻结,为进一步提高井筒安全度,实施套壁提供条件。

"修"——在井筒排水、清淤后,对实际揭露的破坏井壁进行修复。

"防"——为实现副井井筒"长治久安"的目标,在修复原有井筒的基础上,再进行一层井筒套壁,套壁完成后进一步进行壁后注浆封水。对马头门附近的泵房、变电所等硐室,因其施工扰动对马头门变形、下沉影响很大,重新设计其位置,加强马头门及井底车场的巷道支护。

三、冻结法修复方案

根据专家对出水点位置分析的结果,出水点应位于表土段第三隔水层以下至基岩风化带,其具体位置不明确,且井壁破坏程度及其范围亦不明确。专家组会议初步确定上部地层采用局部冻结,下部地层采用全深冻结,且冻结壁应具有一定的强度和厚度,冻结深度应穿过基岩风化带进入稳定不透水基岩。后经讨论确定冻结深度 673 m,且 380 m 以上地层采用双供液管工艺实现局部冻结。

(一)冻结孔设计

冻结孔采用外排孔+内排孔的双圈管冻结方式。冻结孔平面布置图如图 11-3(a)所示,详细设计参数见表 11-2。

表 11-2 冻结孔布置参数

项目名称	单位	外排孔	内排孔	备注
圈 径	m	19.6	13.9	双圈
孔 数	个	42	32	外多内少
开孔间距	m	1.465	1.364	外大内小
深 度	m	673	660	外深内浅
冻结方式		全深	局部	内排孔 380 m 以下冻结

外排孔冻结管采用 ϕ159 mm×5~7 mm 的无缝钢管内管箍连接,内下 ϕ75 mm×

6 mm的聚乙烯塑料软管做供液管。内排孔 380 m 以上采用 $\phi168$ mm×6 mm 低碳钢无缝钢管,外管箍焊接连接,内下双 $\phi70$ mm×5 mm 聚乙烯塑料软管;380 m 以下采用 $\phi159$ mm×7 mm 低碳钢无缝钢管,内管箍焊接,内下 $\phi70$ mm×5 mm 聚乙烯塑料软管。

内外排冻结管结构如图 11-3(b)、(c)所示。冻结孔剖面布置示意图如图 11-4 所示。

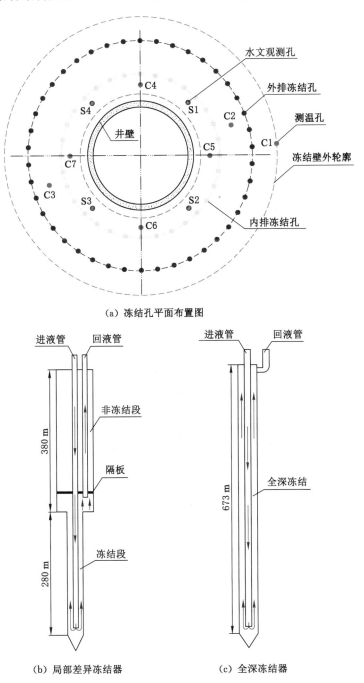

(a) 冻结孔平面布置图

(b) 局部差异冻结器   (c) 全深冻结器

图 11-3 冻结方案及冻结器

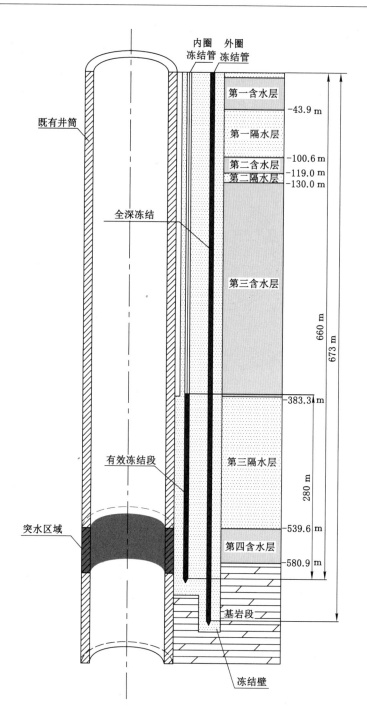

图 11-4 冻结孔剖面布置示意图

（二）测温孔设计

共设置 7 个测温孔，平面布置如图 11-3（a）所示。

（三）水文观测孔设计

在冻结壁内侧布置 4 个水文观测孔，其孔深分别为 386 m、386 m、581 m、581 m，以释放早期冻胀力。水文观测孔如图 11-5 所示。

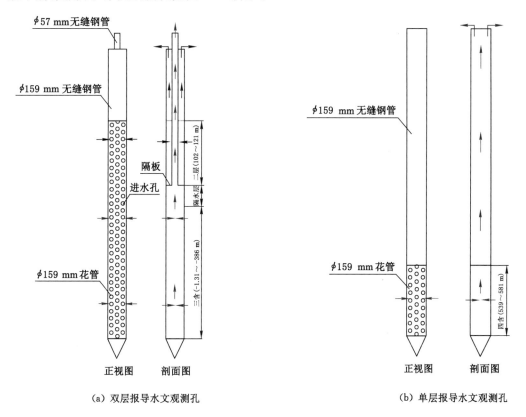

（a）双层报导水文观测孔　　　　　　　　　　（b）单层报导水文观测孔

图 11-5　水文观测孔构造示意图

（四）冻结方式及冻结控制

（1）内排孔

内排孔采用正循环方式进行局部冻结，即盐水从长供液管进入冻结器，并经冻结器底部进入冻结器环形空间，最后经短供液管流出冻结器。当推算井壁外缘温度达到－3.0 ℃时，控制内排孔冻结，即减小其盐水流量，控制盐水温度，使得冻土不再向井筒内发展。

（2）外排孔

外排孔滞后内排孔 30 d 开冻。外排孔采用正循环方式冻结，即盐水从供液管进入冻结器，经冻结器底部进入冻结器环形空间，最后经冻结器头部流出冻结器。当推算冻结壁外侧厚度达到 1.2 m 时，控制外排孔冻结，即减小其盐水流量，控制盐水温度，使得冻土不再向外侧发展。

（五）制冷工艺

根据冷量计算，冷冻站配置 15 组螺杆压缩制冷机组进行制冷，标准制冷量为 2 610 万 kcal/h，工况制冷量达 825 万 kcal/h，富余系数为 1.15。

盐水温度控制在－34～－30 ℃，盐水浓度为 29.8°Bé，采用双去双回供液方式，即外排孔与内排孔盐水系统独立。外排孔盐水流量 $W = 691$ m³/h，计算扬程 $H = 66$ m，选用 300S-90A 型水泵 2 台（备用 1 台）作为盐水泵（功率 280 kW、流量 756 m³/h、扬程 78 m），盐

水干管选用 ϕ377 mm 钢管。内排孔盐水流量 $W = 408$ m³/h,计算扬程 $H = 76$ m,选用 300S-90B 型水泵 2 台(备用 1 台)作为盐水泵(功率 220 kW,流量 720 m³/h,扬程 67 m),盐水干管为 ϕ325 mm 钢管。

内排孔采用正循环方式进行局部冻结,即盐水从长供液管进入冻结器,并经冻结器底部进入冻结器环形空间,最后经短供液管流出冻结器。通过计算分析,当井壁外缘温度达到 -3.0 ℃时,控制内排孔冻结,即减小其盐水流量,控制盐水温度,使得冻土不再向井筒内发展。外排孔采用正循环方式冻结,即盐水从供液管进入冻结器,经冻结器底部进入冻结器环形空间,最后经冻结器顶部流出冻结器。当冻结壁外侧厚度达到 1.2 m 时,控制外排孔冻结,即减小其盐水流量,控制盐水温度,使得冻土不再向外侧发展。

制冷系统工艺流程图如图 11-6 所示。

(六)冻结施工检测、监控

冻结施工检测、监控可为冻结法施工提供及时的反馈信息,这些信息是判断冻结壁发展情况以及对冻结方案进行调整的主要依据。

(1)冻结孔施工过程监测

冻结孔偏斜检测分为指导钻时偏斜监测(不提钻测斜)和成孔偏斜检测。指导钻进偏斜监测,每 30 m 测斜一次;成孔偏斜每孔必测,上下复测,对于偏斜及孔间距超过规定者应及时纠偏。下完冻结管后要立即进行水压试漏。

(2)冷冻站制冷系统运转指标监测

分别在循环管路中安设测温元件、压力计等来实现制冷系统运转指标的监测。监测周期是从冻结运转至结束,对冷冻站运转设备及各部位观测点进行不间断连续观测。

(3)冻结制冷盐水温度、流量和盐水水位变化的实时监测

采用便携式超声波流量计测量制冷系统的盐水流量;在每个冻结器的回路上安装测温元件观测去回路温差;在每个盐水箱上安装电子液位自动显示报警器监测盐水漏失情况。

(4)冻结壁温度场和厚度监测

为掌握冻结壁温度发展状况,设计在冻结壁内侧与井壁之间布置 4 个测温孔,其位置按 4 个方向均匀布置,以掌握冻结壁内侧发展情况;在冻结壁中部和外侧的测温孔,以掌握冻结壁中部及外侧发展情况。

(5)水文观测孔水位监测

在井壁与内排孔之间布置 4 个水文观测孔,井筒开始冻结后,每天监测孔内水位变化情况。

四、井筒套壁方案

副井套壁原则如下:对副井偏斜的井壁不进行破除,作为冻结井的外层井壁,在保证井筒有效断面的情况下,在井筒内套一层井壁,作为冻结井的内层井壁,缩小井筒直径,不改变垂直提升,修复后仍作为副井井筒使用。由基岩段自下而上套壁施工至冲积层下部套壁壁座处,停止套壁,开始井壁修复施工工程。

副井井筒于 2011 年 12 月开始进行排水、拆除井筒内原有设施等;2012 年 10 月 30 日井筒内排水、清淤至副井井筒 -721.5 m 位置,开始进行副井井筒与井底车场连接处修复施工;2013 年 6 月根据专家组方案及合肥设计院设计图纸对副井井筒进行全井筒套壁修复工作,于 2014 年 11 月底完成副井井筒套壁施工。

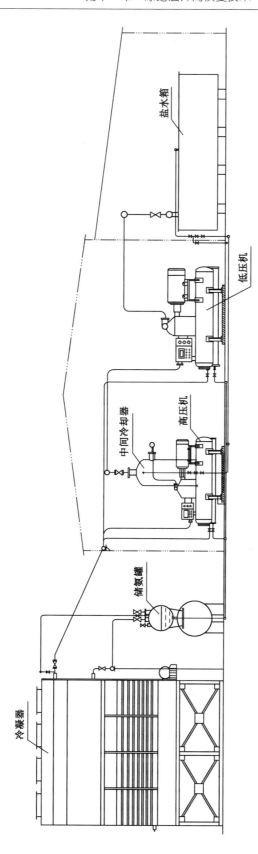

图 11-6　板集煤矿冻结站制冷系统工艺流程图

施工工序及内容：

（1）试排水施工。

（2）正式排水施工。

（3）清淤修复施工。

（4）井筒装备拆除施工。

（5）原钢板井壁修复施工，按照自上而下顺序对三节井壁损坏的部位进行修复，具体顺序如下：井壁节间拉开修复→41#→46#→29#→"鱼嘴状"出水口。

（6）井筒套壁修复施工，主要包括：原钢板井壁修复、表土段及基岩段井壁套壁修复、壁座的开挖及浇筑、井底车场连接处修复、井底水窝修复、注浆施工。

第三节　冻结温度场分析

一、局部差异冻结技术效果分析

冻结设备于 2011 年 6 月 27 日开始运转，整个冻结过程中制冷设备运转正常。

根据冻结孔、测温孔的实际位置，采用有限元数值计算软件 COMSOL Multiphysics 进行几何建模[图 11-7(a)]；冻结壁所处的土层主要为细砂、砂质黏土、钙质黏土、粉细砂、中粗砂和泥岩，对这些土层分别在现场钻取土样，然后进行冻土热物理性能试验，分别获取了各土层的导热系数、比热、冻结温度等热物理力学参数。本数值计算模型中，各岩土层的热物理力学参数取值如表 11-3 所示。

为了验证数值计算的合理性，选取 −400 m 层位处的测温孔的实测数据与数值计算数据进行对比，如图 11-7(b)～(d)所示。

表 11-3　各个层位土层的热物理参数

埋深/m	土质	状态	密度/(kg/m³)	导热系数/[J/(m·℃)]	比热容/[kJ/(kg·℃)]	冻结温度/℃	相变潜热/(kJ/kg)
100	细砂	未冻土	1 935	1.463	1.455	−1.14	44.0
		冻土		1.784	1.242		
200	砂质黏土	未冻土	1 958	1.415	1.506	−2.10	48.5
		冻土		1.705	1.325		
300	钙质黏土	未冻土	1 949	1.398	1.517	−2.32	50.5
		冻土		1.705	1.325		
400	粉细砂	未冻土	2 024	1.475	1.372	−1.10	44.0
		冻土		1.815	1.071		
500	中粗砂	未冻土	2 055	1.466	1.402	−1.41	44.5
		冻土		1.796	1.175		
600	泥岩	未冻土	2 150	1.522	1.257	−2.43	45.5
		冻土		1.857	1.053		

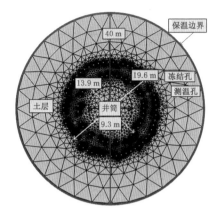

（a）-400 m层位冻结温度场数值计算几何模型

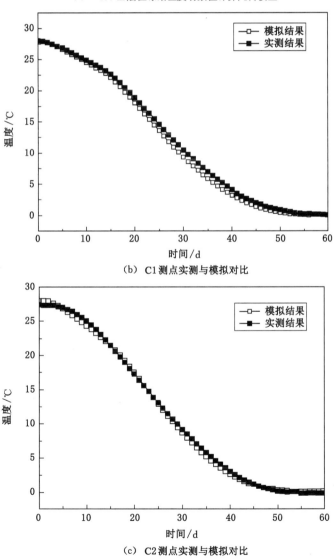

（b）C1测点实测与模拟对比

（c）C2测点实测与模拟对比

图 11-7　不同测点模拟与实测结果对比

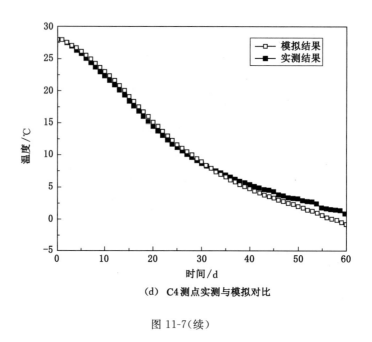

（d）C4测点实测与模拟对比

图 11-7（续）

由图 11-7（b）～（d）可知测温孔的实测数据与数值计算结果具有较高的一致性，因此通过数值计算对各个层位的冻结温度场的发展情况进行预测是完全可行的。

为了对控制冻结技术的效果进行评价，基于－300 m 层位的冻结参数对控制冻结技术采用前后冻结温度场的发展规律进行分析，如图 11-8 所示。由对比可见，内排冻结孔采取控制冻结技术之后，在冻结初期，内排冻结孔形成的冻结壁的范围明显小于控制冻结前的范围；随着冻结时间的增加，内排冻结孔形成的冻结壁与外排冻结孔形成的冻结壁逐渐连接成一个整体，采取控制冻结技术之后冻结孔的冷量得到限制，因此内排冻结孔形成的冻结壁向内扩展的范围明显减小；当冻结时间达到 120 d 时，冻结壁已经完成交圈，采取控制冻结技术后形成冻结壁的平均温度明显高于常规冻结方式形成的冻结壁的平均温度。

采取常规冻结技术与采取控制冻结技术形成的冻结壁的厚度随时间的变化规律如图 11-9 所示。对应相同的冻结时间，采用常规冻结方式持续冻结 95 d 后，冻结壁达到设计厚度，持续冻结 200 d 后，冻结壁的厚度达到 6.6 m；采取控制冻结技术之后冻结壁的扩展速度明显减小，当冻结时间为 130 d 时，冻结壁达到设计厚度 5 m，当冻结时间为 200 d 时，冻结壁的厚度达到 5.6 m。通过对冻结壁与井壁间的距离的变化规律进行分析可以发现，采取控制冻结技术之后，冻结壁向内侧扩展的范围得到有效限制，当冻结时间为 100 d 时，冻结壁与井壁的距离为 1.1 m，而常规冻结方式形成的冻结壁与井壁的距离仅为 0.44 m；当冻结时间为 160 d 时，采取控制冻结技术之后，冻结壁与井壁之间的距离为 0.22 m，而常规冻结方案形成的冻结壁发展至井壁的外缘，对井壁的安全性造成较大的威胁。

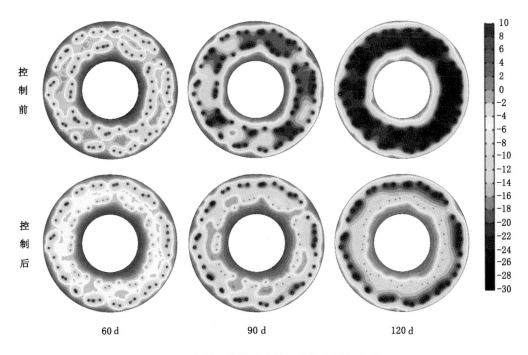

图 11-8　控制冻结前后冻结温度场发展规律对比

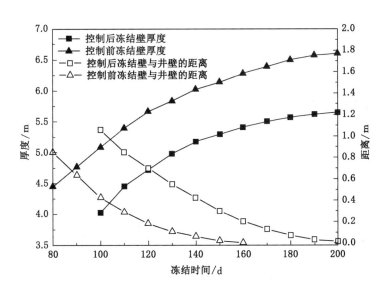

图 11-9　控制冻结前后冻结壁发展情况对比

　　对采取控制冻结技术前后−300 m 层位井壁外缘的温度变化规律进行分析,如图 11-10
所示。对应相同的冻结时间,采取控制冻结技术之后,井壁外缘的温度明显高于常规冻结方
式作用下的井壁;在对副井井筒进行排水处理前(冻结 170 d),如果按照常规冻结方式进行
冻结,井壁外缘的最低温度达到−13.5 ℃,而采取控制冻结技术之后,井壁外缘的最低温度
仅为−2.4 ℃。

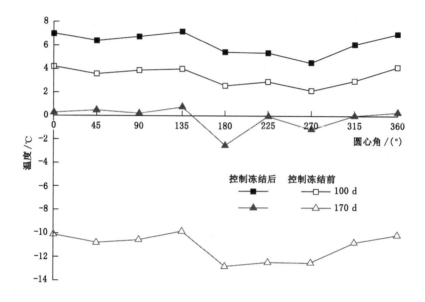

图 11-10　控制冻结与常规冻结井壁温度对比

由此可见,采取控制冻结技术之后,内排冻结孔形成的冻结壁向内扩展的厚度得到有效的限制,减轻了周围土体的冻胀对井壁造成的挤压破坏作用,避免了井壁温度过低的问题,但冻结壁的交圈时间并没有大幅度增加,冻结壁的厚度仍可达到设计要求。因此,在既有完好井筒条件下进行冻结法施工的过程中,对内排冻结孔采取控制冻结的措施,不仅能够实现对周边环境的有效封水,还能够避免冻结壁的发展对井筒的破坏作用。

二、各个层位冻结壁的发展规律预测分析

对各个层位的冻结壁的发展情况进行预测,如图 11-11 所示。由于各个层位对应的土体热物理特性以及冻结孔的偏斜情况各不相同,因此对应相同的冻结时间,冻结壁的发展情况存在一定的差别。其中,控制冻结层位(−380 m 以上)的冻结壁的发展速度明显低于常规冻结层位的冻结壁。当冻结时间达到 120 d 时,各个层位的冻结壁均已经完成交圈,但控制冻结层位的冻结壁的厚度明显小于常规冻结层位的冻结壁。

结合图 11-12 进行分析可以发现,−400 m 层位位于冻结管常规冻结段,该层位为粉细砂层,具有较好的可冻性,且该层位冻结孔的偏斜量较小,因此该层位的交圈时间以及达到设计厚度时间均早于其他层位;随着冻结管穿越土层深度的增加,冻结管的偏斜量逐渐增大,部分冻结孔的间距较大,因此−500 m、−600 m 层位的冻结壁交圈以及达到设计厚度需要的时间大于−400 m 层位的冻结壁。在控制冻结层位,由于内排冻结孔的制冷能力得到限制,因此冻结壁的发展速度较常规冻结层位有所降低,其中−300 m 层位为钙质黏土层,土体热物理特性的试验结果显示该层位的可冻性优于−100 m 层位的砂质黏土以及−200 m 层位的细砂,因此对应的交圈时间以及冻结壁达到设计厚度的时间也早于另外两个地层。在常规冻结地层,冻结壁的最迟交圈时间为 106 d,达到设计厚度

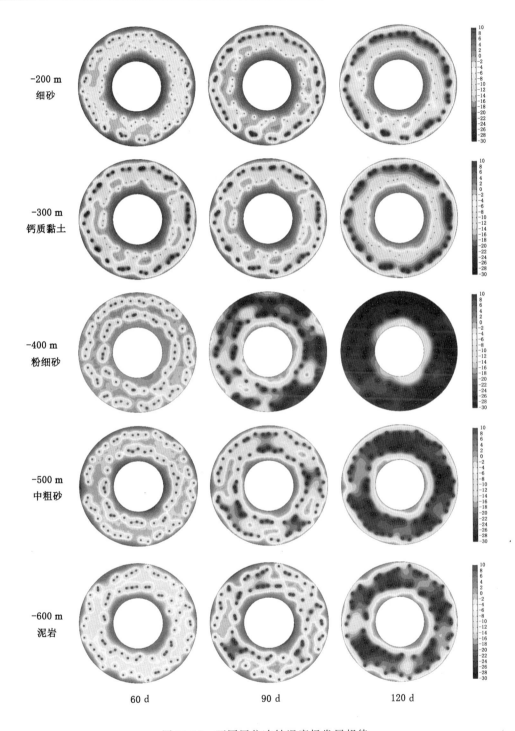

图 11-11　不同层位冻结温度场发展规律

的最迟时间为 112 d;在控制冻结地层,冻结壁的最迟交圈时间为 120 d,达到设计厚度的最迟时间为 143 d。进一步分析可以发现,冻结壁完成交圈后仍需要一段时间才能达到设计厚度,其中控制冻结层位的冻结壁达到设计厚度的时间与冻结壁交圈时间的差值大于常规冻结层位,并且土体的可冻性越差,两者的差值越大。

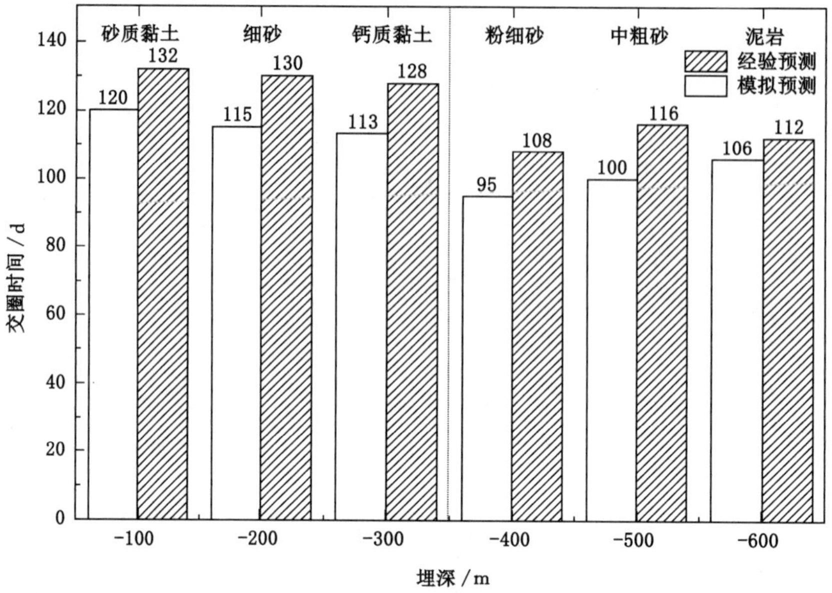

图 11-12　冻结壁交圈时间预测

通过对各个层位的冻结壁的发展规律进行预测可以发现,冻结壁全部达到设计厚度的时间为 143 d,此后即可减停部分冻结机组,进入稳定冻结阶段。

根据每个层位处冻结区域的扩展速度以及冻结孔的实际位置,分别利用数值模拟以及经验预测的方法对每个层位的冻结壁的最终交圈时间进行预测,预测结果如图 11-12 所示。

通过对比可以发现:① 经验预测的交圈时间较数值计算的预测结果偏大,其原因是经验预测是采用前 60 d 的冻结壁扩展的平均速度结合某一层位冻结孔之间的最大距离来对冻结壁的交圈时间进行预测的,由于前期低温冷媒并没有达到最佳制冷效果,因此该时间段内的冻结壁扩展速度与冻结壁的实际扩展速度相比偏小,而数值计算过程中可以充分考虑到低温冷媒的实时温度,因此计算结果更加准确;② 上部层位的冻结壁交圈时间整体迟于下部层位,其原因是－380 m 以上为控制冻结段,冻结管的制冷效果与下部有效冻结段之间存在较大差距;③ －600 m 层位处的土层的热物理特性优于－400 m 以及－500 m 层位的土体,且 3 个层位都在冻结管有效冻结段作用范围内,但该层位的最终交圈时间迟于后两个层位,由此说明冻结孔的偏斜情况对冻结壁的交圈时间有较大影响。

数值计算结果表明:采用控制冻结技术可精准控制冻结壁温度场发展,避免冻胀压力对上部完好井筒的破坏作用;但是,下部有效冻结段的冷量供应充足,由于部分冻结孔向内偏斜,导致冻结壁发展不均匀,冻结壁向内侧发展较快的位置在冻结后期会对已破坏的井筒带来二次挤压破坏,因此需要采取相应的措施对冻结壁发展过快的位置进行控制。

结合每个层位冻结孔与井壁的实际距离,通过数值计算可以得到每个位置处的冻结壁发展到井壁位置处的时间,将时间的数值通过线段长度的形式绘制到冻结孔的分布圈上,可以得出不同位置处冻结时间的大小对比关系,如图 11-13 所示。以此为依据进行冻结孔供冷量的调整从而保证冻结壁发展均匀。

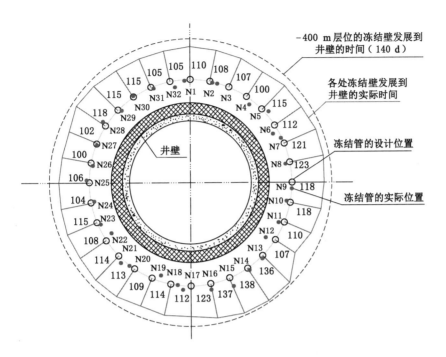

（a）-400 m深度处冻结壁发展到井壁的时间

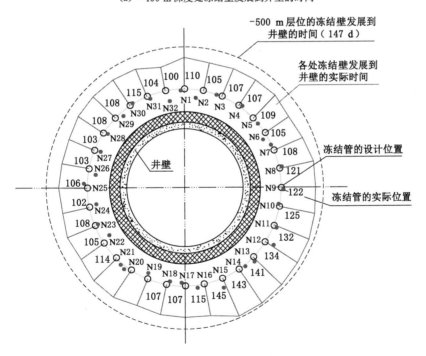

（b）-500 m深度处冻结壁发展到井壁的时间

图 11-13　不同层位处冻结壁发展至井壁边缘所需时间（单位：d）

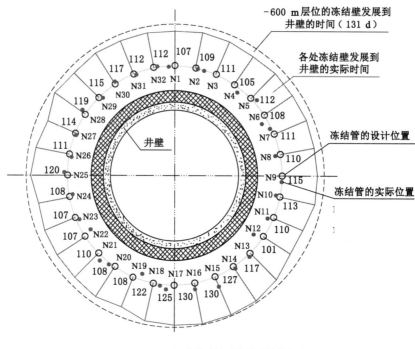

（c）−600 m深度处冻结壁发展到井壁的时间

图 11-13（续）

通过分析可以发现，由于冻结孔之间相互影响，单根冻结管向内侧偏移会导致与之邻近的冻结孔的作用区域发展到井壁需要的整体时间变短。为了防止冻结后期冻胀压力对井壁的稳定性产生不利影响，需要对冻结壁发展速率较快的部分实行控制冻结，即通过降低流量来减缓该位置处的冻结速率，从而保证在冻结壁全部位置完成交圈且达到一定强度之前冻胀压力不会对内侧的井壁产生二次破坏。

综合−400 m、−500 m 以及−600 m 层位处的冻结规律可以发现，N12、N19、N22、N26、N32冻结孔向靠近井壁的方向发生了一定的偏移，对应位置处冻结壁发展到井壁的时间较短，因此需要在冻结过程中对上述冻结管低温冷媒的流量进行适当调整，并于 2011 年 8 月 26 日（冻结 61 d）将流量调整为原流量的 2/3。

三、冻结温度实测分析

位于内圈冻结孔与井壁之间的测温孔实测数据如图 11-14 所示（注：C6 测点后期线路被破坏，测试数据提供至 870 d）。对温度沿着深度方向的变化规律进行分析可以发现，由于内排冻结孔采用了控制冻结技术，因此在冻结控制界面，即−380 m 层位附近的冻结温度发生了突变，−380 m 层位以上的地层温度较−380 m 以下的地层温度高 5 ℃左右，从而有效控制了该层位井壁受冻胀影响。对温度随时间的变化规律进行分析可以发现，在第 61 d 对部分冻结孔的冷量进行控制之后，并没有对整个层位的冻结温度场产生明显的影响，即没有对冻结壁的整体扩展速度带来不利影响。

截至 2011 年 11 月 26 日，冻结机组运转 153 d，此时副井各层位已经全部交圈，且冻结

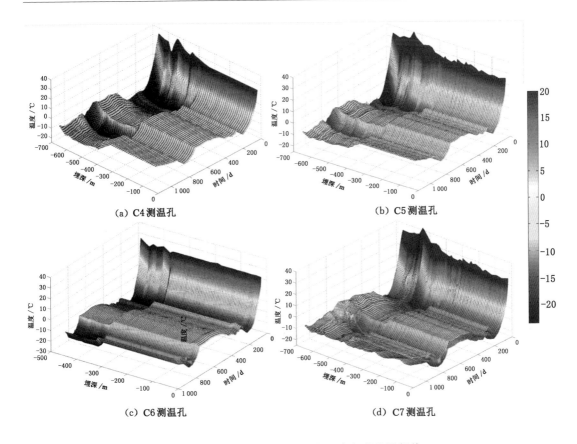

(a) C4 测温孔　　　　　　　　　　　　　(b) C5 测温孔

(c) C6 测温孔　　　　　　　　　　　　　(d) C7 测温孔

图 11-14　内圈冻结孔与井壁间温度场的发展规律

壁厚度和平均温度均可以满足设计试排水要求。经过冻结专家组、高校研究组、矿方、施工单位综合评议后,决定于 2011 年 11 月 26 日 20:00 开始副井井筒内第一阶段排水试验。试排水期间,通过多种方法密切关注冻结壁的变化情况,主要办法是通过测温孔和冻结器的温度变化来分析。经过分析可知,7 个测温孔和全部冻结器试排水前后温度降幅基本一致,由此可知冻结壁完好。

2011 年 12 月 16 日(冻结 173 d)进入维护冻结阶段,在该阶段通过减少单孔流量以及减停机组等方式进行控制冻结,形成的冻结壁位于井壁的外缘,同时保证冻结壁整体温度维持在合理的范围内,在维护冻结的初始阶段冻结温度场呈现轻微波动状态。当冻结温度场稳定之后,进行井筒排水,2012 年 10 月 30 日(冻结 459 d),井筒排水以及清淤工作基本完成,并开始对副井井筒与井底车场连接处进行修复。在井筒排水过程中,井筒受到外部空气的热扰动,温度略为上升后逐渐保持稳定。2013 年 6 月 3 日(冻结 708 d),对副井的井筒进行全井筒修复工作,为了防止井筒套壁过程中混凝土水化热对冻结温度场造成较大的影响,在井筒套壁之前,进行强化冻结,即恢复部分减停的冻结机组,在冻结机组正常运转之后,开始井筒套壁施工,但由于供冷量充足,冻结温度场没有发生大幅度的变化,在套壁施工至控制冻结界面(−380 m)以上层位时,再次进入稳定冻结阶段,2014 年 7 月 30 日(冻结 1 130 d),井筒套壁施工基本完成,停止冻结。

四、水文观测孔和井筒水位变化

对水文观测孔的水位随冻结时间的变化规律(图 11-15)进行分析可以发现,S1、S2 以及 S4 水文观测孔的水位在冻结初始阶段都出现了水位下降的现象,随后水位快速上升至－13 m 左右,上述 3 个水文观测孔的水位维持在该水平一段时间后,S2 的水位在冻结 28 d 时快速上升至－7 m 左右,在冻结 75 d 时,水位达到管口位置,S1、S4 水文观测孔的水位分别维持在－13 m 的水平至冻结 61 d、75 d,随后水位快速上升至管口位置,S3 的初始水位较高,在冻结 50 d 时,水位即到达管口位置。

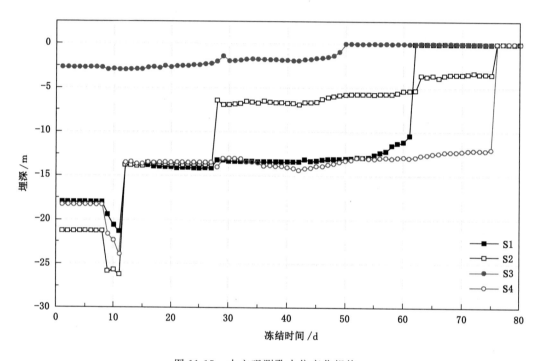

图 11-15 水文观测孔水位变化规律

截至 2011 年 9 月 11 日(冻结 76 d),副井 4 个水文观测孔水位全部到达管口。从各孔的水位变化分析来看冻结壁发展所产生的冻胀水、冻胀压力通过水文观测孔得到了有效释放。

由图 11-16 可知,副井井筒原始水位为－7.84 m,在冻结初期水位变化分为三个阶段:① 冻结 1~61 d,井筒水位由－7.84 m 降至－8.22 m,降幅 0.006 m/d;② 冻结 61~87 d,井筒水位在－8.19 m 上下徘徊;③ 冻结 87~136 d,井筒水位由－8.19 m 升至－7.10 m,涨幅 0.022 m/d。造成该现象的原因是:冻结壁交圈后,井筒内外无水力联系,井筒内水分无法释放只能沿着井筒缓慢上升。

由图 11-17 可知,2011 年 11 月 26 日(冻结 152 d)副井进行试排水,因此水位出现下降,试排水结束之后,进入观察期,发现水位稳定,说明冻结壁已经具备正式排水的条件。2011 年 12 月 16 日(冻结 173 d)进入稳定冻结阶段,随后进行正式排水,该阶段水位随着排水时间的增加匀速降低,2012 年 2 月 6 日(冻结时间 225 d),已经排水至淤泥面,整个排水过程中,水位匀速降低,没有出现水位升高的现象,说明冻结壁达到了设计要求,从而进一步表明控制冻结技术的实施取得圆满成功。

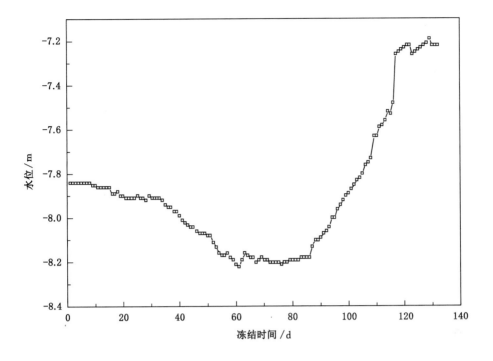

图 11-16 冻结初期水位随冻结时间的变化

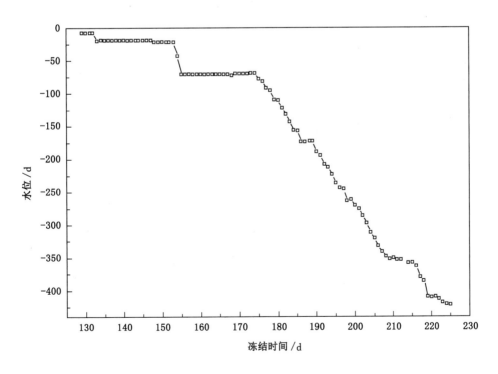

图 11-17 排水过程中水位随时间的变化规律

第四节 局部差异冻结作用于既有井壁的冻胀力分析

由于冻土材料与冻结壁受力状况的不均匀性,难以从理论出发对冻结壁的应力场和位移场进行分析,且理论计算中会对计算模型进行大量的简化,使计算结果与实际情况存在一定的差异。而模型试验方法需要进行大量的试验,通过总结才能够获得有规律的结果,试验花费较大,所获得的结果也只适用于试验条件。数值模拟,因其具有可重复性等优点,能较好地还原实际工程中的复杂工况,现已作为研究冻结壁变形的重要手段,并已广泛应用于冻结法凿井等矿山建设工程中。本章基于 ABAQUS 有限元分析软件,还原板集煤矿副井井筒冻结施工过程,开展事故井冻结修复过程中的热力耦合数值模拟研究。

一、数值计算方法与模型建立

(一)冻结温度场控制方程及计算参数

基于傅立叶热传导方程和能量守恒定律,将微元体看作刚体,其热量平衡控制微分方程如下式所示:

$$C \frac{\partial T}{\partial t} = \nabla \cdot [\lambda \nabla T] + L\rho_i \frac{\partial \theta_i}{\partial t} \qquad (11\text{-}1)$$

式中 C——土的容积热容,kJ/(m³·K),$C = C_d \cdot \rho$;

C_d——土的比热容,kJ/(kg·K);

ρ——土的密度,kg/m³;

λ——土的导热系数,W/(m·K);

L——水的相变潜热,kJ/kg,一般取 334.56 kJ/kg;

ρ_i——冰的密度,kg/m³;

θ_i——土体的体积含冰量,%。

本数值计算模型中,各层位土体的热力学参数取值如表 11-4 所示。

表 11-4 各层位土体的热力学参数

层位	土质	温度/℃	密度/(kg/m³)	导热系数/[W/(m·K)]	比热容/[kJ/(kg·K)]	相变潜热/(kJ/kg)	相变区间/℃
-300 m	钙质黏土	-15	1 949	1.635	1.362	50.50	[-2.3, -1.5]
		-10		1.587			
		-5		1.513			
		0		1.398	1.517		
-450 m	粉质黏土	-15	1 930	2.305	1.071	44.00	[-3.1, -2.4]
		-10		2.251			
		-5		2.201			
		0		2.088	1.272		

（二）冻结应力场控制方程及计算参数

在温度变化的过程中,弹性体的应变由两部分组成:① 自由膨胀引起的正应变分量 $\varepsilon_0 = \alpha \Delta T$,其中 α 为膨胀系数,ΔT 为温度变化值。自由膨胀引起的剪应变分量为 0。② 热膨胀时,土体的应力-应变关系符合广义胡克定律:

$$
\begin{cases}
\varepsilon_x = \dfrac{1}{E}\left[\sigma_x - \mu(\sigma_y + \sigma_z)\right] + \alpha \Delta T \\[2mm]
\varepsilon_y = \dfrac{1}{E}\left[\sigma_y - \mu(\sigma_x + \sigma_z)\right] + \alpha \Delta T \\[2mm]
\varepsilon_z = \dfrac{1}{E}\left[\sigma_z - \mu(\sigma_x + \sigma_y)\right] + \alpha \Delta T
\end{cases}
\tag{11-2}
$$

联立温度场微分方程和热力学本构关系,可以得到热力耦合控制方程,并按照弹性力学方法,建立热应力方程,其中平衡方程和几何方程的形式不变。

本数值计算模型中,所选层位土体的物理力学参数如表 11-5 所示。

表 11-5　各层位土体的物理力学参数

层位	土质	温度/℃	密度/(kg/m³)	弹性模量/MPa	泊松比	膨胀系数/℃⁻¹
−300 m	钙质黏土	−15	1 949	89.0	0.24	−0.002 94
		−10		47.2	0.25	−0.004 41
		−5		34.1	0.27	−0.008 82
		0		24.0	0.35	0
−450 m	粉质黏土	−15	1 930	79.1	0.22	−0.001 83
		−10		53.2	0.24	−0.003 65
		−5		30.5	0.28	−0.007 30
		0		24.0	0.35	0

（三）ABAQUS 热力耦合计算方法

土体假设为弹性模量和泊松比的取值随温度变化的线弹性材料;土体的冻胀率通过原状土的冻胀试验确定;根据矿方提供的导热系数、比热等参数,赋予冻土的热物理参数。模型考虑热力的耦合,进而建立了热力耦合的数值计算方法。

本书结合板集煤矿副井修复人工冻结工程,利用上述方法进行数值计算,即首先建立温度场模型、加载,求解温度场模型并进行瞬态分析,后处理得到节点上的温度。然后采用和温度场相同的数学模型进行结构分析。结构分析中首先通过地应力平衡功能构建井壁与周围土体的初始稳定场(即消除位移场保留初始应力解),后将求解温度场得到的节点温度作为温度荷载加载到应力场以进行耦合分析,进而得到冻胀力的分布规律。

（四）模型建立和边界条件

（1）基本假定

如不考虑冻结管偏斜的影响,并假定冻结管内的盐水温度沿管壁轴向分布均匀,则立井轴向(z 方向)上的土层温度梯度近似为 0,计算模型可简化为平面应变问题。由于土的冻胀效应影响因素众多,在进行冻胀力的数值分析时,作如下基本假设:① 不考虑水分迁移过程;② 按平面应变问题进行计算;③ 对土体颗粒和冰晶,不考虑其压融效应;④ 以钙质黏土层和粉质黏土层为模拟对象,单一土层为均质的各向同性弹性体,但其弹性模量的取值随温度变化而变化。

(2)几何模型、网格

根据井壁修复工程冻结孔造孔情况,采用 ABAQUS—Standard 数值分析软件,选用冻结孔终偏位置进行建模计算。数值分析模型如图 11-18 所示,考虑到冻结施工的影响范围,取冻胀影响圈径为 80 m;同时为提高计算精度,对冻结管周围及井帮处进行网格加密,同时对于规则的井壁选用更为合理的结构化网格。共划分 190 392 个四边形单元,以及 198 942 个结点。

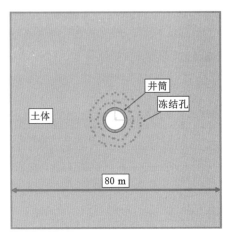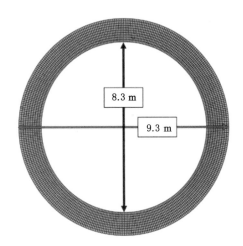

(a)工程计算模型   (b)井壁网格划分

图 11-18 井帮冻胀力数值计算模型

(3)荷载及初边值条件

温度场设置:冻结管温度按工程实测中的冻结器温度选取;初始温度场按井壁修复工程开始冻结时的实际温度场设定(约 28 ℃)。同时出于简化模型计算的考虑,设置既有井壁内表面与水接触处的散热系数为 0.54 W/(m² · K),根据工程实际抽水测温得知,水源温度为 10 ℃左右。

应力场设置:根据重液公式计算永久水平地压 $p=0.013H$,则一300 m 层位的初始水平应力为 3.9 MPa,一450 m 层位的初始水平应力为 5.85 MPa;取侧压力系数 $\gamma=\mu/(1-\mu)=0.538\,5$,故一300 m 层位初始竖向应力为 7.24 MPa,一450 m 层位初始竖向应力为 10.86 MPa。土体外边界约束法向位移。

二、既有井壁井帮位置处冻胀力计算结果

将节点应力计算结果减去初始地应力即为冻胀力,后文所述冻胀力均为既有井壁与土体交界面处节点的径向应力。分别提取一300 m 钙质黏土层以及一450 m 粉质黏土层距离该立井井筒中心 $r=4.65$ m(井帮)界面处节点的冻胀力,绘制不同方位上的冻胀力分布状况,如图 11-19 所示;平均冻胀力时间历程曲线,如图 11-20 所示;同时将两层位在东、北偏东 30°、北偏西 6°、北偏西 45°、南偏西 45°、南偏东 15° 6 个特征方位上的冻胀力数

据整理见表 11-6。

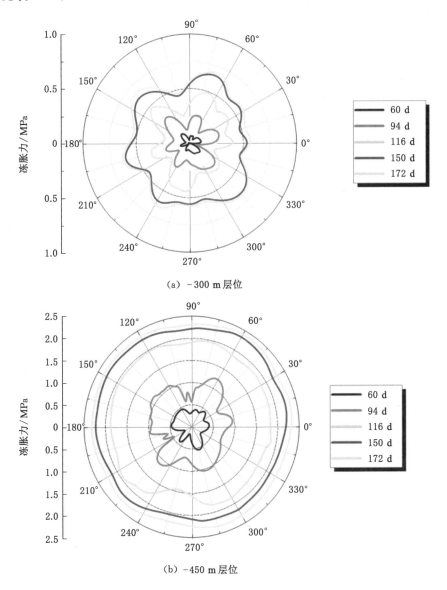

(a) −300 m 层位

(b) −450 m 层位

图 11-19　既有井壁与土体交界面处的冻胀力分布图

表 11-6　特征方向上的冻胀力

冻结天数/d	方位	−300 m 层位/MPa	−450 m 层位/MPa	冻胀力差值/MPa
94	北偏东 30°	0.214	0.381	0.167
	北偏西 6°	0.148	0.286	0.138
	北偏西 45°	0.320	0.453	0.133
	南偏西 45°	0.187	0.402	0.215
	南偏东 15°	0.226	0.548	0.322

表 11-6(续)

冻结天数/d	方位	−300 m 层位/MPa	−450 m 层位/MPa	冻胀力差值/MPa
172	北偏东 30°	0.667	2.424	1.757
	北偏西 6°	0.502	2.273	1.771
	北偏西 45°	0.677	2.349	1.672
	南偏西 45°	0.524	2.327	1.803
	南偏东 15°	0.560	2.339	1.779

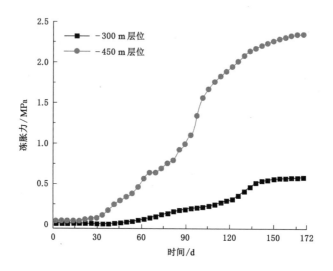

图 11-20　既有井壁与土体交界面处冻胀力的时间历程曲线

图 11-19 及表 11-6 结果表明：

① 粉质钙质黏土层冻胀力呈现出类同心圆的发展趋势，且由于冻结孔在实际成孔的过程中存在偏斜，两层冻胀力存在显著的不均匀性，最大冻胀力主要出现在东北侧、西北侧、南侧、西南侧。

② 在整个积极冻结期内，−300 m 层位井帮处的冻胀力较小，最大不超过 0.677 MPa，占初始地应力的 17.4%，而 −450 m 层位的冻胀力较大，最大值为 2.424 MPa，占初始地应力的 41.4%，可见局部差异冻结技术可以有效避免冻土冻胀力对既有井壁的不利影响。

③ 冻结 94 d 时，差异冻结层位与全深冻结层位井帮在北偏东 30°、北偏西 6°、北偏西 45°、南偏西 45°、南偏东 15°方位上的冻胀力差值分别为 0.167 MPa、0.138 MPa、0.133 MPa、0.215 MPa、0.322 MPa。冻结 172 d 时，差异冻结层位与全深冻结层位井帮在北偏东 30°、北偏西 6°、北偏西 45°、南偏西 45°、南偏东 15°方位上的冻胀力差值分别为 1.757 MPa、1.771 MPa、1.672 MPa、1.803 MPa、1.779 MPa。

可见在整个积极冻结期内，−300 m 层位的冻胀力始终小于 −450 m 层位，冻结控制效果显著，采取局部差异冻结技术能有效减弱由于土体冻胀对既有井壁的影响，避免完好的井壁由于冻结施工发生破坏。

图 11-20 时间历程曲线表明：

①　0～30 d 时，-300 m 层位与-450 m 层位的冻胀力几乎为 0，这主要是因为冻结管内的盐水温度还未降至指定温度，冻结壁正在缓慢形成。

②　30 d 至各层位冻结壁交圈前（-300 m 层位为 30～116 d，-450 m 层位为 30～94 d），两层位的冻胀力呈现出线性增长趋势。在各层位交圈后的 14 d 内有一段近似阶跃性的增长，其后冻胀力增长速度放缓，最终基本趋于稳定。

③　冻结 172 d 时，-450 m 层位冻胀力达 2.35 MPa，-300 m 层位冻胀力为 0.58 MPa，约为-450 m 层位的 1/4。

三、既有井壁安全性评价

冻结法施工会直接影响混凝土的强度发展、变形与裂缝，因此既有井壁的安全性应综合冻结压力和既有井壁混凝土应变进行评价。其中混凝土应变是井壁安全性评价的最直接指标。

作用在既有井壁上的冻结压力应由两部分组成，一部分为土体的初始应力，另一部分为土体冻结产生的冻胀力，其数值可以直接在后处理中获得，这里分别提取-300 m 与-450 m 层位积极冻结期内既有井壁所受冻结压力，见表 11-7。

表 11-7　作用在既有井壁上的冻结压力

层位	冻结时间/d	最大冻结压力/MPa	最小冻结压力/MPa	平均冻结压力/MPa
-300 m	30	3.90	3.88	3.892
	60	4.02	3.87	3.961
	94	4.22	3.95	4.104
	116(交圈)	4.43	4.00	4.249
	172	4.59	4.33	4.479
-450 m	30	5.85	5.82	5.837
	60	6.40	6.00	6.209
	94(交圈)	7.08	6.05	6.746
	116	7.83	6.25	7.613
	172	8.26	8.03	8.146

由表 11-7 可知，两层位均在 172 d 时达到最大冻结压力。另如图 11-21 所示，将既有井壁混凝土等效应力与其混凝土强度进行比较，综合各评价指标对既有井壁的安全性进行评价，见表 11-8。

表 11-8　两层位井壁安全性评价指标结果

土层	深度/m	最大冻结压力/MPa	混凝土最大等效应力/MPa	混凝土最大环向应变/$\mu\varepsilon$
粉质黏土	-300	4.59	9.31	-125.54
钙质黏土	-450	8.26	18.63	-355.83

由图 11-21 及表 11-8 可知：

①　井壁等效应力随冻结时间的发展规律与冻胀力发展规律完全吻合。在冻结初期，井

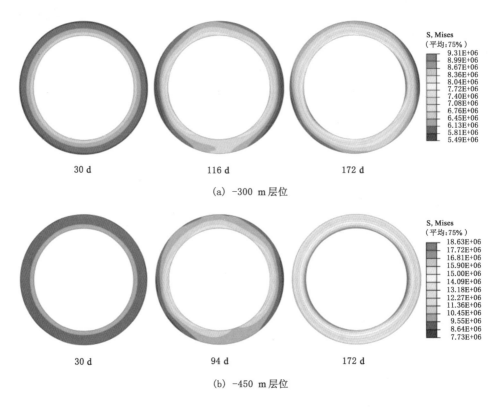

（a）-300 m 层位

（b）-450 m 层位

图 11-21　井壁等效应力结果

壁的应力未受到冻结施工的影响，两层位井壁内力均由初始地应力引起；随着冻结施工的进行，-300 m 层位井壁混凝土等效应力增长缓慢，而-450 m 层位增长较快。

② 对比两个层位井壁混凝土的等效应力可以发现，至冻结 172 d，-300 m 层位的最大等效应力为 9.31 MPa，约为同时期-450 m 层位的 49.97%。且-300 m 层位的井壁应力增长明显小于-450 m 层位，约为 3.82 MPa。然而两层位混凝土等效应力均未超过 C60 混凝土的抗压强度标准值 38.5 MPa，既有井壁是安全的。这表明本工程局部差异冻结达到了预期目的，局部差异冻结可以有效减弱土体冻胀对完好井壁的影响。

③ 在板集煤矿副井内层钢板高强钢筋混凝土井壁结构中，混凝土环向应变较大。-300 m 层位混凝土的环向应变为-125.54 $\mu\varepsilon$，-450 m 层位为-355.83 $\mu\varepsilon$，均远小于 C60 混凝土的极限应变值，说明在冻结修复过程中，既有井壁始终处于弹性受力状态，符合设计要求，冻结修复期间井壁结构并未开裂，安全可靠。

第五节　破损井筒恢复过程中新建井筒受力特性研究

板集煤矿原事故井筒设计净直径为 7.3 m，井筒深度为 795.4 m。其深厚冲积层和基岩分化带均采用钻井法施工，钻井深度为 640 m。钻进过程中采用泥浆护壁，井壁为地面预制的钢筋混凝土和双层钢板高强混凝土复合井壁。钻井到设计深度后采取悬浮下沉井壁，采用水泥浆和碎石壁后充填固井。

为安全、经济、高效地恢复板集煤矿井筒,修复工程设计在原钻井井壁内侧内套一层钢筋混凝土井壁或内层钢板高性能混凝土(钢纤维混凝土)复合井壁结构。为了解新建井壁的力学特性,分析其可靠性,对内套井壁的受力和变形进行了监测。

一、监测水平与元件布置

(1)测试方法

现场监测采用振弦式传感元件作为一次仪表,振弦式频率检测仪作为二次仪表。测试元件随套壁混凝土浇筑安设到井壁中,其中新建井壁受力采用压力传感器量测,钢筋应力采用钢筋计量测,混凝土变形采用应变计量测。

(2)元件布置

每个测试水平元件布置如下:在井壁外表面沿 6 个方向均匀布置 6 个压力传感元件;沿井壁内侧环向均匀布置 6 个测试断面,在每个测试断面沿内排环向和竖向钢筋各布置 1 个钢筋应力计,并在每个测试断面内侧沿环向和竖向各布置 1 个混凝土应变计。

(3)监测水平与监测内容

根据副井井筒水文地质条件和内套井壁结构图,共布置 3 个监测水平,具体划分见表 11-9。

表 11-9　副井井筒内套井壁受力变形监测水平

监测水平	1	2	3
结构类型	内钢板混凝土井壁	内钢板混凝土井壁	内钢板混凝土井壁
累深/m	463	530	580
测试水平对应土性	细中砂	砂质黏土	细砂
混凝土强度等级	C80 钢纤维混凝土	C90 钢纤维混凝土	C90 混凝土
环筋	28(Ⅲ)	28(Ⅲ)	28(Ⅲ)
竖筋	25(Ⅲ)	25(Ⅲ)	25(Ⅲ)
内层钢板厚度/mm	30	35	35

监测内容包括:① 新建井壁受力;② 井壁混凝土环向应变;③ 井壁混凝土竖向应变;④ 环向钢筋应力;⑤ 竖向钢筋应力。

二、新建井壁受力监测结果

通过对板集煤矿副井井壁埋设的新建井壁受力传感器进行观测和数据处理,得到各个监测水平新建井壁受力值如图 11-22 所示。

通过对 3 个监测水平的新建井壁受力的监测数据进行分析,结合图 11-22 可知:套壁后新建井壁受力整体呈上升趋势,前期增长缓慢,中期受井筒内季节性通风的影响,新建井壁受力有一定的波动性;后期因冻结壁的解冻,新建井壁受力迅速增加,其中−580 m 处冻结壁解冻速度快于−463 m 处。

三、新建井壁混凝土应变监测结果

通过对布置在井壁内侧的混凝土应变传感器进行观测和数据处理,得到各个水平混凝土应变变化曲线如图 11-23 所示。

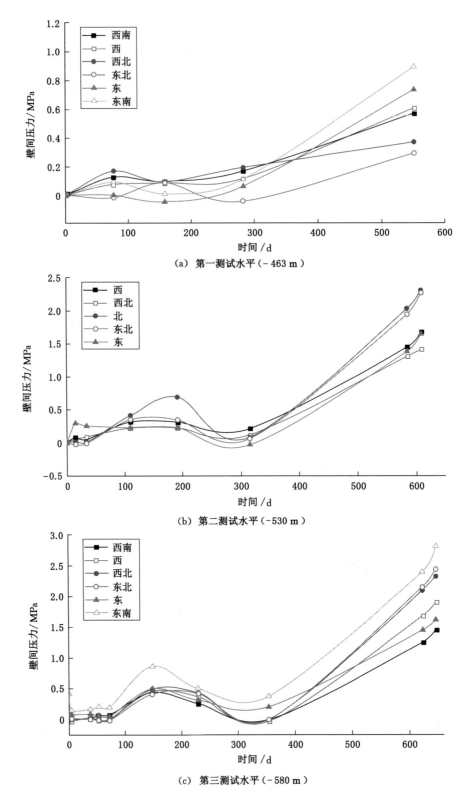

(a) 第一测试水平（-463 m）

(b) 第二测试水平（-530 m）

(c) 第三测试水平（-580 m）

图 11-22　新建井壁受力监测结果

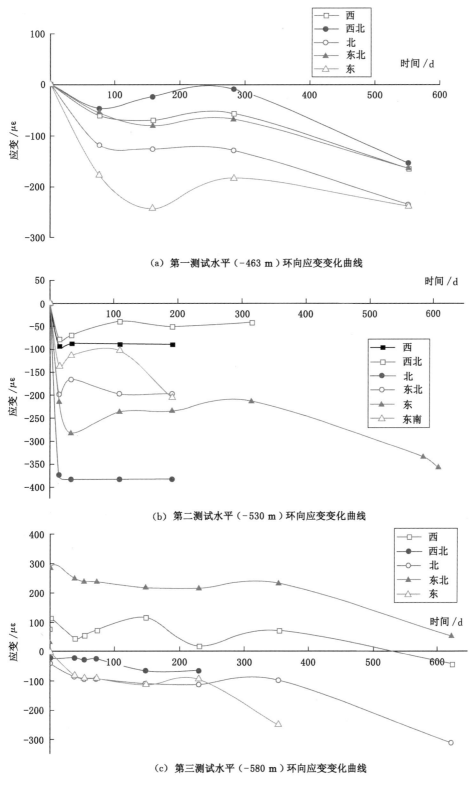

(a) 第一测试水平（-463 m）环向应变变化曲线

(b) 第二测试水平（-530 m）环向应变变化曲线

(c) 第三测试水平（-580 m）环向应变变化曲线

图 11-23 混凝土应变变化监测结果

四、新建井壁钢筋应力监测结果

通过对布置在内排环向和竖向钢筋上的钢筋应力传感器进行观测和数据处理,得到各个水平钢筋应力变化曲线如图 11-24 所示。

由以上 3 个测试水平环向钢筋应力变化曲线来看,在套壁后一段时间内,受温度变化等影响,第一、二测试水平环向钢筋局部出现了拉应力,但数值较小,对钢筋受力基本没有影响。

到套壁后 300 d 左右时,环向钢筋应力变化规律与新建井壁的受力特性基本一致,均表现为随着冻结壁的解冻,环向钢筋应力逐渐增大,最终渐趋稳定。环向钢筋应力最大值为 135.6 MPa,小于钢筋应力设计值。

五、井筒受力变形模拟分析

板集煤矿副井井筒自 2011 年 6 月 21 日起开始冻结,至 2014 年 7 月 30 日停止冻结,共计 1 130 d(全冻结工期)。考虑到截止冻结工期 1 130 d,第三监测水平(−580 m)的井筒变形监测数据点较多,为方便对比,选取该层位对事故井套壁后的新建井壁变形进行研究。

(一)土体计算参数

副井−580 m 层位井壁原设计为预制双层钢板混凝土支护,钢板厚度 10~30 mm,混凝土强度等级为 C60,弹性模量为 36 GPa,泊松比为 0.167,忽略冻结过程中既有井壁的热膨胀。数值计算中各岩土层的热力学参数取值如表 11-10 所示,物理力学参数取值如表 11-11 所示。

表 11-10　岩土层的热力学参数

层位	土质	温度/℃	密度/(kg/m³)	导热系数/[W/(m·K)]	比热容/[kJ/(kg·K)]	相变潜热/(kJ/kg)	相变区间/℃
−580 m	中砂	−15	1 978	1.98	1.110	24.15	[−1.0,−0.2]
		−10		1.84			
		−5		1.65			
		0		1.51	1.230		

表 11-11　岩土层的物理力学参数

层位	土质	温度/℃	弹性模量/MPa	泊松比	膨胀系数/℃⁻¹	黏聚力/MPa	内摩擦角/(°)
−580 m	中砂	−15	79.1	0.22	−0.000 76	4.19	8
		−10	53.2	0.24	−0.001 55	2.20	9
		−5	30.5	0.28	−0.003 10	1.51	10
		0	24.0	0.35	0	0.14	28

(二)模型的建立与边界条件

(1)基本假定

在冻结法凿井过程中,实际施工中的冻结壁远不是一个简单的规则、均质的厚壁圆筒,

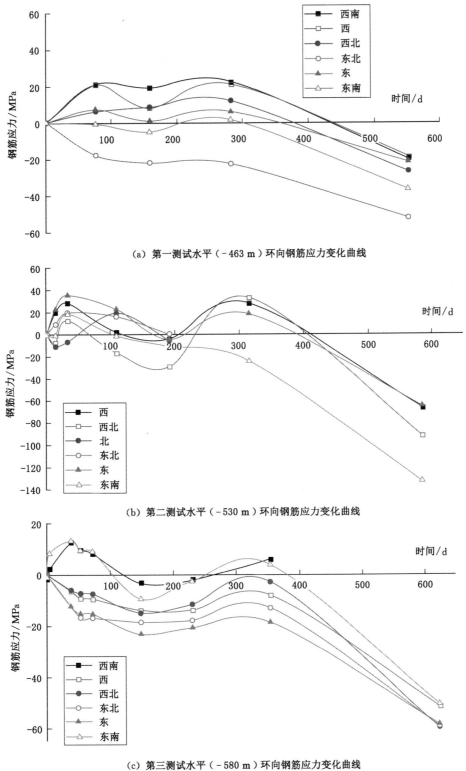

（a）第一测试水平（-463 m）环向钢筋应力变化曲线

（b）第二测试水平（-530 m）环向钢筋应力变化曲线

（c）第三测试水平（-580 m）环向钢筋应力变化曲线

图 11-24　钢筋应力变化监测结果

且各岩土层的性质也存在极大差异，所以冻结壁的力学性质非常复杂。为简化模型计算，本章对计算模型的假设同前文，仅考虑土体为弹塑性体。

（2）几何模型、网格

根据冻结孔终偏位置建模，数值计算模型及部分网格划分如图 11-25 所示。本章节选取 −580 m 第三监测水平进行建模，模型高度为 10 m，考虑区域计算半径为冻结壁厚度的 4 倍，故计算区域半径为 80 m；模型温度场选用 DC3D8 单元，应力场选用 C3D8R 单元，模型共计 361 086 个结点、324 570 个单元。

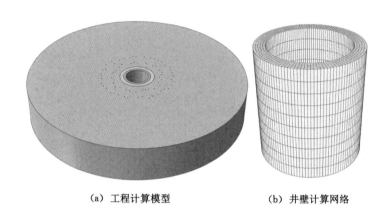

（a）工程计算模型　　　　　　　　　（b）井壁计算网络

图 11-25　井筒冻结修复工程计算模型

（3）荷载及初边值条件

温度场设置：冻结管温度按工程实测中的冻结器温度选取；初始温度场按井壁修复工程开始冻结时地层温度设定（约 35 ℃）。同时出于简化模型计算的考虑，设置既有井壁内表面与淤泥接触处的散热系数为 0.54 W/(m² · K)，根据工程实际抽水测温得知，水源温度为 10 ℃左右。

应力场设置：模型上边界施加初始竖向地压 $p = \gamma H = 11.6$ MPa。

土体与老井壁的接触，以及新老井壁接触均为"表面-表面"接触，采用小滑移模式，接触属性选择"硬接触"。

（三）模拟结果分析

（1）温度场计算结果分析

这里提取了第三监测水平 −580 m 层位各测温孔全冻结工期内（1 130 d）的模拟结果，该层位含 5 个温度测点，为证明数值计算结果的可靠性，将模拟结果与现场实测结果进行对比，如图 11-26 所示。由图 11-26 可知，测温孔计算结果与实测值吻合度较好，进一步提取该层位冻结壁发展的云图计算结果，如图 11-27 所示。

由图 11-27 可知，由于采用了冻结控制，自冻结壁交圈后，冻结壁温度整体呈现出一定的波动形式，在各云图中能明显看到内圈冻结孔的开启与关闭情况。为进一步探究控制冻结方案的合理性，将冻结壁交圈后至新井壁浇筑前时间段内的冻结壁厚度、既有井壁井帮温度及冻结壁平均温度数据从数值计算结果中提取出来，如表 11-12 所示，进一步验证其合理性。

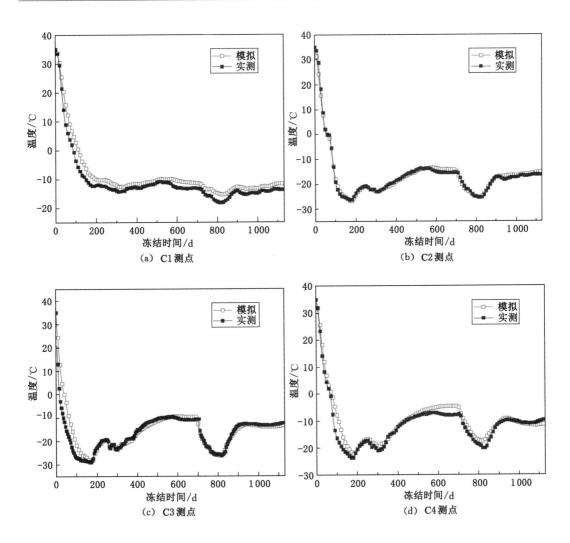

图 11-26　第三监测水平−580 m 层位测温孔数据对比

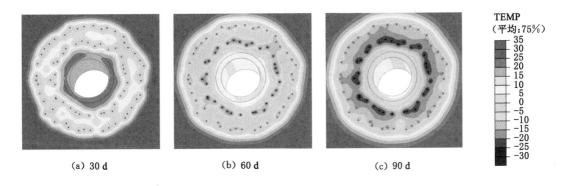

图 11-27　全冻结时段冻结壁发展云图

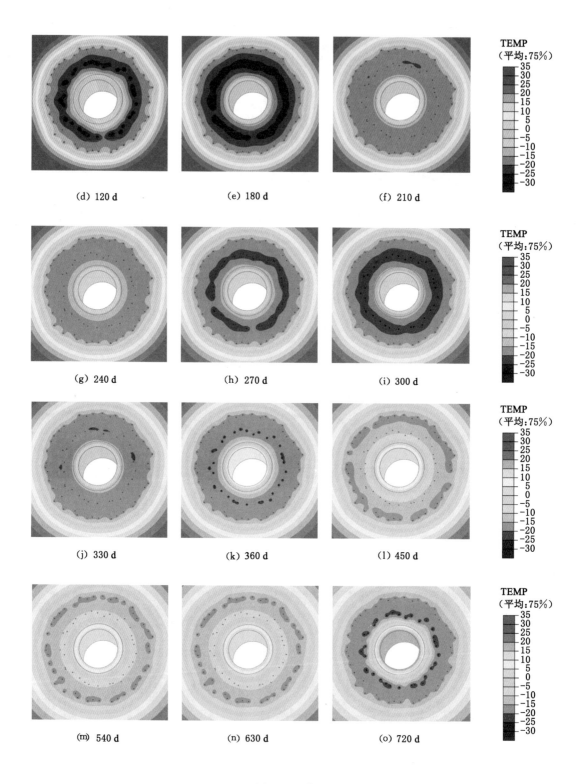

(d) 120 d   (e) 180 d   (f) 210 d

(g) 240 d   (h) 270 d   (i) 300 d

(j) 330 d   (k) 360 d   (l) 450 d

(m) 540 d   (n) 630 d   (o) 720 d

图 11-27(续)

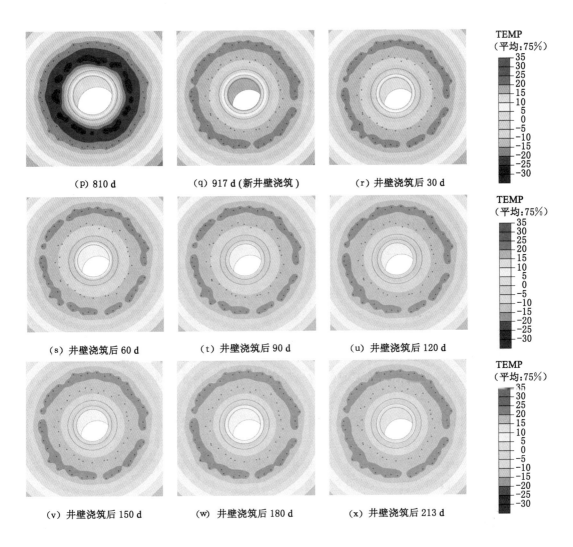

(p) 810 d　　　　(q) 917 d（新井壁浇筑）　　　　(r) 井壁浇筑后 30 d

(s) 井壁浇筑后 60 d　　　　(t) 井壁浇筑后 90 d　　　　(u) 井壁浇筑后 120 d

(v) 井壁浇筑后 150 d　　　　(w) 井壁浇筑后 180 d　　　　(x) 井壁浇筑后 213 d

图 11-27（续）

表 11-12　冻结壁特征参数

冻结工期/d	方位 1 /m	方位 2 /m	方位 3 /m	方位 4 /m	既有井壁外缘温度/℃	既有井壁内缘温度/℃	冻结壁平均厚度/m	冻结壁平均温度/℃
90	5.748	6.150	5.618	6.020	3.899	6.710	5.88	−14.71
120	6.639	6.663	6.640	6.652	−2.073	3.376	6.65	−18.57
180	7.181	7.175	7.175	7.175	−9.584	−1.948	7.18	−20.32
210	7.176	7.150	7.171	7.145	−8.857	−1.901	7.16	−17.06
240	7.381	7.181	7.181	7.181	−9.566	−5.403	7.23	−15.61
270	7.516	7.400	7.450	7.470	−10.334	−5.890	7.46	−16.58
300	7.682	7.666	7.630	7.670	−11.196	−6.451	7.66	−17.33
330	7.684	7.686	7.679	7.682	−10.498	−2.655	7.68	−16.56

冻结工期/d	方位 1/m	方位 2/m	方位 3/m	方位 4/m	既有井壁外缘温度/℃	既有井壁内缘温度/℃	冻结壁平均厚度/m	冻结壁平均温度/℃
360	7.688	7.688	7.688	7.688	−2.452	7.340	7.69	−14.96
450	7.848	7.688	7.756	7.886	3.369	11.059	7.79	−10.85
540	7.907	7.846	7.951	8.112	5.887	12.685	7.95	−8.82
630	7.967	7.950	7.968	8.059	6.638	13.203	7.99	−9.21
720	8.083	8.125	8.024	8.174	9.362	19.160	8.10	−12.20
810	8.456	8.456	8.456	8.456	3.383	16.180	8.46	−16.30
917	8.456	8.456	8.456	8.456	3.345	11.194	8.46	−11.44

对表 11-12 的数据进行分析可知，冻结早期为使冻结壁尽快交圈，采取了加强冻结，冻结 90 d 冻结壁平均厚度已达 5.88 m。实际工程中 0～205 d 均为积极冻结期，从数值计算结果中明显可以看到，该阶段冻结壁厚度增长较快，且整体冻结壁温度较低，已低于设计温度 −15 ℃。而后及时采取了冻结控制措施，可以看到冻结壁的平均温度已经有明显的回升，冻结壁厚度的变化主要表现为外圈圈径的缓慢增长，但也基本保持稳定。后经较长一段时间的温度控制，冻结壁平均温度基本稳定在 −16.35 ℃，达到了设计效果。自 360 d 后，对既有井壁内部进行了清淤操作，后既有井壁内侧因季节性通风条件，可以明显观察到既有井壁的内外侧边缘处平均温度及冻结壁平均温度明显上升；且由于同时期内圈管已经关闭，冻结壁有一定的融化现象，但影响范围极小，仅在近井帮处有 0.15 m 左右的融化现象，并没有对实际工程造成影响。自 710 d 起，为保证新井壁浇筑时，冻结壁的厚度与平均温度可以达到设计值，确保新井壁的浇筑可以安全、合理、稳定有序进行，在新井壁浇筑前夕，重新开启内圈孔进行加强冻结。结果表明，在新井壁浇筑（917 d）时，冻结壁厚度与平均温度均达设计与规范要求，可以满足进一步的井壁修复工程的需要。

（2）应力场计算结果分析

分别提取第三监测水平在压力盒方位上的新建井壁受力特性模拟结果与实测值进行对比，如图 11-28 所示。考虑到监测数据可能受实际工程中各种施工因素的影响，模拟结果具有一定的合理性。

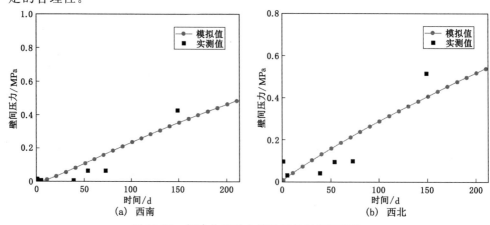

图 11-28　新建井壁受力模拟结果与实测对比

由图 11-28 可知,随着时间增长,冻结壁逐渐解冻,新建井壁受力逐渐增大,整体呈现线性增长趋势。在确保应力场计算结果合理性后,进一步对既有井壁与新建井壁受力模拟结果进行数据整理,提取第三监测水平(−580 m)层位距离副井井筒中心 $r=3$ m 处新井壁法向受力分布情况如图 11-29 所示。

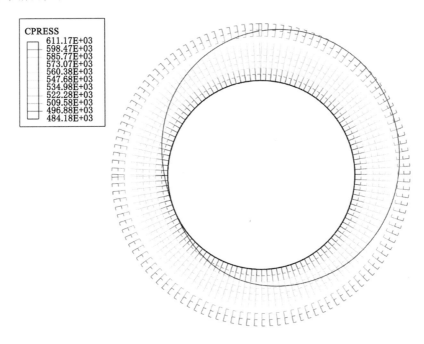

图 11-29　213 d 新建井壁外井帮处法向受力分布情况

由图 11-29 可知,截至套壁后 213 d,第三监测水平新建井壁受力存在一定的不均匀性,其在西南方向的压力相对较小,在东北方向上的压力较大,新建井壁处于 0.127 MPa 左右的不均匀压力作用下。以上结果在该测试水平的监测报告中可以得到一致性结论,这也再次印证了本数值模拟计算的可靠性。

后处理提取两层井壁的径向应力结果,如图 11-30 所示。由图 11-30 可知,截止套壁完成后 213 d,或者说在冻结工期内,尽管既有与新建井壁在空间位置中是紧密贴合的,但冻结壁尚未解冻时,冻结压力与地压荷载仍主要由既有井壁承担,新建井壁分担的压力远远小于原井壁。相关文献表明,内层井壁在冻结壁融化过程中才开始工作,在地层注浆前,地压荷载大部分是由外层井壁承担的。只有经过有效的注浆或经历较久的支护时间,既有与新建井壁才能结合成一个整体,一起承受地压与水压的作用。注浆会大大改变既有与新建井壁应力分布,朝着有利于井壁整体承受外载的方向变化。

分别提取套壁完成后 30 d、60 d、90 d、120 d、150 d、180 d、213 d 时,新旧井壁间的法向压力,对新建井壁的受力特性进行分析,如图 11-31 所示。

由图 11-31 可知:

① 既有井壁与新建井壁之间的法向压力整体呈现出类同心圆的发展模式,同一时刻,新建井壁在东北方向受力最大,在西南方向受力最小,表现出一定的不均匀性。分析认为,冻结孔的偏斜和盐水流量的不均匀性是导致新建井壁受力不均匀的主要原因。

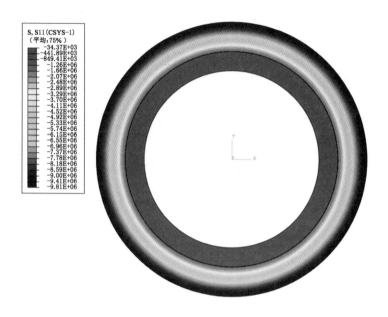

图 11-30　213 d 井壁径向应力分布情况

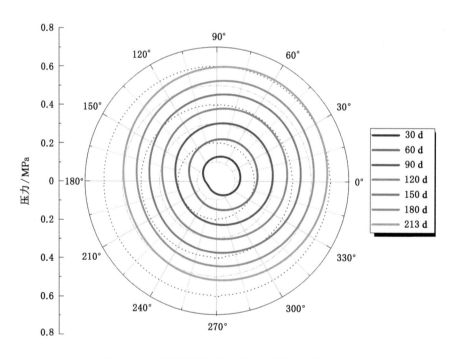

图 11-31　套壁修复阶段新建井壁不均匀受力状态

②　与既有井壁所受冻胀力的发展模式相比,新建井壁所受压力不均匀性较弱。分析认为,土体冻结产生冻胀,既有井壁的存在使土体冻胀受到限制,进而产生不均匀的冻结压力;既有井壁在冻胀压力的作用下产生变形,但这种变形受既有井壁混凝土较大的刚度影响,变形量远小于冻结土体;而新建井壁受力直接受既有井壁变形的影响。故冻结

压力的不均匀性经既有井壁传递给新建井壁,但既有井壁的存在使这种不均匀性得到了削弱。

（3）混凝土应变分析

对模拟结果进行后处理,通过对第三监测水平(－580 m)层位沿井壁内侧环向布置的混凝土应变计位置处的应变结果进行提取和数据处理,并与实测值进行比较,得到该监测水平井壁混凝土环向应变变化曲线如图 11-32 所示。

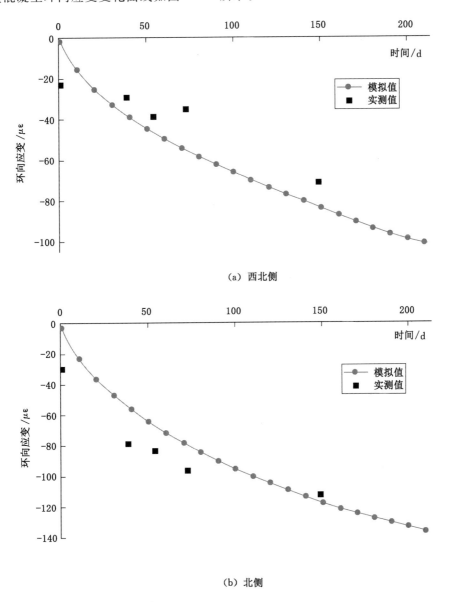

(a) 西北侧

(b) 北侧

图 11-32　第三监测水平(－580 m)新建井壁环向应变模拟值与实测值对比

第三监测水平(－580 m)层位的新建井壁选用 C90 高强高性能混凝土。由图 11-32 可知,该层位新建井壁环向应变的模拟值与实测值吻合度较高,且具有相同的发展趋势。在确保合理性的基础上,基于数值模拟得到的应力场结果,对新建井壁的混凝土应变发展状况进行分析,新建井壁的环向应变结果如图 11-33 所示。

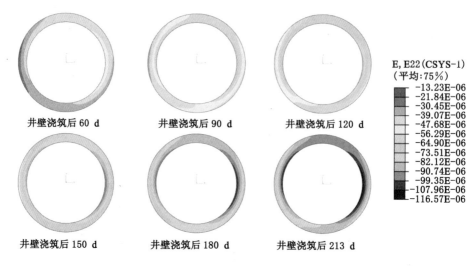

图 11-33　新建井壁环向应变云图

由图 11-33 可知,截至套壁完成后 213 d,新建井壁混凝土环向应变以压应变为主,呈现出弱不均匀性,最大环向压应变为 116.57 $\mu\varepsilon$,远小于 C90 混凝土极限压应变,新建井壁处于弹性受力状态。新建井壁混凝土环向应变发展见表 11-13。

表 11-13　新建井壁混凝土环向应变发展

井壁位置	混凝土龄期/d	最大环向应变/$\mu\varepsilon$	最小环向应变/$\mu\varepsilon$	极差/$\mu\varepsilon$
内井帮位置	60	−43.63	−13.23	30.40
	90	−60.94	−22.51	38.43
	120	−75.81	−33.85	41.96
	150	−90.24	−44.39	45.85
	180	−102.99	−56.72	46.27
	213	−116.57	−67.79	48.78
外井帮位置	60	−38.72	−12.21	26.51
	90	−53.17	−20.18	32.99
	120	−65.39	−28.92	36.47
	150	−77.25	−37.27	39.98
	180	−87.12	−46.44	40.68
	213	−97.73	−55.44	42.29

结合井壁混凝土环向应变的空间分布状况与时间历程曲线结果可知,混凝土环向应变变化规律与新建井壁受力特征基本一致。截至新建井壁套壁完成后 213 d,同层位井壁混凝土环向应变发展呈现出较弱的不均匀性,内外侧井帮混凝土环向应变极差均在 25～50 $\mu\varepsilon$

之间。

六、结论

冻结法恢复井筒技术在板集煤矿副井得到成功运用,为类似工程的施工提供了重要参考,研究过程中得到如下结论:

(1)在冻结法恢复井筒施工过程中,副井井壁受力变形监测结果表明,在新井壁浇筑初期,虽然理论上既有和新建井壁是贴合在一起的,但由于施工工艺上的问题,冻结压力仍主要由既有井壁承担,新建井壁的受力较小,混凝土环向应变呈现缓慢增长趋势。3个监测水平新建井壁环向钢筋受力在套壁的早期因温度效应都有拉应力产生,但数值较小。套壁后70～300 d,新建井壁受力随季节性温度变化存在一定的波动性。在套壁后300～650 d,冻结壁逐渐解冻,新建井壁已开始分担地压荷载,新建井壁与既有井壁已有共同作用趋势。

(2)温度场计算结果表明,冻结壁的温度与厚度随冻结修复过程中的冻结控制变化明显。当冻结壁平均温度低于设计温度−15 ℃后,及时关闭内圈冻结孔,可使冻结壁平均温度得到有效回升,可有效减缓冻结壁的继续发展。副井井筒的清淤作业完成后,由于井壁内部的季节性通风条件,且同时期内圈冻结孔并未开启,冻结壁在近井帮0.15 m范围内有融化现象。后于新井壁浇筑前,重新开启内圈孔进行补强冻结。结果表明,在新井壁浇筑时,冻结壁厚度与平均温度均达设计与规范要求,可以满足进一步井壁修复工程的需要。

(3)应力场计算结果表明,套壁修复阶段,新建井壁受力呈弱不均匀性的类同心圆发展模式,具体表现为在西南方向上的压力相对较小,在东北方向上的压力较大,同该测试水平的监测结果结论一致。分析认为,冻结孔的偏斜和盐水流量的不均匀性是导致新建井壁受力不均匀的主要原因。截至套壁完成后213 d,尽管既有与新建井壁在空间位置上是紧密贴合的,但冻结壁尚未解冻时,冻结压力与地压荷载仍主要由既有井壁承担,既有与新建井壁分担的压力存在较大差异性。与既有井壁所受冻胀力的发展模式相比,新建井壁所受压力不均匀性较弱。混凝土环向应变变化规律与新建井壁受力特征基本一致。截止新建井壁套壁完成后213 d,同层位井壁混凝土环向应变发展呈现出较弱的不均匀性,内外侧井帮混凝土环向应变极差均在25～50 $\mu\varepsilon$ 之间。

第十二章 大流速渗透地层立井冻结法凿井技术研究进展

由于人工地层冻结法对周围环境的影响较小,其形成的冻结壁具有良好的封水性,作为临时支护结构具有较高的强度,因此该工法已经逐渐发展成为富水地层地下工程施工的主要工法之一。近些年,在我国天津、广州、深圳、宁波、莱州以及招远等沿海城市的地铁隧道、立井以及斜井建设中,冻结法得到了广泛应用。由于受海相沉积环境、海水浸渍和潮汐影响,沿海城市的地层具有地下水矿化度高、流速大等特点,采用冻结法施工时,严重影响冻结壁形成和发展,危及施工安全。部分遭受地下水影响的冻结工程案例如表 12-1 所示。

表 12-1 部分遭受地下水影响的冻结工程案例

工程名称	时间	地层条件	工程问题
深圳地铁 4A 标段	2003 年	位于深圳市和平路与解放路交叉路口的地铁隧道,该处地层结构松散,地下水流速达到 15 m/d	在采用人工地层冻结法施工过程中,降温缓慢,每天降温仅为 0.1 ℃,有时甚至出现温度回升,严重影响施工进度
天津地铁 2 号线南楼至土城区间联络通道	2006 年	工程所处地层主要为第四系河漫滩相沉积层,其孔隙率大、含水丰富,且该区域存在海侵现象,地下水流速较高	该区域冻结壁的发展速度较慢
上海长江隧道工程江中段隧道连接通道工程	2007 年	地层地质条件复杂,透水性强,地下水流速较大	在冻结法施工过程中冻结帷幕降温速度较慢,在维护冻结期出现温度回升现象
厦门本岛至翔安过海通道五缘湾站—刘五店站泥水盾构区间 10# 联络通道	2012 年	本区间联络通道所处地层富水性好,与海水存在水力联系,地下水流速较大	冻结壁发展速度较慢
里必煤矿副井冻结工程	2019 年	该井筒穿过厚度 4.33～13.56 m 的砂卵石层,地下水流下方邻近水源井大量抽水,加大了该层位地层地下水流速	冻结壁在砂卵石层(累深 21 m 左右)30#、31#、32#、33# 冻结孔处出现温度偏高现象,存在异常"缺口"
莱州市某金矿立井冻结工程	2020 年	所处地层为滨海盐渍大流速渗透地层,地下水流速达到 15 m/d	冻结壁发展速度异常缓慢,进行了冻结方案优化后,冻结壁方可交圈

第一节　地下水对人工地层冻结过程影响机制
模型试验的研究进展

　　模型试验的结果受到试验材料、初始条件、边界条件以及测试条件等多个因素的影响，但是其仍然是目前最为可靠的研究手段，模型试验的结果是理论研究与数值计算的基础。

　　周晓敏等进行了双管冻结正交模型试验，研究了常规盐水(温度为－30.6～－26.0 ℃)冻结工艺中，地下水渗流(流速分别为 2.21 m/d 和 3.16 m/d)、孔间距等对饱和砂层冻结交圈时间和上下游温度场发展的影响。

　　王朝晖等采用模型试验方法研究了在液氮(温度分别为－57 ℃和－80 ℃)冻结条件下地下水流速对冻结温度场的影响，其研究成果表明 10 m/d 以上流速的地下水对液氮冻结效果有显著的影响，且水流速度对冻结效果的影响最显著。

　　R. C. Huang 在常规供冷温度(温度为－30 ℃)条件下，对不同流速水流(最大流速为 2 m/d)作用下单管冻结温度场的形成规律进行了研究。

　　E. Pimentel 等总结了之前学者在地下水作用下冻结温度场形成规律的研究成果，充分考虑了冻结冷量散失等问题，在前人基础上设计了新的试验装置，并分别进行了流速为 0 m/d、1 m/d、1.5 m/d、2.0 m/d 及 2.1 m/d 的渗流条件下人工地层冻结的大型模型试验，根据试验结果从相邻冻结柱状体的交圈时间以及所需冷量的角度出发，对现有的冻结壁的交圈形式解进行了讨论，为冻结法的数值计算以及工程应用提供了重要依据。

　　Sudisman 进行了一个小尺寸的室内试验，通过两个系列的冻结试验，研究了不同砂层和流动情况下的热分布和水力传导行为。

　　L. Y. Lao 在常规供冷(－25 ℃)条件下，对不同流速(0 m/d、7.5 m/d 和 15 m/d)下单排三管冻结温度场进行了研究。

　　荣传新等设计了一套监测渗流速度对冻结温度场影响的试验装置，基于该装置对 5 m/d以及 10 m/d 流速影响下单管以及三管冻结温度场的变化规律进行了研究，并对多管冻结产生的"群管效应"进行了初步探索。

　　李方政等基于相似理论，建立渗流作用下梅花形布置双排管冻结模型试验系统，对渗流地层中冻结壁形成的主要影响因素进行正交试验研究，并在相同条件下进行单排管冻结对比试验，通过试验对孔间距以及低温冷媒的温度对冻结效果的影响规律进行了研究。

　　刘伟俊等为研究渗流作用下多排管局部水平冻结体温度场扩展规律，基于相似准则，设计北京砂卵石地层冻结模型试验，从迎水面长度、顺水流长度、厚度 3 个维度研究渗流作用下多排管局部水平冻结体温度场扩展规律。

　　王彬以及荣传新等通过准确控制地下水的流速以及方向，并充分考虑边界条件的影响，构建了一套大型水热耦合物理模型试验系统(图 12-1、图 12-2)，基于该系统对大流速渗透地层单管以及多管冻结温度场的时空演化规律进行了试验研究，获得地下水流速对冻结壁交圈时间、冻结壁厚度不均匀发展的影响规律，揭示地下水作用下多管冻结过程中"群管效应"的触发机制。

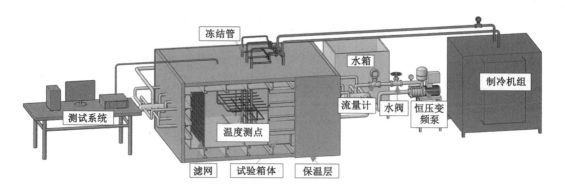

图 12-1　大流速渗透地层人工冻结壁形成机制模型试验装置

图 12-2　试验场景

地下水对人工地层冻结过程影响机制模型试验研究已经持续了 50 余年,其中具有代表性的水热耦合模型试验如表 12-2 所示。近些年人工地层冻结法在国内外地铁以及立井掘砌工程中得到了广泛运用,地下水对人工冻结温度场的影响规律受到越来越多的学者的关注。通过对现有成果的总结分析可以发现,目前的研究成果已经基本实现了地下水对人工冻结温度场的影响规律的定性分析;但是在研究过程中,模型的尺寸各不相同,低温冷媒的控制温度也存在一定的差异,试验中涉及最大流速达到 159 m/d,而最小流速仅为 0.24 m/d,对于地层中的水流速度对冻结温度场的影响规律至今仍然没有得出一致的研究结论。

表 12-2　水热耦合模型试验统计表

模型	时间	模型尺寸/cm	冻结管			水流		相似比
			半径/mm	间距/mm	温度/℃	方向	最大流速(试验)/(m/d)	
Stander	1967 年	100×30×90	2	单管	−30	垂直	0	—
Victor	1969 年		2.5	70	−16	水平	4.7	—
Berggren	1982 年	50×50×130	19	450	−25	水平	0.24	—
王朝晖	1998 年	70×50×60	20	100	−80	水平	119.52	8
周晓敏	2004 年	200×125×150	20	140	−30	水平	63	10
ETH	2009 年	120×130×100	20.5	322	−23	水平	2.1	—
R.C.Huang	2012 年	100×100×15	—	单管	−30	水平	2	—
Sudisman	2016 年	10.8×1.46×8.5	0.5	单管	−20	水平	14.82	—
L.Y. Lao	2017 年	120×80×100	—	110	−25	水平	15	—
荣传新	2018 年	240×150×100	21.6	120	−30	水平	50	5
李方政	2018 年	200×150×70	20	126	−30	水平	159	6.35
刘伟俊	2019 年	300×200×250	16	200	−30	水平	50	10
王彬	2020 年	300×200×100	21	400	−30	水平	9	3

第二节　地下水对人工地层冻结过程的影响机制数值计算的研究进展

由于模型试验的限制因素较多,只能部分再现人工冻结温度场的发展规律,而数值计算则可以解决这一问题,因此数值计算一直是研究水热耦合问题的重要技术手段。

在 20 世纪 70 年代 Harlan 第一个提出了水热迁移耦合模型,随后国内外诸多学者在此基础上做了大量的拓展研究。徐光苗综合了国内外的研究成果,给出了含相变低温岩土体温度场-渗流场耦合数学模型;Lai 等给出了温度场和渗流场耦合问题的控制微分方程。周晓敏等建立了冻土和融土统一的微分方程数学模型,给出了地下水平均渗流速度为 3.74 m/d 时井筒冻结温度场与渗流场的分布和发展规律。杨平等利用多孔介质热运移理论及达西定律,建立了考虑地下水流作用下单根冻结管冻结锋面发展的数学模型,分析了冻结过程中温度场及地下水流场的变化规律。高娟、刘建刚等分别运用有限元法对地下水作用下竖井和水平冻结的温度场形成规律进行了研究。黄诗冰等通过考虑水/冰相变,开发了水热耦合模型来模拟水流对冻结过程的影响,并将该模型与基于 COMSOL 多物理场平台的 Nelder-Mead 单纯形法相结合,优化了圆形隧道周围冻结管的位置。A. Marwan 等结合"蚁群算法"对小流速地下水作用下冻结管的布置位置进行了优化设计,从而加快了冻结壁的交圈时间并使形成的冻结壁的强度更加均匀,为冻结方案的优化设计开拓了新的思路。Vitel 为了模拟在渗流条件下饱和不可变形多孔介质的人工地面冻结过程,构建了与热力学一致的水热数值模型,并对通常使用的限制性假设进行了简化,该模型在高渗流速度条件下的三维地面冻结试验中得到了很好的验证。A. Alzoubi 采用焓-孔隙率法构建了水热耦合的数值计算模型,并通过试验验证了模型的合理性。

王彬、荣传新等基于 COMSOL 数值计算软件,采用表观热容法构建了水热耦合的数学模型,并通过试验对数学模型的合理性进行了验证,随后通过该模型对受渗流场影响的立井冻结温度场的发展规律进行了研究(见图 12-3~图 12-6),发现流速小于 5 m/d 的地下水不会对人工冻结温度场产生明显的影响,单圈冻结管的布置方案适用于地下水流速小于10 m/d 的地层冻结,而双圈冻结管的布置方案适用于地下水流速小于 20 m/d 的地层冻结。在单圈管冻结温度场的发展过程中,地下水在流经相邻两根冻结管中间区域时,地下水的流速随着未冻区域范围的减小而增大,临近冻结壁交圈时刻,该位置的地下水流速能够达到初始流速的 5~7 倍,因此在临近交圈的一段时间内冻结范围的扩展速度较慢。双排管冻结方案的排间距设计对整个冻结壁的形成规律具有显著的影响,为了提高冻结效率同时防止拟开挖部分被冻实,基于本研究得出的排间距的合理范围为2~2.5 m。随后,提出了针对该类地层的冻结方案优化设计方法,在单圈孔优化设计方案中,局部加密以及在水流上游增设辅助冻结管的方式均可以有效缩短冻结壁的交圈时间,并提高冻结壁的最大交圈流速。其中,辅助冻结管的设置间距是影响优化效果的关键因素,当地下水流速为 5~7 m/d 时,辅助冻结管的最优设置间距为 2 m;当地下水流速大于或等于 8 m/d 时,辅助冻结管的最优设置间距为 2.5 m;在双圈孔优化设计方案中,在保持冻结孔数量不变的情况下,按照水流对冻结温度场的影响程度对不同区域的冻结孔间距进行了优化调整;采取该优化方案后,当地下水流速小于 20 m/d 时,冻结壁的交圈时间随地下水流速的变化幅度较小,且冻结壁能够交圈的极限流速由 20 m/d 增加至 26 m/d。

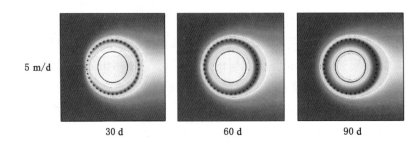

图 12-3　不同流速的地下水作用下单圈冻结温度场的发展规律

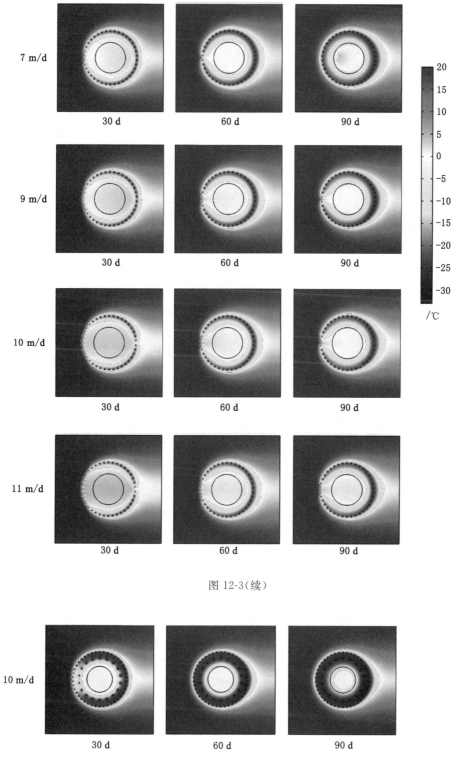

图 12-3（续）

图 12-4　不同流速的地下水作用下双圈冻结温度场的发展规律

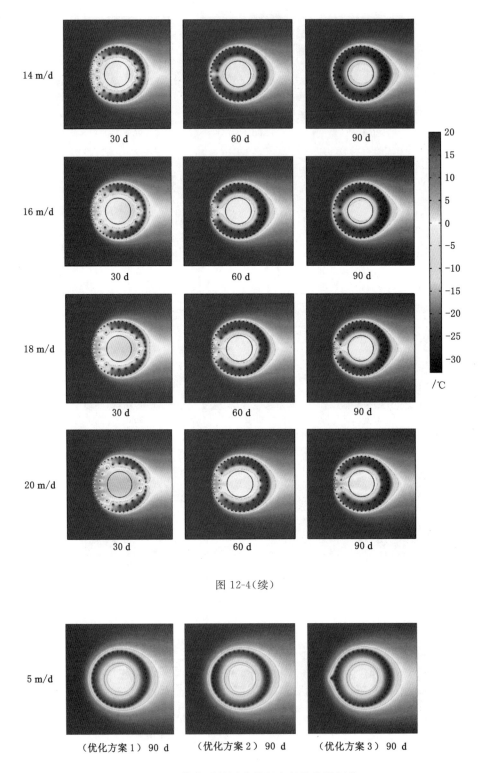

图 12-4（续）

（优化方案 1）90 d　　　　（优化方案 2）90 d　　　　（优化方案 3）90 d

图 12-5　优化后单圈冻结温度场的发展规律

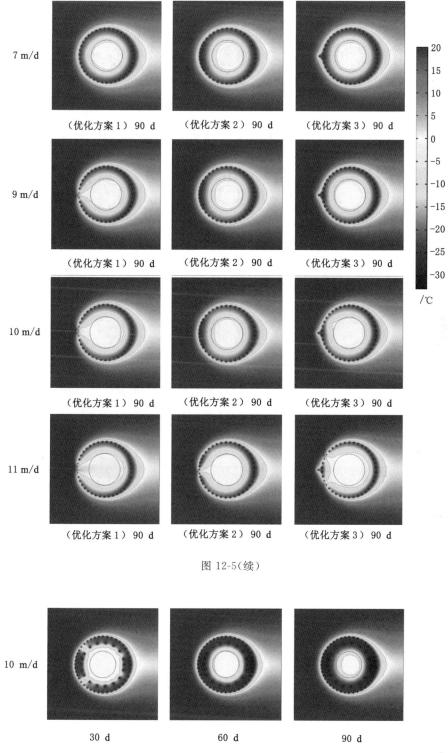

7 m/d

（优化方案 1）90 d　　　（优化方案 2）90 d　　　（优化方案 3）90 d

9 m/d

（优化方案 1）90 d　　　（优化方案 2）90 d　　　（优化方案 3）90 d

10 m/d

（优化方案 1）90 d　　　（优化方案 2）90 d　　　（优化方案 3）90 d

11 m/d

（优化方案 1）90 d　　　（优化方案 2）90 d　　　（优化方案 3）90 d

图 12-5（续）

10 m/d

30 d　　　　　　　60 d　　　　　　　90 d

图 12-6　优化后双圈冻结温度场的发展规律

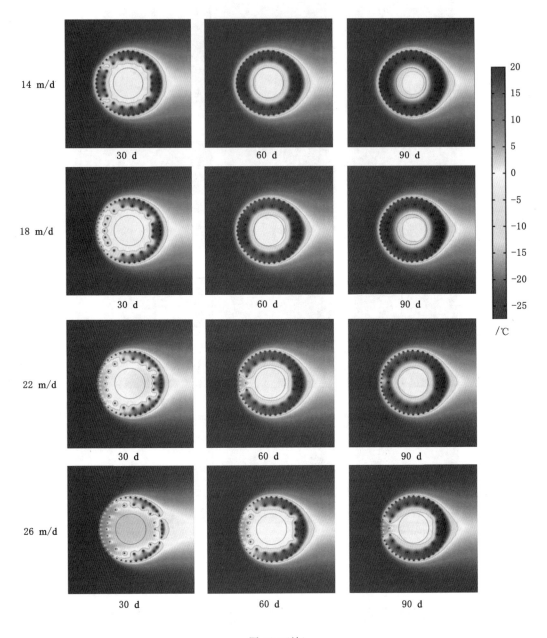

图 12-6(续)

第三节　地下水作用下人工冻结温度场解析解的研究进展

解析法物理概念清晰,理论依据可靠,始终是冻结温度场研究的一个重要方面。

冻结壁的厚度以及平均温度等重要的参数与冻结温度场的分布规律存在密切的联系,因此对冻结温度场计算理论的研究尤为重要。人工地层冻结是一个随时间变化的过程,其过程描述需要采用瞬态导热理论,但是由于求解过程存在较大困难,人工地层冻结瞬态温度场解析解的求解至今仍主要集中在单管冻结问题上。而考虑渗流场对冻结温度场的作用后,冻结锋面的形状、大小随着渗流速度、冻结时间、介质的性质而发生变化,并且冻结锋面作为相变边界需要考虑冰水相变的过程,因此瞬态解析解的难度很大,目前仅有 Victor (1979)进行了单管冻结温度场的相关推导,但是在推导过程中仍然是将冻结锋面的形状简化成圆形。人工地层冻结在进入稳定冻结阶段后,热传导速率较慢,其温度场与稳态温度场非常接近。因此可以在该阶段假定热传导达到稳定状态,并采用稳态温度场来近似地等效瞬态温度场。当地层中存在地下水作用时,进入稳定阶段之后,在渗流速度不变的条件下,冻结锋面处水流与被冻土体之间的对流传热作用与冻结管的热传导作用达到相对平衡状态,此时的温度场与稳态温度场非常接近,因此可以采用稳态温度场近似的等效瞬态温度场。王彬、荣传新等提出定向渗流诱导的非对称冻结温度场的“分段等效”简化方法,推导出地下水作用下单管以及多管冻结温度场稳态分布理论解,得出大流速渗透地层冻结壁平均温度计算方法。地下水作用下单管冻结温度场计算模型如图 12-7 所示,冻结帷幕温度场计算模型如图 12-8 所示。

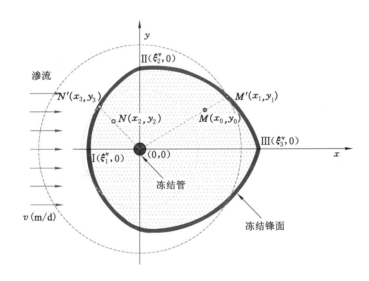

图 12-7　地下水作用下单管冻结温度场计算模型

地下水作用下单管冻结稳态温度场解析解为:

$$T = \begin{cases} T_0 + \dfrac{\ln\left[\sqrt{\xi_2^2 x^2 + \xi_3^2 y^2}/(\xi_2\xi_3)\right]}{\ln\left[r_0\sqrt{\xi_2^2 x^2 + \xi_3^2 y^2}/(\xi_2\xi_3\sqrt{x^2+y^2})\right]}(T_f - T_0) & (x \geqslant 0) \\[4mm] T_0 + \dfrac{\ln\left[\sqrt{\xi_1^2 x^2 + \xi_2^2 y^2}/(\xi_1\xi_2)\right]}{\ln\left[r_0\sqrt{\xi_1^2 x^2 + \xi_2^2 y^2}/(\xi_1\xi_2\sqrt{x^2+y^2})\right]}(T_f - T_0) & (x < 0) \end{cases}$$

(12-1)

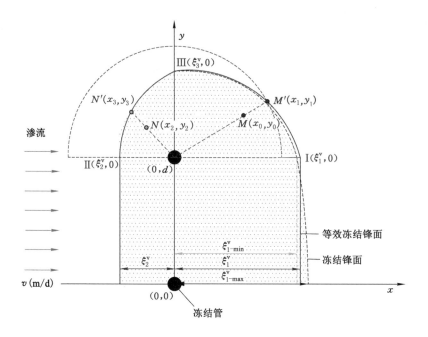

图 12-8 地下水作用下冻结帷幕温度场计算模型

地下水作用下多管冻结稳态温度场解析解为：

$$T = \begin{cases} \left\{ \dfrac{T_f - T_0}{\ln \dfrac{2\pi r_0}{d} - \dfrac{2\pi}{d} \dfrac{\xi_1 \xi_2}{\xi_1 + \xi_2}} \left\{ \dfrac{1}{2} \ln \left[2 \left(\cos h \dfrac{2\pi x}{d} - \cos \dfrac{2\pi y}{d} \right) \right] - \dfrac{\pi}{d} \dfrac{2\xi_1 \xi_2}{\xi_1 + \xi_2} + \dfrac{\pi}{d} \dfrac{\xi_1 - \xi_2}{\xi_1 + \xi_2} x \right\} + T_0 \right\} \cdot \gamma_1 & x \leqslant 0 \\[4ex] \left\{ \dfrac{T_f - T_0}{\ln \dfrac{2\pi r_0}{d} - \dfrac{2\pi}{d} \dfrac{\xi_1 \xi_2}{\xi_1 + \xi_2}} \left\{ \dfrac{1}{2} \ln \left[2 \left(\cos h \dfrac{2\pi x}{d} - \cos \dfrac{2\pi y}{d} \right) \right] - \dfrac{\pi}{d} \dfrac{2\xi_1 \xi_2}{\xi_1 + \xi_2} + \dfrac{\pi}{d} \dfrac{\xi_1 - \xi_2}{\xi_1 + \xi_2} x \right\} + T_0 \right\} \cdot \gamma_2 & x > 0 \end{cases}$$

$$(12\text{-}2)$$

式(12-1)中，将冻结区域沿着轴线 Ⅰ 向冻结管下游的最大扩展范围为 ξ_3，向上游的扩展范围为 ξ_1；冻结区域沿着轴线 Ⅱ 向冻结管两侧的最大扩展范围为 ξ_2；T_0 为冻结温度，T_f 为冻结管壁温度，r_0 为冻结管半径。

式(12-2)中，ξ_1，ξ_2 分别为渗流场作用下冻结帷幕向下游以及上游的扩展厚度；T_0 为冻结温度；T_f 为冻结管壁温度；r_0 为冻结管半径。

不同流速条件下单管及三管冻结稳态温度场计算结果如图 12-9 和图 12-10 所示。

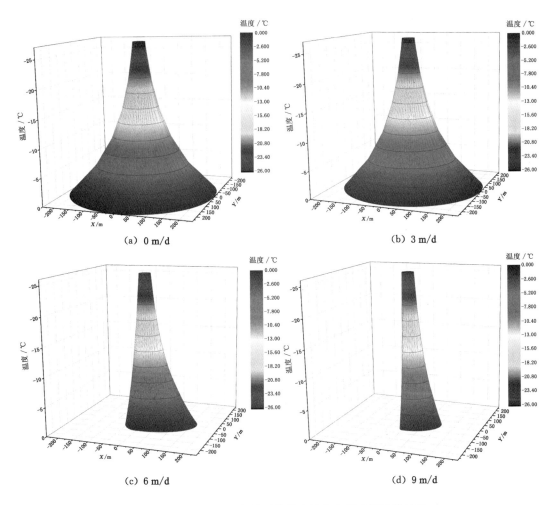

图 12-9 不同流速条件下单管冻结稳态温度场计算结果

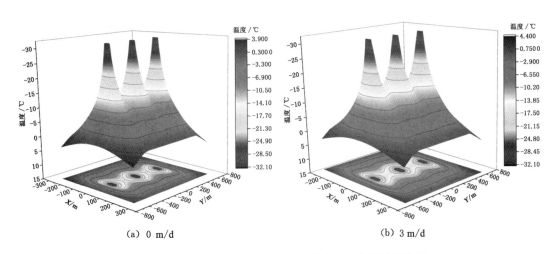

图 12-10 不同流速条件下三管冻结稳态温度场计算结果

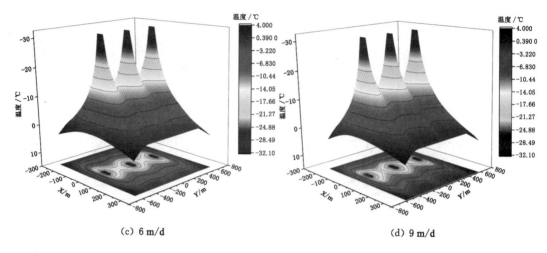

(c) 6 m/d   (d) 9 m/d

图 12-10(续)

第四节　结论与展望

随着人工地层冻结法在煤矿立井以及地铁隧道工程中的广泛应用,地下水对人工冻结温度场影响的相关问题越来越受到重视。如前所述,国内外专家学者采用模型试验、数值模拟以及理论分析等多种方法,对地下水作用下人工冻结温度场的演化规律进行了系列研究,并取得了相应成果,但仍存在诸多不足之处:

(1)目前关于地下水对人工地层冻结过程的影响机制的模型试验研究成果已经基本实现了地下水对人工冻结温度场的影响规律的定性分析。但是在研究过程中,模型的尺寸各不相同,低温冷媒的控制温度也存在一定的差异,对于地层中的水流速度对冻结温度场的量化影响规律至今仍然没有得出一致的研究结论。

(2)目前关于地下水渗流条件下人工冻结温度场的数值计算方法主要包括"表观热熔法"以及"熔-孔隙度法",但这两种数值计算模型均对水热耦合过程进行了简化,无法全面深入反映较大流速地下水与冻结温度场耦合作用的科学本质,因此计算的流速范围受到一定的限制,计算准确度也有待提高。

(3)考虑地下水对冻结温度场的作用后,冻结锋面的形状、大小随着渗流速度、冻结时间、介质的性质而发生变化,并且冻结锋面作为相变边界需要考虑冰水相变的过程,因此瞬态解析解的难度很大。目前对于地下水作用下冻结温度场的研究成果主要集中在稳态温度场方面。

综上所述,针对地下水对人工地层冻结过程的影响机制,还需在以下几个方面开展深入研究:

(1)实际工程的地层分布、地下水的流速及流向是复杂多变的,上述因素很难通过模型试验一一反映。在后续的研究中,可采用随机介质理论,考虑地层分布、地下水分布的随机性,构建大流速渗透地层冻结温度场预测模型,通过数值计算对该问题展开进一步的研究。

(2)冻结壁的力学特性是影响冻结壁稳定性的主要因素,受地下水对流传热作用的影响,冻结壁的轮廓不再是圆形,传统的"厚壁圆筒"的设计理论不再适用,地下水作用下人工冻结壁的受力特性及稳定性判断是该课题未来的发展方向之一。

（3）目前对于地下水作用下冻结温度场的研究成果主要集中在稳态温度场方面,能够反映温度场随时间及流速变化规律的瞬态温度场理论解尚无相关成果,该问题也是本研究课题亟待突破的关键理论问题之一。

参 考 文 献

[1] 白松涛,程道解,万金彬,等.砂岩岩石核磁共振 T2 谱定量表征[J].石油学报,2016,37(3):382-391.

[2] 蔡海兵,程桦,彭立敏,等.地铁双线隧道水平冻结位移场的模型试验[J].岩石力学与工程学报,2009,28(10):2088-2095.

[3] 蔡海兵,程桦,姚直书,等.基于冻土正交各向异性冻胀变形的隧道冻结期地层位移数值分析[J].岩石力学与工程学报,2015,34(8):1667-1676.

[4] 陈湘生.地层冻结法[M].北京:人民交通出版社,2013.

[5] 陈肖柏,刘建坤,刘鸿绪,等.土的冻结作用与地基[M].北京:科学出版社,2006.

[6] 程桦,陈汉青,曹广勇,等.冻土毛细-薄膜水分迁移机制及其试验验证[J].岩土工程学报,2020,42(10):1790-1799.

[7] 程桦,陈汉青,曹广勇,等.多孔岩石冻融水分迁移损伤机制及试验验证[J].岩石力学与工程学报,2020,39(9):1739-1749.

[8] 程桦,王彬,赵久良,等.富水砂卵石地层冻结壁缺口致因及弥合技术研究[J].煤炭工程,2021,53(10):1-8.

[9] 程桦,姚亚锋,荣传新,等.深厚土层冻结法凿井过程中外层井壁模糊随机可靠性分析[J].煤炭学报,2017,42(5):1099-1107.

[10] 程桦.深厚冲积层冻结法凿井理论与技术[M].北京:科学出版社,2016.

[11] 崔广心,杨维好,吕恒林.深厚表土层中的冻结壁和井壁[M].徐州:中国矿业大学出版社,1998.

[12] 崔云龙.简明建井工程手册[M].北京:煤炭工业出版社,2003.

[13] 东兆星,刘刚.井巷工程[M].3 版.徐州:中国矿业大学出版社,2013.

[14] 董方庭.井巷设计与施工[M].徐州:中国矿业大学出版社,2004.

[15] 杜洋,唐丽云,杨柳君,等.基于核磁共振下的冻土-结构正融过程界面特性研究[J].岩土工程学报,2019,41(12):2316-2322.

[16] 胡向东,邓声君,汪洋,等.人工地层冻结稳态温度场解析解研究进展[J].建井技术,2015,36(5):1-9.

[17] 胡向东,李忻轶,吴元昊,等.拱北隧道管幕冻结法管间冻结封水效果实测研究[J].岩土工程学报,2019,41(12):2207-2214.

[18] 黄诗清,荣传新,龙伟,等.祁南矿东风井冻结温度场时空演化规律分析[J].煤田地质与勘探,2022,50(8):125-133.

[19] 李大勇,吕爱钟,张庆贺,等.南京地铁旁通道冻结实测分析研究[J].岩石力学与工程学报,2004,23(2):334-338.

[20] 李东阳.冻土未冻水含量测试新方法的试验和理论研究[D].北京:中国矿业大学(北京),2011.

[21] 李栋伟,陈军浩,周艳.复杂应力路径人工冻土三轴剪切试验及本构模型[J].煤炭学报,2016,41(增刊2):407-411.

[22] 李栋伟,汪仁和,范菊红.白垩系冻结软岩非线性流变模型试验研究[J].岩土工程学报,2011,33(3):398-403.

[23] 李栋伟,汪仁和,范菊红.软岩试件非线性蠕变特征及参数反演[J].煤炭学报,2011,36(3):388-392.

[24] 李方政,丁航,张绪忠.渗流作用下富水砂层双排管冻结壁形成规律模型试验研究[J].岩石力学与工程学报,2019,38(2):386-395.

[25] 李杰林.基于核磁共振技术的寒区岩石冻融损伤机理试验研究[D].长沙:中南大学,2012.

[26] 刘泉声,黄诗冰,康永水,等.低温饱和岩石未冻水含量与冻胀变形模型研究[J].岩石力学与工程学报,2016,35(10):2000-2012.

[27] 刘泉声,黄诗冰,康永水,等.裂隙冻胀压力及对岩体造成的劣化机制初步研究[J].岩土力学,2016,37(6):1530-1542.

[28] 刘伟俊,张晋勋,单仁亮,等.渗流作用下北京砂卵石地层多排管局部水平冻结体温度场试验[J].岩土力学,2019,40(9):3425-3434.

[29] 路建国,张明义,张熙胤,等.冻融过程中未冻水含量及冻结温度的试验研究[J].岩石力学与工程学报,2017,36(7):1803-1812.

[30] 马芹永.人工冻结法的理论与施工技术[M].北京:人民交通出版社,2007.

[31] 荣传新,王彬,程桦,等.大流速渗透地层人工冻结壁形成机制室内模型试验研究[J].岩石力学与工程学报,2022,41(3):596-613.

[32] 荣传新,王秀喜,程桦.深厚冲积层冻结壁和井壁共同作用机理研究[J].工程力学,2009,26(3):235-239.

[33] 荣传新,尹建辉,王彬,等.深厚冲积层破损井筒修复过程中的控制冻结技术[J].煤炭科学技术,2020,48(1):157-166.

[34] 荣传新,张翔,程桦,等.地下水流速对冻结温度场影响的试验研究[J].广西大学学报(自然科学版),2018,43(2):656-664.

[35] 邵景柱,宋雷,王伟.复杂条件下的冻结井筒施工成套技术[M].徐州:中国矿业大学出版社,2010.

[36] 沈慰安,王建州.深厚表土层冻结壁厚度计算方法研究[J].中国工程科学,2011,13(11):89-93.

[37] 盛天宝.特厚冲积层冻结法凿井关键技术研究与应用[D].北京:中国矿业大学(北京),2011.

[38] 谭龙,韦昌富,田慧会,等.冻土未冻水含量的低场核磁共振试验研究[J].岩土力学,2015,36(6):1566-1572.

[39] 汪红志,张学龙,武杰.核磁共振成像技术实验教程[M].北京:科学出版社,2008.

[40] 王彬,荣传新,程桦,等.定向渗流诱导的非均质冻结壁力学特性分析[J].冰川冻土,

2022,44(3):1011-1020.

[41] 王彬,荣传新,程桦.定向渗流诱导的非对称冻结帷幕稳态温度场解析解[J].工程科学与技术,2022,54(4):76-87.

[42] 王彬,荣传新,程桦.考虑与周围土体相互作用的非均质冻结壁力学特性分析[J].煤炭学报,2017,42(增刊2):354-361.

[43] 王朝晖,朱向荣,曾国熙,等.动水条件下土层液氮冻结模型试验的研究[J].浙江大学学报(自然科学版),1998,32(5):534-540.

[44] 王文顺.深厚表土层中冻结壁稳定性研究[M].徐州:中国矿业大学出版社,2011.

[45] 王衍森.特厚冲积层冻结井外壁的强度增长及受力与变形规律[M].徐州:中国矿业大学出版社,2008.

[46] 卫修君,邓寅生,郑继东,等.煤矿水的灾害防治与资源化[M].北京:煤炭工业出版社,2008.

[47] 武强,董书宁,张志龙.矿井水害防治[M].徐州:中国矿业大学出版社,2007.

[48] 徐光苗,刘泉声,张秀丽.冻结温度下岩体THM完全耦合的理论初步分析[J].岩石力学与工程学报,2004,23(21):3709-3713.

[49] 徐光苗.寒区岩体低温、冻融损伤力学特性及多场耦合研究[J].岩石力学与工程学报,2007,26(5):1078.

[50] 杨更社,屈永龙,奚家米,等.西部白垩系富水基岩立井冻结压力实测研究[J].采矿与安全工程学报,2014,31(6):982-986.

[51] 杨更社,屈永龙,奚家米.白垩系地层煤矿立井冻结壁的力学特性及温度场研究[J].岩石力学与工程学报,2014,33(9):1873-1879.

[52] 杨更社,申艳军,贾海梁,等.冻融环境下岩体损伤力学特性多尺度研究及进展[J].岩石力学与工程学报,2018,37(3):545-563.

[53] 杨更社,魏尧,申艳军,等.冻结饱和砂岩三轴压缩力学特性及强度预测模型研究[J].岩石力学与工程学报,2019,38(4):683-694.

[54] 杨平,陈瑾,张尚贵,等.软弱地层联络通道冻结法施工温度及位移场全程实测研究[J].岩土工程学报,2017,39(12):2226-2234.

[55] 杨平,皮爱如.高流速地下水流地层冻结壁形成的研究[J].岩土工程学报,2001,23(2):167-171.

[56] 杨维好,杜子博,杨志江,等.基于与围岩相互作用的冻结壁塑性设计理论[J].岩土工程学报,2013,35(10):1857-1862.

[57] 杨维好,杨志江,柏东良.基于与围岩相互作用的冻结壁弹塑性设计理论[J].岩土工程学报,2013,35(1):175-180.

[58] 杨维好,杨志江,韩涛,等.基于与围岩相互作用的冻结壁弹性设计理论[J].岩土工程学报,2012,34(3):516-519.

[59] 姚直书,程桦,黄小飞.特厚冲积层冻结井壁受力机理与设计优化[J].西安科技大学学报,2010,30(2):169-174.

[60] 姚直书,程桦,荣传新.西部地区深基岩冻结井筒井壁结构设计与优化[J].煤炭学报,2010,35(5):760-764.

［61］姚直书,王再举,程桦.冻结壁融化期间井壁受力变形分析与壁间注浆机理［J］.煤炭学报,2015,40(6):1383-1389.

［62］应急管理部,国家矿山安全监察局.煤矿安全规程［M］.北京:应急管理出版社,2022.

［63］袁亮,程桦,唐永志.淮南矿区特殊凿井技术与工程实践［M］.北京:煤炭工业出版社,2018.

［64］岳丰田,仇培云,杨国祥,等.复杂条件下隧道联络通道冻结施工设计与实践［J］.岩土工程学报,2006,28(5):660-663.

［65］郑立夫,高永涛,周喻,等.浅埋隧道冻结法施工地表冻胀融沉规律及冻结壁厚度优化研究［J］.岩土力学,2020,41(6):2110-2121.

［66］钟贵荣,周国庆,王建州,等.深厚表土层非均质冻结壁黏弹性分析［J］.煤炭学报,2010,35(3):397-401.

［67］周科平,李杰林,许玉娟,等.冻融循环条件下岩石核磁共振特性的试验研究［J］.岩石力学与工程学报,2012,31(4):731-737.

［68］周晓敏,王梦恕,张绪忠.渗流作用下地层冻结壁形成的模型试验研究［J］.煤炭学报,2005,30(2):196-201.

［69］周晓敏,于兰.竖井冻结过程中渗流场变化的分析研究［J］.煤炭学报,2001,26(2):141-144.

［70］ALZOUBI M A,AURELIEN N R,SASMITO A P.Conjugate heat transfer in artificial ground freezing using enthalpy-porosity method:experiments and model validation［J］.International journal of heat and mass transfer,2018,126:740-752.

［71］ALZOUBI M A,MADISEH A,HASSANI F P,et al.Heat transfer analysis in artificial ground freezing under high seepage:validation and heatlines visualization［J］.International journal of thermal sciences,2019,139:232-245.

［72］ALZOUBI M A,SASMITO A P.Development and validation of enthalpy-porosity method for artificial ground freezing under seepage conditions［C］//Proceedings of ASME 2018 5th Joint US-European Fluids Engineering Division Summer Meeting,July 15-20,2018,Montreal,Quebec,Canada.

［73］BEJAN A.Convection heat transfer［M］.4th ed.Hoboken,NJ:Wiley,2013.

［74］CAI H,LIU Z,LI S,et al.Improved analytical prediction of ground frost heave during tunnel construction using artificial ground freezing technique［J］.Tunnelling and underground space technology,2019,92:103050.

［75］HARLAN R L.Analysis of coupled heat-fluid transport in partially frozen soil［J］.Water resources research,1973,9(5):1314-1323.

［76］HU X D,DENG S J.Ground freezing application of intake installing construction of an underwater tunnel［J］.Procedia engineering,2016,165:633-640.

［77］HU X D,HAN L,HAN Y G.Analytical solution to temperature distribution of frozen soil wall by multi-row-piped freezing with the boundary separation method［J］.Applied thermal engineering,2019,149:702-711.

［78］HUANG S B,GUO Y L,LIU Y Z,et al.Study on the influence of water flow on temperature around freeze pipes and its distribution optimization during artificial ground freezing[J].Applied thermal engineering,2018,135:435-445.

[79] HUANG S B,LIU Q S,CHENG A P,et al. A fully coupled thermo-hydro-mechanical model including the determination of coupling parameters for freezing rock[J]. International journal of rock mechanics and mining sciences,2018,103:205-214.

[80] HUANG S B,LIU Q S,CHENG A P,et al. A coupled hydro-thermal model of fractured rock mass under low temperature and its numerical analysis[J].Rock and soil mechanics,2018,39(2):735-744.

[81] HUANGA R C,CHANGB M,TSAIC Y S,et al. Influence of seepage flow on temperature field around an artificial frozen soil through model testing and numerical simulations[C]//Proceedings of the 18th Southeast Asian Geotechnical Conference (18SEAGC) & Inaugural AGSSEA Conference (1AGSSEA). Singapore: Research Publishing Services,2013:973-978.

[82] LAI Y M,WU Z,ZHU Y.Nonlinear analysis for the coupled problem of temperature and seepage fields in cold regions tunnels[J].Cold regions science and technology,1999,29(1):89-96.

[83] LI D W,YANG X,CHEN J H.A study of Triaxial creep test and yield criterion of artificial frozen soil under unloading stress paths[J]. Cold regions science and technology,2017,141:163-170.

[84] LI D W,ZHANG C C,DING G S,et al.Fractional derivative-based creep constitutive model of deep artificial frozen soil[J].Cold regions science and technology,2020,170:1-11.

[85] LI Y L,ZHI Q J,LIANG L H,et al.Research on the temperature field of a partially freezing sand barrier with groundwater seepage[J].Sciences in cold and arid regions,2017,9(3):280-288.

[86] LIU J G,LIU Q,ZHOU D D,et al.Influence of groundwater transverse horizontal flow velocity on the formation of artificial horizontal freezing wall[J].Journal of basic science and engineering,2017(2):258-265.

[87] MARWAN A,ZHOU M M,ABDELREHIM M Z,et al. Optimization of artificial ground freezing in tunneling in the presence of seepage flow[J]. Computers and geotechnics,2016,75:112-125.

[88] PIMENTEL E,SRES A,ANAGNOSTOU G.Large-scale laboratory tests on artificial ground freezing under seepage-flow conditions[J]. Géotechnique, 2012, 62 (3): 227-241.

[89] SUDISMAN R A,OSADA M,YAMABE T.Experimental investigation on effects of water flow to freezing sand around vertically buried freezing pipe[J].Journal of cold regions engineering,2019,33(3):04019004.

[90] VITEL M,ROUABHI A,TIJANI M,et al.Modeling heat and mass transfer during ground freezing subjected to high seepage velocities[J].Computers and geotechnics,

2016,73:1-15.

[91] VITEL M,ROUABHI A,TIJANI M,et al.Modeling heat transfer between a freeze pipe and the surrounding ground during artificial ground freezing activities[J]. Computers and geotechnics,2015,63:99-111.

[92] VITEL M,ROUABHI A,TIJANI M,et al.Thermo-hydraulic modeling of artificial ground freezing:application to an underground mine in fractured sandstone[J]. Computers and geotechnics,2016,75:80-92.

[93] WANG B,CAO Y,RONG C X,et al.Study on the mechanism and prevention method of frozen wall maldevelopment induced by high-flow-rate groundwater[J].Water, 2022,14(13):2077.

[94] WANG B,RONG C X,CHENG H,et al.Experimental investigation on heat transfer law of multiple freezing pipes in permeable stratum with high seepage velocity[J]. International journal of heat and mass rransfer,2022,182:121868.

[95] WANG B, RONG C X, CHENG H, et al. Temporal and spatial evolution of temperature field of single freezing pipe in large velocity infiltration configuration[J]. Cold regions science and technology,2020,175:103080.

[96] WEN Z,MA W,FENG W J,et al.Experimental study on unfrozen water content and soil matric potential of Qinghai-Tibetan silty clay[J].Environmental earth sciences, 2012,66(5):1467-1476.